普通高等教育公共基础课系列教材

大学计算机素质教育

主　编　杨再丹　单文亮　马　跃
副主编　付文才　史大伟　蒯小西
　　　　李纯虎　张　宪

科学出版社
北　京

内 容 简 介

本书共 7 章，主要内容包括计算机操作基础、计算机基础知识、操作系统、计算机网络及信息安全基础、WPS 文字、WPS 表格和 WPS 演示。本书将国产操作系统统信 UOS 及相关应用引入大学计算机基础课堂教学和素质训练，旨在培养国产计算机系统的软件生态环境。本书内容新颖，概念清晰，简明易懂，既能提高大学生计算机信息处理的能力，又能巧妙地将课程思政与专业教学融为一体。

本书可作为高等院校大学计算机基础课程的教材，也可作为全国计算机等级考试二级 WPS Office 高级应用与设计的培训教材。

图书在版编目（CIP）数据

大学计算机素质教育 / 杨再丹，单文亮，马跃主编. -- 北京 : 科学出版社，2024. 9. --（普通高等教育公共基础课系列教材）. -- ISBN 978-7-03-078797-2

Ⅰ. TP3

中国国家版本馆 CIP 数据核字第 2024TZ0124 号

责任编辑：薛飞丽 李 莎 / 责任校对：赵丽杰

责任印制：吕春珉 / 封面设计：东方人华平面设计部

科学出版社 出版

北京东黄城根北街 16 号

邮政编码：100717

http://www.sciencep.com

三河市中晟雅豪印务有限公司 印刷

科学出版社发行 各地新华书店经销

*

2024 年 9 月第 一 版 开本：787×1092 1/16

2025 年 7 月第三次印刷 印张：19 1/2

字数：457 000

定价：65.00 元

（如有印装质量问题，我社负责调换）

销售部电话 010-62136230 编辑部电话 010-62135763-2039

前　言

随着信息技术的迅猛发展和全球化竞争的加剧，软件产业市场在全球经济中的地位日益突出，已成为国家经济发展的重要支柱之一。我国作为全球最大的互联网市场，在软件产业市场领域具有巨大的潜力和发展优势，成为全球软件市场的重要参与者。然而，由于技术壁垒、知识产权保护等因素的制约，我国软件企业在核心技术、创新能力和市场份额等方面仍面临诸多挑战。2000～2024 年，国家相关部门先后印发《新时期促进集成电路产业和软件产业高质量发展的若干政策》和《"十四五"软件和信息技术服务业发展规划》等一系列政策及文件，为软件国产化提供了政策支持和指导，有助于推动国内软件产业的发展，提高国产软件的自主创新能力，加强国内软件产业链、供应链的安全可控，为国家的数字化转型提供有力支撑。

高等院校是国家信息化建设的重要组成部分，是提升国民数字能力素养的重要环节，在国产软件生态环境的建设和培养中发挥着不可替代的作用。因此，推进教学软件国产化，将自主知识产权意识引入教学并使其深入课堂，已成为高等院校计算机相关课程教学研究和教学改革的必然趋势。

相比于以往大学计算机基础教材，本书对大学计算机基础、素质教育及相关后续内容进行了大幅的调整，将传统的 Windows 平台迁移到国产统信 UOS 平台，同时还兼顾全国计算机等级考试二级 WPS Office 高级应用与设计的相关要求。

全书共 5 个部分，各部分内容分别介绍如下。

第一部分（第 1 章）首先介绍计算机操作的基本规范和必备技能，使学生养成正确使用计算机的习惯，主要内容包括认识计算机、键盘与鼠标的结构及操作、指法基础及上机实验所需工具软件的使用。

第二部分（第 2 章）介绍计算机的基本概念和理论，主要内容包括计算机的定义、发展、特点、应用领域、分类、信息在计算机中的表示、汉字的编码及输入、计算机的组成结构及工作原理等。

第三部分（第 3 章）介绍操作系统基础知识及应用，本部分首先引入操作系统的定义、功能、分类及发展，然后以统信 UOS 为例，详细讲解操作系统的基本组成及操作、操作系统对文件与磁盘的管理、系统工具及控制中心的使用。

第四部分（第 4 章）介绍计算机网络及信息安全基础，主要内容包括计算机网络概述、统信 UOS 网络设置、Internet 及其应用、计算机网络与安全、计算机网络新技术及新概念等。

第五部分（第 5 章～第 7 章）介绍 WPS Office 办公自动化软件的使用，主要内容包括 WPS 文字、WPS 表格、WPS 演示的基本功能及操作。

编者根据长期从事教学及管理所获得的经验和大多数学生的实际需求，以理论教学周次为单位，还编写了与本书配套的实训教材《大学计算机素质教育实训教程》，使学生能够在掌握相关理论知识的基础上，结合设计独到的实训项目，提高计算机实际应用能力，强化综合技能。

另外，本书还提供了配套教学资源包，包括多媒体教学课件、教学视频、相关软件、上机操作的全部素材及参考资料等，以方便教师备课和学生自主学习。有需要的读者可以访问 www.abook.cn 下载。

本书由杨再丹、单文亮、马跃担任主编，负责全书的总体策划、撰写、统稿与定稿工作，由付文才、史大伟、蒯小西、李纯虎、张宪担任副主编。在本书的编写过程中，编者借鉴和引用了相关研究成果和文献，在此对原作者表示衷心的感谢。

由于编者水平有限，本书不足之处在所难免，为便于以后的修订，恳请各位读者多提宝贵意见。主编邮箱地址：393908668@qq.com。

编　者

目　录

第 1 章　计算机操作基础

计算机是人类社会 20 世纪伟大的科技发明之一，从 1946 年第一台通用计算机诞生至今，在短短的半个多世纪里，计算机技术取得了迅猛的发展。它的应用也从最初的军事和科研领域扩展到了社会生活的各行各业。计算机已经成为信息社会中人们必不可少的工具。随着人工智能（artificial intelligence，AI）、大数据（big data）、云计算（cloud computing）等前沿技术的不断涌现，计算机技术已经成为推动社会进步和科技创新的重要力量。

在当今的信息时代，计算机不仅是技术的载体，也是传播先进文化和社会主义核心价值观的平台。新时代的大学生，应该深刻理解科技发展与社会之间的关系，将爱国、敬业、诚信、友善等社会主义核心价值观融入学习、生活和工作，用科技创新服务人民、服务社会、服务国家。

在正式学习计算机具体内容之前，可以通过本章的内容，了解计算机的整体结构和基本操作，养成良好的计算机使用习惯，为后面深入学习其他内容奠定基础。

1.1　认识计算机

计算机是一个非常庞大、复杂的系统。本节简单介绍常见的个人计算机（personal computer，PC）。

个人计算机是指为个人使用而设计的计算机。相对于其他类型的计算机，它具有价格便宜、配置灵活、体积小巧、通用性强、应用广泛及更新发展快等特点。个人计算机可以根据其使用场合分为以下几类。

台式计算机（desktop computer）：一种常见的个人计算机，通常放置在桌面上使用。它由主机、显示器、键盘和鼠标等部件组成。台式计算机的优点是易于升级和维修，性能相对较高。

笔记本计算机（notebook computer）：一种便携式个人计算机，集成了显示器、键盘和触摸板等部件。笔记本计算机的优点是便于携带，适合移动办公和学习。

平板计算机（tablet personal computer）：一种轻薄的便携式个人计算机，主要通过触摸屏进行操作，适合阅读、上网和简单的办公任务。

智能手机（smartphone）：集成了通信功能和计算能力的移动设备，主要通过触摸屏操作，可以运行各种移动应用程序。

可穿戴设备（wearable devices）：可以穿戴在身体上的电子设备，通常与智能手机或其他移动设备配合使用，可以提供多种功能，如健康监测、通信和娱乐。

1.1.1 计算机硬件的基本组成

以台式计算机为例，从外观上看，计算机硬件系统主要由主机、显示器、键盘、鼠标、音箱及其他外围设备（又称外部设备，简称外设）组成，如图 1-1 所示。

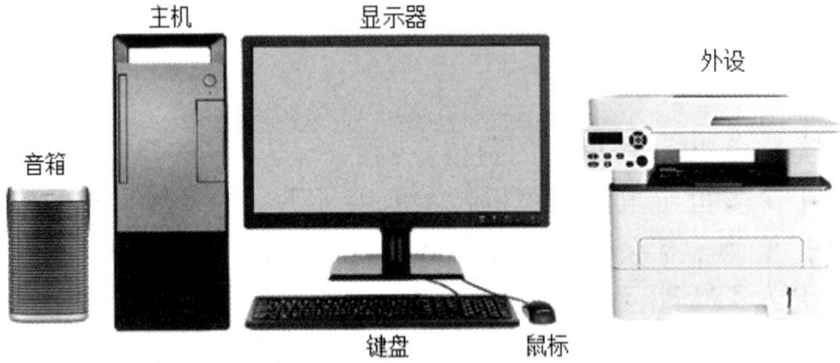

图 1-1 计算机主要组成部件

（1）主机。主机是计算机系统的核心部分，负责整个系统的运算、存储和控制。它包括中央处理器（central processing unit，CPU）、主板（mainboard）、内存储器（memory，简称内存）、外存储器（external storage，简称外存）、显卡（graphics card）、网卡（network card）、声卡（sound card）、电源（power supply）等关键硬件组件。主机直接决定了计算机的整体性能和处理能力。

（2）显示器。显示器是计算机的重要输出设备，用于展示文本、图形、视频等多媒体信息。它与显卡协同工作，将数字信号转换为可视化图像，为用户提供直观的操作和交互平台。

（3）键盘。键盘是标准的计算机输入设备，用于输入文字、数字和各种指令。它包含多个按键，每个按键对应不同的字符或功能，是用户与计算机交互的主要工具之一。

（4）鼠标。鼠标也是一种常用的输入设备，主要用于在屏幕上进行精确的光标定位和操作。它通常包含左右两个按钮和一个滚轮，支持单击、拖动和滚动等操作。

（5）音箱。音箱是计算机的音频输出设备，用于播放音频。它可以是内置的或外接的，通过声卡接收和处理来自计算机的音频信号。

（6）外设。计算机系统可以根据需要连接多种外设以扩展功能和性能，如打印机、扫描仪、摄像头、7D 互动影院终端等。这些外设通过各种接口与主机相连，实现数据传输和交互。

1.1.2 机箱面板的组成及操作

机箱是计算机硬件的装载箱体，能够保护内部脆弱的电子组件免受外界物理损坏，确保系统长期稳定地运行。机箱同时为主板、电源、各类驱动器[如硬盘驱动器（hard disk drive，HDD）、固态硬盘（solid state disk，SSD）、光盘驱动器（compact disc driver，简称光驱）]及扩展卡等关键硬件提供专属的安装区域，配备了用于线缆整理的隐蔽空间，可以有效防止线缆杂乱影响散热和美观。

除了实用功能外，机箱还承担着一定的外观装饰作用。市面上的机箱外形多样，从简约到炫酷，从小巧到全塔，满足了不同用户的审美和使用需求。尽管外形各异，但机箱的基本结构和功能大体相同，通常都包含前面板和后面板两个主要部分。

1. 前面板

机箱前面板如图 1-2 所示。

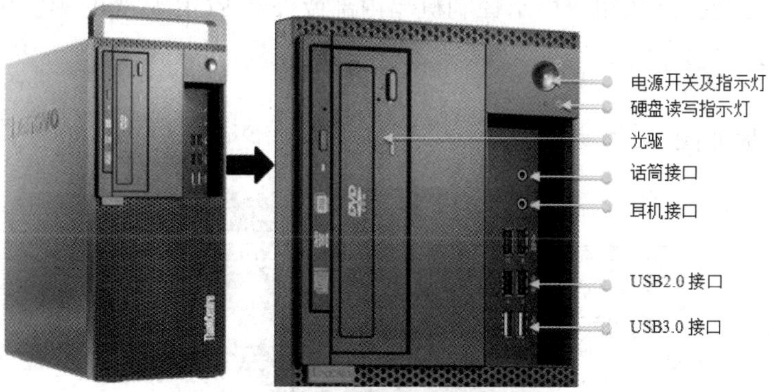

图 1-2　机箱前面板示意

机箱前面板是用户对计算机进行操作与观察计算机基本工作状态的重要界面，其上布置了多个功能按钮、接口和指示灯，方便用户进行操作和连接外部设备。以下是一些常见的机箱前面板组件及功能。

（1）电源开关：用于开启或关闭计算机电源。短按一次电源开关可以开启计算机，再次短按可以安全关闭计算机。长按电源按钮（5s 左右）可以强制关闭计算机，但这种方式可能导致数据丢失，仅可以在系统无法正常响应时使用。

（2）复位按键：用于重启计算机。当计算机发生死机或其他故障时，按下复位按键可以强制重启系统，相当于断电后再开机，有助于恢复系统正常运行。由于复位功能存在数据丢失的风险，现在大部分的机箱都取消了复位按键。

（3）光驱：虽然现在的计算机越来越少配备光驱，但一些机箱仍保留光驱位，用于安装小型光盘（compact disc，CD）和数字视频光盘（digital video disc，DVD）光驱，以读取或写入光盘数据。

（4）指示灯：包括电源指示灯（一般为绿色）和硬盘活动指示灯（一般为红色）。电源指示灯显示计算机是否开机。硬盘活动指示灯点亮或闪烁表示硬盘正在读写数据，可以起到提醒用户的作用，避免在数据传输过程中断电或强制关闭计算机。注意，硬盘活动指示灯只是在读取数据时偶尔闪烁，如果一直点亮，说明计算机可能存在软件故障（如文件损坏或感染病毒）或硬盘物理故障。

（5）音频接口：通常包括模拟音频输出（一般为绿色）和传声器（又称麦克风、话筒）输入（一般为粉红色）两个接口，用于连接耳机、音箱或传声器等音频设备。

（6）通用串行总线（universal serial bus，USB）接口：分为 USB 2.0 和 USB 3.x（USB3.0、USB 3.1、USB 3.2 等）接口，用于连接各种 USB 设备，如 U 盘、移动硬盘、鼠标、键盘等。USB 接口的功能和外形基本相同，但不同版本 USB 接口的颜色、引脚数目和信息传输速率区别较大，在实际使用过程中应尽可能实现接口与设备的匹配。

（7）其他接口：除了以上常见的组件，有的机箱前面板上还提供以下特殊接口。

① Type-C 接口：新型的 USB 接口，支持更快的信息传输速率和正反插功能。

② SD 卡（secure digital card，又称安全数字卡）读卡器：用于直接读写 SD 卡中的数据。

③ 风扇控制器：用于调节机箱内部风扇的转速，控制散热和噪声。

④ RGB 灯光控制按钮：用于控制机箱内部或外部 RGB 灯光的颜色和模式。

2. 后面板

机箱后面板如图 1-3 所示。

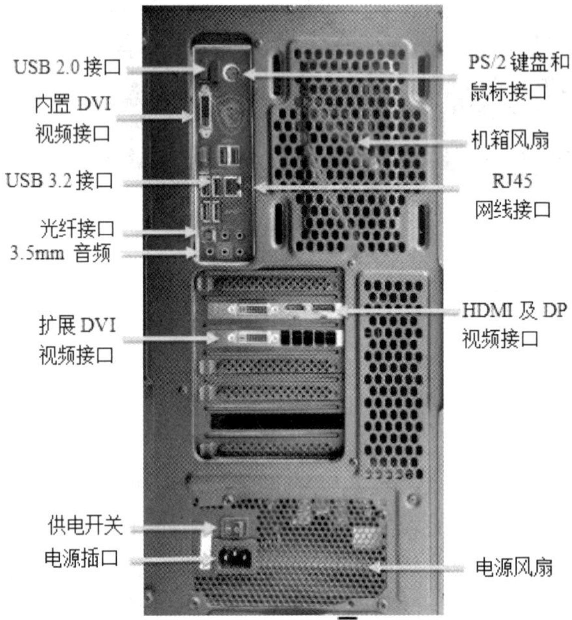

图 1-3 机箱后面板示意

机箱后面板主要由以下几部分组成。

（1）USB 接口：相对于前面板的 USB 接口而言，后面板上的 USB 接口由于直接与主板相连，因此能够提供更大的电流和更稳定的电压，且数量通常比前面板更多。

（2）PS/2 接口：用于连接早期的键盘和鼠标，现已逐渐被 USB 接口取代，但 PS/2 接口在某些情况下可以提供更快的响应速度和更少的资源占用，仍然受到一些专业用户的喜爱。

（3）视频接口：用于连接显示器传输视频信号。不同类型的视频接口支持不同的分辨率和刷新率，可以根据显示器和显卡选择合适的视频接口。常见的视频接口有高清多媒体接口（high definition multimedia interface，HDMI）、显示接口（display port，DP）、数字视频交互（digital video interactive，DVI）、视频图形阵列（video graphic array，VGA）。

（4）网线接口：用于连接网络线缆，实现主机与网络接入模块的有线网络（wired networks）连接。一般支持 10/100/1000 Mb/s 的网络速度。

（5）光纤接口：数字音频接口（有些高档主板还提供了同轴接口），用于传输数字音频信号。相对于传统的3.5 mm模拟接口而言，光纤接口的数字信号在传输过程中不会损耗，抗干扰能力更强，因此具有更好的声音效果，适用于高保真音乐欣赏的场合。另外，光纤接口输出的是数字音频信号，需要配合具有数字解码功能的功率放大器才能工作。

（6）音频接口：与前面板音频接口功能相同，但一般后面板音频接口更多，可以支持更多的音频通道，适用于高质量音频输出和录音。

（7）机箱风扇：用于机箱内部散热，维持良好的气流，保护硬件免受过热损害。机箱风扇通常安装在机箱的前面、后面或侧面，通过排出热空气或吸入冷空气来降低机箱内部温度。

（8）电源插口：用于连接电源线，为计算机提供电能。电源插口形式一般为台式计算机、电视机及一般家用电器通用的三口插槽。

（9）供电开关：用于断开和接通主机与外部供电的物理连接。供电开关通常位于电源模块上，有些电源模块还配有电压选择开关，用于适应不同国家的电压标准。

（10）电源风扇：为电源提供空气流动，帮助电源散热。

1.1.3 计算机的启动与关闭

（1）计算机的启动：开机过程从按下机箱前面板上的电源开关开始，此时电源指示灯点亮，计算机进入自检程序（power on self-test，POST），检查各种硬件参数是否正确、工作状态是否正常。自检完成后，计算机通常会从外部存储设备（通常是硬盘）中启动操作系统（operating system，OS）。当出现操作系统桌面后，开机过程结束。

（2）计算机的关闭：为了避免数据丢失或硬件损坏，应按照正确的步骤关闭计算机。

① 关闭正在编辑的文档和所有打开的应用程序。

② 通过操作系统的用户界面（如启动器按钮、系统托盘、命令行等）提供的关机选项安全关闭计算机。

③ 关机过程会停止所有程序，关闭操作系统，并最终切断主机电源。

（3）计算机的重启：计算机的重启分为热启动和冷启动。

热启动：可以通过操作系统的“重启”选项或按照提示在安装新软件、硬件后进行。

冷启动：直接按下机箱前面板上的复位（reset）开关强制重启计算机，适用于系统无响应或死机的情况。冷启动会重新运行自检程序和磁盘扫描程序，可能导致数据丢失或硬件损坏，一般不推荐使用。

1.2 鼠标的功能及操作

鼠标是计算机的一种重要输入设备，特别是在图形化操作系统中，绝大多数操作都是通过鼠标完成的。

1.2.1 鼠标的分类

现在主流鼠标基本为光学鼠标，使用发光二极管（light emitting diode，LED）或激光（laser）作为光源照射鼠标底部的表面。鼠标内部装有光学传感器，用于捕捉反射光并将其转换为电信号，从而检测鼠标在表面的移动。根据不同的分类标准，鼠标可以分为多种类型。

1. 按连接方式分类

有线鼠标：通过 USB 接口或 PS/2 接口与计算机连接。它们通常响应更快，不需要电池，但使用范围受到线缆长度的限制。

无线鼠标：通过无线技术（如蓝牙、2.4 GHz 无线技术）与计算机连接。它们可以提供更大的活动范围和便携性，但需要定期更换电池或充电。

2. 按传感器类型分类

（1）LED 鼠标：使用 LED 光源，通常是红色光或蓝色光，适合日常使用和一般的办公应用。

（2）激光鼠标：使用激光光源，相比于 LED 鼠标具有更高的精度和更好的表面兼容性，但能耗高、价格贵。

3. 按用途分类

（1）办公鼠标：设计用于日常办公和网页浏览，通常具有基本的功能和中等的精度。

（2）游戏鼠标：为游戏玩家设计，具有高精度传感器、可编程按钮、可调节的 DPI（dot per inch，每英寸[①]点数）和个性化的 RGB 灯光等特性。

（3）轨迹球鼠标：为图形设计师和专业人士设计，通常具有高精度的定位、额外的可编程按钮和符合人体工程学设计等特色。

（4）垂直鼠标：设计用于减少手腕和前臂的压力，采用垂直握持姿势，适合长时间使用。

1.2.2 鼠标的结构

现代鼠标外形基本大同小异，如图 1-4 所示。

图 1-4 常见的现代鼠标

鼠标主要由按钮、滚轮和光学传感器组成，可以通过线缆连接到计算机的 USB 接口、PS/2 接口或通过蓝牙等无线技术与计算机连接。一般来说，位于鼠标左侧的按键称

① 1 英寸=25.4mm。

为左键，通常由右手食指操作，主要用于选择和执行对象；位于鼠标右侧的按键称为右键，通常由右手中指操作，主要用来打开对象的快捷菜单或显示帮助信息；位于左右键之间的滚轮又称鼠标轮，可以通过向前或向后滚动来使窗口中的内容上下滚动或调整某些设置的数值。有些高档鼠标在侧面还提供了精度及速度调整按钮，以适应不同的使用习惯。当移动鼠标时，光学传感器会检测鼠标在表面的移动，并将其转换为鼠标指针在屏幕上的相应移动。

1.2.3 鼠标的操作

鼠标的操作方式、操作方法及应用范围如表 1-1 所示。

表 1-1 鼠标的操作

操作方式	操作方法	应用范围
移动	将鼠标指针从一个位置移动到另一个位置	用于在屏幕上改变鼠标指针的位置，浏览不同区域
指向	把鼠标指针移动到某一对象上，以鼠标指针的尖端指向该对象	一般用于激活对象或显示工具与图标的提示信息
单击	将鼠标指针指向某一对象，然后快速按一次鼠标左键	用于选取某个对象、选择某个选项、打开菜单或按下某个按钮
右击	将鼠标指针指向某一对象，然后快速按一次鼠标右键	用于打开对象的快捷菜单或帮助提示
双击	将鼠标指针指向某一对象，然后快速按两次鼠标左键	常用于启动程序、打开图标
滚动滚轮	前后滚动鼠标的滚轮	用于垂直或水平调整文档、网页或列表
拖动	将鼠标指针指向某一对象，然后按住左键不放，移动鼠标指针到指定位置后，松开鼠标左键	常用于标尺滑块的移动或复制、移动对象、调整窗口大小、选取文本或数据等
按 DPI 按钮	按鼠标上的 DPI 调节按钮	用于快速切换鼠标的灵敏度或移动速度，常见于游戏鼠标中，以适应不同的游戏场景或个人偏好

1.3 键盘的结构及功能

计算机运行时所需的绝大多数源程序、字母、数字、符号、汉字及部分控制命令等都是通过键盘输入的。尽管键盘的外形和结构千差万别，但是其基本功能是相同的。

1.3.1 键盘的分类

根据不同的标准，键盘可以分为以下多种类型。

1. 按连接方式分类

（1）有线键盘：通过 USB 或 PS/2 接口与计算机连接。它们通常提供更稳定的连接和更快速的响应。

（2）无线键盘：通过无线技术与计算机连接。它们通常提供更大的自由度，具有更好的便携性，但需要定期更换电池或充电。

2. 按按键类型分类

（1）机械键盘：利用物理开关实现按键操作，可以提供明确的敲击感，具有更高的耐用性和可定制性，但价格较高。

（2）薄膜键盘：利用导电薄膜和橡胶圆顶实现按键操作，价格较为便宜，但敲击感和耐用性不如机械键盘。

（3）电容式薄膜键盘：利用静电容量的变化实现按键操作，具有静音、手感轻柔、适应性强、耐用性好等优点，可以提供优秀的敲击感，但价格较高。

（4）投影键盘：投影键盘是一种用投影来作为输入方式的新型键盘，它采用了虚拟键盘（virtual keyboard，VKB）技术，可以用内置的红色激光发射器在物体表面投影出标准键盘的轮廓，然后通过红外线技术跟踪手指的动作，最后完成输入信息的获取。

3. 按布局分类

（1）全尺寸键盘：包含字母区、数字小键盘区和功能键区，适合需要输入大量数据的场合，如图 1-5 所示。

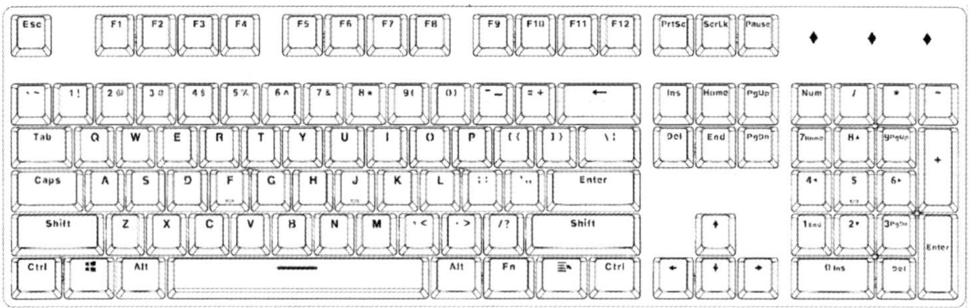

图 1-5　全尺寸键盘示意

（2）无数字键盘：去除数字小键盘区，保留字母区和功能键区，节省桌面空间，是部分小型笔记本计算机使用的键盘，如图 1-6 所示。

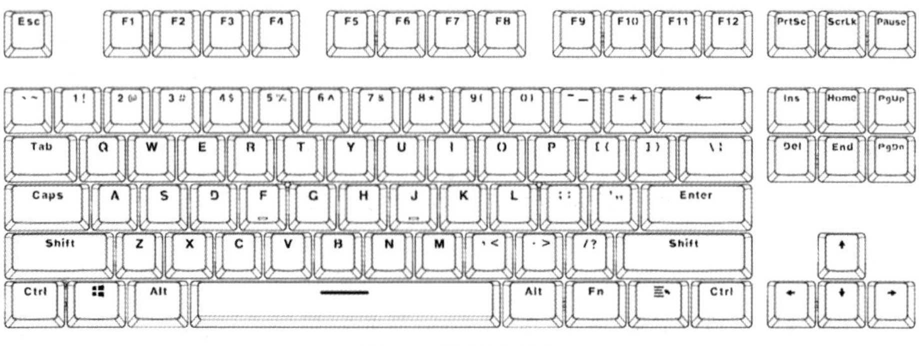

图 1-6　无数字键盘

（3）紧凑型键盘：进一步缩小尺寸，按键布局更为紧凑，适合空间有限的环境或需要便携使用的场合，如图 1-7 所示。

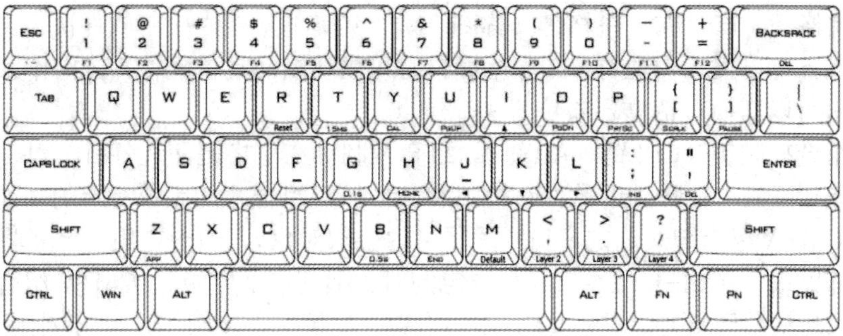

图 1-7 紧凑型键盘

1.3.2 键盘的分区及功能

以全尺寸键盘为例，按照按键的大体位置及功能的不同，一般将键盘分为 5 个区域，即功能键区、主键盘区、编辑键区、工作状态指示区、小键盘区，如图 1-8 所示。

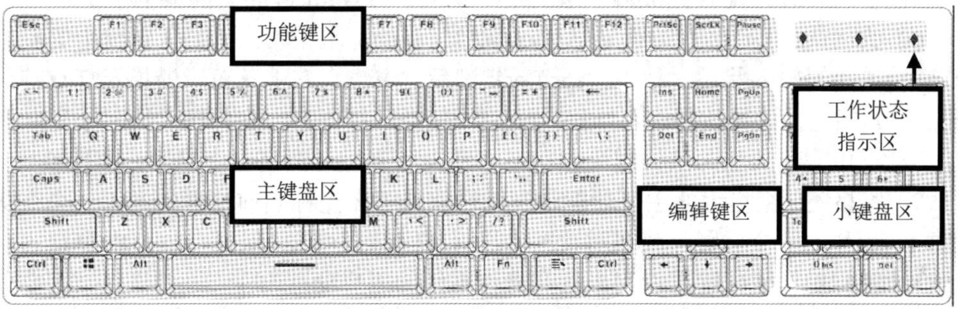

图 1-8 键盘分区示意

1. 功能键区

功能键区位于键盘最上面一行，主要由 Esc 键、F1 键～F12 键及屏幕打印键（Print Screen 键）、屏幕锁定键（Scroll Lock 键）和暂停键（Pause 键）组成。功能键区的按键功能一般不明确，具体功能由操作系统或应用软件决定。

2. 主键盘区

主键盘区位于键盘的左下部，通常由数字键 0～9、字母键 A～Z、常用符号键及功能控制键 4 个部分组成，主键盘区是键盘中使用频率最高的部分。

（1）回车键（Enter 键）。回车键又称换行键，在输入程序或编辑文字时按该键可以实现换行或分段，将光标插入点移至下行行首；在操作系统窗口中，该键可以代替单击来打开选定的对象。

（2）退格键（Backspace 键）。退格键位于主键盘区的右上角，一般用一个向左的箭头“←”标记。退格键在输入程序或编辑文字时用来删除当前光标位置左边一格的字符或选定的字符/字符串；在操作系统的文件管理器窗口中，可以代替单击“后退”按钮使当前窗口返回到上一级目录。

（3）跳格键（Tab 键）。跳格键又称制表键，其具体功能由应用软件决定。一般在文本编辑状态下可以插入占位符，在表格编辑时可以切换活动单元格。在操作系统或应用程序窗口中可以切换对话框各项目的执行焦点。

（4）组合控制键（Ctrl 键、Alt 键）。组合控制键在空格键两边各有一对，一般单独按下不起作用，只有在特定的软件环境下和其他按键组合才能完成特定的功能。常用的组合键有 Ctrl+A 组合键（选定窗口或编辑区内全部对象）、Ctrl+C 组合键（将选定的对象复制到剪贴板）、Ctrl+X 组合键（将选定的对象剪切到剪贴板）、Ctrl+V 组合键（将剪贴板中的信息粘贴到当前位置）、Ctrl+Z 组合键（撤销上一步操作）、Ctrl+空格键（打开/关闭中文输入法）、Alt+字母键（打开相应窗口菜单或执行菜单命令）、Alt+F4 组合键（关闭当前窗口）、Ctrl+Alt+Delete 组合键（可以完成系统关机、重启、待机、休眠、锁定、注销等操作）。

（5）上挡键（Shift 键）。上挡键在主键盘区左、右各有一个，一般情况下左键和右键的功能一致，都可以完成上挡字符（如：!、@、+、<、?等）的输入和大小写字母的转换，但在与 Ctrl 键配合完成输入法切换时，左、右 Shift 键的切换顺序相反。

（6）大/小写字母锁定键（Caps Lock 键）。当计算机正常启动后，键盘上的字母键自动锁定为小写输入状态，按下 Caps Lock 键后，主键盘右上角对应的指示灯点亮，将字母 A～Z 锁定为大写状态，再次按此键，相应指示灯熄灭，字母键又回到小写状态；如果启动了中文输入法，按该键可以在中文及大写字母（英文标点符号）间切换。

（7）空格键。空格键的主要功能是在编辑状态下在光标当前位置处插入一个空格并使光标向后移动一个位置，或在对话框中选择/取消某个复选项。

（8）徽标键。徽标键可以用于打开操作系统的“启动器”。

（9）笔记本计算机功能键（Fn 键）。Fn 是一个缩写，它的全称是 function，也就是“功能”。顾名思义，通过同时按 Fn 键和 F1～F12 键或者其他按键的组合，就可以达到快速开启或者关闭某种功能的目的，如调节笔记本计算机上的声音、亮度等。

3. 编辑键区

编辑键区位于键盘中部，其主要功能是在编辑状态下（如文本编辑、表格编辑、图形编辑等）用来实现对光标或插入点的移动控制。另外，该区域的按键可以单独使用，也可以和主键盘区上的 Shift、Ctrl、Alt 键组合使用来实现更多光标控制和对象选取的功能。

（1）光标移动键（↑/↓/←/→键）。↑/↓/←/→键分别用来使光标或选定的对象向上、向下、向左、向右移动一个单位。

（2）Home/End 键。Home/End 键用于将光标快速移动到一行的行首或行尾。

（3）PageDown/PageUp 键。PageDown/PageUp 键用于将光标快速向前或向后移动一屏。

（4）Insert 键。Insert 键又称插入键，在编辑状态下用来转换插入和改写状态。

（5）Delete 键。Delete 键又称删除键，用来删除光标当前位置后面的或已选定的字符。在操作系统的文件管理器窗口中，Delete 键也可用于删除已选定的对象。

4. 工作状态指示灯

（1）Num Lock 灯：指示小键盘区的数字锁定状态。
（2）Caps Lock 灯：指示大写锁定状态，当指示灯点亮时，字母键输入大写字母。
（3）Scroll Lock 灯：指示滚动锁定状态，现代键盘已很少使用。

5. 小键盘区

小键盘区位于键盘的右下部，主要是为提高纯数字的输入速度、方便右手单独操作而设立的。该区的按键在主键盘区和编辑键区都有，其功能由工作状态指示区中数字锁定键（Num Lock）的状态决定。按 Num Lock 键，键盘右上角对应的指示灯点亮，此时小键盘输入锁定为数字状态，再次按 Num Lock 键，指示灯熄灭，此时为光标控制状态，其功能与前面介绍的光标移动键相同。此外，小键盘区的+、-、*、/、Enter 键与主键盘区中相应的键作用相同。

1.4 指 法 基 础

通过前面的学习，我们已经知道了键盘上各按键的功能和用途，但要准确、高效地通过键盘输入各种信息，还应掌握正确的指法和盲打技巧。

1.4.1 正确的姿势

（1）坐姿：保持腰部垂直，眼睛平视屏幕，与屏幕保持 40～50 cm 的距离，双脚平放于地上，如图 1-9 所示。

（2）手臂：双臂自然下垂，肘与腰距离 5～10 cm。

（3）手形：手掌自然弯曲呈勺状，轻放在键盘托盘上，两个大拇指自然搭在空格键上，其余八个手指轻放于基本键上。

图 1-9 正确的坐姿示意

1.4.2 手指的分工

手指的分工是指键位与手指之间的对应关系。合理的分工是提高输入速度、实现盲打的关键。

（1）基本键位：主键盘区上的 A、S、D、F、J、K、L、;这八个键称为基本键位。其中 F 键和 J 键上各有一个凸点，称为定位键。打字时，眼睛不看键盘，可以通过触摸这两个键来首先固定两个食指，然后其他手指依次排开，放到相应的基本键上，如图 1-10 所示。

（2）左右手分工：每个手指都有明确的分工，哪个手指敲击哪些键，哪个键由哪个手指敲击都有严格的规定，这样才能保证正确敲击和输入速度。

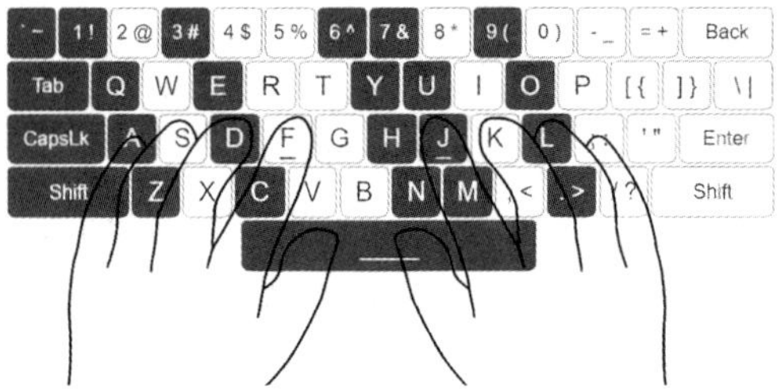

图 1-10　正确的手形

1.4.3　敲击键的方法

1. 单键敲击要领

敲击键时要注意一定的力度，同时要尽可能提高敲击键的速度。若要敲击基本键，则相应的手指直接按下并迅速抬起；若要敲击的键位于基本键的上方，则相应的手指抬起并伸展按下键后迅速回到基本键位；若要敲击的键位于基本键的下方，则相应的手指抬起并收缩按下键后迅速回到基本键位。

注意：在敲击键的过程中，只有敲击键的手指能活动，其他手指一定要保持在原位。

2. 组合键敲击要领

如果要敲击的字母键或数字键位于右手部分，则先用左手的小指按住左边的 Shift 键/Ctrl 键/Alt 键不放，再用右手按相应键；如果要敲击的键位于左手部分，则先用右手的小指按住右边的 Shift 键/Ctrl 键/Alt 键不放，再用左手按相应键。

第 2 章　计算机基础知识

最初计算机只是被定义成一种计算机器，随着信息技术的不断发展，计算机的功能不断强大，能处理的信息已不只是数值，还包括文本、图像、声音、视频等多种媒体信息。从信息处理的过程来看，计算机与人的大脑有某些相似之处，所以计算机也常被称为电脑，不过计算机的运算速度和精度却是人类大脑望尘莫及的。

从 1946 年第一台通用计算机诞生到现在短短几十年间，虽然计算机的功能和性能发生了巨大的变化，但是其基本组成和工作原理是相对稳定的。本章学习与计算机系统相关的一些基本理论，初步了解计算机的基本概念、信息编码及体系结构等方面的内容，为熟练使用计算机奠定基础。

2.1　计算机的定义

计算机是一个非常复杂和庞大的系统，在不同的发展阶段，计算机有不同的特征，单纯从某一个或几个方面很难准确而又完整地给出计算机的定义。在现阶段，人们一般把计算机定义为一种能够快速、准确、自动地按照预先编写好的程序，对各种数据和信息进行处理的电子装置。

通过这个定义可以知道，计算机的基本特点是快速、准确、自动，计算机是由软件系统（程序、数据、信息）和硬件系统（电子装置）两大部分组成的，计算机的工作是在预先编写好的程序控制下实现的。当然，随着新一代计算机技术的不断成熟和应用，计算机系统的体系结构和理论基础都将发生很大的变化，计算机的定义也将被改写。

2.2　计算机的产生及发展

在电子计算机（electronic computer）产生之前，人们在生产和生活中先后发明了各种计算工具，如算盘、计算尺、图灵机等。尽管这些工具可以帮助人们完成各种计算，但它们都不能被称为计算机，因为这些工具都不能对输入的数据进行自动存储、分析和处理。直到第二次世界大战接近尾声时，科学家为解决弹道导弹发射轨迹中的复杂计算问题，才于 1946 年 2 月在宾夕法尼亚大学研制出世界上第一台真正意义上的电子数字积分计算机（electronic numerical integrator and computer，ENIAC），如图 2-1 所示。

尽管 ENIAC 和现代的计算机相比体积大（仅主机房就占地 170 多平方米，主机重达 30 多吨）、功耗高（耗电功率约 150 kW • h）、运算速度慢（每秒仅能完成 5000 次加法、400 次乘法运算），但它却使一条弹道的计算时间从过去人工需要 20 多小时缩短到 30s，使科学家们可以从繁杂的科学计算中解放出来，从而投入到更多、更好的算法设计工作中。ENIAC 的问世，标志着人类社会计算机时代的到来。

图 2-1 ENIAC 的主机房

从 ENIAC 诞生至今，计算机技术以前所未有的速度迅猛发展，先后经历了电子管、晶体管、中规模集成电路与小规模集成电路、大规模集成电路和超大规模集成电路等阶段，特别是 20 世纪 90 年代以后，计算机硬件技术更是飞速发展。一般来说，根据组成计算机主要逻辑部件的不同，可以将计算机的发展分为 4 个阶段（表 2-1）。

表 2-1 计算机发展的各个阶段

时间	名称	存储器	软件	特点	应用
1946～1958 年	电子管计算机	内存为延迟线或磁鼓，外存为纸带、磁带	计算机程序由机器语言和汇编语言编写，无操作系统，使用困难	体积大、运算速度低（每秒几千至几万次）、存储器容量小（1～4 KB）、功能弱、造价高	国防、军事中的科学计算
1958～1965 年	晶体管计算机	内存为磁芯体，外存为磁带和磁盘	出现了高级语言，如 BASIC、FORTRAN 等	体积缩小、功耗降低、运算速度提高到每秒几十万次、可靠性较高	数据处理、事务管理
1965～1970 年	中、小规模集成电路计算机	内存为磁芯体，外存为磁带和磁盘	软件形成了产业，出现了操作系统和网络	体积、功耗进一步减小，运算速度及可靠性进一步提高	工农业及民用
1970 年至今	大规模和超大规模集成电路计算机	内存由集成电路组成，外存主要为光盘和硬盘	出现了丰富多彩的软件市场	软硬件技术得到了飞速的发展，计算机进入以网络和多媒体为特征的时代	各行各业

随着计算机科学技术的迅猛发展，前四代计算机的体系结构在新形势下已经不能满足人们的需要，从 20 世纪 80 年代开始，世界各国投入了大量人力、物力用于研制新一代的计算机，即第五代计算机。因为 1950 年以后出现的计算机大多是基于冯·诺依曼体系结构的，每一代计算机即使变得更小、更快、更便宜，但其改进都主要体现在硬件或软件方面，而不是体系结构、原理，它们的原理几乎是相同的，所以第五代计算机的目标是力图突破冯·诺依曼体系结构，使计算机能像人一样具有听、看、说和思考的能力。第五代计算机具有知识存储和知识库管理的功能，能够利用已有知识对问题进行推理、判断、联想和学习，它涉及很多高新技术领域，如微电子学、量子理论、高级信息处理、软件工程、知识工程和知识库、人工智能和人机界面（能理解自然语言，处理声、光、像的交互）等。

我国的计算机技术虽然起步较晚，但是发展很快。从 1953 年成立第一个电子计算机科研小组、1956 年制定《1956—1967 年科学技术发展远景规划》开始，我国在计算机研制领域不断创新，至今取得了举世瞩目的成果，已进入先进计算机技术国家行列。

1956 年，夏培肃完成第一台电子计算机运算器（arithmetic unit）和控制器的设计工作，同时编写了中国第一本电子计算机原理讲义。

1958 年，中国科学院计算技术研究所研制成功我国第一台小型电子管通用计算机——103 机，标志着我国第一台通用数字电子计算机的诞生。该机字长 32 位、运算速度为每秒 30 次，采用磁鼓作为内存，内存容量为 1 KB。

1959 年，我国第一台大型通用数字电子计算机——104 机研制成功。该机字长 39 位，运算速度为每秒 1 万次，该机采用磁芯存储器，容量为 2～4 KB，并配备了磁鼓外存储器、光电纸带输入机和 1/2 英寸磁带机。

1960 年，我国第一台大型通用电子计算机——107 通用数字电子计算机研制成功。

1964 年，我国第一台自行设计和研制的大型通用数字电子计算机——119 机在中国科学院计算技术研究所诞生，该机字长 44 位，运算速度为每秒 5 万次，内存容量为 4 KB。在该机上完成了我国第一颗氢弹研制的计算任务。

1965 年，我国自行设计的第一台大型通用晶体管计算机——109 乙机在中国科学院计算技术研究所诞生，该机字长 32 位，运算速度为每秒 10 万次，内存容量为双体 24 KB。随后推出的 109 丙机在两弹试验中发挥了重要作用。

1977 年，清华大学、第四工业机械部电子技术推广应用研究所（六所）、安庆无线电厂联合研制成功我国第一台微型计算机 DJS-050。

1983 年，国防科技大学研制成功我国第一台亿次巨型计算机（又称超级计算机）银河-Ⅰ（图 2-2），运算速度为每秒 1 亿次，这是我国高速计算机研制的一个重要里程碑。银河计算机的研制成功，标志着我国计算机科研水平达到了一个新高度，使我国成为第三个能独立设计和研制超级计算机的国家。随后又相继成功研发了银河-Ⅱ、银河-Ⅲ、银河-Ⅳ系列超级计算机，广泛应用于天气预报、空气动力学实验、工程物理、石油勘探、地震数据处理等领域，产生了巨大的经济效益和社会效益。

图 2-2 我国第一台亿次巨型计算机“银河-Ⅰ”

1985 年，电子工业部计算机管理局成功研制与 IBM PC 兼容的长城 0520CH 微型计算机，从此我国微型计算机产业进入了一个飞速发展、空前繁荣的阶段。

1993 年，国家智能计算机研究开发中心（后成立北京市曙光计算机公司，以下简称曙光公司）成功研制曙光一号全对称共享存储多处理器（又称处理机），这是国内首次基于超大规模集成电路的通用微处理器芯片和标准 UNIX 操作系统设计开发的并行计算机。

1995 年，曙光公司推出了国内第一台具有大规模并行处理器结构的并行机曙光 1000，其峰值速度达到每秒 25 亿次，实际运算速度超过 10 亿次浮点运算，内存容量为 1024 MB。曙光 1000 与美国英特尔（Intel）公司 1990 年推出的大规模并行机体系结构与实现技术相近，与国外的差距缩小到 5 年左右。

1997～1999 年，曙光公司先后推出了具有机群结构的曙光 1000A、曙光 2000-Ⅰ、曙光 2000-Ⅱ超级服务器，其峰值运算速度已突破每秒 1000 亿次浮点运算，机器规模已超过 160 个处理器，机群操作系统等技术进入国际领先行列。

1999 年，国家并行计算机工程技术研究中心研制的神威Ⅰ计算机通过了国家级验收，并在国家气象中心投入运行。该计算机系统的峰值运算速度达到每秒 3840 亿次。

2002 年，中国科学院计算技术研究所研制成功我国第一款具有完全自主知识产权的通用高性能微处理芯片——龙芯一号，搭载该芯片的曙光“龙腾”服务器同时发布，在国防、安全等方面发挥了重大作用。

2003 年，联想集团承担的国家网格主节点“深腾 6800”超级计算机正式研制成功，其实际运算速度达到每秒 4.183 万亿次，当年全球排名第 14 位。

2010 年，我国自主研发的“天河一号”超级计算机凭借每秒 4700 万亿次的运算峰值速度脱颖而出，成为当时世界运算速度最快的超级计算机。

2014 年发布的全球超级计算机 500 强排行榜中，我国“天河二号”（图 2-3）计算机以每秒 5.49 亿亿次的峰值速度和每秒 3.39 亿亿次的持续计算速度位居榜首。天河二号相当于 50 万个现在的中高端 PC 的运算能力总和。

图 2-3 “天河二号”超级计算机

2016 年，全球超级计算机 500 强榜单中，我国自主研发的“神威・太湖之光”超级计算机（图 2-4）和“天河二号”超级计算机位居前两位。我国超级计算机上榜总数首次超过美国，名列第一。“神威・太湖之光”超级计算机落户在国家超级计算无锡中心。该超级计算机峰值运算速度达到了每秒 12.5 亿亿次并具备每秒 9.3 亿亿次的持续运算能力。我国借此在超级计算机领域领先很长一段时间，航天事业也借此得到了极大的发展。

图 2-4 “神威・太湖之光”超级计算机

2018 年，由国防科技大学牵头研制，运算速度达“天河二号”10 倍以上的“天河三号E级原型机系统”已在国家超级计算天津中心完成研制部署，顺利通过分项课题验收。随后，神威E级原型机系统曙光、E级原型机系统也相继交付。

2017～2020年，中国科学技术大学利用我国自主研发的高性能半导体量子点单光子源，构建了世界首台用于玻色采样问题的光量子计算原型机，并通过由与中国科学院上海微系统与信息技术研究所、国家并行计算机工程技术研究中心合作研发的光量子计算原型机“九章”，实现量子计算优越性的工作。这一成果牢固确立了我国在国际量子计算研究中的第一方阵地位。

2024年，我国第三代自主超导量子计算机“本源悟空”上线运行，成功将我国量子计算机的整机运行效率提高了数十倍。

2.3 计算机的特点

计算机具有以下几个基本特点。

1. 计算速度快

通常以每秒完成基本加法指令的数目来表示计算机的运算速度，其单位是百万次/秒（million instructions per second，MIPS）。大规模集成电路和超大规模集成电路技术在计算机中的广泛应用，使计算机每秒可以执行数百亿次，甚至数亿亿次算术运算和逻辑运算，从而使过去人工需要几年或几十年才能完成的科学计算（如天气预报、有限元计算等），能够在几个小时或更短时间内得到结果。

2. 运算精度高

由于计算机采用二进制数字进行运算，因此，计算精度主要由表示数据宽度的字长决定，其单位为位（bit，b），当前计算机的字长可达64位或128位。随着字长的增加和算法的改进，计算机的精度不断提高，可以满足各类复杂计算模型对计算精度的要求。

3. 存储容量大

存储容量也是计算机的一个重要的性能指标，单位为位或字节（byte，B）。存储容量不仅可以影响计算机的运算速度，也直接决定了计算机中包含的信息量。目前一般的微型计算机（又称微机）内存储器存储容量已达8～64 GB，加上各种硬盘、光盘等外存，计算机可以实现各种大存储容量数据（千万亿字节级别）的长期存储。

4. 扩展能力强

扩展能力是指计算机系统的软件兼容性和外部设备的扩展性。现代计算机一般都提供很多类型的扩展总线（bus）和接口，各种各样的外部设备可以方便地连接到主机上。

5. 可靠性能高

硬件技术的迅速发展使采用大规模集成电路和超大规模集成电路的计算机具有非

常高的可靠性，尤其是在计算机中加入各种冗余技术后，其平均无故障时间可达到几个月、几年甚至更长，由计算机硬件引起的错误和带来的损失也越来越少。

6. 工作全自动

计算机是按人们预先编写好的程序工作的，程序运行后，一般不需要人工干预，计算机就能自动完成各种工作。

7. 应用范围广

针对不同的应用领域，可以编制和运行不同的应用软件，计算机的通用性极强。

2.4 计算机的应用领域

经过几十年的发展，计算机的应用已渗透到社会的各行各业，计算机正在改变人们传统的生产、生活、学习方式，并有力地推动了社会的发展。计算机的典型应用领域主要分为以下几个方面。

1. 科学计算

科学计算又称数值计算，是指利用计算机完成的科学研究和工程技术中提出的一些复杂的数值计算。现代科学技术的不断发展使各领域中的计算模型日趋复杂，通过计算机可以解决人工无法解决的复杂问题，如在高能物理、水利、农业、地球物理、宇宙空间探索等领域中就有很多计算机科学计算方面的典型应用。

2. 数据处理

数据处理又称非数值运算，是目前计算机应用最广泛的领域之一，是指对大量的数据进行加工处理，如信息的采集、输入、分析、合并、分类、统计、存储、输出等。与科学计算不同，数据处理的信息量大，计算方法简单，其中包含大量的循环运算和重复运算。例如，当前流行的各种办公自动化（office automation，OA）系统、信息管理系统（information management system，IMS）、企业资源计划（enterprise resource planning，ERP）系统等就是计算机在数据处理方面的典型应用。

3. 计算机辅助系统

计算机辅助系统是指利用计算机完成计算机辅助设计（computer-aided design，CAD）、计算机辅助制造（computer-aided manufacturing，CAM）、计算机辅助教学（computer-aided instruction，CAI）等方面工作的系统。

（1）计算机辅助设计。在系统与设计人员的相互作用下，CAD 系统能够实现最优化设计的判定和处理，能自动将设计方案转变成生产图纸。CAD 技术提高了设计质量和自动化程度，大幅缩短了新产品的设计与研制周期。CAD 典型应用领域有建筑设计、服装设计、机械产品设计、大规模集成电路设计、飞机图纸的设计等。

（2）计算机辅助制造。计算机辅助制造就是利用计算机对生产设备进行管理和控制，实现设计生产自动化。

（3）计算机辅助教学。互动式课件教学、计算机辅助测试、计算机辅助教育管理、网络教学、模拟教室等都属于计算机辅助教学的典型应用。

4. 自动控制

自动控制是指利用计算机及时采集、检测数据，并按最佳值迅速地对控制对象进行自动控制或自动调节的技术。自动控制是实现生产自动化的重要技术和手段，它不仅可以大幅提高控制的自动化水平，而且可以提高控制的及时性和准确性，从而改善劳动条件，提高产品质量，节约能源，降低成本。计算机自动控制已在冶金、石油、化工、纺织、水电、机械、航天等领域得到广泛应用。

5. 人工智能

人工智能是指利用计算机模拟人类智力的活动，将人脑在进行演绎推理时的思维过程、规则和所采取的策略、技巧等编写成计算机程序，依据存储其中的公理和推理规则，使计算机能感知、判断、理解和学习，并能够自动探索解题的方法等。人工智能是计算机应用研究中的前沿技术，近年来已经应用于机器人、医疗诊断、计算机辅助教育等多个方面。

6. 计算机网络

计算机网络可以将地理位置不同的具有独立功能的多台计算机及其外部设备，通过通信线路连接起来，在网络操作系统、网络管理软件及网络通信协议的管理和协调下，实现资源共享和信息传递。在网络中，计算机不仅能处理本机事务，而且可以通过各种各样的网络在因特网（Internet）中获取和发布信息，与其他人实现资源共享和进行廉价、高效、实时的通信。例如，网页浏览、网上论坛、网络银行、网络聊天、电子邮政、网络游戏、网络视频会议系统、网络智能学习系统等都属于计算机网络的应用。

7. 多媒体应用

多媒体应用是指利用计算机完成文字、图形、声音、视频及动画等多媒体信息的采集、存储、加工、传输和输出等的操作，例如，人们不仅能在计算机上听音乐、看电影，甚至可以进行各种逼真的3D游戏，这些都属于多媒体应用。

2.5 计算机的分类

计算机按照不同的标准有不同的分类，具体分类如下。

1. 按工作原理分类

（1）电子数字计算机。数字计算机的处理对象主要是由0和1构成的二进制数字。电子数字计算机的基本运算部件是逻辑电路。电子数字计算机具有精度高、便于存储大量信息、通用性强等特点。通常使用的计算机都是电子数字计算机，简称电子计算机。

（2）模拟计算机。模拟计算机的处理对象主要是连续变化的模拟量（如电压、电流等），其基本运算部件是由运算放大器构成的各类运算电路。模拟计算机运算速度快，但运算精度不高，通用性不强，主要用在过程控制中。

（3）混合计算机。混合计算机结合了以上两者的优点。

2. 按用途分类

（1）通用计算机。通用计算机是为解决各种问题而设计的计算机，具有较强的通用性。人们平时使用的计算机一般都是通用计算机。

（2）专用计算机。专用计算机是为解决某一个或某一类问题而特地设计的计算机，一般用在过程控制中。

3. 按规模分类

规模是指计算机的一些主要技术指标（如字长、运算速度、存储容量、外部设备、输入和输出能力、配置软件、价格高低等）。按规模的大小可以将计算机分为以下几类。

（1）巨型计算机（图 2-5）。巨型计算机是目前功能最强、速度最快、价格最高的计算机，号称国家级资源，是一个国家科学技术发展的重要标志，同时也是一个国家计算机水平、综合国力和国防实力的标志，主要用于解决尖端科学研究和战略武器研制中的复杂计算。它们安装在国家高级研究机构中，可供几百个用户同时使用。世界上只有少数几个国家能生产这种机器，例如，日本研制的地球模拟机，美国克雷公司生产的克雷系列计算机，我国自主生产的银河系列计算机、曙光系列计算机、天河系列计算机、神威系列计算机等都属于巨型计算机。

（2）大中型计算机（图 2-6）。大中型计算机也有很高的运算速度和非常大的存储容量，并允许多用户同时使用，当然它在量级上不及超级计算机，价格也比巨型计算机便宜。这类机器通常用于大型企业、商业管理或大型数据库管理系统中，也可用作大型计算机网络中的主机。

图 2-5　巨型计算机

图 2-6　大中型计算机

（3）小型计算机（图 2-7）。小型计算机规模比大中型计算机要小，但仍能支持十几个用户同时使用。这类机器价格较便宜，适合中小型企事业单位使用。例如，美国数字设备公司（Digital Equipment Corporation，DEC）生产的 VAX 系列、国际商业机器公司（International Business Machines Corporation，IBM）生产的 AS/400 系列都是典型的小型计算机。

（4）微型计算机（图 2-8）。微型计算机最主要的特点是小巧、灵活、价格低，不过其通常一次只能供一个用户使用，所以微型计算机又称个人计算机。

图 2-7　小型计算机

图 2-8　微型计算机

（5）嵌入式计算机（图 2-9）。嵌入式计算机是指嵌入应用对象系统中、实现对象体系智能化控制的计算机。嵌入式计算机以应用为中心，将操作系统和功能软件集成于计算机硬件系统之中，适用于对功能、可靠性、成本、体积、功耗等综合性能有严格要求的专用计算机系统。嵌入式计算机的应用领域非常广泛，涵盖了日常生活中大多数的家用电器。例如，日常使用的电冰箱、全自动洗衣机、空调、智能手机、工业自动化仪表、医疗仪器、飞机、汽车等都采用了嵌入式计算机技术。随着物联网（internet of things，IoT）的发展，以嵌入式计算机为基础的嵌入式系统成为智能终端的必备设备。

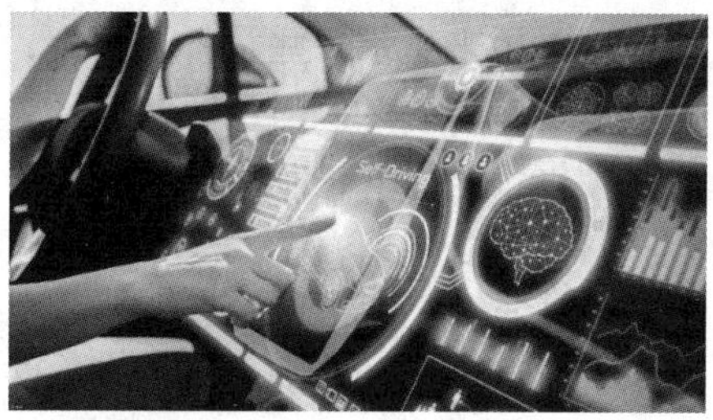

图 2-9　嵌入式计算机

2.6　计算机的发展方向

计算机有以下几个发展方向。

1. 巨型化

巨型化不单指计算机的体积，更强调计算机的运算速度、存储容量及性能等方面。

2. 微型化

微型化主要是指计算机体积小、功能强、价格优、操作灵便、软件及外设丰富等。超大规模集成电路的出现为计算机的微型化创造了条件。目前，微型计算机已进入仪器仪表、家用电器等小型仪器设备中；同时也可作为工业控制过程的心脏，使仪器设备实现智能化，从而使整个设备的体积、质量大幅减小。

3. 网络化

网络化是指利用现代通信技术将分布于不同区域的计算机连接起来。网络化使计算机不再局限于单机操作，而是可以通过计算机网络共享计算机资源和实现远程控制。目前，计算机网络已广泛应用于金融、交通、国防、教育、邮电、商业和企业管理等领域。

4. 智能化

智能化是指计算机具有模拟人类感觉和思维的能力，能够识别自然语言、图形和图像，能够根据自身存储的知识进行推理和求解问题。其主要研究领域包括自然语言的生成与理解、模式识别、自动定理证明、自动程序设计、专家系统、学习系统、智能机器人等。

2.7 信息在计算机中的表示

信息是一个比较宽泛的概念，通常是指人类能够感知、感觉到的所有事物。在计算机中，信息是指所有能够输入计算机并被计算机处理的数据，一般分为数值数据和字符数据两大类。数值数据用来表示量的大小、正负，如整数、小数等。字符数据又称非数值数据，用来表示一些符号、标记，如英文字母 A～Z、a～z，数字 0～9、各种专用字符+、-、*、[、]、(、)及标点符号、汉字、图形、声音和动画数据等。在计算机内部，所有数据都是用二进制字符“0”和“1”来表示的。

2.7.1 数制及其转换

进制是用于计数的一种方法。在现实生活中，除了人们常用的十进制，还有用于计算星期的七进制、计算月份的十二进制等，而在计算机系统中，最主要的是二进制，当然有时也使用八进制和十六进制。在各种计数数制中，无论是“几”进制，通常都由“几”个固定计数符号组成，都遵循逢“几”进一的原则。常用计数数制如表 2-2 所示。

表 2-2 常用计数数制

进制	基数	数码	特点	举例
二进制	2	0、1	最大为 1，最小为 0，超过 2 就进位，即“逢二进一”	110111 + 10101 1001100
八进制	8	0、1、2、3、4、5、6、7	最大为 7，最小为 0，超过 8 就进位，即“逢八进一”	14671 + 15261 32152
十进制	10	0、1、2、3、4、5、6、7、8、9	最大为 9，最小为 0，超过 10 就进位，即“逢十进一”	12345 + 11232 23577
十六进制	16	0、1、2、3、4、5、6、7、8、9、A、B、C、D、E、F	最大为 F，最小为 0，超过 16 就进位，即“逢十六进一”	25437 + 12698 37ACF

1. 权值

数制中某一位上的“1”所表示的数值大小，称为该位的权值。在任何进制中，一

个数的每个位置都有一个权值。例如，十进制数 34958 的值为

$$(34958)_{10}=3\times10^4+4\times10^3+9\times10^2+5\times10^1+8\times10^0$$

从右向左，每一位对应的权值分别为 10^0，10^1，10^2，10^3，10^4。

由于进位的基数不同，因此，不同进制中各位的权值也有所不同。例如，二进制数 100101，其值应为

$$(100101)_2=1\times2^5+0\times2^4+0\times2^3+1\times2^2+0\times2^1+1\times2^0$$

从右向左，每个位对应的权值分别为 2^0，2^1，2^2，2^3，2^4，2^5。

2. 不同数制的相互转换

（1）八进制、十六进制转换为十进制。按权展开求和，即将每位数码乘以各自的权值并累加。

例如，将$(1001.1)_2$和$(\text{A3B.E5})_{16}$按权展开求和。

$$\begin{aligned}(1001.1)_2 &=1\times2^3+0\times2^2+0\times2^1+1\times2^0+1\times2^{-1}\\ &=8+1+0.5\\ &=(9.5)_{10}\end{aligned}$$

$$\begin{aligned}(\text{A3B.E5})_{16} &=10\times16^2+3\times16^1+11\times16^0+14\times16^{-1}+5\times16^{-2}\\ &=2560+48+11+0.875+0.01953125\\ &=(2619.89453125)_{10}\end{aligned}$$

（2）十进制转换为二进制、八进制、十六进制。整数部分和小数部分分别遵守不同的转换规则。假设将十进制数转换为 *R* 进制数。

① 整数部分。除以 *R* 取余法，即整数部分不断除以 *R* 取余数，直到商为 0 为止，最先得到的余数为最低位，最后得到的余数为最高位。

② 小数部分。乘 *R* 取整法，即小数部分不断乘以 *R* 取结果的整数部分，直到积为 0 或达到有效精度为止，最先得到的整数为最高位（最靠近小数点），最后得到的整数为最低位。

例如，将$(75.453)_{10}$转换成二进制数（取 4 位小数）。

整数部分

除数	被除数/商	取余数	
2	75		低 ↑
2	37	1	
2	18	1	
2	9	0	
2	4	1	
2	2	0	
2	1	0	
	0	1	高

小数部分

运算	取整数	
0.453 × 2 = 0.906	0	高 ↓
0.906 × 2 = 1.812	1	
0.812 × 2 = 1.624	1	
0.624 × 2 = 1.248	1	低

$$(75.453)_{10}=(1001011.0111)_2$$

例如，将$(152.32)_{10}$转换成八进制数（取 3 位小数）。

整数部分

除数	被除数	取余数	
8	152		
8	19	0	低
8	2	3	↑
	0	2	高

小数部分

运算	取整数	
0.32 × 8 = 2.56	2	高
0.56 × 8 = 4.48	4	↓
0.48 × 8 = 3.84	3	低

$$(152.32)_{10}=(230.243)_8$$

例如，将$(237.45)_{10}$转换成十六进制数（取 3 位小数）。

整数部分

除数	被除数	取余数	
16	237		
16	14	13	低
	0	14	高

小数部分

运算	取整数	
0.45 × 16 = 7.20	7	高
0.20 × 16 = 3.20	3	↓
0.20 × 16 = 3.20	3	低

$$(237.45)_{10}=(ED.733)_{16}$$

（3）二进制转换为八进制、十六进制。因为 $2^3=8$、$2^4=16$，所以 3 位二进制数对应 1 位八进制数，4 位二进制数对应 1 位十六进制数。二进制数转换为八进制数、十六进制数比转换为十进制数容易得多，因此常用八进制数、十六进制数来表示二进制数。

将二进制数以小数点为中心分别向两边分组，转换为八（或十六）进制数，每 3（或 4）位为一组，位数不够时在两边加 0 补足，然后将每组二进制数转换为八（或十六）进制数即可。

例如，将二进制数 1001101101.11001 分别转换为八进制数、十六进制数。

$$(\underline{001}\ \ \underline{001}\ \ \underline{101}\ \ \underline{101}.\underline{110}\ \ \underline{010})_2=(1155.62)_8$$（注意在两边补零。）

$$(\underline{0010}\ \ \underline{0110}\ \ \underline{1101}.\underline{1100}\ \ \underline{1000})_2=(26D.C8)_{16}$$

（4）八进制、十六进制转换为二进制。

将每位八（或十六）进制数展开转换为 3（或 4）位二进制数，位数不够时在两边加 0 补足。

例如，将八进制数$(631.02)_8$和$(23B.E5)_{16}$分别转换为二进制数。

$$(631.02)_8=(\underline{110}\ \ \underline{011}\ \ \underline{001}.\ \underline{000}\ \ \underline{010})_2$$

$$(23B.E5)_{16}=(\underline{0010}\ \ \underline{0011}\ \ \underline{1011}.\ \underline{1110}\ \ \underline{0101})_2$$

注意： 整数前的高位零可以取消。

2.7.2 二进制与信息

二进制数由数字“0”和“1”组成，可以很方便地与半导体器件上的无电和有电两种基本状态相对应，如标记为“1”则代表线路有电，标记为“0”则代表线路无电。相对于其他进制而言，二进制更便于用物理硬件来实现，而且二进制数又有简单的运算规则（“逢二进一”，如 0+1=1、1+1=10、10+1=11、11+1=100 等），可以极大地简化计算机结构，提高计算机的可靠性和运算速度。因此，二进制成为计算机中最基本、最常用的计数数制，计算机中的所有信息都是用“0”和“1”的不同组合来表示的。

假设在某台计算机的内部有 8 条并列的导线，即计算机的总线宽度为 8 位（8 个二进制位），在某个时刻，用电表分别对这 8 条导线进行检测，并将结果用特定的方法记录在计算机存储器的连续 8 个存储单元中，这样存储在存储器中的信息就组成了一个二进制数，然后计算机再根据某种编码规定来识别这个二进制数所代表的具体信息，如图 2-10 所示。

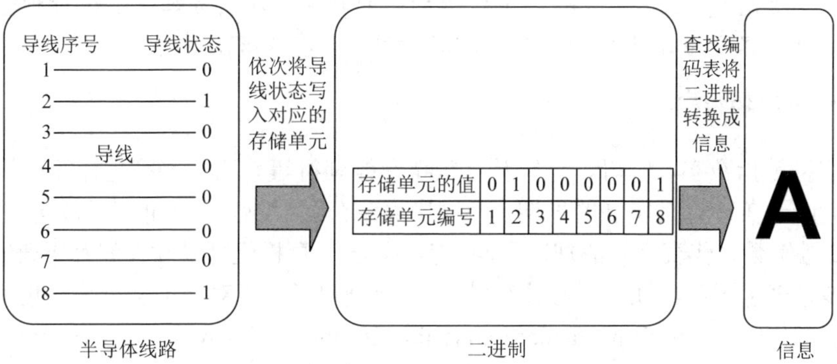

图 2-10 信息、二进制与线路的关系

在图 2-10 中，如果在某个时刻 8 条导线都无电，则在存储器中存储的二进制数为 00000000，就代表一个空字符或空操作；如果在某个时刻 8 条导线中只有第 3 第、第 4 条及第 8 条导线有电，则在存储器中存储的二进制数为 00110001，通过查找编码表可以知道这 8 条导线此时的状态代表一个阿拉伯数字“1”；如果在某个时刻 8 条导线中只有第 2 条及第 8 条导线有电，其他导线没电，则在存储器中存储的二进制数为 01000001，通过查找编码表可以知道这 8 条导线此时的状态代表一个大写的英文字符“A”。这样通过一系列的“0”和“1”的组合，计算机就可以将现实生活中的信息表示出来，这种用“0”和“1”表示信息的过程称为字符的编码。

当然在这个例子中，由于导线的数量有限（计算机的字长仅为 8 位），根据排列组合的原则，计算机最多只能表示 2^8=256 种信息。但是随着计算机硬件技术的不断发展，计算机的字长已经达到 64 位甚至 128 位，即计算机能表示的基本信息可达到 2^{128} 种，如果再配合各种先进的编码和算法，计算机能表示的信息量会更多，运算精度也会更高。这样计算机就不仅能表示和处理数字、字母、符号等基本信息，而且能处理汉字、图形、图像、声音、动画及视频等。

2.7.3 存储容量及其单位

通过前面的学习可知，所有的信息在计算机内部都是以二进制来表示的，因此信息的存储实际上都是通过对二进制数的存储来实现的。所有计算机外部的数据都通过统一的数据表示法转换后存入计算机中，当数据从计算机输出时再还原回来，这种通用的模式称为位模式。把在计算机存储器中存储一个二进制数“0”和“1”所占用的空间称为一个二进制位，它是计算机存储容量的最小单位。8 个这样连续的二进制位就组成一个字节。字节是衡量计算机存储容量的最基本单位。因为字节的数量级很小，所以常用的存储容量单位还有千字节（KB）、兆字节（MB）、吉字节（GB）、太字节（TB）、拍字节（PB）、艾字节（EB）等，它们的换算关系如下。

1 KB=2^{10} B=1024 B　　1 MB=2^{10} KB=1024 KB　　1 GB=2^{10} MB=1024 MB

1 TB=2^{10} GB=1024 GB　　1 PB=2^{10} TB=1024 TB　　1 EB=2^{10} PB=1024 PB

提示： 二进制中的 K 比十进制中的“千”稍大一些，对于计算机系统中的某些存储设备（如硬盘），生产厂家是以十进制的“千”（即 10^3）作为标称单位的，而在计算机内部则是以二进制的“K”（即 2^{10}）来计算的，因而会出现实际容量小于标称容量的情况，如一块标称容量为 80 GB 的硬盘在实际使用时只有 74 GB 左右。

2.7.4 西文字符的编码

西文字符是指数字、字母、符号及一些特殊控制符等。西文字符是计算机最早能处理的字符。由于在计算机发展的早期，不同国家或公司对这些字符的编码方法是不统一的，即用二进制数来代表字符的规定不同，因此，各计算机硬件及软件间互不兼容，给计算机的发展带来了困难。为此，美国国家标准学会制定了用于对西文字符编码规范的美国信息交换标准代码（American standard code for information interchange，ASCII）。它分为标准 ASCII（用 1 个字节中的后 7 位表示信息，而第 1 位规定为“0”，可表示 128 个字符，见表 2-3）和扩展 ASCII（用 1 个字节来表示信息，可表示 256 个字符）两个版本。

表 2-3 标准 ASCII 表

低四位	高四位							
	0000	0001	0010	0011	0100	0101	0110	0111
0000	NUL	DLE	space	0	@	P	、	p
0001	SOH	DC1	!	1	A	Q	a	q
0010	STX	DC2	“	2	B	R	b	r
0011	ETX	DC3	#	3	C	S	c	s
0100	EOT	DC4	$	4	D	T	d	t
0101	ENQ	NAK	%	5	E	U	e	u
0110	ACK	SYN	&	6	F	V	f	v
0111	BEL	ETB	‘	7	G	W	g	w
1000	BS	CAN	(	8	H	X	h	x
1001	HT	EM	)	9	I	Y	i	y
1010	LF	SUB	*	:	J	Z	j	z
1011	VT	ESC	+	;	K	[	k	{
1100	FF	FS	,	<	L	\	l	|
1101	CR	GS	-	=	M	]	m	}
1110	SO	RS	.	>	N	^	n	~
1111	SI	US	/	?	O	_	o	DEL

当然，在计算机中能处理的信息除西文字符外，还包含汉字、图形、图像、声音、动画及视频等，同样需要对这些信息进行编码。汉字的编码方法将在 2.8 节进行介绍。

2.8 汉字的编码及汉字输入

2.8.1 汉字的编码

在发展、应用的早期，计算机只能处理西文字符，但随着其在国内的应用越来越广，原本使用的西文界面给国内绝大多数不熟悉专业英语的用户带来了巨大的困难，因此，从 20 世纪 70 年代起，国内许多计算机专家和公司开始研究并相继开发了多种汉字编码系统，以便计算机能够输入、处理、存储和显示汉字。在汉字编码系统研制的早期，它是作为独立的硬件模块或系统软件接入操作系统的，后来人们直接将汉字编码系统集成到了操作系统中，推出了各种版本的中文操作系统及应用软件。

1. 汉字编码系统的概念及汉字的编码

汉字编码系统是指利用计算机对汉字进行存储、转换、传输和加工的操作系统。它是一种系统软件，其功能就是使计算机能够输入、存储、显示和打印汉字，并提供各种输入汉字的方法和使用汉字的环境。

为了使用计算机处理汉字，同样也需要对汉字进行编码。由于汉字的数量众多、结构复杂，因此根据在处理过程中的不同操作要求，汉字编码主要分为汉字输入码、汉字信息交换码、汉字内码、汉字地址码和汉字字形码。计算机对汉字信息的处理过程实际上是各种汉字编码间转换的过程。

（1）汉字输入码。为了将汉字输入计算机而编制的代码称为汉字输入码，又称外码。目前，汉字主要是由键盘输入的，所以汉字输入码都是由键盘上的字符或数字组合而成的，如用全拼输入法输入“中”字，就要先输入代码“Zhong”，然后选字。汉字输入码是根据汉字的发音或字形结构等多种属性及汉语有关规则编制的。目前流行的汉字输入码非常多，如全拼输入法、双拼输入法、自然码汉字输入法、五笔字型输入法等。

（2）汉字信息交换码。汉字信息交换码是用于汉字信息处理系统之间或者汉字信息处理系统与通信系统之间进行信息交换的汉字代码，简称交换码。它是为了使系统、设备之间交换信息时采用统一的形式而制定的。我国针对汉字信息交换码有相应的标准，规定有汉字国标码和区位码。

（3）汉字内码。汉字内码是在计算机内部对汉字进行存储、处理的汉字代码，用二进制“0”和“1”来表示。一个汉字输入计算机后先被转换为内码，然后才能在机器内读取和处理。一个汉字的内码常用 2 个字节（16 个二进制数）来表示，并把每个字节的最高位置“1”作为汉字内码的标识，以免与单字节的 ASCII 产生混淆。

（4）汉字地址码。汉字地址码是指汉字在字库中存储的位置编号。在汉字库中，字形信息是按一定顺序连续存放在存储介质上的，所以汉字地址码大多是连续而有序的，并且与汉字内码间有着简单的对应关系。

（5）汉字字形码。汉字字形码又称输出码或字库，由汉字的字模信息组成。汉字是一种象形文字，每个汉字可以看作一个特定的图形，这种图形可以用点阵和向量（轮廓向量、骨架向量）两种方法来表示，如图 2-11 所示。

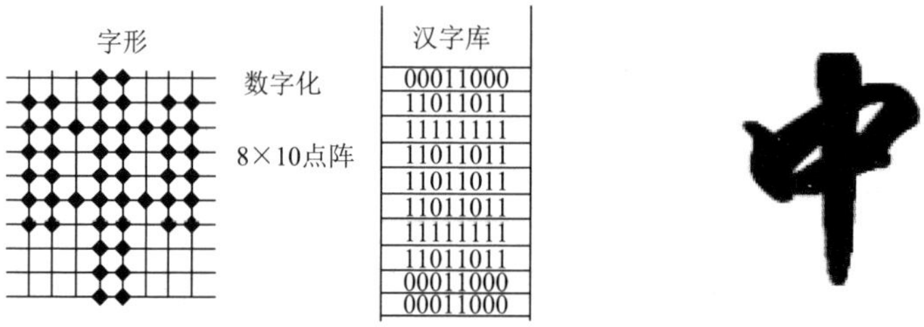

图 2-11 点阵汉字的表示和向量汉字的表示

汉字的字形在汉字输出时要经常使用，所以要把按不同风格书写的各个汉字的外形固定地存储起来，形成字库或字体，如宋体字库、楷体字库、简体字库和繁体字库等。当需要输出汉字时，首先根据内码找出其字模信息在汉字字库中的位置，然后取出该汉字的字模信息并将其在屏幕上显示或在打印机上打印输出。

2. 汉字编码系统的工作原理

汉字的输入、处理和输出的过程实际上是汉字各种代码之间的转换过程，即汉字代码在系统有关部件之间流动的过程。汉字输入码向汉字内码的转换是通过使用输入字典（索引表，即外码与内码的对照表）来实现的。一般汉字编码系统具有多种输入方法，每种输入方法都有各自的索引表。在计算机的内部处理过程中，汉字信息的存储、各种必要的加工以及向硬盘等存储汉字信息，都是以汉字内码的形式进行的；在汉字通信过程中，处理器将汉字内码转换为适合通信用的交换码以实现通信处理；在汉字的显示和打印输出过程中，处理器根据汉字内码计算出汉字地址码，按汉字地址码从字库中取出汉字字形码，实现汉字的显示或打印输出。汉字编码系统的工作原理如图 2-12 所示。

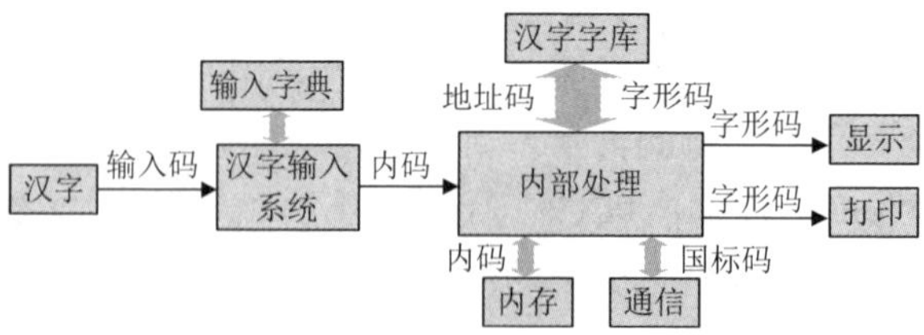

图 2-12 汉字编码系统的工作原理

2.8.2 汉字输入方法

1. 汉字常用输入方法的类型

根据编码方式的不同，汉字常用的输入方法通常分为以下几种类型。

（1）音码输入法。音码输入法是指利用汉字的拼音对汉字进行编码的方法，如常用的全拼、简拼、双拼及智能拼音等。音码输入法的特点是简单易学，但由于汉字的同音字较多，并且在对汉字进行编码时不包含声调信息，因此，音码输入法的缺点是重码率高、输入速度慢。

（2）形码输入法。形码输入法是指利用汉字的字形结构对汉字进行编码的方法，如常用的五笔输入法、表形码输入法等。形码输入法的特点是重码率低、输入速度快，但需要记忆大量的字根及复杂的编码规则。此输入法特别适用于汉语拼音掌握不标准或专业的文字录入人员。

（3）音形码输入法。音形码输入法是指同时利用汉字的语音特征和字形特征对汉字进行编码的方法。其特点介于音码输入法和形码输入法之间。

（4）语音输入法。语音输入法是指利用汉字的发音和现代计算机的语音识别技术实现汉字输入的方法。其特点是输入速度快（200～300 字/min）、识别率高，但对普通话和计算机硬件系统要求较高。

（5）手写输入法。手写输入法是指利用专用的手写传感器实现汉字输入的方法。其特点是简单易用，但输入速度慢。

（6）图形输入法。图形输入法是指利用图形扫描仪或手机将文字信息转换为图片，然后利用专用的光学字符识别（optical character recognition，OCR）软件将图片转换为文字的输入方法。其特点是输入速度快（1200～2000 字/min）、识别率高（99%以上），但只能用于印刷体文字的输入。

2. 汉字输入方法的使用

下面以常用的搜狗拼音输入法为例介绍汉字的输入方法，其他输入法的具体操作可以参考相关资料或书籍。

（1）输入法的启动。与其他音码输入法一样，搜狗拼音输入法的启动通常使用以下两种方法。

① 在语言栏或任务栏上单击图标。

② 按 Ctrl+空格键，直到语言栏中显示图标为止。

（2）输入法的状态设置。搜狗拼音输入法成功启动后，将在计算机桌面显示中文输入法的状态条，如图 2-13 所示。

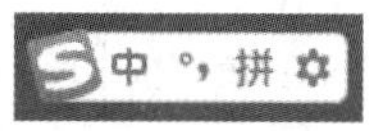

图 2-13 搜狗拼音输入法状态条

① 中/英文切换按钮。在输入法启动的状态下单击“中”按钮或“英”按钮（或按 Shift 键）可切换中/英文输入状态。

② 半角/全角切换。按 Shift+空格键可在半角字符及全角字符间进行切换。也可以单击“菜单”图标，在弹出的对话框中单击“常用设置”选项组下的“全半角切换”按钮进行切换。对于西文字符，在半角状态下只占半个汉字宽度，而在全角状态下占一个汉字宽度。

③ 中/英文标点按钮°,。单击°,按钮可在中文标点符号与英文标点符号间切换，与全角字符一样，中文标点符号占一个汉字宽度，英文标点符号只占半个汉字宽度。

④ “输入方式”按钮。单击“输入方式”按钮可进行输入方式的切换。

（3）全拼输入。全拼输入是在输入汉字或词组时，先依次全部输入汉字或词组拼音字母组合，再按空格键或数字键选字；如果要输入的字不在当前候选栏中，还需要使用+键和-键翻页。

（4）简拼输入。简拼输入就是在输入一些常用词组时，词组中的某些汉字可以只输入其声母而省略韵母。在拼音输入法中，如果要输入的信息可以组成词组，则应尽可能按简拼的方法输入，以提高输入效率。

2.9 计算机的组成结构及工作原理

2.9.1 计算机的体系结构

在 ENIAC 推出的同时，著名美籍匈牙利数学家冯·诺依曼就和他的同事研制出了人类历史上第二台离散变量自动电子计算机（electronic discrete variable automatic computer，EDVAC），并就计算机硬件系统的组成模型和计算机的工作原理提出以下三个观点，为计算机的体系结构和工作原理奠定了非常重要的基础。

（1）计算机采用二进制数表示和处理信息。

（2）计算机硬件系统由输入设备、输出设备、存储器、运算器和控制器五大部分组成。

（3）把指令和数据按顺序编写成程序，存储到计算机的内存中，并让它自动执行。

现在几乎所有的计算机，无论是功能强大的巨型计算机还是用途广泛的微型计算机，甚至是各种嵌入式计算机，均是按照这个理论构建起来的，因而冯·诺依曼被尊称为“现代计算机之父”，现在使用的计算机也被称为冯·诺依曼体系结构计算机。

2.9.2 计算机的组成结构

一个完整的计算机由软件系统和硬件系统两部分组成。软件决定功能，硬件决定性能，两者相辅相成，缺一不可。计算机的组成结构如图 2-14 所示。

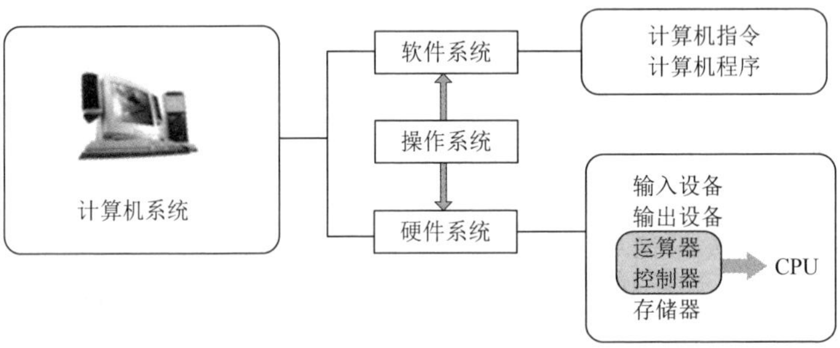

图 2-14 计算机的组成结构

1. 软件系统

软件是为运行、管理和维护计算机而编制的各种程序与程序运行所需的数据、相关资料及文档的总和，是计算机硬件设备功能得以发挥的重要部分。在软件系统中，程序是最核心、最关键的部分，所有硬件都是在它的控制下完成工作的。一个大的软件一般包含若干个可以运行的程序，而程序又由一系列的指令组成，如图 2-15 所示。

图 2-15 软件系统的组成

1）计算机指令

指令是计算机所要执行的一种基本操作命令，是对计算机进行程序控制的最小单位。简单来说，指令就是给计算机下达的一道命令，告诉计算机每一步的操作是什么，参与此项操作的数据来自何处，操作结果又将送往哪里，所以一条指令必须包括操作码和地址码（或操作数）两部分。例如：某条指令为 sum=3+x，其中+为操作码，表明该指令完成操作的类型为对两个数相加；3 为操作数；sum、x 为地址码，指明结果及参与操作的数存放的位置。

在计算机中，一条指令只能完成一个简单的操作，一个复杂的操作通常由许多简单的操作组合而成。

2）计算机程序

使用者根据解决某一问题的步骤选用一条条指令，并对它们进行有序的排列，计算机在执行了指令序列后，便可完成预定的任务，这一指令系列称为程序。例如，要计算“x+y=?”可用 C 语言编写以下程序。

```
main()
{   int x,y,sum;
    scanf("%d,%d",&x,&y);
    sum=x+y;
    printf("%d,%d,%dn\",x,y,sum);
}
```

根据程序在计算机中完成功能的不同，可将程序分为系统软件和应用软件两大类。

（1）系统软件。系统软件是指控制和协调计算机及其外部设备，支持应用软件开发和运行的系统，是无须用户干预的各种程序的集合。其主要功能是调度、监控和维护计算机系统，负责管理计算机系统中各种独立的硬件，使它们可以协调工作，并充当硬件、用户、应用程序之间的桥梁和接口，为用户和应用软件提供控制、访问硬件的手段。系统软件使得用户和应用软件可以将计算机当作一个整体而不需要顾及底层每个硬件是如何工作的。系统软件一般可分为操作系统、程序设计语言和辅助程序三类。

① 操作系统。操作系统是计算机系统中最重要、最核心的软件，其功能是管理和控制计算机中的所有硬件资源和软件资源，使它们能高效、协调地配合完成各种工作，并提供一个友好的、用户与计算机交互的界面。常用的操作系统有 UNIX 操作系统、磁盘操作系统（disk operating system，DOS）、Linux 操作系统、OS/2 操作系统、macOS 操作系统、Windows 操作系统等。

② 程序设计语言。像人与人交流需要语言一样，人们与计算机交流也要使用相互理解的语言，以便人们把目的告诉计算机，也就是根据一定的语法规则和数据类型，采用特定的单词、数字和字符把解决问题的过程用一系列的语句组合成一个源程序。这种用于编写计算机程序的语句称为程序设计语言。程序设计语言通常分为机器语言（直接用二进制字符“0”和“1”来编写程序）、汇编语言（用助记符来编写程序）和高级语言[用接近自然语言和数学语言的方式来编写程序，如 BASIC、Visual C++、Visual Basic（VB）、Delphi、Java 语言等]三类。

另外，用户编写的源程序都是用字符、符号和数字来表示的，计算机不能直接识别，必须将源程序翻译成对应电子信号的“0”“1”组合形式，计算机才能执行。因此，程序设计语言除提供编写源程序的功能外，还负责源程序的编译和调试，将其连接转换为由二进制字符表示的可执行程序（扩展名为 exe、com 的文件）。

③ 辅助程序。辅助程序能为用户提供一些特殊的服务，通常都与计算机程序或设备的管理有关，如硬件的驱动程序、网络通信协议、系统诊断或程序调试等。

（2）应用软件。应用软件是指人们为了达到某种目的或为实现某种特定的功能而用特定的计算机程序设计语言编写的、能在计算机上运行的各种程序的集合。例如，从网上下载的资料需要解压软件才可以打开，这时就需要安装 WinRAR 工具软件。

常用的应用软件有用于制作文档（如书信、报告之类）的文字处理软件，用于处理数据、制作报表的表格处理软件，用于存储、查找、更新、组织大量相关数据的数据库软件，用于生成、编辑、处理图片的制图软件等。此外，应用软件还包括教育软件、娱乐软件、出版软件、多媒体软件、网络通信软件、工具软件、游戏软件等。

2. 硬件系统

硬件系统是指那些看得见、摸得着的物理器件实体，如显示器、鼠标、主板、硬盘、内存条等，它们是组成计算机系统的物质基础。硬件系统按照其在数据处理过程中功能和用途的不同分为以下五大类。

1）输入设备

输入设备是指能将各种外界信息（如字符、控制命令、图形、图像、声音、视频、图片、数据、文件等）输入计算机，并转换为计算机能够识别和处理的二进制形式的设备，是用户和计算机系统之间进行交互的主要装置。常用的输入设备有键盘、鼠标、扫描仪、声卡、传声器、视频采集卡、光驱等，如图 2-16 所示。

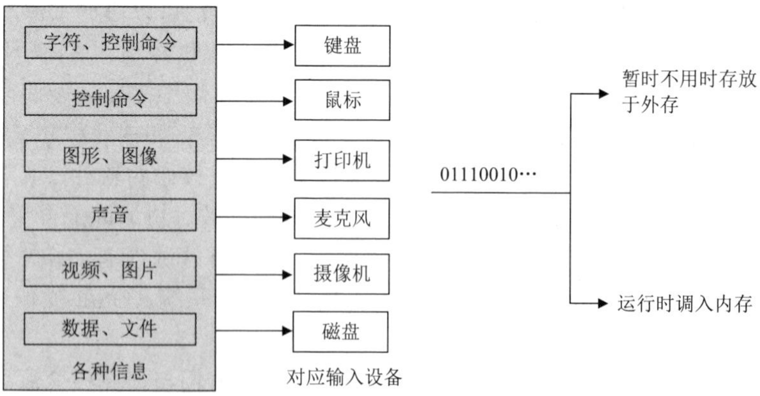

图 2-16 输入设备

2）输出设备

输出设备是指能将计算机处理好的二进制信号转换为各种人或者其他机器设备能够识别的信息并输出的设备，如显示器、音箱、打印机、绘图仪、可读写光驱等，如图 2-17 所示。

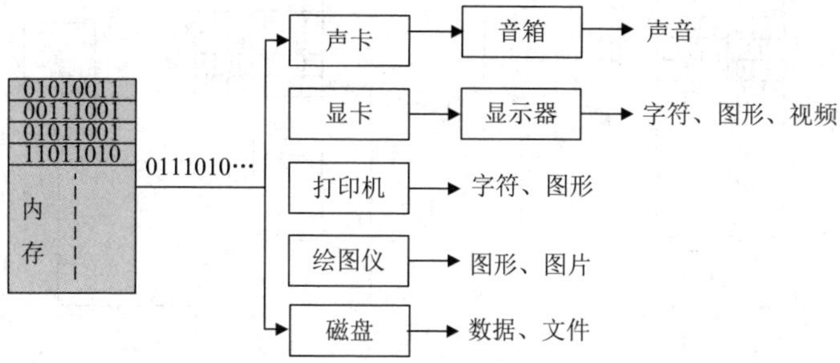

图 2-17　输出设备

3）控制器

控制器是计算机的神经中枢和指挥中心，是控制计算机各个部件协调一致、有条不紊工作的电子装置。它主要由指令寄存器、指令译码器、时序发生器、操作控制部件和指令计数器（又称程序计数器）组成。其主要工作是根据事先给定的命令不断地取指令、分析指令和执行指令，如图 2-18 所示。

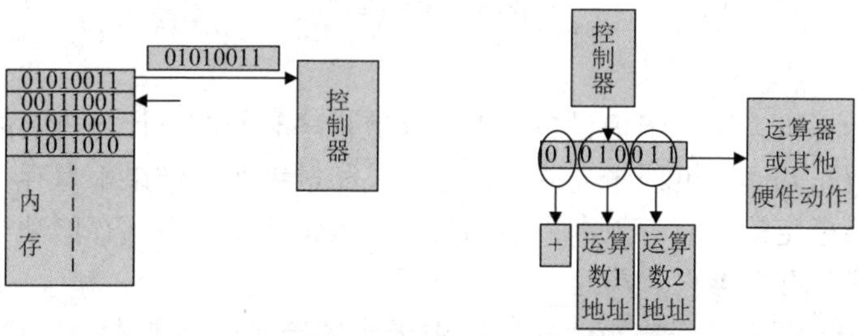

图 2-18　控制器的工作过程

（1）取指令。取指令用来从内存中取出一条指令，并指出下一条指令在内存中的位置，为执行下一条指令做好准备。

（2）分析指令。分析指令用来对取到的指令进行译码和分析，判断这条指令操作码的类型、操作数保存在内存中的地址等，并产生相应的操作控制信号，以便启动规定的动作。

（3）执行指令。执行指令用来指挥并控制运算器、内存和输入/输出设备之间数据流动的方向。

4）运算器

运算器又称算术逻辑部件（arithmetic and logic unit，ALU），主要完成数据的运算。它在控制器的控制下先对取自内存或内部寄存器的数据进行算术运算和逻辑运算，然后再将结果返回到内部寄存器或内存（图 2-19）。在计算机中，各种复杂的运算往往先被分解为一系列算术运算与逻辑运算再由 ALU 执行。

在计算机硬件系统中，由于运算器和控制器二者联系最为密切，数据交换最为频繁，因此，在制造工艺上将二者与高速缓存结合在一起，焊接在超大规模集成电路上，称为中央处理器（CPU），如图 2-20 所示。CPU 是整个计算机的核心，决定计算机的性能。

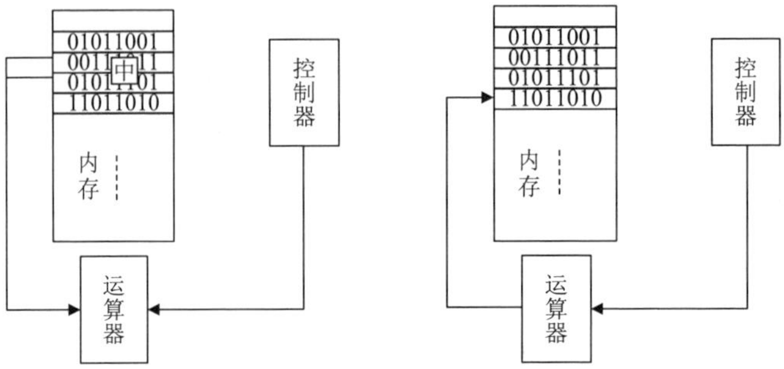

图 2-19　运算器的工作过程

图 2-20　中央处理器

5）存储器

存储器是计算机系统的记忆设备，用来存放程序和数据。计算机中的全部信息，包括输入的原始数据、计算机程序、中间运行结果和最终运行结果都保存在存储器中。存储器根据控制器指定的位置存入和取出信息。一般情况下，根据存储功能的不同，将其分为内存储器和外存储器两大类。

（1）内存。内存安装在主板上，一般由半导体集成电路制成，是 CPU 能够直接访问的存储器，是计算机各种信息的存储和交流中心。它在控制器的控制下，与输入设备、输出设备及运算器交换信息，起存储、缓冲和传递信息的作用。内存一般具有读写速度快、容量小等特点。

内存分为只读存储器（read-only memory，ROM）和随机存储器（random access memory，RAM），图 2-21 所示为基本输入输出系统（basic input/output system，BIOS）。ROM 的特点是其中的数据只能读出，不能删除和修改，断电后信息仍然保存，因此，它一般用来保存固定不变的程序和硬件配置信息，BIOS 芯片就属于 ROM。内存条属于随机存储器，是计算机的主要存储器和核心存储器，其中保存的数据既可被读出，也可被删除和修改。计算机在运行时的各种临时原始数据、中间数据、运算结果都保存在 RAM 中，断电后这些信息将全部丢失。因此，在使用计算机编辑文件或程序时应当定时存盘，也就是将 RAM 中的信息转移到计算机的外存中，以防止因断电或死机而导致数据丢失。

（a）　　　　（b）

图 2-21　BIOS 芯片和内存条

（2）外存。外存是内存的扩充和扩展。外存一般安装在主板之外，通过数据电缆与内存连接。CPU 不能直接读取外存中的数据，如果需要（如运行一个保存在外存中的程序），可以首先通过控制器把外存的数据调入内存，然后送入 CPU 进行处理。外存的读写速度较内存慢，但外存中的数据既可被读出也可被写入，不论是否有电，其数据都可被长期保存。同时，外存还具有容量大、成本低的优点，一般用来保存计算机运行时暂时不用的、容量较大的程序和数据。外存一般分为软盘（容量一般为 1.44 MB，由于容量小、读写速度慢和可靠性差，现已淘汰）、硬盘（一般安装在机箱内，其特点是读写速度快、容量大，是现代计算机最重要的外存）、光盘（可以长期稳定地存储数据，分为只读光盘和刻录光盘两种）及 U 盘（USB flash disk，UFD，使用集成电路作为存储介质，其体积小、容量大，是常用的可移动外存）等，如图 2-22 所示。

（a）　（b）　（c）　（d）

图 2-22　计算机的外存

计算机硬件系统的五大部件在计算机的工作过程中相互传递信息，如果从每个部件都引出一组线来连接其他四个部件，则会造成计算机内部线路过于复杂，势必会增加计算机硬件的扩展难度。为此，在计算机内部引入一条用于数据传输的公共通道，即总线，计算机的所有基本设备及扩展设备都以并联的方式连接到总线上，并通过总线相互传递信息，这样不仅可以简化硬件电路和系统结构，而且可以方便计算机硬件设备的扩展，如图 2-23 所示。

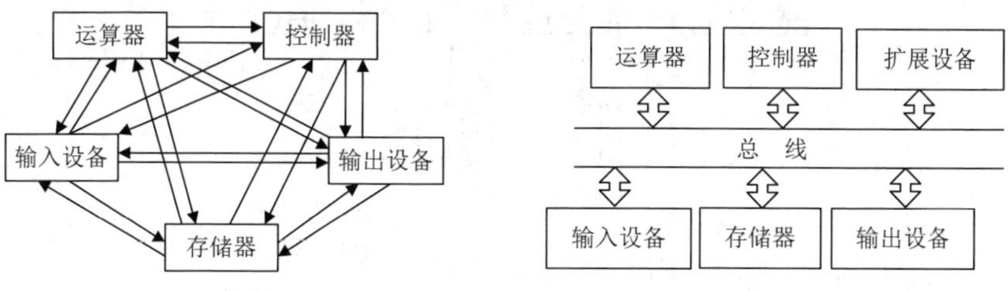

（a）　（b）

图 2-23　计算机系统的总线

在具体的硬件结构中，计算机总线的功能是通过主板实现的。主板是微型计算机机箱中最大也是最重要的一块电路板，如图 2-24 所示。主板不仅提供了很多插槽、接口，并且还提供了对其进行控制的南/北桥芯片。计算机的五大部件及各种扩展设备均通过这些插槽、接口直接或间接地连接在一起，可以实现数据和指令的传输。

按总线功能（传递信息的内容）的不同，计算机的总线分为三类，即传送数据信号的数据总线、传送地址信号的地址总线和传送各种控制信号的控制总线。

1. CPU 接口；2. DDR5 内存插槽；3. PCle 插槽；4. M.2 插槽；5. 主板供电接口；6. CPU 供电接口；7. CPU 风扇接口；8. 水泵风扇接口；9. 系统风扇接口；10. ARGB 接口；11. ARGB V2 接口；12. 前置音频接口；13. 前置 USB 接口；14. 前置 USB 接口；15. 前置开关接口

图 2-24 微型计算机主板

2.9.3 计算机的工作原理

计算机的工作过程本质上就是编写程序、存储程序、执行程序的过程。计算机能够根据指令功能控制程序的执行来完成一系列的工作。计算机的工作原理如图 2-25 所示。

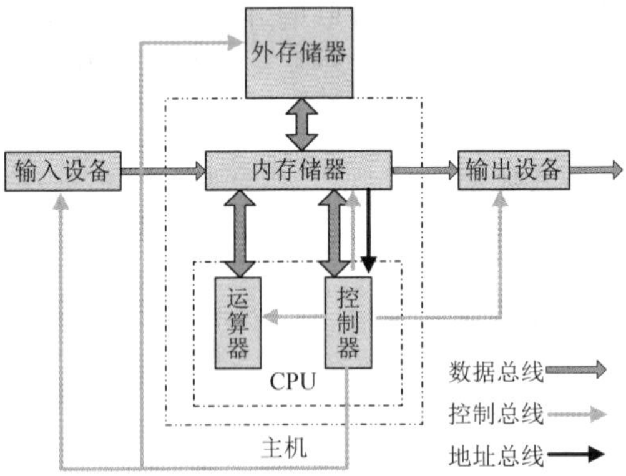

图 2-25 计算机的工作原理

下面以计算机完成一个简单的加法运算为例来详细说明计算机的工作过程，其他更复杂的操作可以理解为这个基本工作过程的重复执行。

（1）要使计算机工作，必须编写程序，由于直接在键盘上输入“5+6=”，计算机是无法响应的，因此首先要用一种高级程序设计语言（如 C 语言）编写一个名为“加法示例．C”的源程序。源程序清单如表 2-4 所示。

表 2-4　源程序清单

行号	源程序代码	说明
001	main()	C 语言主函数标识
002	{int x,y,sum;	定义三个整型变量
003	scanf("%d,%d",&x,&y);	输入整数 x、y 的值
004	sum=x+y;	求 x、y 的和并赋值给 sum
005	printf("%d,%d,%dn\",x,y,sum);	显示 x、y、sum 的值
006	}	程序结束标识

（2）首先通过输入设备将“加法示例.C”源程序输入计算机，然后用 C 语言编译程序对其进行编译，最后将编译好的程序连接转换成可执行的“加法示例.exe”文件，并存放到计算机的硬盘中。

（3）在资源管理器中双击“加法示例.exe”文件图标，将“加法示例.exe”程序调入内存中执行，即将上述源程序每行代码的二进制数据从第一行起依次存放到内存中编号为 001～006 的单元中。

（4）执行时机器指令依次完成如下动作。

① 控制器将存放在编号为 001 的单元中的指令提取出来，通过分析得知该指令是在定义 C 语言的主函数，表示程序开始，此指令不执行任何操作，控制器将指令计数器的指针放到下一个存储单元编号上。

② 控制器将存放在编号为 002 的单元中的指令提取出来，通过分析得知该指令是在定义三个整型变量，于是控制器就控制内存储器在其内部创建出三个存储空间，并分别命名为 x、y、sum，然后将指令计数器的指针放到下一个存储单元编号上。

③ 控制器将存放在编号为 003 的单元中的指令提取出来，通过分析得知该指令是要从键盘接收数据，于是控制器就控制显示器按 C 语言中 scanf()函数的格式显示等待用户输入信息，当用户输入相应的信息后，如输入“5”和“3”后，键盘接收并将其转换成相应的 00000101 和 00000011，在控制器的控制下分别存储到由变量名为 x 和 y 所代表的存储单元中，然后控制器将指令计数器的指针放到下一个存储单元编号上。

④ 控制器将存放在编号为 004 的单元中的指令提取出来，通过分析得知该指令是要对 x 和 y 进行相加操作，于是控制器就分别将存储在 x 和 y 存储单元中的 00000101 和 00000011 送入运算器，并控制运算器对其进行“加”的操作，将运算结果 00001000 送到由变量名为 sum 所代表的存储单元中保存，然后将指令计数器的指针放到下一个存储单元编号上。

⑤ 控制器将存放在编号为 005 的单元中的指令提取出来，通过分析得知该指令是要输出 x、y 和 sum，于是控制器就分别将存储在 x、y 和 sum 存储单元中的 00000101、00000011 及 00001000 送入输出设备，输出设备再分别将它们转换成字符“5”、“3”及“8”，并按 C 语言中 printf()函数的格式显示出来，最后控制器将指令计数器的指针放到下一个存储单元编号上。

⑥ 控制器将存放在编号为 006 的单元中的指令提取出来，通过分析得知该指令是 C 程序结束的标识，退出程序执行。

计算机的基本工作原理可以概括为以下几点：计算机自动运行或处理的过程实际上是执行预先存储在机器内存中程序的过程；计算机程序是用程序设计语言编写的，其实质是指令的有序序列；程序的执行过程实际上是依次执行其中各条指令的过程；指令的执行是由计算机硬件实现的，硬件提供的机制对每条指令都适用，其执行当前指令并为取出下一条指令做好准备，直到该程序的指令全部执行完毕。

第3章 操作系统

随着计算机现代化进程的加快，计算机已经广泛应用到人类社会的各个领域。但在操作系统出现之前，只有极少数专业人士才懂得如何使用计算机。因为在没有操作系统支持的情况下，用户除了直接用机器语言编写各种程序外，还需要自己编写有关输入设备、输出设备（如显示器、键盘、鼠标等）的驱动程序，但编写驱动程序对一般用户来说十分困难，不仅需要了解有关硬件的许多知识，而且需要掌握相当丰富的编程技巧。有了操作系统之后，只要经过简单的培训，人们就能很容易地利用操作系统提供的用户界面、接口和工具操作计算机。

操作系统的功能就像电视机的遥控器一样，只要知道遥控器提供多少个按钮，每个按钮的作用是什么，就可以通过遥控器使用电视机了，至于按下遥控器的某个按钮后，遥控器如何对其编码，如何将编码通过红外线发射出去，电视机又如何接收编码，如何解码，如何控制放大电路、扫描电路及显像管工作，用户是不需要了解的。因此，有了操作系统之后，用户就不再需要直接和计算机的硬件打交道，也不再需要对这些硬件发出指令，只需要告诉操作系统自己的要求，操作系统就会自动地把工作分配给具体的计算机硬件去做，用户只要等待操作系统反馈结果就可以了。

3.1 操作系统基础知识

操作系统是计算机系统中对计算机所有硬件资源和软件资源进行控制和管理的程序的集合，是使计算机硬件和软件能自动、协调、有效工作的系统软件，如图3-1所示。

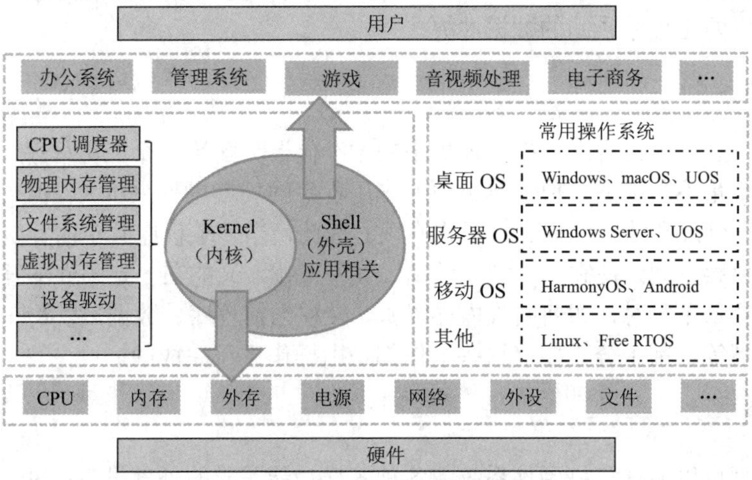

图3-1 操作系统的组成

3.1.1 引入操作系统的目的

引入操作系统的目的主要有两个方面。一是管理和控制计算机资源，负责组织和控制计算机的工作流程，对计算机系统中的硬件和软件资源进行有效的管理和分配，包括处理器的分配与控制、内存的分配与回收、输入输出（input/output，I/O）设备的分配、回收与操控，以及对数据和程序文件的存取、共享、保护等。通过操作系统的管理，计算机系统的资源可以得到更高效的利用，能够同时为多个用户提供共享服务。二是方便用户使用，操作系统通过提供用户与计算机之间的友好界面，使用户无须深入了解复杂的硬件和系统软件细节，就能方便、灵活地使用计算机。用户可以通过系统调用、命令、图形窗口等多种方式与操作系统进行通信，获取其提供的服务，操作系统的引入提高了计算机系统的易用性。

3.1.2 操作系统的功能

操作系统的主要功能是管理和控制计算机的各种资源，为用户提供稳定、可靠的计算环境，具体体现在以下几个方面。

1. 处理器管理

处理器管理即对 CPU 进行管理，首先是对请求占用 CPU 资源的多个应用程序进行排队。例如，在统信统一操作系统（unity operating system，UOS）中，用户同时打开了浏览器、WPS 文字、画板及计算器程序窗口，从表面上看，这四个程序是同时运行的，都需要各占用一个 CPU 资源，但通常的计算机系统只有一个 CPU，在这种情况下，就先由操作系统将 CPU 的运行时间分成若干个片段，再根据进程调度算法，如先进先出（first in first out，FIFO）、最短作业优先法（shortest job first，SJF）、优先级调度等，来决定何时让哪个程序占用 CPU 资源、占用多长时间、占用完成后如何回收，以及如何分配等。另外，操作系统对处理器的管理还包括对处理器的保护和隔离，以防止不同程序之间的干扰或冲突。例如，操作系统可以确保每个程序都在自己的内存空间和地址空间中运行，以防止程序之间的数据冲突。

2. 存储器管理

存储器管理即如何合理地把计算机中的主存储器分配给各个应用程序。虽然 RAM 芯片的存储容量不断提高，但计算机中各应用程序的规模也越来越大，且 CPU 寻址能力有限，能够管理和使用的内存容量也有限。因此，当多个程序共享内存资源时，如何为它们分配内存空间，使它们既彼此隔离、互不干扰，又能在一定条件下互相调用，尤其是当内存容量不足时，如何回收内存资源，转移当前程序、数据，以及在系统中创建虚拟存储区域等，都十分重要。这些工作都是由操作系统完成的。

3. 设备管理

设备管理可以使计算机硬件系统中各种各样功能差异的外部设备（CPU 和内存以外的输入设备、输出设备都称为外部设备）能够和 CPU 有效配合并运行。设备管理的首要任务是为这些设备提供驱动程序或控制程序，使用户不必详细了解设备及接口的技术细节即可方便地对设备进行操作，使应用程序可以方便地与设备进行交互。同时，操作系统还负责设备的分配和调度，确保多个应用程序可以同时使用设备。设备管理的另一个任务就是利用中断技术、直接存储器访问（direct memory access，DMA）技术和通道技术，使外部设备尽可能与CPU并行工作，以提高设备的使用效率和整个系统的运行速度。

4. 文件管理

文件管理是操作系统最基本的功能。文件是指存储在计算机中的所有程序和数据，是对计算机进行组织和管理的最基本单位。计算机中往往存在数以千万计的文件，操作系统借助链表、队列等数据结构来实施各种文件信息物理存储空间的组织和分配，负责文件的建立、存储、删除、读写及保护等操作，以使用户方便、安全地使用文件信息。

5. 作业管理

作业就是用户在一次事务处理中，要求计算机系统所做工作的集合。操作系统对作业的管理主要表现为对作业的控制和对作业的调度两部分，即用户向系统提交作业，操作系统组织和调度作业来提高整个系统的运行效率，使用户的各个作业能够顺利地在系统中吞吐进出并能够合理、高效地利用系统资源等。

6. 提供用户界面

用户界面即操作系统为用户实现上述5项管理提供的操作方式。一个操作系统的优劣，除与其功能是否强大有关外，还与其用户界面是否友好有关。例如，同样都是微型计算机操作系统，图形用户界面就要比命令行界面更直观、易用。

3.1.3 操作系统的分类

目前在计算机上使用的操作系统种类繁多，功能各异，且分类标准千差万别。一般情况下，可以按以下方法区分操作系统。

1. 按同时支持用户的数目分类

（1）单用户操作系统。单用户操作系统在同一时间内只能支持一个用户进程的运行，如微软磁盘操作系统（MS-DOS）就是一个典型的单用户操作系统。

（2）多用户操作系统。多用户操作系统可以支持多个用户同时通过各自的终端使用计算机，允许运行多个用户的进程，如UOS、UNIX和Linux就是典型的多用户操作系统，不管是本地还是远程都允许多个用户同时处于登录状态。

2. 按操作系统提供给用户的工作环境分类

（1）字符操作系统。基于字符界面的操作系统只能显示文本字符，要与计算机进行交互，就必须输入一组命令或指令，操作计算机非常困难，如MS-DOS等。

（2）图形操作系统。基于图形界面的操作系统是将计算机中的各种元素（如图标、菜单、窗口、对话框等）显示在屏幕上，可以通过单击、双击、拖动等方式操作这些元素。图形操作系统用户界面友好、操作方便、学习容易。例如，统信 UOS、Windows 等都是典型的基于图形界面的操作系统。

3. 按作业处理方式分类

按作业处理方式，操作系统可分为批处理操作系统、分时操作系统、实时操作系统、单机操作系统、网络操作系统和分布式操作系统等。

（1）批处理操作系统。批处理操作系统是每次把一批经过合理搭配的作业通过输入设备提交给操作系统，并暂时存入外存，等待运行。当系统需要调入新的作业时，根据当时的运行情况和用户要求，按某种调配原则，从外存中挑选一个或几个作业装入内存运行。因此，在批处理操作系统运行过程中不允许用户与其作业交互，即用户不能直接干预自己作业的运行，直到作业运行完毕。

（2）分时操作系统。分时操作系统是一台计算机连接多个终端，用户通过各自的终端把作业送入计算机，系统把 CPU 的运行时间划分成一个个长短相等（或基本相等）的时间片，并把这些时间片依次轮流地分配给各用户终端程序，在处理完成后系统会通过终端向各用户报告其作业的运行情况。计算机分时轮流地为各用户终端服务并能及时对用户服务请求予以响应。

（3）实时操作系统。实时操作系统是指计算机对特定输入作出快速反应，以控制发出实时信号的对象，即计算机及时响应外部事件的请求，在规定的较短时间内完成该事件的处理，并控制所有实时设备和实时任务协调、有序地运行。例如，在导弹飞行控制、工业过程控制和各种订票业务等场合，要求计算机系统对用户的请求立即作出响应，实时操作系统是专门适用于这类场合的操作系统。实时操作系统分为实时过程控制系统和实时信息处理系统两种。

（4）单机操作系统。单机操作系统又称通用操作系统或个人计算机操作系统，兼有批处理、分时处理和实时处理的功能。单机操作系统面对单一用户，所有资源均提供给单一用户使用，是针对一台机器、一个用户的操作系统，用户对操作系统有绝对的控制权。单机操作系统是从早期的系统监控程序发展成为系统管理程序，再进一步发展为独立的操作系统的。典型的单机操作系统有统信 UOS、Windows 11 和 macOS 等。

（5）网络操作系统。网络操作系统是向网络计算机提供网络通信和网络资源共享功能的操作系统，它除了具有一般单机操作系统的全部功能外，还应该满足用户使用网络的需要，尤其需要满足数据在网络中的安全传输、管理网络中的资源共享、实现用户通信，以及方便使用网络的功能，由于网络操作系统是运行在服务器上的，因此有时也称服务器操作系统。典型的网络操作系统有中标麒麟操作系统、Windows Server 2022 和 UNIX 等。

（6）分布式操作系统。分布式操作系统是在分布式计算机网络中，通过通信网络将具有独立功能的数据处理系统或计算机系统互联起来的操作系统，可实现信息交换、资源共享和协作工作等。

4. 按照运行环境分类

（1）桌面操作系统。桌面操作系统是用于个人计算机的操作系统，作为用户与计算机之间的桥梁，它提供了丰富的功能和直观的用户界面，使用户能够轻松完成各种任务，如文件管理、网络浏览、多媒体娱乐等。常见的桌面操作系统包括统信 UOS、Windows、macOS 和 Linux 等。

（2）移动操作系统。移动操作系统是用于移动设备的操作系统，为智能手机和平板计算机等提供了强大的功能和灵活的交互方式，使用户能够随时随地进行通信、娱乐和工作。目前市场上主流的移动操作系统有鸿蒙操作系统（Harmony OS）、安卓系统（Android）和苹果移动操作系统（iOS）等。

（3）服务器操作系统。服务器操作系统是用于服务器的操作系统，负责管理和维护大型网络服务器，确保多用户和多任务处理能够顺利进行。服务器操作系统需要具备高度的稳定性和安全性，以应对复杂的网络环境和大量的数据请求。常见的服务器操作系统有统信 UOS、Windows Server、Linux 和 UNIX 等。

（4）嵌入式操作系统。嵌入式操作系统是用于嵌入式设备的操作系统，它们被嵌入各种硬件设备，如智能家居设备、汽车控制系统等，为这些设备提供智能化的管理和控制功能。嵌入式操作系统需要具备高度的适应性和稳定性，以满足不同硬件设备的特殊需求。常见的嵌入式操作系统有 Linux 和 Free RTOS 等。

3.1.4 国产操作系统概述

操作系统是计算机系统的核心组件和软件生态的基石。大力发展和推进国产操作系统及相应生态环境的建设，对保障国家信息安全、实现软件产业自主可控、提高信息产业链的国际地位和竞争力等都具有非常重大的意义。目前，我国在操作系统研发和应用领域都取得了丰硕的成果，总体可以分为以下几个阶段。

（1）起步阶段（1985～1995 年），确定了基于 UNIX 操作系统的开发模式，并正式列入“八五”科技攻关计划，推出并完善 COSIX V1.0 和 COSIX V2.0 操作系统。

（2）发展阶段（1996～2009 年），Linux 取代 UNIX 成为主流技术，中软 Linux、红旗 Linux、蓝点 Linux 相继推出，其他中小企业也跟随推出 Linux 产品。在此阶段，国内操作系统已经建立起了以 Linux 为核心的技术路线，并从探索阶段过渡到实用化阶段。

（3）成熟阶段（2010 年至今），2010 年，中标普华与银河麒麟品牌合并，形成了中标麒麟。2012 年，工业和信息化部发布了《软件和信息技术服务业“十二五”发展规划”》，提出了软件和信息技术的发展思路和目标，同时国内一些大型互联网企业也开始积极投入研发国产操作系统，推动了国产操作系统的现代化发展。

目前，国产操作系统大部分是基于开源的 Linux 内核开发的，市场上主流的国产操作系统主要有统信 UOS、中标麒麟 OS、银河麒麟 OS、普华桌面操作系统、中兴新支点操作系统、凝思安全操作系统、中科方德操作系统、华为欧拉服务器操作系统等，如表 3-1 所示。

表 3-1 国产操作系统

操作系统	特点	背景
统信 UOS	安全、稳定、智能，兼容国内主流处理器架构，拥有丰富的软硬件兼容性和广泛的应用生态支持	统信软件技术有限公司
中标麒麟 OS	具有高性能、高可靠性、易于使用等特点，适用于各种企业级应用场景	上海中标软件有限公司

续表

操作系统	特点	背景
银河麒麟 OS	具有良好的兼容性、稳定性和安全性，适用于各种企业级应用场景	国防科技大学
普华桌面操作系统	具有高性能、高可靠性、易于使用等特点，支持多种处理器架构	普华基础软件股份有限公司
中兴新支点操作系统	具有高性能、高可靠性、易于使用等特点，支持多种处理器架构	中兴通讯股份有限公司
凝思安全操作系统	注重安全性和稳定性，适用于工业互联网等特定领域	北京凝思软件股份有限公司
中科方德操作系统	具有高性能、高可靠性、易于使用等特点，支持多种处理器架构	中科方德软件有限公司
华为欧拉服务器操作系统	具有良好的兼容性和可扩展性	华为技术有限公司

3.2 统信 UOS 的组成及基本操作

统信 UOS 是由中国电子信息产业集团有限公司、武汉深之度科技有限公司、诚迈科技（南京）股份有限公司、广东中兴新支点技术有限公司等企业共同研发的具有自主知识产权的操作系统，隶属于统信软件技术有限公司，是目前使用广泛的中文国产操作系统。该系统以 Linux 内核为基础，致力为用户提供卓越的桌面应用体验，不仅支持国产芯片平台（如龙芯、飞腾、兆芯、海光、鲲鹏等），同时也与主流处理器架构（如 AMD64、ARM64 和 MIPS64 等）实现高度兼容。

统信 UOS 针对桌面和服务器两大领域进行了精细划分，并提供了 4 个桌面操作系统版本（专业版、教育版、家庭版和社区版），以满足不同用户群体的实际需求。

（1）专业版：为专业的用户群体提供高效稳定、专业全面的系统服务。

（2）教育版：为教育机构和学生提供一系列与学习和教育相关的特色功能和应用，以促进学习效果的提升。

（3）家庭版：提供满足日常生活、学习需求的丰富功能，其友好的用户界面设计，使家庭成员能够轻松上手、愉快使用。

（4）社区版：致力于打造一个开放的平台，鼓励用户参与开发、分享和贡献，共同推动统信 UOS 的进步与发展。

统信 UOS 提供了丰富的应用生态，可以通过应用商店下载或安装各种原生软件，覆盖日常办公、通信交流、影音娱乐、设计开发等各种场景需求，同时，统信 UOS 还根据用户使用习惯进行了优化，为用户使用和管理计算机系统提供了强大的用户界面。下面介绍统信 UOS 用户界面的功能和基本操作。

3.2.1 桌面

桌面是统信 UOS 启动成功后出现在显示屏上的整个有效区域（图 3-2），它是用户处理各项工作和完成任务的平台。桌面一般由桌面快捷图标、任务栏和桌面工作区组成，通过桌面，用户可以有效地管理自己的计算机。与其他国产操作系统相比，统信 UOS

的桌面有着更加美观的风格、更富个性的设置和更为强大的管理功能。

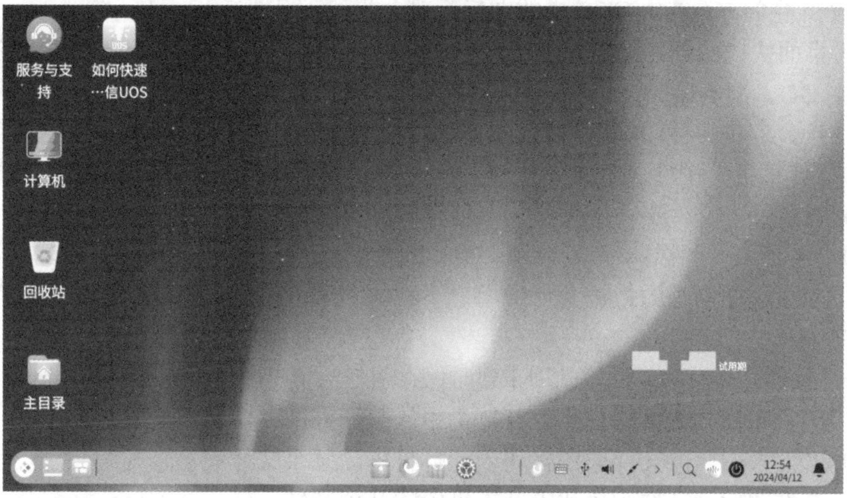

图 3-2 统信 UOS 桌面

首次登录统信 UOS 后默认进入传统桌面，左侧是系统默认桌面快捷图标，右下角是标明“试用期”的标识，下方是任务栏。当用户想恢复被删除的系统默认桌面快捷图标时，可以执行以下操作。

（1）单击启动器按钮，在弹出的启动器菜单中找到要发送到桌面的程序。

（2）右击相关图标，在弹出的快捷菜单中选择“发送到桌面”命令即可，如图 3-3 所示。

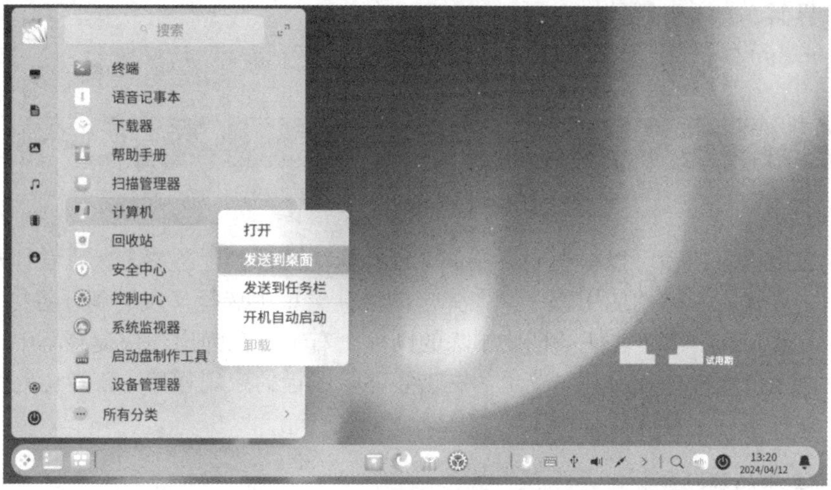

图 3-3 桌面快捷图标设置

3.2.2 图标

图标是统信 UOS 中各种对象（如应用程序、文档、文件夹、硬件设备等）的图形标识。图标一般由图形和说明两部分组成。其中，图形由操作系统和对象的属性决定，反映对象的性质；说明则是对象的名字，反映对象的内容，一般情况下用户可以对说明进行修改和重命名。统信 UOS 中的图标一般分为以下几类。

（1）桌面快捷图标。大部分应用软件在安装完成后会自动在桌面上生成对应的快捷图标，如 QQ、浏览器等；也有一些需要手动添加到桌面。快捷图标表示计算机中某个对象的链接，双击快捷图标即可打开对应项目，删除快捷图标不会删除原始项目。

（2）“计算机”图标。双击该快捷图标，在“计算机”窗口中可以看到本台计算机所有的磁盘盘符、文件夹、文件及与其他计算机共享的共享文件夹。

（3）“主目录”图标。该快捷图标对应着“/home/用户名”文件夹，在默认情况下，绝大多数应用程序创建的数据文件或用户下载的文本、图形、声音及其他文档都保存在此文件夹中。

（4）“回收站”图标。回收站用来暂时保存用户从本机硬盘上删除的各种对象。

（5）磁盘图标。磁盘图标代表计算机中的某个外部存储设备。

（6）文件夹图标。文件夹图标代表计算机中的某个文件夹。

（7）文件图标。文件图标代表计算机中的某个文件。

3.2.3 任务栏

1. 任务栏的组成

任务栏通常由启动器、应用程序图标、托盘区、系统插件等组成，如图 3-4 所示。任务栏左侧可以打开启动器、显示桌面、进入多窗口管理器，也可以对正在运行的应用程序进行管理。任务栏右侧可以设置输入法、设置音量、设置网络、打开桌面智能助手、进入关机界面、查看日历等。

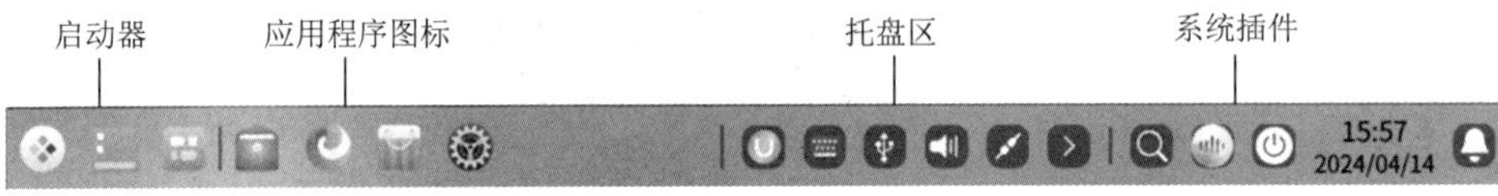

图 3-4 统信 UOS 任务栏

其他应用程序图标可以根据需要添加（直接拖动图标到任务栏上，或者打开启动器菜单，右击要建立图标的应用程序，在弹出的快捷菜单中选择“发送到任务栏”命令，如图 3-5 所示）或删除（在任务栏要删除的图标上右击，在弹出的快捷菜单中选择“移除驻留”命令，或者打开启动器菜单，右击要移除图标的应用程序，在弹出的快捷菜单中选择“从任务栏上移除”命令）。

2. 任务栏的操作

任务栏操作主要包括以下内容。

（1）设置任务栏模式。右击任务栏空白处，在弹出的快捷菜单中选择“模式”命令，在打开的子菜单中选择“时尚模式”或者“高效模式”选项。不同模式下，任务栏显示的效果不同。例如，在“高效模式”下，单击任务栏右侧可以显示桌面，将鼠标指针移到任务栏上正在运行的应用程序图标上时，可以预览相应的窗口。

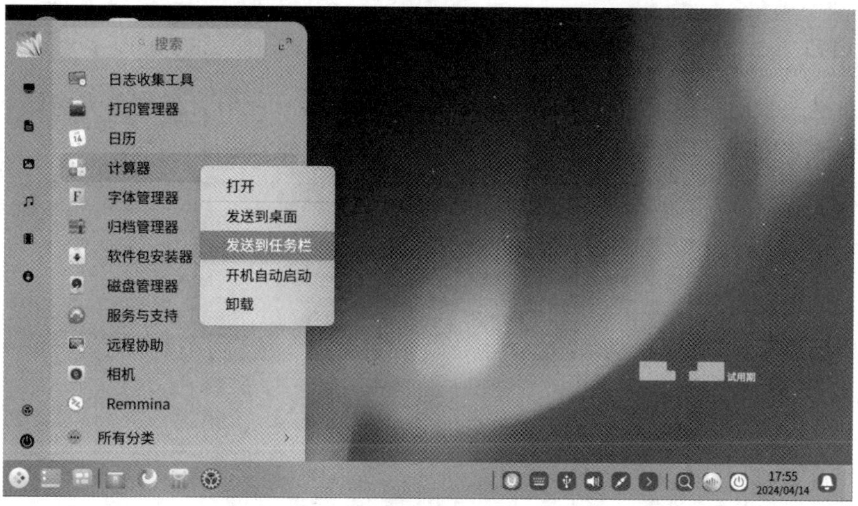

图 3-5 将应用程序图标发送到任务栏

（2）调整任务栏位置。当任务栏位于桌面下方妨碍用户操作时，可以把任务栏拖动到桌面的任意边缘。在任务栏的非按钮区右击，在弹出的快捷菜单中选择“位置”命令，即可在子菜单中选择上、下、左、右 4 个方向。

（3）调整任务栏大小。可以通过改变任务栏的高度来改变图标大小，具体操作是将鼠标指针移动到任务栏的边缘，当指针变为双向箭头时，按住鼠标左键不放拖动边缘到合适位置再松开，任务栏中即可显示所有的窗口图标。

（4）调整任务栏状态。在任务栏的非按钮区右击，在弹出的快捷菜单中选择“状态”命令，然后设置任务栏为“一直显示”、“一直隐藏”或“智能隐藏”模式。

（5）任务栏设置。在任务栏的非按钮区右击，在弹出的快捷菜单中选择“任务栏设置”命令，打开任务栏设置窗口（图 3-6），在该窗口中可以对任务栏的设置选项进行设置，如“模式”“位置”“状态”“大小”，以及“插件区域”的图标显示设置。

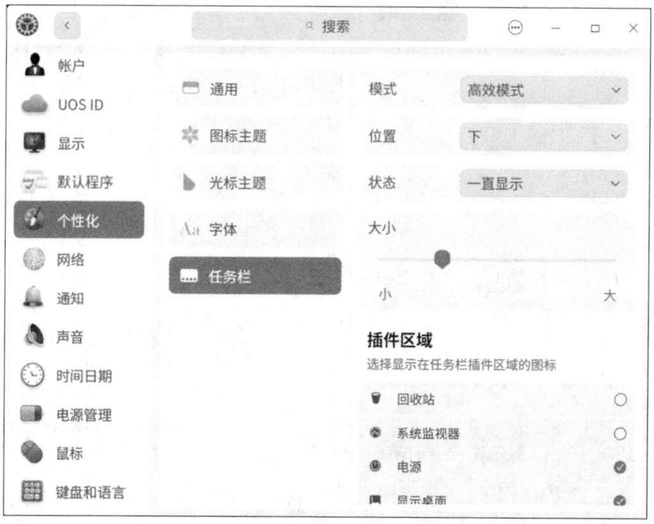

图 3-6 统信 UOS 任务栏设置

3.2.4 窗口

窗口是一个出现在桌面上的有效矩形区域，通常是一个打开的文件夹窗口（图 3-7）或应用程序的窗口。统信 UOS 的窗口一般由以下几个部分组成。

图 3-7 统信 UOS 文件夹窗口

1. 标题栏

标题栏用来显示当前窗口的名字。标题栏右侧有三个窗口控制按钮，分别是“最小化”“最大化/向下还原”“关闭”按钮。当进入磁盘目录后，标题栏上会增加“图标视图”显示方式按钮、“列表视图”显示方式按钮和“细节窗口”按钮。

（1）下拉列表。单击⊙按钮即可显示下拉列表，如图 3-8 所示。

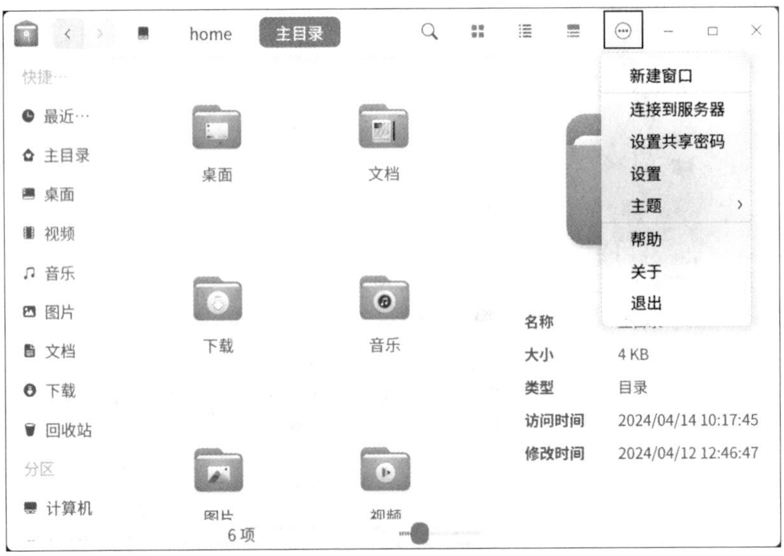

图 3-8 统信 UOS 窗口下拉列表

（2）快捷菜单。在统信 UOS 中，右击某个对象通常会弹出一个快捷菜单，如图 3-9 所示。快捷菜单提供了对当前对象最可能执行的操作命令，因此使用快捷菜单可以大幅提高工作效率。右击的对象不同，快捷菜单的内容及项目也将不同。例如，右击桌面的空白处，弹出的快捷菜单中包括对桌面操作的一系列命令；右击桌面上的“计算机”图标，弹出的快捷菜单中包括对计算机操作的一系列命令。

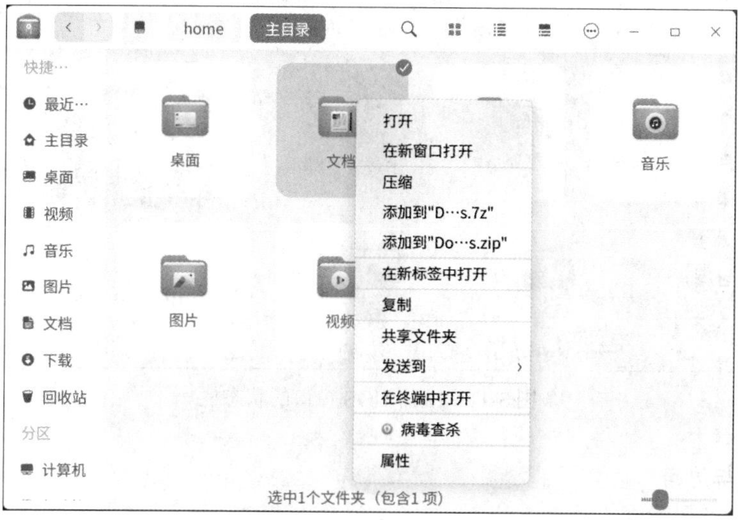

图 3-9　统信 UOS 窗口中的快捷菜单

（3）搜索按钮。单击搜索按钮可以打开搜索框，如图 3-10 所示，输入地址可跳转到新的窗口，或者在当前窗口下搜索内容。

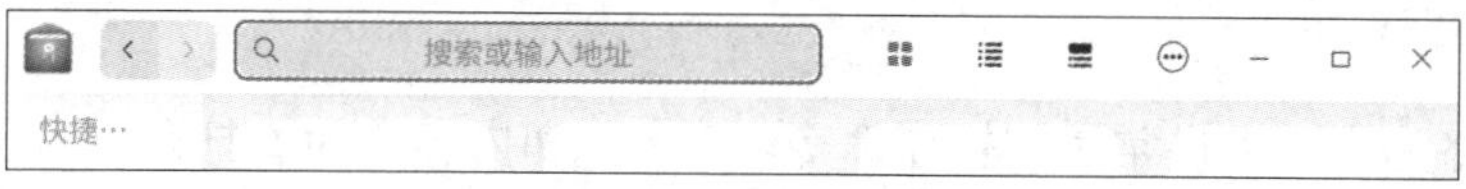

图 3-10　统信 UOS 窗口的搜索框

2. 编辑区

编辑区又称工作区，它是用户进行对象选取、文本编辑或数据处理等工作的区域。

3. 垂直滚动条

垂直滚动条位于编辑区的右侧，当编辑区内对象长度超过窗口高度时，可以通过单击方向按钮或直接拖动垂直滚动条在窗口中上下移动来浏览对象。

4. 水平滚动条

水平滚动条位于编辑区的下方，当编辑区内的对象宽度超过窗口宽度时，可以通过单击方向按钮或直接拖动水平滚动条在窗口中左右移动来浏览对象。

5. 细节窗格

细节窗格位于窗口右侧，用于显示选定对象的详细信息。

6. 状态栏

状态栏位于窗口的最下面，用于显示操作过程中的一些帮助信息。当用户在窗口内选取多个对象后，状态栏上将提示选中了多少个对象等信息，如图 3-11 所示。

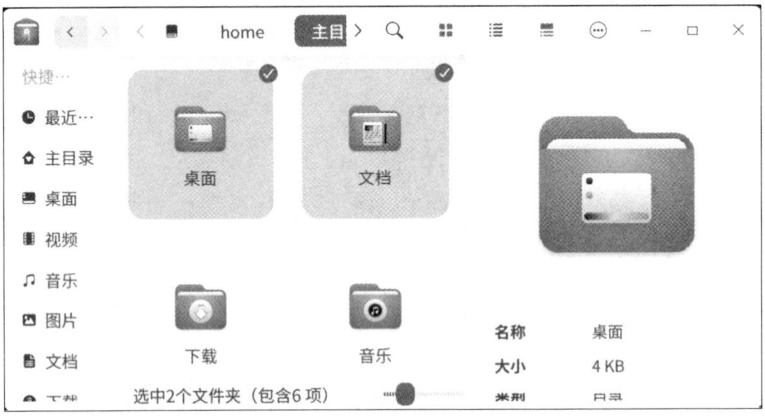

图 3-11　统信 UOS 窗口的状态栏

7. 边框与边角

边框与边角围绕在窗口四周，用于窗口不处于最大化及最小化时调整窗口的宽度和高度。当将鼠标移动到窗口的边框上或四个角时，鼠标光标将变成双向箭头，可以通过拖动改变窗口大小。

8. 导航窗格

导航窗格为用户提供常用的操作命令，其名称和内容会随着打开窗口及内容的不同而变化。当选择一个对象后，在该导航窗格下会出现可能用到的各种操作命令，可以直接进行操作，而不必在菜单栏或工具栏中进行，这样会提高工作效率。

统信 UOS 窗口操作通常包括以下几个方面。

（1）打开窗口。双击要打开的窗口图标，即可打开窗口。

（2）移动窗口。拖动窗口的标题栏，将其移动到合适的位置后再松开。

（3）缩放窗口。将鼠标放置到窗口的边框或边角上，当鼠标指针变成双向箭头时拖动鼠标进行缩放。

（4）最大化、最小化及还原窗口。单击窗口标题栏中的“最大化”、“最小化”及“还原”按钮，或拖动窗口标题栏到桌面顶端进行最大化。

（5）切换窗口。在任务栏上预览所要操作的窗口或按 Alt+Tab 组合键完成切换。

（6）关闭窗口。单击标题栏上的“关闭”按钮或按 Alt+F4 组合键进行关闭。

3.2.5　对话框

在下拉列表中选择“设置”“属性”等命令后，通常会弹出一个对话框，如图 3-12 所示。在统信 UOS 中，对话框是一种用户与计算机交互的基本手段，可以通过对话框确认将要进行的操作、设定某些选项、输入一些信息或从一个列表选项中做出选择等。

对话框的外形与窗口接近，但对话框没有下拉按钮，也没有“最大化”与“最小化”按钮，不能改变大小。统信 UOS 的对话框通常包括以下几个部分。

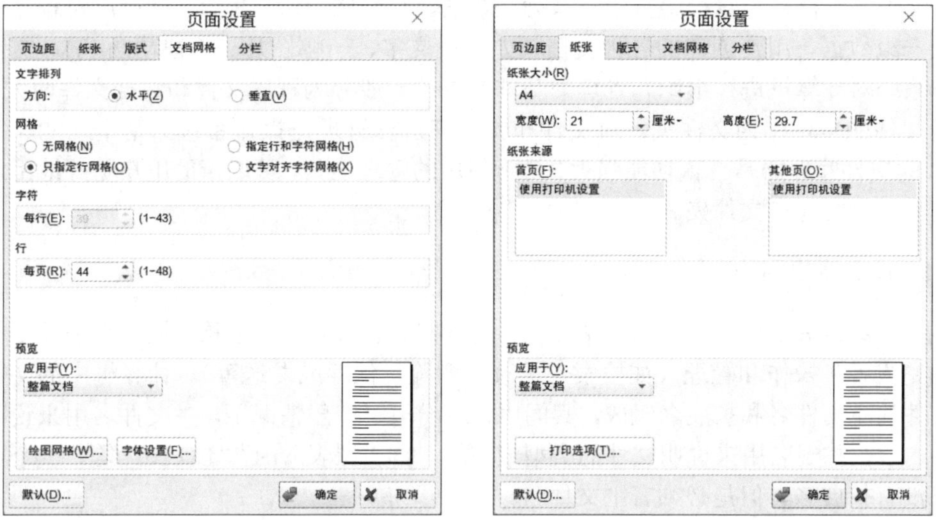

图 3-12　统信 UOS 窗口的对话框

（1）标题栏。标题栏显示对话框的名称，位于对话框的顶部。标题栏一般用来移动或关闭对话框。

（2）选项卡。选项卡又称页框，一般位于标题栏的下面。可将不同的图标和命令组合到不同的选项卡中，就像图书馆中的书目卡片一样。单击选项卡标签可在各个选项卡之间切换。

（3）文本框。文本框用于输入及编辑文字。一般在其右侧会带有向下的箭头，可单击箭头，在弹出的下拉列表中查看或选择最近输入的内容。

（4）复选框。复选框是一个方形小框，功能与菜单中的复选标记类似。

（5）单选按钮。单选按钮通常是圆形的，功能与菜单中的单选标记类似。

（6）列表框。列表框可显示一个选项可能设置的值，可单击从中选取一个列表或项目。

（7）下拉列表。下拉列表的设置值是隐藏的，并且在其右边有一个向下的小三角形按钮，称为下拉按钮，操作时单击该按钮就会弹出一个下拉列表，再从下拉列表中选择一个值即可。

（8）数字增减按钮。数字增减按钮由一个文本框和两个增减按钮组成，可直接在文本框中输入数字或单击增减按钮来微调数值，数字增减按钮通常用于改变某些数值参数的大小。

（9）滑块。滑块是一种形象化的按钮，如图 3-13 所示，多用于鼠标、键盘、音量及显示器等硬件特性的设置。

（10）命令按钮。对话框中带有文字的按钮通常称为命令按钮。常用的命令按钮有“确定”“取消”等，在更改了对话框的某些选项后，可通过单击命令按钮来确定或取消设置。

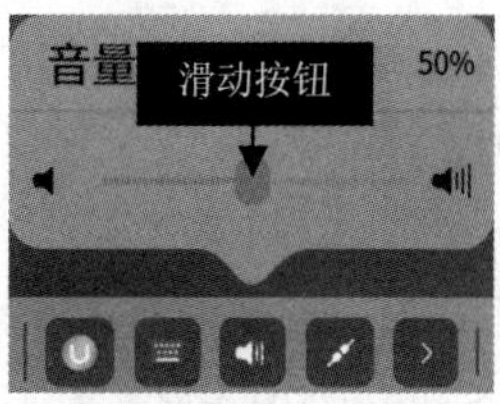

图 3-13　对话框中的滑块

3.3 统信 UOS 的文件管理

文件是存储在计算机磁盘中一系列完整的、有名称的信息集合，如程序及程序所使用的一组数据、用户创建的各种文档（如一段文字、一幅图片、一段动画等）。文件是操作系统对计算机进行组织和管理的基本单位，一般分为程序文件和数据文件两大类。若干文件的集合称为文件夹。对文件和文件夹进行管理是操作系统的基本功能。统信 UOS 的文件管理器是一款功能强大、易于使用的管理工具，可以帮助用户更好地组织和管理自己的文件和文件夹。

3.3.1 命名及规则

操作系统规定计算机中的每个文件（文件夹）必须有一个名称，操作系统需要根据名称完成各种操作和管理（如检索、更改、删除、保存或发送等）。计算机中的文件名由文件的主文件名和扩展名组成，其间用“.”分开。一般情况下，主文件名用来说明文件的内容，扩展名用来说明文件的类型或属性，如“课表.wps”“BG.txt”等。一个文件可以没有扩展名，但是必须有主文件名。

文件名可以包含西文字符或汉字，但不能包含以下字符： <、>、\、/、：、*、?、|。因为这些字符为保留字符，在操作系统中有特殊用途，如果在给文件（文件夹）命名时使用了这些字符，系统将会给出错误提示，如图 3-14 所示。另外，在给文件（文件夹）命名时，所用的字符不是越多越好，太长的名字不便于书写和记忆；也不是越少越好，太短的名字不便于反映文件的内容，还容易造成重名。应当以使用尽可能少的字符但又尽可能全面地反映文件（文件夹）的内容为原则进行命名；当用英文字符给文件命名时，要区分大小写。

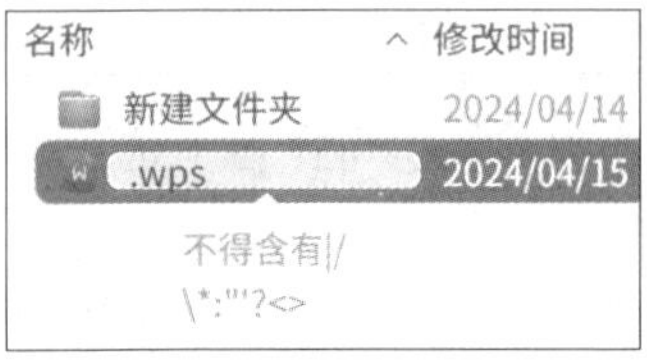

图 3-14 文件命名错误提示

在查找和表示文件时，如果用户不知道具体文件名或者不想输入完整名称时，可以使用通配符代替部分字符。文件名的通配符由“?”、“*”和空格符组成。例如，“A?.wps”表示主文件名的第一个字母为 A，后面一个字符不确定并且扩展名为 wps 的文件；“*.txt”表示主文件名为任意字符而扩展名为 txt 的文件，即所有的文本文档；“课程表.*”表示主文件名为“课程表”而扩展名为任意字符的所有文件。

3.3.2 树形目录

统信 UOS 使用树形目录管理结构快速、准确地管理文件和文件夹，可以根据需要在根目录下建立不同的子目录或文件，子目录下还可以再建立多级子目录或文件。统信 UOS 中不管分区有多少，都只会有一个根目录（主目录），如图 3-15

图 3-15 主目录的树形目录结构

所示。

统信 UOS 还规定：在同一目录中不允许出现主文件名和扩展名完全相同的两个文件。例如，在统信 UOS 的桌面上如果已经有了一个“WPS 表格工作表.et”文件，那么就不能再创建另一个“WPS 表格工作表.et”文件，否则系统将会显示报错信息。当然也不能将另外一个“WPS 表格工作表.et”文件复制到桌面，否则当前的文件内容将会被新的文件替代，如图 3-16 所示。

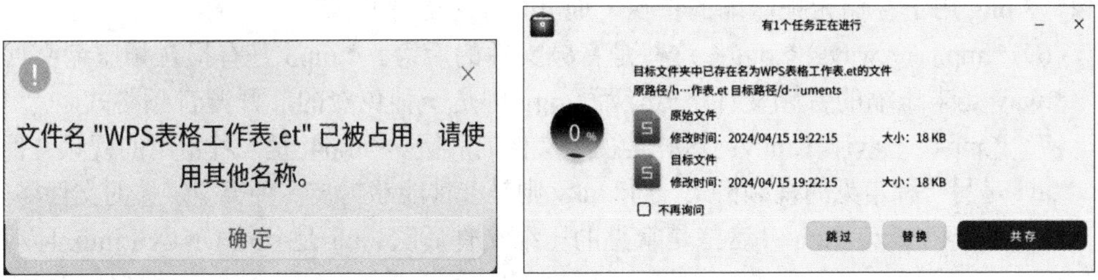

图 3-16 文件重名提示

3.3.3 文件类型及图标

计算机系统中的文件类型通常是多种多样的，统信 UOS 对扩展名和图标约定如下：除应用程序和未知类型文件外，只要文件的扩展名相同，它们的文件类型就相同，并且在窗口显示中的图标也相同，反之亦然，如图 3-17 所示。统信 UOS 常用的文件类型介绍如下。

图 3-17 文件类型及图标

（1）*.deb、*.rpm：统信 UOS 支持.deb 和.rpm 后缀的安装包。

（2）*.txt：这是纯文本文件的后缀。它通常用于存储没有任何特定格式的纯文本信息，如简单的文本文档或源代码。

（3）*.doc、*.docx：这是 Microsoft Word 文档的后缀。虽然统信 UOS 是基于 Linux

的操作系统，但是它通常也支持 Windows 平台的文件格式，包括*.doc 和*.docx。这些文件通常用于存储格式化的文本，包括字体、颜色、布局等。

（4）*.pdf：这是便携文件格式 portable document format 的缩写，是 PDF 文件的后缀。*.pdf 是一种用于创建和共享文档的文件格式。PDF 文件可以在不同的操作系统和设备上查看，且格式不会改变，因此常用于制作电子书、表单等。

（5）*.jpg、*.png、*.gif：这些是常见的图像文件后缀。*.jpg 用于存储有损压缩的图像，*.png 用于存储无损压缩的图像，而 gif 则主要用于存储动画图像。

（6）*.mp3、*.wav、*.ogg：这些是音频文件的后缀。*.mp3 是有损音频压缩文件格式，*.wav 是未压缩的音频文件格式，而*.ogg 则是一种免费的、开源音频格式。

（7）*.mp4、*.avi、*.mkv：这些是视频文件的后缀。*.mp4 是一种常用的视频文件格式，*.avi 是另一种常见的视频格式，而*.mkv 则是一种能够封装多种类型媒体的文件格式。

（8）*.tar、*.gz、*.zip：这些是常见的压缩文件后缀。tar 是一种 UNIX/Linux 环境下的打包工具，.gz 是 gzip 压缩文件的后缀，*.zip 则是一种广泛使用的压缩文件格式。

（9）*.sh：这是命令解释程序（shell）文件的后缀。shell 是 Linux/UNIX 环境下用于自动化任务和执行一系列命令的文件。通过*.sh 文件，用户可以创建包含多个命令的命令解释程序并通过单一命令执行。

以上只是统信 UOS 中一些常见的文件类型，实际上，统信 UOS 支持的文件类型非常多样，包括但不限于各种编程语言的源代码文件、数据库文件、配置文件等。如果文件的扩展名被隐藏，可以单击窗口中的按钮，在弹出的下拉列表中选择“设置”命令，再在弹出的对话框中选中“隐藏文件”下的“显示文件扩展名”复选框即可，如图 3-18 所示。

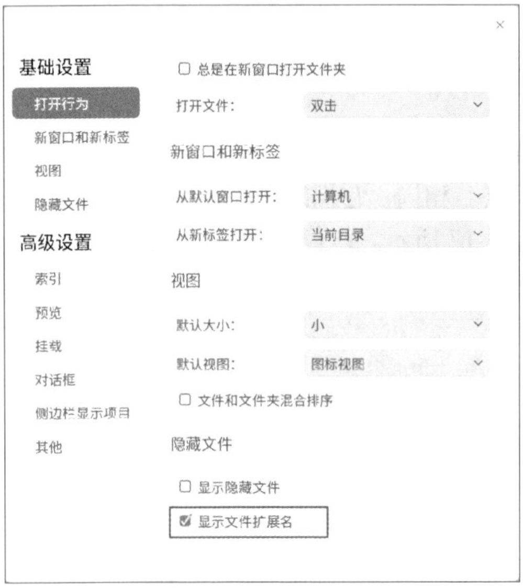

图 3-18 显示文件的扩展名设置

3.3.4 文件的属性

统信 UOS 中每个文件都有区别于其他文件的属性。在文件管理器窗口中右击文件图标，在弹出的快捷菜单中选择“属性”命令，可以打开文件属性对话框，如图 3-19 所示。

（1）大小。用来说明该文件由多少个二进制位组成。

（2）类型。用来说明该文件是何种类型的文件。

（3）位置。用来说明该文件存储在磁盘上的位置。

（4）创建时间、访问时间和修改时间。分别用来说明该文件创建、最后一次修改和最后一次访问的时间。

（5）隐藏此文件。选中“隐藏此文件”复选框后，可以在文件夹中隐藏此文件。

（6）打开方式。用来说明该文件采用何种应用程序打开或编辑。

（7）权限管理。用来确定“所有者”、“群组”和“其他”用户对文件的读写权限。

图 3-19　文件的属性对话框

文件的以上属性均可根据用户的需要进行设定。例如，文件类型可通过更改文件的扩展名实现（一般不建议修改，因为可能会导致文件不可用）；位置的改变可通过文件的复制或移动实现；大小和时间可通过编辑内容实现。

3.3.5 查看及排序

对于统信 UOS 窗口中的多个文件，可以根据需要来设定其图标的显示方式和排列方式。例如，如果想详细了解每个文件的大小、类型、时间等属性，可以将“显示方式”设置为“列表视图”，如果想窗口显示的内容简单些，可以将“显示方式”设置为“图标视图”；如果想按照修改时间的先后排列文件，可以将“排序方式”设置为“修改时间”等。在窗口的空白位置处右击，在弹出的快捷菜单中可选择不同的显示方式和排序方式，如图 3-20 所示。

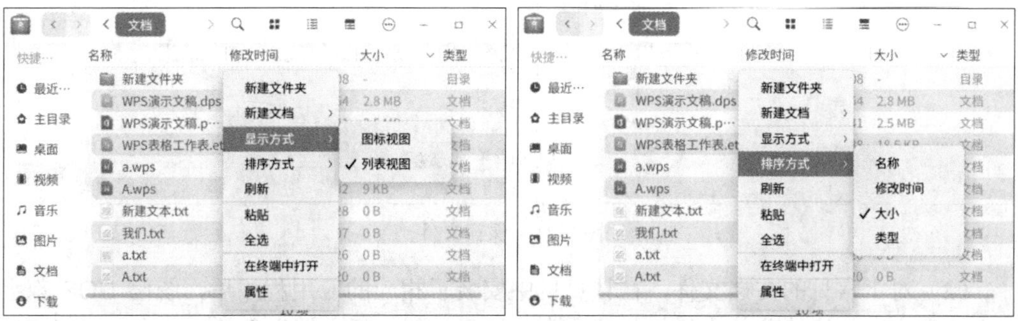

图 3-20　文件的显示方式和排序方式

3.3.6 文件及文件夹的选定

在对文件或文件夹进行进一步管理之前应当选定操作对象，在统信 UOS 中选定不同操作对象的方法如表 3-2 所示。

表 3-2 在统信 UOS 中选定不同操作对象的方法

选中对象	操作步骤
选择单个对象	单击想要选择的对象
选择连续多个对象	单击第一个对象，按住 Shift 键不放，再单击最后一个对象
选择多个不连续对象	先按住 Ctrl 键，然后再分别单击想要选择的对象
选择全部对象	按 Ctrl+A 组合键
选择特定字符开头的对象	打开对象所在窗口，直接按下开头的字符键
取消选择	在选定对象之外单击

3.3.7 文件及文件夹的创建

1. 文件的创建

通过前面的学习已经知道，计算机中的文件可分为系统程序文件和数据文件两大类，由于程序文件的创建需要用到计算机程序设计语言，已经超出本课程学习的范围，因此这里只讨论数据文件的创建。在统信 UOS 中，数据文件的创建通常有以下两种方法。

（1）先打开能创建数据文件的应用程序（如文本编辑器等），在默认情况下应用程序会自动创建一个空文档，然后根据需要对空文档进行相应的编辑，再选择“文件”→“保存”或“另存为”命令，在弹出的“另存为”对话框中依次设置文档的文件名、保存类型及保存位置，单击“保存”按钮即可创建一个文档，如图 3-21 所示。

图 3-21 保存文件

（2）对于常见的文档文件，在计算机中安装了相应的应用程序后，统信 UOS 都会在文件夹窗口的快捷菜单中增加相应命令。打开要创建新文档文件的文件夹，在其窗口空白处右击，在弹出的快捷菜单中选择“新建文档”命令，在弹出的级联菜单中选择一个命令，然后在出现的文件图标下面输入文件名即可。例如，WPS 文字文档文件的创建如图 3-22 所示。

图 3-22　通过快捷菜单创建 WPS 文字文档文件

2. 文件夹的建立

文件夹的创建方法如下。先打开要创建文件夹的子目录，在子目录窗口空白处右击，在弹出的快捷菜单中选择“新建文件夹”命令，然后在光标处输入新文件夹的名称，按 Enter 键即可。

3.3.8 文件及文件夹的复制与移动

文件及文件夹的复制是将文件或文件夹复制一个副本保存到其他位置，通常用于数据的备份操作，而移动则是将文件或文件夹从原位置删除后放到新的位置，通常用于数据的转移，二者除使用的命令不同外（复制使用“复制”命令，移动使用“剪切”命令），操作步骤基本相同。具体方法有以下两种。

1）方法一

（1）打开源文件或文件夹所在的目录窗口。

（2）选中准备复制或移动的对象。

（3）右击，在弹出的快捷菜单中选择“复制”命令（或按 Ctrl+C 组合键）或“剪切”命令（或按 Ctrl+X 组合键），系统会自动将对象放入系统剪贴板。

（4）打开目标文件夹窗口。

（5）在目标文件夹窗口空白处右击，在弹出的快捷菜单中选择“粘贴”命令（或按 Ctrl+V 组合键），将源对象从剪贴板粘贴到当前位置。

2）方法二

（1）在桌面上同时打开源窗口及目标窗口。

（2）调整两个窗口的大小并使其处于平铺状态。

（3）在源窗口中选中要复制或移动的对象，将其拖动到目标窗口。

注意：如果直接拖动对象则将完成移动操作；如果要复制对象，则要先按住 Ctrl 键再拖动。

3.3.9 文件及文件夹的删除与恢复

1. 文件及文件夹的删除

当文件或文件夹不再需要时，用户可将其删除，不仅有利于节约磁盘空间，而且有利于操作系统对文件及文件夹的管理。实现文件或文件夹的删除操作有以下两种方法。

1）方法一

（1）打开源文件或文件夹所在的目录窗口。

（2）选中准备删除的对象。

（3）右击，在弹出的快捷菜单中选择“删除”命令（或按 Delete 键）。

2）方法二

（1）打开源文件或文件夹所在的目录窗口。

（2）选中准备删除的对象。

（3）将其直接拖动到桌面的“回收站”图标上。

注意：从网络位置删除的项目、从可移动媒体（如U盘等）删除的项目或超过“回收站”存储容量的项目将不被放到“回收站”中，而是被彻底删除，不能被还原。

2. 文件及文件夹的恢复

“回收站”为用户提供了一个安全地删除文件或文件夹的解决方案。对于从硬盘中删除的文件或文件夹，统信 UOS 会将其自动放入“回收站”，直到用户将其清空或还原到原位置。当设置的“回收站”存储容量用完后，统信 UOS 会自动清除“回收站”中的空间以存放最近删除的文件和文件夹。删除或还原“回收站”中文件或文件夹的操作步骤如下。

（1）双击桌面上的“回收站”图标，打开“回收站”窗口。

（2）在“回收站”窗口中选中要清除或还原的对象并右击，在弹出的快捷菜单中选择“删除”或“还原”命令。

（3）若要删除“回收站”中的所有对象，可单击“回收站”窗口右上角的“清空”按钮进行操作。

注意：删除“回收站”中的文件或文件夹，意味着将该文件或文件夹彻底删除，正常情况下无法再还原（使用特殊技术除外）。若还原已删除文件夹中的文件，则该文件夹将在原来的位置上重建，然后在此文件夹中还原文件。若想直接删除文件或文件夹而不将其放入“回收站”中，可在拖动到“回收站”时按住 Shift 键；或选中该文件或文件夹，按 Shift+Delete 组合键删除。

3.3.10 文件及文件夹的重命名

重命名文件或文件夹就是给文件或文件夹重新定义一个新的名称，使其可以更符合用户的要求。重命名文件或文件夹的具体操作步骤如下。

（1）打开要重命名的文件或文件夹所在的目录窗口，选中要重命名的对象。

（2）右击，在弹出的快捷菜单中选择“重命名”命令（或直接单击其名字区域），这时文件或文件夹的名称将处于编辑状态（蓝色反白显示），直接输入新的名称即可。

注意： *若文件处于打开状态，此时对文件执行重命名操作后，在打开文件的程序中单击“保存”按钮，文件会以原名进行保存。并且在系统设置为“显示扩展名”后，只能更改文件的主文件名，而不能更改其扩展名，否则可能导致原文件打开后显示为乱码。*

3.3.11 文件及文件夹的查找

当需要操作某个文件或文件夹时，用户发现忘记了该文件或文件夹存放的具体位置或具体名称，这时可以在文件管理器中通过文件查找功能快速地找到目标文件，如图 3-23 所示。

图 3-23　统信 UOS 的搜索栏

3.4 统信 UOS 的磁盘管理

磁盘是计算机中各种外部存储器的统称，是计算机中各种文件（包括操作系统本身）存储的载体，因此磁盘的运行状态直接决定了整个软件系统的效率及稳定性与安全性。为此统信 UOS 提供了非常实用的工具对磁盘进行管理。

注意： *磁盘可分为光盘、软盘、硬盘和可移动磁盘 4 类，但由于光盘一般是只读的，软盘已经被淘汰，而可移动磁盘一般由半导体集成电路组成，其管理与硬盘类似，因此这里仅以硬盘为例来说明操作系统对磁盘的管理。*

3.4.1 磁盘的管理

在统信 UOS 中，对硬盘的管理主要包括硬盘的分区、格式化、挂载及卸载等操作。这些操作不仅影响硬盘的使用效率，也直接关系到文件系统的稳定性和数据的安全性。

1. 硬盘的分区与格式化

硬盘分区是指将物理硬盘划分为一个或多个逻辑部分，每个部分称为一个分区。分区可以使操作系统更方便地管理硬盘空间，提高硬盘的使用效率。分区完成后，通常需要对每个分区进行格式化，以建立文件系统，使操作系统能够识别和管理其中的文件。

统信 UOS 支持的磁盘分区格式主要包括 EXT4、XFS 和 Btrfs。这些分区格式各有特点，用户可以根据自己的需求选择合适的分区格式。

（1）EXT4：这是 Linux 操作系统中最常用的分区格式之一，具有良好的兼容性和稳定性。它支持大型文件和目录，提供日志功能，可以在文件系统崩溃时最大限度地保护数据安全。此外，EXT4 还支持在线碎片整理、目录索引等功能，以提高文件系统的性能。

（2）XFS：这是一种高性能的日志型文件系统，适用于大型数据存储和高并发访问场景。XFS 具有优秀的扩展性，支持高达数百太字节的存储空间。同时，XFS 还提供了强大的数据恢复能力，可以在一定程度上防止数据丢失。

（3）Btrfs：这种文件系统支持在线碎片整理和数据压缩，可以节省存储空间并提高性能。

在统信 UOS 中，通常建议将根目录（/）和用户目录（/home）分别进行分区，以便于系统管理和数据备份。具体的分区结构可能包括如下几项。

（1）EFI（300 MB）：这是硬盘的引导分区，使用统一可扩展固件接口（unified extensible firmuare interface，UEFI）作为引导模式。这个分区中的文件是系统的引导文件，如果没有这个分区，系统就无法通过 UEFI 引导启动。

（2）Boot（1.5 GB）：这是启动分区，系统通过 EFI 进入引导程序后，会通过这个分区中的 Linux 内核启动进入系统。

（3）roota（15 GB）：这是系统主根分区，也就是 A 根分区。开机登录系统就是在这里进行的。

（4）rootb（15 GB）：这是 B 根分区，与 A 根分区不同，这个分区只在更新时使用，用于备份 A 根分区的数据。

（5）_dde_data（剩余硬盘空间）：这是数据盘分区，用户数据和安装的软件都存放在这个分区，是所有分区中空间最大的。

（6）Backup（19 GB）：这是恢复分区，和 B 根分区功能类似。它只在一键还原时使用，也就是通过 GRUB 启动菜单选择恢复系统时会使用。

2. 分区的挂载与卸载

在统信 UOS 中，硬盘分区必须挂载到文件系统的目录树中才能被访问。挂载是指将一个分区与一个目录树中的目录关联起来，使得该目录下的文件和子目录都在该分区上。卸载则是取消这种关联，使分区不再被访问。挂载和卸载通常由系统管理员或具有相应权限的用户进行操作。

3. 磁盘的管理工具

统信 UOS 提供了一些磁盘管理工具，如“磁盘管理器”和 fdisk 命令等，可以帮助用户进行硬盘的分区、格式化、挂载和卸载等操作。这些工具通常具有图形用户界面和命令行界面两种形式，以满足不同用户的需求。

4. 磁盘的维护与保养

为了保持硬盘的正常运行和延长其使用寿命，用户需要定期对硬盘进行维护和保养。这包括定期备份数据、检查硬盘的健康状况、清理硬盘上的垃圾文件等。此外，还需要注意避免在硬盘读写过程中发生剧烈的振动或碰撞，以防止硬盘损坏或数据丢失。

3.4.2 磁盘管理器的使用

磁盘管理器是统信 UOS 中一款管理磁盘的工具，可以帮助用户快速查看硬盘中各个分区的基本信息，还可以创建并管理逻辑卷。

1. 运行磁盘管理器

单击任务栏上的启动器按钮，进入启动器界面，再单击磁盘管理器图标，在弹出的授权对话框中，输入系统登录密码，如图 3-24 所示。

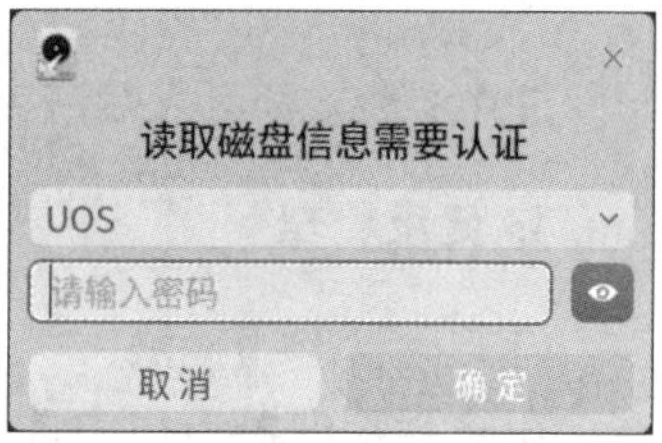

图 3-24 授权对话框

打开磁盘管理器后，可以查看磁盘信息、健康状态，新建分区表等。对于分区，则可以新建分区，调整分区空间，擦除、挂载及卸载分区等。

注意：

（1）在操作过程中如果强制退出磁盘管理器，可能会导致磁盘管理器异常，请谨慎操作。

（2）如果系统盘某分区为主引导记录（master boot record，MBR）扩展分区、逻辑分区或逻辑卷，请谨慎对此分区进行操作，以免引起系统崩溃。

2. 磁盘信息

磁盘管理器窗口左侧栏显示的是磁盘列表及分区信息。单击“刷新”按钮可以刷新当前页面信息，如图 3-25 所示。

选中磁盘后右击，在弹出的快捷菜单中选择“磁盘信息”命令，可以查看磁盘的型号、制造商、介质类型、大小、接口等信息。

3. 新建分区表

新建分区表有两种情况。

（1）当前磁盘是正常的但是无分区表，则无法对分区进行操作，新建分区表后就可以执行对该分区的操作。

（2）当前磁盘有分区表，如 MS-DOS 分区表，新建分区表后可以切换为全局唯一标识分区表（GUID partition table，GPT 分区表）。

使用前提：卸载该磁盘中的所有分区。

在磁盘管理器窗口中选中磁盘并右击，在弹出的快捷菜单中选择“新建分区表”命令，选择 GPT 或 MS-DOS 磁盘分区后，单击“新建”按钮即可。

图 3-25　磁盘管理器窗口

注意：新建分区表后将会合并当前磁盘所有分区，丢失所有数据，请先做好数据备份。

4. 健康管理

（1）硬盘健康检测。

在磁盘管理器窗口中选中磁盘并右击，在弹出的快捷菜单中选择“健康管理”→“硬盘健康检测”命令，可以查看磁盘的健康状态、当前的温度及各属性的状态。

（2）分区表错误检测。

在磁盘管理器窗口中选中磁盘并右击，在弹出的快捷菜单中选择“健康管理”→“分区表错误检测”命令，若分区表没有错误，则弹出“分区表检测正常”提示；若分区表有错误，则会弹出错误报告。

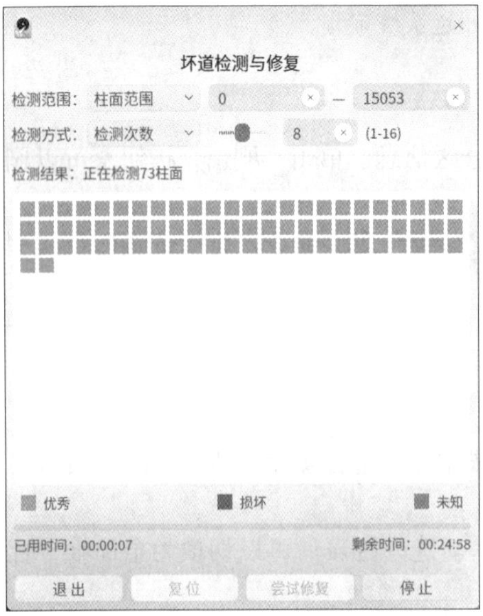

图 3-26　坏道检测与修复

（3）坏道检测与修复。

磁盘坏道是磁盘使用过程中常见的问题，需要定期检测与修复。

在磁盘管理器选中磁盘并右击，在弹出的快捷菜单中选择“健康管理”→“坏道检测与修复”命令。

在坏道检测与修复窗口中，可以设置检测范围和检测方式，然后单击“开始检测”按钮。

在检测过程中，单击“停止”按钮可以随时停止对应的磁盘检测，单击“继续”按钮后，可继续对应的磁盘检测，如图 3-26 所示。

检测完成后，可根据检测结果进行以下操作。

① 无坏道：可以直接退出检测界面。

② 有坏道：单击“尝试修复”按钮进行坏

道修复。

注意：修复坏磁道会破坏坏磁道及其附近磁道上的文件数据，请先做好数据备份。在坏磁道检测过程中还可以单击“复位”按钮，清空现有的所有磁盘检测数据，显示刚开始进入磁盘时的状态。

5. 新建分区

（1）在磁盘管理器窗口中选中未分配的分区，在顶部功能栏单击新建分区按钮。

（2）弹出分区确认对话框，单击“确定”按钮后，打开分区操作对话框，可以查看总容量、名称、格式及所属的磁盘信息，如图 3-27 所示。

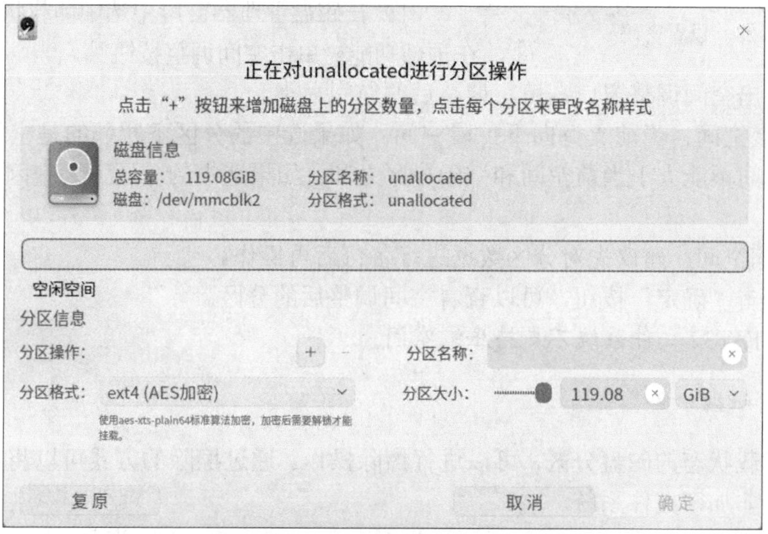

图 3-27 新建分区

（3）在分区信息区域填写新分区名称、分区大小，并选择分区格式，当前支持AES/SM4（AES：高级加密标准，advanced encryption standard；SM4：SM4 分组密码算法）文件加密。

① 不加密：创建新分区的空间必须大于 52 MiB，否则无法创建。

② AES/SM4 文件加密：创建新分区的空间必须大于 100 MiB，系统盘不可进行加密。

注意：MS-DOS 分区最多只能创建 4 个分区；GPT 分区最多可以一次性创建 24 个分区，最多可以创建 128 个分区。

（4）如果选择了文件加密，则单击增加按钮，在弹出的设置密码对话框中输入密码和密码提示，单击“确定”按钮，如图 3-28 所示。

① 密码不可重置，也不可在线找回，需要自行备份。

② 密码长度为 1～256 个字符，由英文、数字或符号组成。

③ 密码提示：最多可以输入 50 个字符，且不可与密码完全一致。

（5）新建的分区会分段显示在条形图中，可以新建多个分区。选中某个分区，单击删除按钮可以删除该分区。

（6）操作完成后单击“确定”按钮，新建的分区会显示在对应磁盘下。

图 3-28 设置密码

（7）在新建分区的过程中会自动格式化该分区。要正常使用新建分区，还需要手动挂载。

说明：如果新建的分区使用了 AES/SM4 加密，则需要解锁后才能挂载。对于 SM4 加密的分区，不支持国密算法的系统将无法解锁。

6. 空间调整

对于未加密、卸载状态的分区，可以进行空间调整。

（1）在磁盘管理器窗口中选中卸载状态的分区，在顶部功能栏单击空间调整按钮。

（2）弹出空间调整窗口，填写调整后的空间大小。

① 扩展空间：当前支持向下扩展空间。如果选中的分区下相邻的是空闲分区，则扩展后的空间不能大于当前空间和空闲分区之和。如果选中的分区下无空闲分区，则无法扩展。

② 压缩空间：建议先对分区数据进行备份后再操作。

（3）单击“确定”按钮，可以查看空间调整后的分区。

说明：FAT32 文件系统不支持压缩空间。

7. 擦除磁盘分区

对于卸载状态的磁盘分区，可以进行擦除操作。通过擦除的方式可以将加密的文件系统修改为非加密文件系统。

（1）在磁盘管理器窗口中选中一个磁盘分区，在顶部功能栏单击“擦除”按钮。

（2）弹出擦除操作对话框，填写分区名称、分区格式和安全选择。其中分区格式支持 AES/SM4 加密，“安全选择”有“快速”“安全”“高级”三个选项，默认为“快速”，如图 3-29 所示。

① 快速：仅擦除原文件系统标记，真正的数据会保留在磁盘上，通过磁盘恢复工具可能会恢复数据。

② 安全：符合 NIST 800-88 的 1 次安全擦除。它会在整个磁盘中写入 0、1 和随机数据一次，擦除后将无法恢复磁盘上的文件，且处理过程较慢。

③ 高级：提供两种磁盘擦除处理标准，分别为 DoD 5220.22-M 和 Gutmann。会多次将 0、1 和随机数据写入整个磁盘。可以定义擦除磁盘并改写数据的次数，处理过程会非常缓慢。

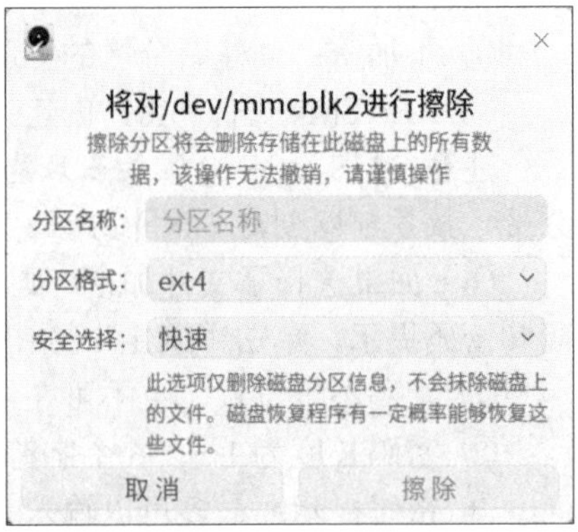

图 3-29 擦除分区

说明：由于 DoD 5220.22-M 和 Gutmann 数据擦除标准不支持擦除固态硬盘，因此，如果设备类型为固态硬盘，则“安全选择”下拉列表仅显示“快速”和“安全”两个命令。

单击“擦除”按钮。如果选择了加密，则需要设置密码，擦除完成后会自动挂载。

8. 挂载分区

AES/SM4 加密的分区，卸载后需要解锁才能挂载。对于 SM4 加密的分区，不支持国密算法的系统将无法解锁。

（1）在磁盘管理器窗口中选中未挂载的分区，在顶部功能栏单击“挂载”按钮。

（2）弹出挂载操作对话框，选择或输入挂载点后，单击“挂载”按钮即可，如图 3-30 所示。

注意：一个分区挂载在一个已存在的目录上，这个目录可以不为空，但挂载后这个目录下以前的内容将不可用，请谨慎操作。

图 3-30 挂载

9. 卸载分区

若要修改分区的挂载点，可先卸载，再重新挂载。

（1）在磁盘管理器窗口中选中一个分区，在顶部功能栏单击“卸载”按钮。

（2）弹出确认对话框，确认无运行程序后，单击“卸载”按钮即可。

注意：卸载系统盘可能会引起系统崩溃，请谨慎操作。

10. 删除分区

删除分区后，该分区中的所有文件都会丢失，请谨慎操作。

（1）在磁盘管理器窗口中选中一个处于卸载状态的分区并右击。

（2）在弹出的快捷菜单中选择“删除分区”命令，在弹出的确认对话框中单击“删除”按钮，该分区在对应磁盘下消失。

3.5 统信 UOS 系统工具的使用

尽管统信 UOS 的主要功能是管理计算机的各种资源，但是它仍然提供了很多简单、实用的工具软件（如文本编辑器、语音记事本、画板、归档管理器、截图录屏、计算器等）来帮助用户在要求不高的场合处理一些文字、图形、声音数据和日常事务。这些工具和程序都放在启动器菜单中。

3.5.1 文本编辑器

统信 UOS 中的文本编辑器是一个常用的文本编辑工具，可以书写简单的文档，也可以当作源程序的高级编辑器使用。

1. 启动文本编辑器

单击启动器按钮，在弹出的启动器菜单中找到并单击文本编辑器图标，即可启动并显示文本编辑器窗口，如图 3-31 所示。

图 3-31　文本编辑器窗口

2. 管理文本

（1）打开文件：双击文本文件或拖动文件到文本编辑器窗口。

（2）保存文件：单击窗口标题栏右侧的⊙按钮，在打开的下拉列表中选择“保存”（“另存”）命令或按 Ctrl+S（Ctrl+Shift+S）组合键，保存当前文件。

（3）打印文件：单击窗口标题栏右侧的⊙按钮，在打开的下拉列表中选择“打印”命令或按 Ctrl+P 组合键打开打印预览对话框。在该对话框中可以预览文件、选择打印机并设置打印页面；选择“高级设置”命令，可以设置纸张大小、打印方式等相关参数，完成后单击“打印”按钮即可将文件发送到打印机输出。

3. 编辑文本

编辑文字是文本编辑器的主要功能。可以通过各种操作（如复制、剪切、粘贴等）使文本的内容符合要求。以下简单介绍文字编辑的常用操作。

（1）选择文字。按住鼠标左键不放，在所需操作的文字上拖动，当文字反色显示时，表明已经被选中。当需要选择全文时，可以右击编辑区，在弹出的快捷菜单中选择“全选”命令，或者按 Ctrl+A 组合键。

（2）删除文字。选中需要删除的文字，按 Delete 键；或者选中要删除的文字并右击，在弹出的快捷菜单中选择“剪切”命令。

（3）移动文字。先选中要移动的文字，再拖动到所需位置。

（4）复制文字。先选中要复制的文字，再按住 Ctrl 键拖动到所需位置。

（5）查找和替换。有时需要在文档中寻找一些相关的字词，如果只靠手动查找，会浪费很多时间，利用文本编辑器的“查找”功能就能快速、准确地找到所需内容，提高工作效率，如图 3-32 和图 3-33 所示。

4. 颜色标记

在文本编辑器窗口，可以使用 8 种颜色标记文本中的内容，选中要标记的文本并右击，在弹出的快捷菜单中选择“颜色标记”命令，在打开的级联菜单中进行选择，有“添加标记”“标记所有”“清除上次标记”“清除所有标记” 4 种操作，如图 3-34 所示。

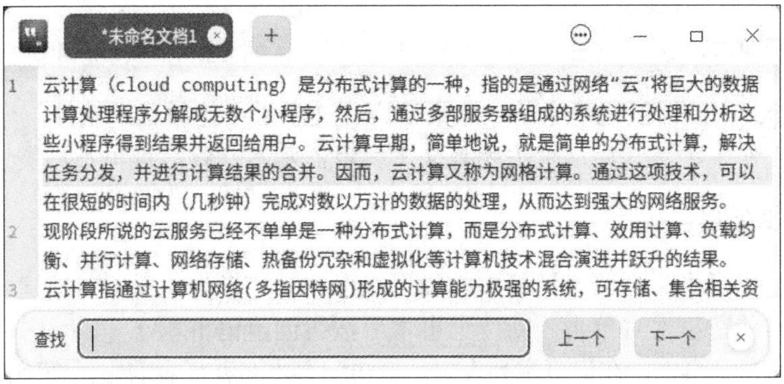

图 3-32 “查找”功能

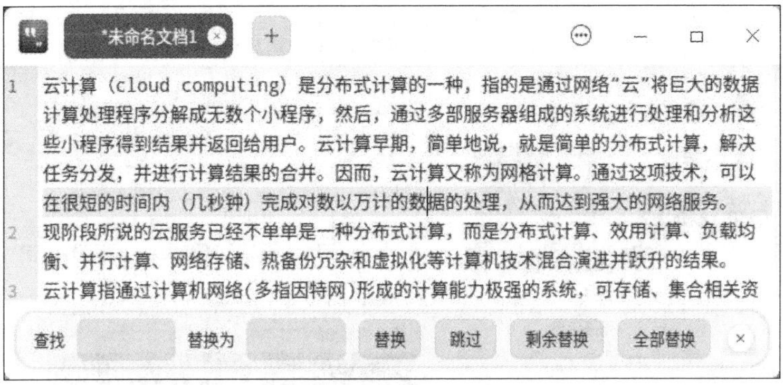

图 3-33 “替换”功能

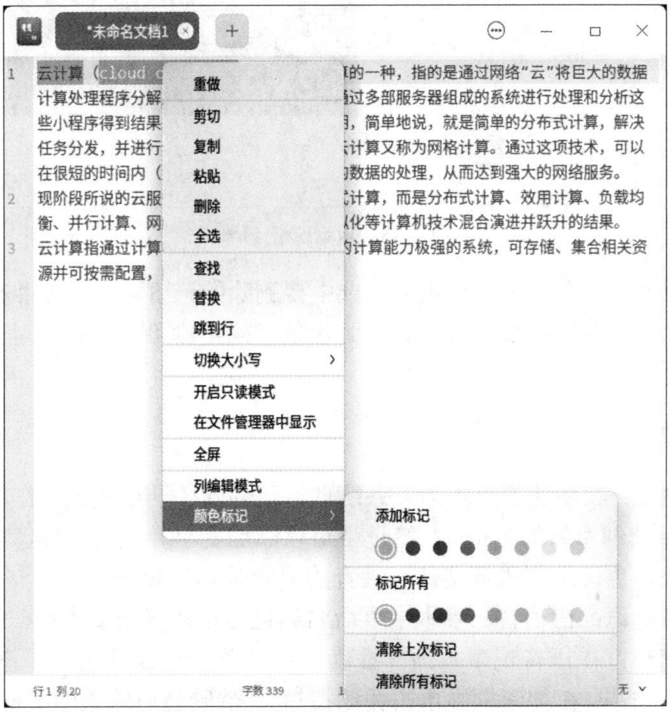

图 3-34 “颜色标记”命令级联菜单

3.5.2 语音记事本

统信 UOS 中的语音记事本是一款集语音、文字于一体的记事软件，一般用来记录日常生活或工作事项。其启动及关闭与文本编辑器基本一致，这里不再赘述。

1. 记事本管理

（1）创建记事本：当语音记事本中尚无记事本时，启动程序即可新建一个记事本，也可在编辑当前记事本时单击“新建记事本”按钮创建记事本。

（2）重命名记事本：在记事本列表中，双击记事本名称或者右击，在弹出的快捷菜单中选择“重命名”命令，如图 3-35 所示，在文本框中输入新名称，按 Enter 键完成重命名。

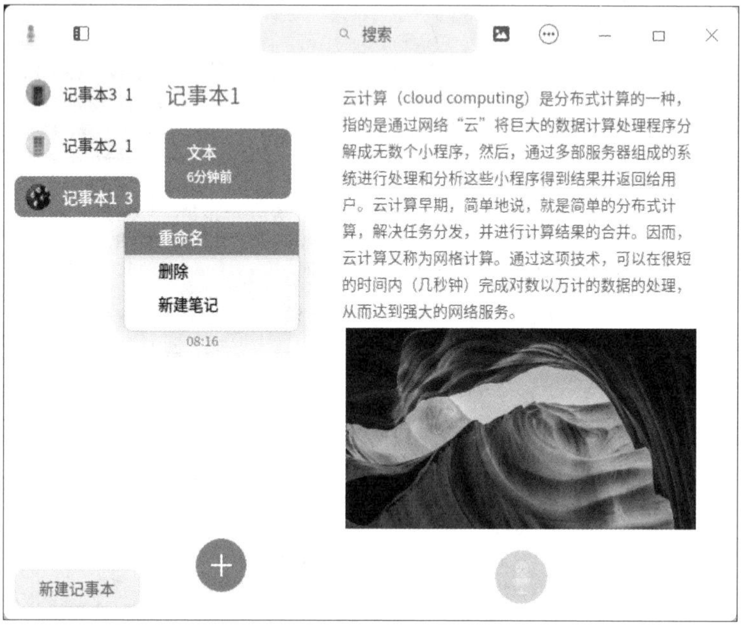

图 3-35 重命名记事本

（3）删除记事本：在记事本列表中，选中要删除的记事本，右击并在弹出的快捷菜单中选择“删除”命令或按 Delete 键，在弹出的“确定删除记事本”对话框中单击“确定”按钮。

2. 笔记管理

（1）新建笔记：在新建记事本后，系统默认已创建了一个笔记，在笔记列表内单击添加按钮⊕可继续创建新的笔记。在笔记中可以添加文字并设置字体、字号、字体颜色、加粗等文本样式，也可录制语音文件，录音的限制时长为 60min。

（2）重命名笔记：在语音记事本中重命名笔记与重命名记事本操作类似。

（3）搜索笔记：在语音记事本顶部搜索框中，单击搜索按钮，输入关键字，按 Enter 键显示搜索结果，在搜索框中单击关闭按钮清除当前输入的关键字或取消搜索。

（4）移动笔记：在笔记列表中，选择一个或多个笔记将其拖动到另一个记事本中，右击并在弹出的快捷菜单中选择“移动”命令，在弹出的“移动笔记”对话框中选择一个笔记本，单击“确定”按钮，该笔记会移动到所选的记事本中。

（5）置顶笔记：在笔记列表中，右击笔记，在弹出的快捷菜单中选择“置顶”命令，该笔记将会排在笔记列表最前面；右击已置顶的笔记，在弹出的快捷菜单中选择“取消置顶”命令可以取消置顶。

（6）保存笔记：在笔记列表中，选中一个或多个笔记，右击，在弹出的快捷菜单中选择“保存为 HTML”或“保存为 TXT”命令，将笔记保存为 HTML 或 TXT 格式。

（7）保存语音：在笔记列表中，选择一个或多个语音笔记，右击，在弹出的快捷菜单中选择“保存语音”命令，将选中的语音笔记保存为 MP3 格式。

（8）语音转文字：在语音记事本窗口，选择一个语音文件，右击，在弹出的快捷菜单中选择“语音转文字”命令，将语音内容以文字形式展示在详情页内。

（9）删除笔记：在笔记列表中选中一个或多个笔记，右击，在弹出的快捷菜单中选择“删除”命令或按 Delete 键，在弹出的“确定删除笔记”对话框中单击“确定”按钮。

（10）删除语音：在语音记事本窗口，选择一个语音文件，右击，在弹出的快捷菜单中选择“删除”命令或按 Delete 键，在弹出的“确定删除语音”对话框中单击“确定”按钮。

3.5.3 画板

画板是一款简单的绘图工具，支持图片的旋转、裁剪、翻转、添加文字、绘制形状等操作。它可以对已有图片进行简单的编辑，也可以绘制新的图片，还可以导出多种图片格式。画板程序窗口如图 3-36 所示。

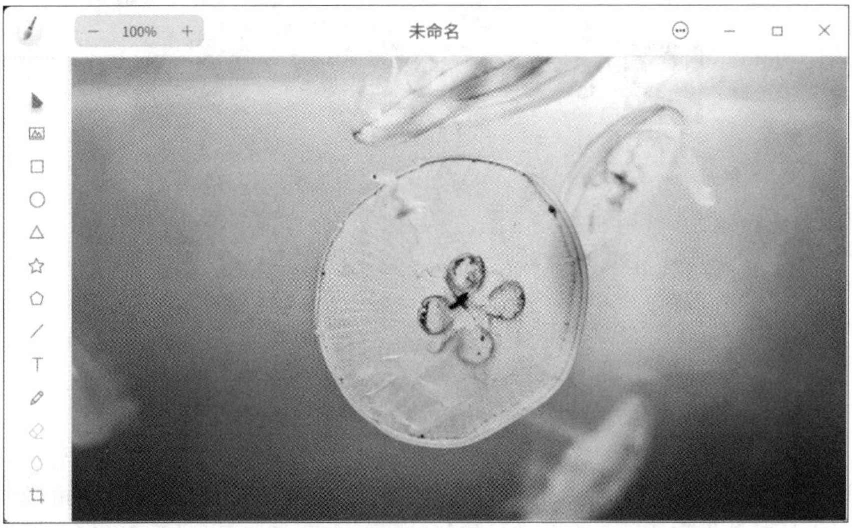

图 3-36 画板程序窗口

1. 常用功能

（1）新建标签页：在画板窗口中单击⊖按钮，在弹出的下拉列表中选择“新建”命

令或单击 + 按钮。

（2）打开图片：在画板窗口中单击导入图片按钮，选择要打开的图片，再单击“打开”按钮导入图片。如果图片尺寸超出画布区域，则会弹出提示对话框，可以选择保留原图尺寸或适应画布大小。最多只能导入 30 张格式为 JPG、PNG、TIF、BMP 或 DDF 的图片。

（3）导出图片：在画板窗口中单击按钮，在弹出的下拉列表中选择“导出”命令即可打开“导出”对话框，如图 3-37 所示。在“导出”对话框中，可以对“文件名”“保存位置”“文件格式”“图片质量”“图片尺寸”等参数进行设置，单击“保存”按钮即可导出图片。

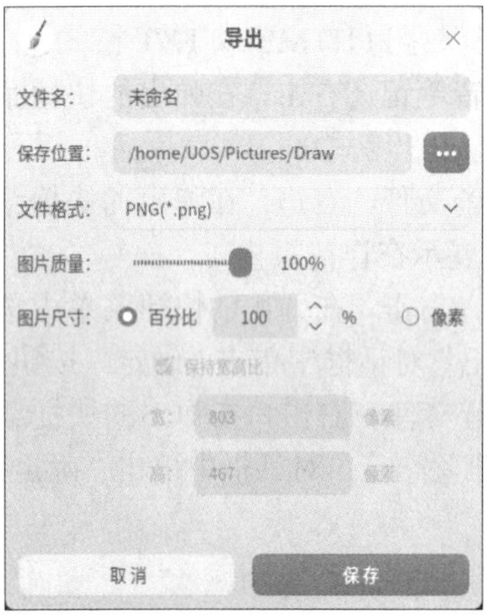

图 3-37 导出图片

2. 绘画工具

使用绘画工具可以根据需要自由绘制各种图形。当选择形状工具时，在画板属性栏中可以设置图形的填充颜色、描边、粗细值等参数。绘制图形时，配合键盘上的 Shift 键或 Shift+Alt 组合键可以画出正方形、正圆、正三角、正星形多角形、正多边形，如图 3-38 所示。

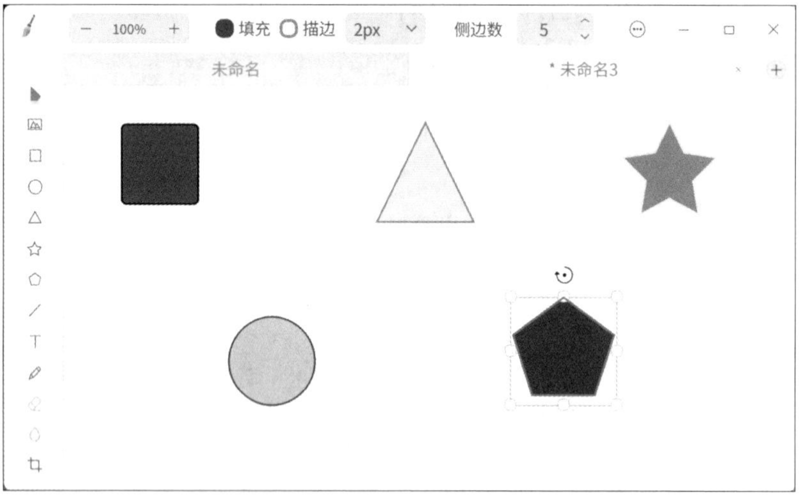

图 3-38 形状工具

单击文本工具按钮，在画布区域单击后可以在文本框中输入文字，可以在属性栏中设置文本的颜色、字体、字形、字号等样式。单击画笔工具按钮，可以在画布区域拖动鼠标绘制图形，可以在属性栏中设置画笔的描边、样式、粗细值等参数。单击工具栏中的“选择”按钮，将图形选中后可以对其进行编辑操作。

3. 编辑功能

使用画板编辑功能可以对图形进行组合、裁剪、旋转等操作，也可对图层和文字进行调整。

（1）选择图形：可以通过单击或按 Shift 键单击并拖动鼠标来选择一个或多个图形，单击画板空白区域可取消选择。

（2）裁剪图形：在画板窗口中单击裁剪按钮，在属性栏中选择按照比例裁剪或自由裁剪模式，按 Enter 键或单击属性栏上的“确定”按钮，裁剪画布，如图 3-39 所示。

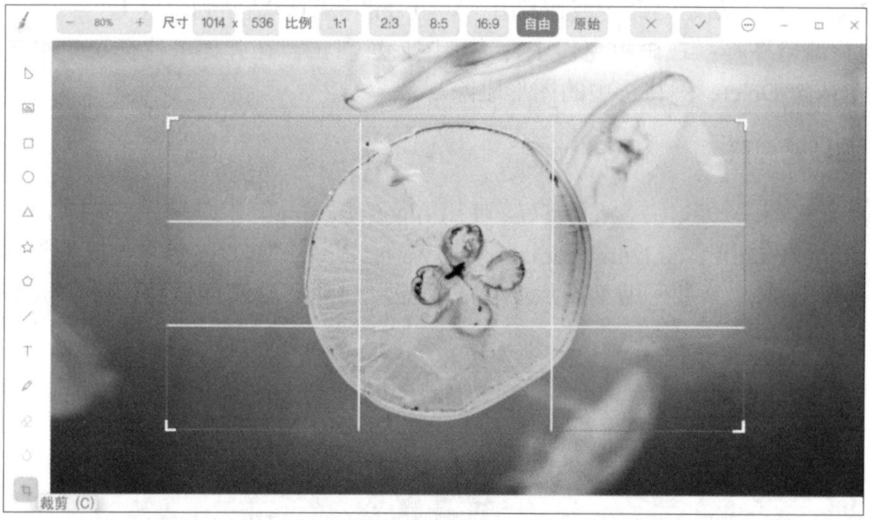

图 3-39　裁剪图片

（3）翻转图形：在画板窗口中选中图形，单击垂直翻转按钮或水平翻转按钮将图形垂直翻转或水平翻转。

（4）旋转图形：在画板窗口中选中图形，单击顺时针旋转按钮或逆时针旋转按钮将图形顺时针或逆时针旋转 90°；或用鼠标左键按住旋转按钮来旋转。

（5）自适应画布：在画板窗口中选中图形并单击自适应画布按钮，根据图片自适应调整画布大小。若选择单张图片，则根据图片的宽高来调整画布大小；若选择多张图片，则根据最大边界范围调整画布大小。

（6）组合/释放组合图形：在画板窗口中选中多个图形，右击，在弹出的快捷菜单中选择“组合”命令或单击属性栏上的组合按钮，可将图形组合；右击已组合的图形，在弹出的快捷菜单中选择“释放组合”命令或单击属性栏上的“释放”按钮，可分解已组合的图形。

（7）调整图层：在画板窗口中选中图形，右击，在弹出的快捷菜单中选择“图层”命令，在打开的级联菜单中选择“向上一层”、“向下一层”、“置于顶层”或“置于底层”命令可以调整图层顺序。

（8）对齐图层：在画板窗口中选中一个或多个图形，右击，在弹出的快捷菜单中选择“对齐”命令，在打开的级联菜单中选择“左对齐”、“水平居中”、“右对齐”、“顶对齐”、“垂直居中”、“底对齐”、“水平等间距”或“垂直间距”命令可以调整图层对齐方式。仅选中一个图形进行操作时，图层与画布对齐。选中三个或三个以上的图形时，才能进行“水平等间距”和“垂直等间距”的操作。

（9）对齐文本：在画板窗口中单击“文字工具”按钮 可以调整文本框的大小，选中文本内容后右击，在弹出的快捷菜单中选择“左对齐”“右对齐”“居中对齐”命令可以调整文本对齐方式。

（10）复制和粘贴图形：在画板窗口中，选中需要复制的图形，右击，在弹出的快捷菜单中选择“复制”命令或按 Ctrl + C 组合键将图形复制到剪贴板；右击，在弹出的快捷菜单中选择“粘贴”命令或按 Ctrl + V 组合键将图形粘贴到画板上。

（11）删除图形：在画板窗口中，选中图形，右击，在弹出的快捷菜单中选择“删除”命令或按 Delete 键将选中的图形删除。

3.5.4 归档管理器

归档管理器是一款用户界面友好、使用方便的压缩与解压缩软件，支持 7z、jar、tar、tar.bz2、tar.gz、tar.lz、tar.lzma、tar.lzo、tar.xz、tar.Z、tar.7z、zip 等多种压缩包格式，还支持多密码压缩、分卷压缩、添加注释等功能。启动归档管理器后即可显示如图 3-40 所示的窗口。

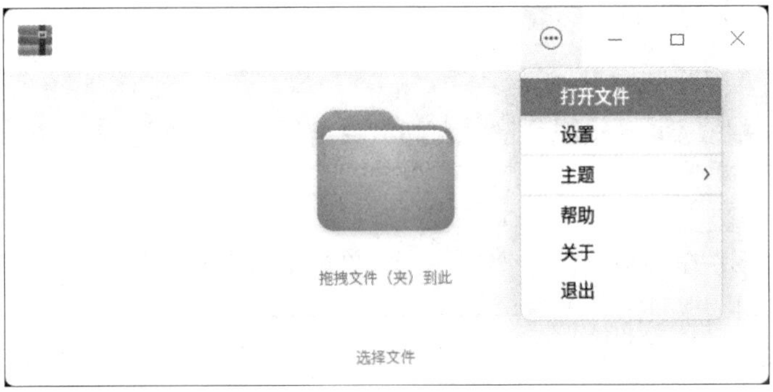

图 3-40 归档管理器窗口

在归档管理器窗口，可以对单个或多个文件（夹）进行压缩或解压缩，并且归档管理器支持多个窗口同时操作。

1. 压缩文件

（1）右击待压缩的文件（夹），在弹出的快捷菜单中选择“压缩”命令，或直接将文件拖动到归档管理器窗口。单击左上角的添加按钮 + 或 ⊙ 按钮，选择“打开文件”命令，可以继续添加需要压缩的文件（夹）。在归档管理器文件列表中，右击文件（夹），在弹出的快捷菜单中选择相应命令可以查看或删除文件（夹）。完成文件的添加后，单击“下一步”按钮。

（2）在压缩窗口中设置文件名、保存位置、压缩方式等信息，压缩包的默认格式为 zip，如图 3-41 所示。

图 3-41　设置压缩信息

（3）单击“压缩”按钮进行压缩操作，在压缩过程中可以暂停/继续压缩操作。

（4）压缩成功后单击“查看文件”按钮，可查看压缩文件的具体存放位置，如图 3-42 所示。单击“返回”按钮可返回主窗口，继续选择文件进行压缩。

图 3-42　压缩成功

2. 解压缩

（1）选中压缩包，右击，在弹出的快捷菜单中选择“解压缩”命令，或将压缩包拖动到归档管理器窗口。

（2）在解压缩窗口，可以进行路径设置、文件提取等操作，如图 3-43 所示。

（3）单击“解压”按钮进行解压操作，在解压缩过程中可以暂停/继续解压操作。

说明：当压缩包中有加密文件时，则需要输入密码来解压缩，当压缩包中有多个加密文件时，则需要依次输入密码来解压缩。

图 3-43　文件提取操作

（4）解压缩成功后单击“查看文件”按钮，可以查看解压文件的具体保存位置，如图 3-44 所示。单击“返回”按钮可以返回主窗口，继续选择压缩包进行解压缩。

图 3-44　解压成功

3.5.5　截图录屏

截图录屏是一款集截图与录屏于一体的工具，支持图片编辑、贴图、滚动截图、文字识别、录屏等功能。

单击任务栏上的启动器按钮，进入启动器界面，再单击截图录屏图标，单击即可进入截图状态，此时光标变成十字形。

1. 选中截图区域

如果将光标移动到桌面空白处，则会自动选中整个桌面；如果将光标移动到窗口上，则会自动选定窗口范围。如果要自定义选择截图区域，则可以在截图状态下拖动鼠标选择截图区域。此时，在左上角将显示当前截图区域的尺寸大小，如图 3-45 所示。

选中截图区域后，将光标移动到截图区域边框位置，当光标变成双向箭头时，可以拖动鼠标来改变截图区域大小。当光标移至截图区域变成手形时，可以拖动鼠标来移动截图区域的位置。当单击截图工具栏上的滚动截图按钮时，可以实现自动滚动或者手动滚动截图。

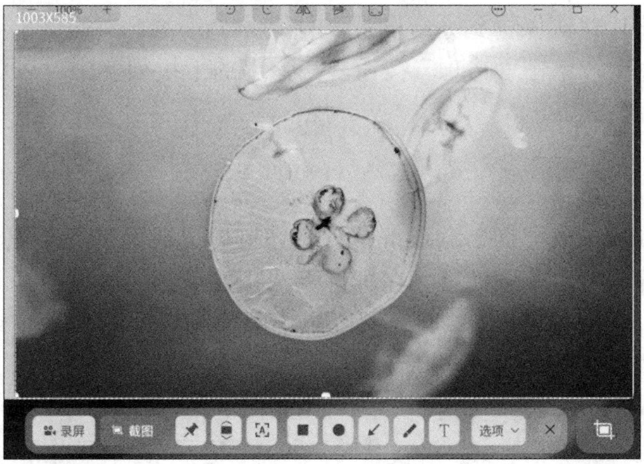

图 3-45 手动截图

2. 编辑截图

选中截图后，可以在截取的图形内添加矩形、椭圆、箭头、文字等元素。

例如，在截图区域添加矩形。单击截图区域下方工具栏上的矩形按钮，在扩展工具栏中，可以设置矩形边线的粗细、颜色，在截图区域，拖动鼠标即可完成矩形区域的绘制，如图 3-46 所示。

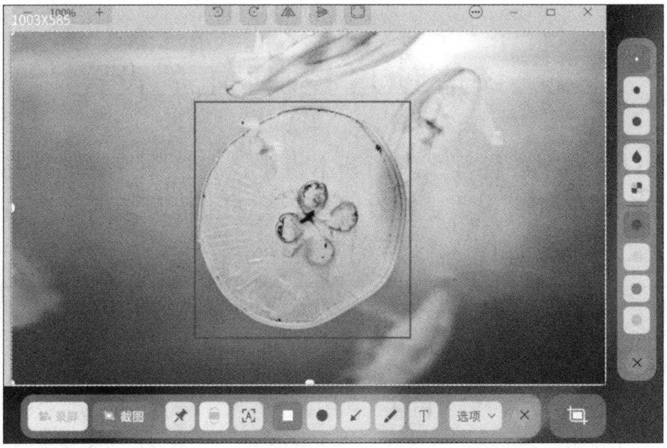

图 3-46 绘制矩形

如果截图区域有需要隐藏的信息，可以单击模糊按钮或者马赛克按钮来遮挡。如果需要对截取的图片进行文字补充和说明，可以单击文字按钮添加文字。如果需要提取截图区域的文字内容，可以单击文字识别按钮，在弹出的图文识别界面的文字区域选中文字，将文字内容复制到剪贴板或导出为 txt 文件。

3. 保存截图

选中并编辑好截图后，可以通过双击截图区域，或单击截图工具栏按钮，或右击截取的图片区域，在弹出的快捷菜单中选择“保存”命令；或按 Ctrl+S 组合键保存截取的图片。截取的图片默认保存到系统图片文件夹中。

在截图工具栏中，单击“选项”按钮，在弹出的下拉列表中可以更改截取图片的默认保存位置及图片格式。

4. 录制屏幕

截图录屏工具除可以灵活地截取屏幕外，还可以灵活录制屏幕视频。

启动截图录屏工具后，拖动鼠标在屏幕上选择要录制的区域后松开鼠标，在截图录屏工具栏中，单击录屏按钮，此时截图录屏的工具栏上的命令按钮全部变成了与录制屏幕相关的功能按钮，如图 3-47 所示。

图 3-47　录屏工具栏

设置好录制参数后，单击“录屏”按钮，3s 倒计时结束后开始录制，此时托盘区域出现录制图标并闪烁。单击工具栏上的“截图”“录屏”按钮或单击托盘区域录制图标都可以结束录制。

说明：当工具栏在桌面的上方或者下方时，托盘区域的录制图标会显示录制时长。如果接入的是多屏显示器，则不论多屏显示器为复制模式还是扩展模式，都仅针对当前操作屏进行录制。

3.6　统信 UOS 控制中心的设置

统信 UOS 通过控制中心管理系统的基本设置，包括账户管理、显示设置、个性化设置、网络设置、时间日期设置、更新设置等。进入桌面环境后，单击任务栏上的按钮即可打开控制中心窗口，如图 3-48 所示。

图 3-48　控制中心窗口

3.6.1 系统信息

在控制中心“系统信息”设置中，可以查看统信 UOS 的详细信息，包括系统版本、内核版本、版本授权、处理器架构、内存大小及该系统的一些协议等，如图 3-49 所示。

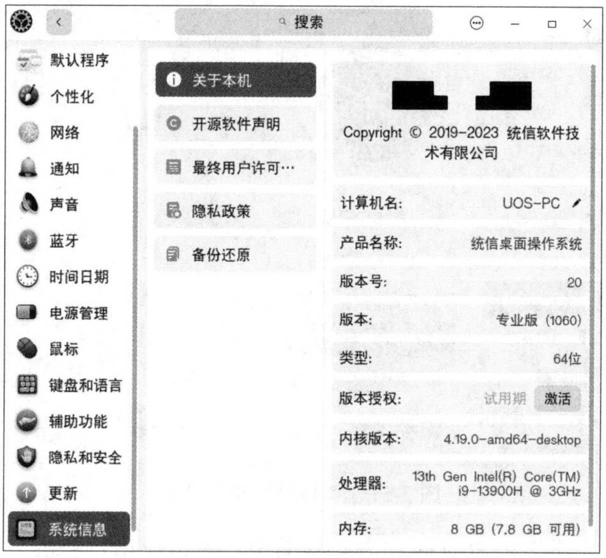

图 3-49 “系统信息”设置

这些信息对于了解操作系统的硬件配置和运行状态非常有帮助。还可以通过“系统信息”中的“备份还原”命令对操作系统进行备份和还原操作，如图 3-50 所示。

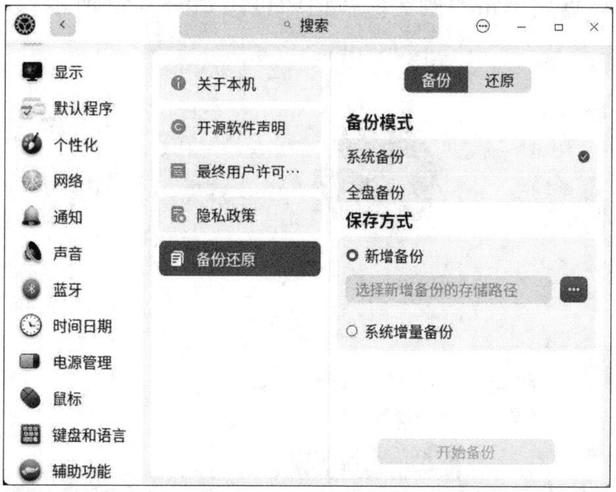

图 3-50 操作系统的备份还原

3.6.2 时间日期

在控制中心“时间日期”设置中，用户可以轻松地设置和管理系统的日期、时间和时区，这对于确保系统时间准确及同步各种设备和服务的时间来说非常关键。此外，该界面还提供了自动同步网络时间的功能，以确保系统时间与互联网时间保持同步，避免因时间误差导致的问题。自动同步时间日期和手动设置时间日期是冲突的，必须关闭自动同步配置才能手动设置时间日期。“时间日期”设置如图 3-51 所示。

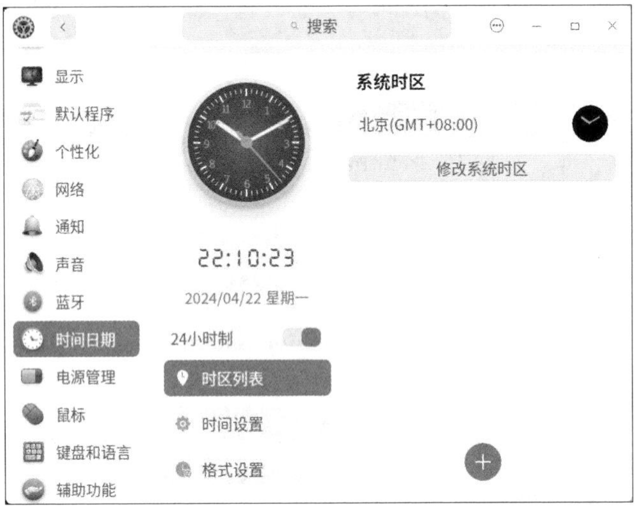

图 3-51 “时间日期”设置

在“时间日期”设置的“时区列表”界面中，可以单击“修改系统时区”按钮手动修改时区，还可以单击添加时区按钮⊕，通过搜索或单击地图选择时区来增加新的时区。

在“时间日期”设置的“时间设置”界面中，“自动同步配置”默认为打开状态。如果需要手动设置时间、日期，则需要先关闭“自动同步配置”状态，才可以手动设置时间和日期。完成设置后单击“确定”按钮即可，如图 3-52 所示。

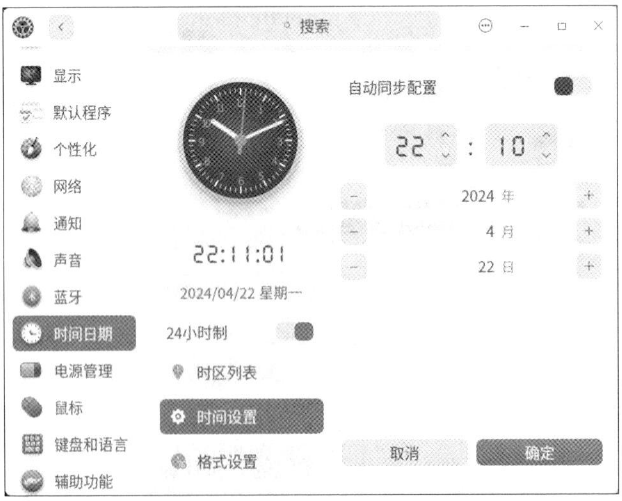

图 3-52 手动设置时间和日期

在“时间日期”设置的“格式设置”界面中，可以对“时间格式设置”“货币格式”“数字格式”进行个性化设置，如图 3-53 所示。

图 3-53 时间格式设置

3.6.3 个性化

在控制中心“个性化”设置中，可以进行系统主题、活动用色、窗口特效、透明度、窗口圆角大小、滚动条、图标主题、光标主题和字体等的设置，如图 3-54 所示。

图 3-54 “个性化”设置

3.6.4 鼠标

在控制中心的“鼠标”设置中，可以对鼠标的单击速度、滚动速度、指针速度等进行详细设置，以适应用户的使用习惯、提高操作舒适度和工作效率。

在“鼠标”设置的“通用”界面中，可以设置“左手模式”“滚动速度”“双击速度”并可以进行“双击测试”，如图 3-55 所示。设置成“左手模式”后，鼠标的左右键功能将会互换。

图 3-55 “通用”设置

在“鼠标”设置的“鼠标”界面中，可以调节“指针速度”，打开“自然滚动”“鼠标加速”开关，可以开启与关闭相应的功能，如图 3-56 所示。可以根据使用情况开启或

图 3-56 “鼠标”设置

关闭。鼠标加速开启后，可以提高指针精确度，鼠标指针在屏幕上的移动距离会根据移动速度的加快而增加。自然滚动开启后，鼠标滚轮向下滚动，内容会向下滚动；鼠标滚轮向上滚动，内容会向上滚动。

3.6.5 键盘和语言

统信 UOS 控制中心提供了一套完整且精确的键盘与语言设置系统，以支持用户的多样化需求，确保工作效率和体验的提升。

用户可以根据打字习惯，精确调整键盘的重复延迟和重复速度，优化输入体验。另外，控制中心还提供了键盘测试功能，让用户能够直观地了解设置效果，进行相应的调整。

用户可以方便地查看和管理当前系统中已安装的语言列表，根据需要进行语言的添加和删除。添加新语言时，系统会提示用户下载并安装相应的语言包，以确保语言功能的完整性和准确性。

在控制中心中双击“键盘和语言”按钮，打开键盘和语言设置窗口，如图 3-57 所示，在“通用”界面中，滑动“重复延迟”和“重复速度”的滑块，单击“请在此测试”超链接，按住键盘上的任意键不放，即可查看调节效果。如果键盘上有数字键盘，可以打开“启用数字键盘”开关开启相关功能。如果打开“大写锁定提示”开关，则在切换大小写时会弹出提示。

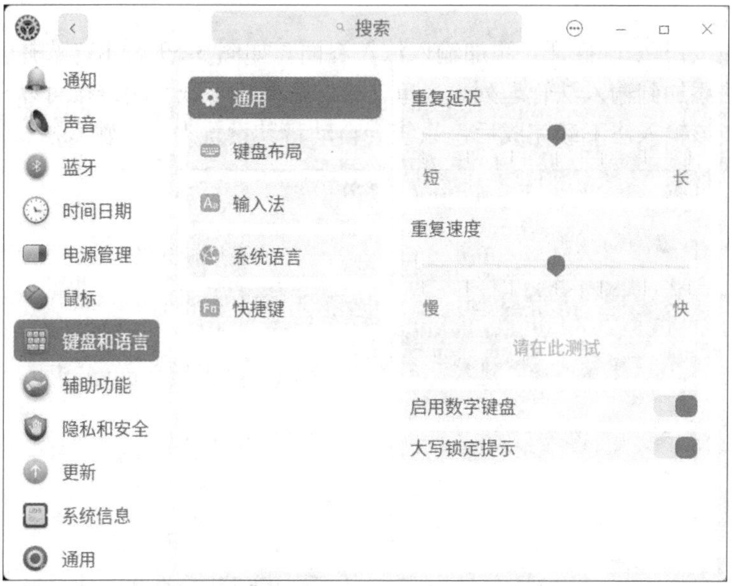

图 3-57 设置键盘和语言

在“键盘和语言”设置的“键盘布局”界面中，单击添加 按钮，可以添加新的键盘布局。

在“键盘和语言”设置的“输入法”界面中，可以添加或删除多个输入法，设置输入法切换的组合键，如图 3-58 所示。

图 3-58 “输入法”设置

1. 添加输入法

单击添加按钮，打开“添加输入法”界面，如图 3-59 所示，选择一种输入法，可将该输入法添加到输入法管理列表。单击“前往商店下载”超链接可以在应用商店下载输入法，当该输入法下载完成后，系统会自动将其设置为默认输入法。

图 3-59 添加输入法

2. 删除输入法

如图 3-58 所示，在“键盘和语言”设置的“输入法”界面中，单击右上角的“编辑”超链接后，单击删除按钮即可移除某输入法。对于被移除（非卸载）的输入法，可以在“添加输入法”界面进行添加。

3. 设置输入法

在“键盘和语言”设置的“输入法”界面进行输入法的设置。

（1）在“输入法”界面，上下拖动输入法或单击输入法后面的上下箭头，可以进行排序。

（2）单击输入法后面的设置按钮，设置输入法自身的配置项。

（3）在“快捷键”界面，“轮序切换输入法”下拉列表中，可以选择输入法切换的快捷键。

（4）单击“高级设置”按钮可以对输入法进行全局配置，如更多快捷键、程序、输出和外观设置，以及附加组件。

在“键盘和语言”设置的“系统语言”界面中，单击添加按钮，进入相应语言列表，可以选择相应语言，该语言将自动添加到系统语言列表中。

在“键盘和语言”设置的“快捷键”界面中，快捷键列表显示了系统的所有快捷键，在这里可以查看、修改和自定义快捷键。

3.6.6 声音

在控制中心的“声音”设置中，可以进行系统的声音设置，包括音量调整、系统音效、声音的输出和输入等，如图 3-60 所示。这对于控制系统的声音播放和录音功能至关重要。

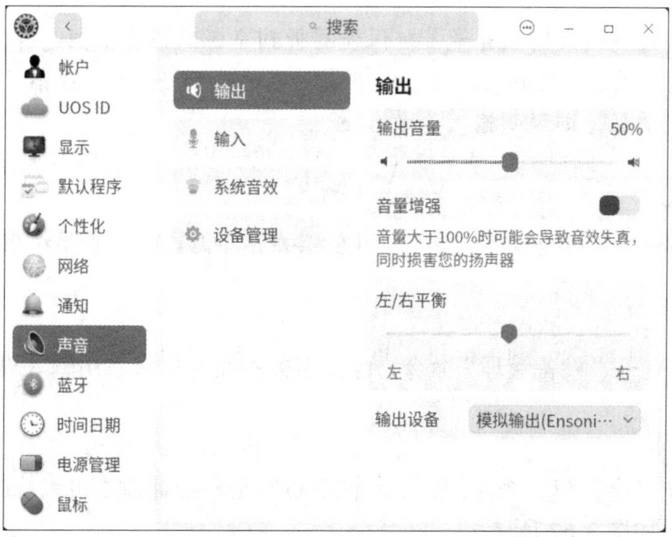

图 3-60 “声音”设置

1. 输出

选择“声音”→“输出”命令，进入“输出”界面，通过拖动音量滑块调节输出音量和左/右声道平衡；打开“音量增强”开关，音量的可调节区间由0～100%转变为0～150%，在“输出设备”下拉列表中可选择输出设备类型。

2. 输入

选择“声音”→“输入”命令，进入“输入”界面，通过拖动音量滑块调节输入音量，打开“噪音抑制”后面的启用开关，如图3-61所示，还可以设置噪声抑制功能，在“输入设备”下拉列表中可选择输入设备类型。

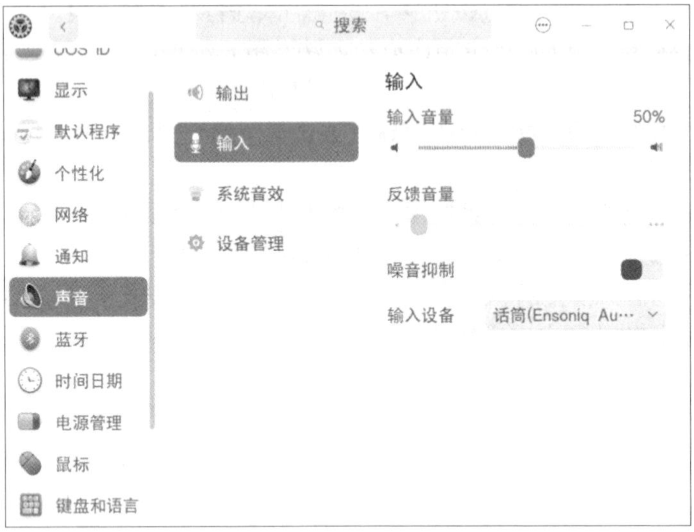

图3-61 声音输入设置

注意：通常需要调大输入音量，确保能够听到声源的声音，但是音量不宜过大，因为这会导致声音失真。可对着输入设备以正常说话的音量讲话，并观察反馈音量的变化，如果音量变化较明显，则说明输入音量合适。

3. 系统音效

选择“声音”→“系统音效”命令，可在相关界面设置或试听系统事件的声音效果。

4. 设备管理

选择“声音”→“设备管理”命令，可在相关界面开启或禁用输入设备、输出设备。

3.6.7 账户

在安装系统时会创建一个账户，在控制中心的账户设置模块可以修改账户设置或创建一个新账户，如图3-62所示。

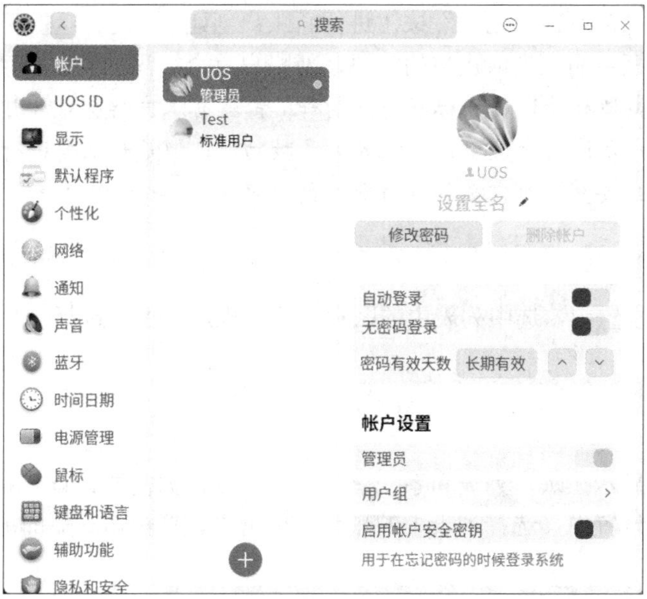

图 3-62　账户管理

1. 创建新账户

进入控制中心的“账户”界面，单击创建账户按钮，进入创建新账户界面，如图 3-63 所示。

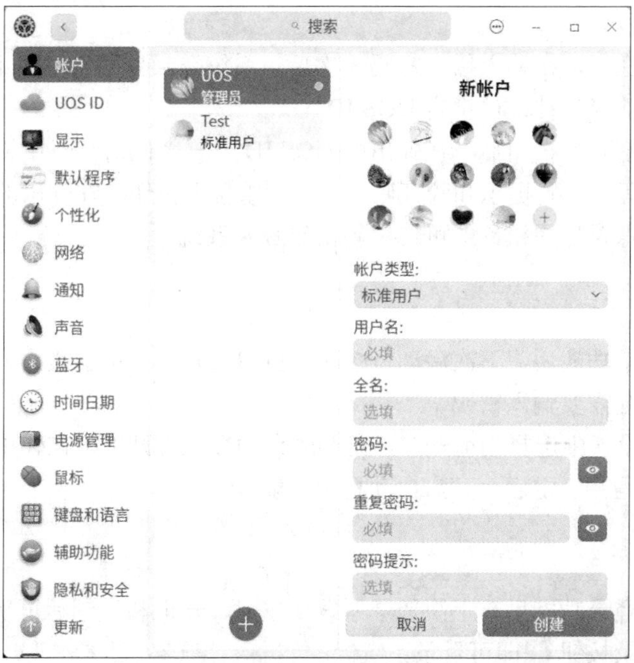

图 3-63　创建新账户

选择账户头像（可设置自选图片）、账户类型，设置用户名、全名、密码、重复密码及密码提示信息，单击“创建”按钮进行新账户创建。

在授权对话框中输入当前账户的密码，新账户就会被添加到账户列表中。

注意：账户类型有管理员和标准用户两种。管理员账户具有对计算机管理的所有权限；标准用户账户允许用户使用计算机的大多数功能，但是如果要进行的更改会影响计算机的其他用户或安全，则需要管理员账户的许可。

2. 更改头像

在“账户”设置中，选中列表中的账户，单击账户头像，选择一个头像或添加本地头像即可。

3. 设置账户全名

账户全名会显示在账户列表和系统登录界面，可根据需要设置。

在“账户”设置中，选择列表中的账户，单击“设置全名”后的更改按钮，输入账户全名即可。

4. 修改密码

在“账户”设置中，选择当前账户，单击“修改密码”按钮，进入修改密码界面，输入当前密码、新密码和重复密码，单击“保存”按钮即可。

注意：管理员账户过期之后需要先修改密码才能进行授权操作。

5. 重置密码

若用户忘记密码，在输入错误密码 3 次后，系统登录界面将触发重置密码。

重置密码的前提条件：已绑定 UOS ID。

单击“重置密码”按钮后，在弹出的 UOS ID 重置密码对话框中输入手机号/邮箱、新密码、重复密码、密码提示和验证码，单击“重置”按钮，在弹出的信息确认对话框中，单击“确认重置”按钮，即可使用新密码登录系统。

6. 自动登录

开启自动登录功能后，下次启动系统时（重启、开机）可直接进入桌面。在锁屏和注销后再次登录则需要输入密码。

在“账户”设置中选择当前账户，打开“自动登录”开关，在弹出的授权对话框中输入当前账户密码并确定后，开启自动登录功能。

7. 无密码登录

开启无密码登录功能后，下次登录系统（重启、开机和注销后再次登录）时，不需要密码，单击登录按钮即可登录系统。

在“账户”设置中，选择当前账户，打开“无密码登录”开关，在弹出的授权对话框中输入当前账户密码并确定后，开启无密码登录功能。

注意：若“无密码登录”开关和“自动登录”开关同时打开，下次启动系统（重启、开机）时则可直接进入桌面。

8. 设置密码有效期

在“账户”设置中，选择当前账户，进行密码有效期设置，可以设置密码长期有效或设置具体的有效天数，密码有效期自修改之日起计算。

9. 安全密钥重置密码

当设备无法联网或者在内网环境中时，可通过在系统登录界面输入安全密钥对当前账户的密码进行重置和进入系统，可在“账户设置”界面中，打开“启用账户安全密钥”开关，复制安全密钥，并将其保存在个人存储设备中。

在登录/锁屏界面输入密码错误3次后，单击“重置密码”按钮，选择“安全密钥”命令，输入保存的安全密钥即可重置密码。

10. 删除账户

在“账户”设置中，选择其他未登录的账户，单击“删除账户”按钮，在弹出的确认对话框中单击“删除”按钮即可。

注意：已登录的账户无法被删除。

第 4 章　计算机网络及信息安全基础

计算机网络是计算机技术、现代通信技术与信息处理技术相互渗透、紧密结合而形成的一门新兴交叉学科，也是当今计算机科学中发展最为迅速、应用最为广泛的领域。目前，网络技术已广泛应用于办公自动化系统、信息管理系统、生产过程控制、金融与商业电子化、军事、科研、教育信息服务、医疗卫生等领域。随着互联网技术的迅速发展，计算机网络正在改变着人们的工作、学习与生活的方式，网络与通信技术已成为影响一个国家和地区经济、科学与文化发展的重要因素。

4.1　计算机网络概述

4.1.1　计算机网络的概念及功能

计算机网络将计算机技术和现代通信技术相结合，按照一定的网络通信协议把多台分布在不同区域的自主计算机通过相关的设备和线路连接起来，以实现资源共享和相互通信及远程控制的目的。这样不仅可以使计算机能独立于网络处理本机事务，而且使用户能通过计算机网络共享网络上的硬件资源和软件资源。计算机网络综合应用了现代信息处理技术、计算机技术、通信技术的研究成果，把分散在不同领域的大量信息及信息处理系统连接在一起，组成一个规模更大、功能更强、可靠性更高的信息综合处理系统。计算机网络的功能主要体现在以下几个方面。

1. 资源共享

接入计算机网络的用户可以共享网络中的各种硬件资源和软件资源。例如，在网络的某些节点处配置高性能主机系统、高速打印机或图像处理设备等，其他节点就可以通过网络使用这些设备，调用存放在高性能主机上的大型软件包和数据资源。这样既大大节约了设备投资，又为用户应用提供了极大的方便。

2. 信息服务

网络中的用户不仅可以从 Internet 中搜索、浏览、下载各种信息，而且可以建立自己的网站（website），将自己的信息发布在 Internet 上。现在各大公司、学校、企业、政府机关甚至个人都可以拥有专业的网站。网站已经成为对外宣传和发布信息的一种重要工具。

3. 快速通信

在不同的计算机之间通信是网络最基本的功能之一。计算机网络为分布在不同地点的计算机用户提供了快速传送数据（如文字、图形、图像、音频、视频、程序、文件等）和交换信息的手段，如电子邮件服务、即时通信服务（QQ、微信）等。

4. 信息管理与数据传输

通过计算机网络可以将分散在不同地域的信息收集起来并传送到网络中的一台或多台服务器上，由服务器完成这些信息的合并、加工、分析和处理。计算机网络不仅可以为管理者迅速地提供决策依据，还可以使客户之间实现信息沟通，大大提高工作效率。当前最为流行的各种信息管理系统、决策支持系统、办公自动化系统、电子商务系统等都是在计算机网络的支持下发展起来的。

5. 分布处理

随着计算机应用领域的不断拓展，计算机处理的数据模型日趋复杂，数据量也迅速增加。因此，可以先将分布在不同位置的多台计算机通过网络连接起来，构成一个高性能的计算机系统或集群，再将一个复杂的大任务分解成若干个子任务，由网络上的计算机分别承担其中一个子任务，共同协作解决在单机上不易实现的问题。这样不仅可以降低总费用的投入，而且可以大大提高计算机的利用率。

6. 提高计算机应用的可靠性

在一个较大的计算机系统中，个别部件或计算机出现故障是不可避免的。计算机网络中的各台计算机可以通过网络互相设置为后备机，这样，一旦某台计算机出现故障，网络中的后备机即可代替它继续运行，保证任务正常完成，避免计算机系统瘫痪，提高可靠性。

4.1.2　计算机网络的形成及发展

计算机网络由小到大、由局部应用发展到如今覆盖全球的 Internet，纵观计算机网络的形成与发展，一般可将其划分为以下 5 个阶段。

1. 第一阶段（面向终端的计算机网络）

20 世纪 50 年代初，人们开始将彼此独立发展的计算机技术与通信技术相结合，为计算机网络的产生做好了技术准备。最初是将一台主机系统通过通信线路与多个终端设备直接相连，以供多人共享主机的资源，形成网络的雏形，如图 4-1 所示。此时的网络只能在终端和主机之间进行通信，还不能称为计算机网络，为区别后来发展的多个计算机互联的计算机网络，称其为面向终端

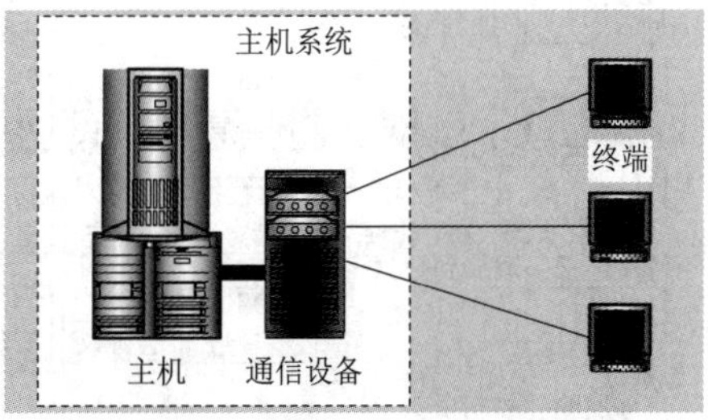

图 4-1　面向终端的计算机网络结构模型

的计算机网络，如美国半自动地面防空系统和飞机订票系统等。

2. 第二阶段（面向内部通信的计算机网络）

20 世纪 60 年代中期开始出现多个主机互联的系统，实现了主机之间的通信。该阶段把每个主机所连接的子网通过各自负责转发数据的通信控制处理机（communication control processor，CCP）经由负责传输数据的通信线路相互连接起来，形成面向内部通信的计算机网络结构，如图 4-2 所示。从此，世界上各大公司及部门都积极研究和建设自己的内部网络，最典型的如美国国防部提出并规划的阿帕网（Advanced Research Projects Agency network，ARPANET），它是计算机网络技术发展的一个里程碑，它的研究成果对促进网络技术的发展起到了重要作用，并为 Internet 的形成奠定了基础。

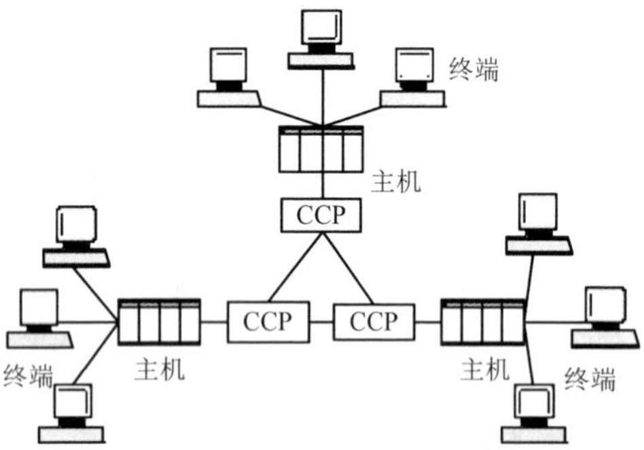

图 4-2 面向内部通信的计算机网络结构模型

3. 第三阶段（开放互联的计算机网络）

20 世纪 70 年代中期起，国际上各种广域网（wide area network，WAN）、局域网（local area network，LAN）迅速发展起来，各个计算机生产商纷纷发展各自的计算机网络系统，但早期的网络没有统一的系统结构、网络协议及数据传输规范，使各部门研制的网络互不兼容，给异种结构的网络互联带来很大的困难。为此，国际标准化组织（International Organization for Standardization，ISO）于 1984 年制定了构建网络体系结构的开放系统互连（open system interconnection，OSI）参考模型，如图 4-3 所示。OSI 参考模型对网络

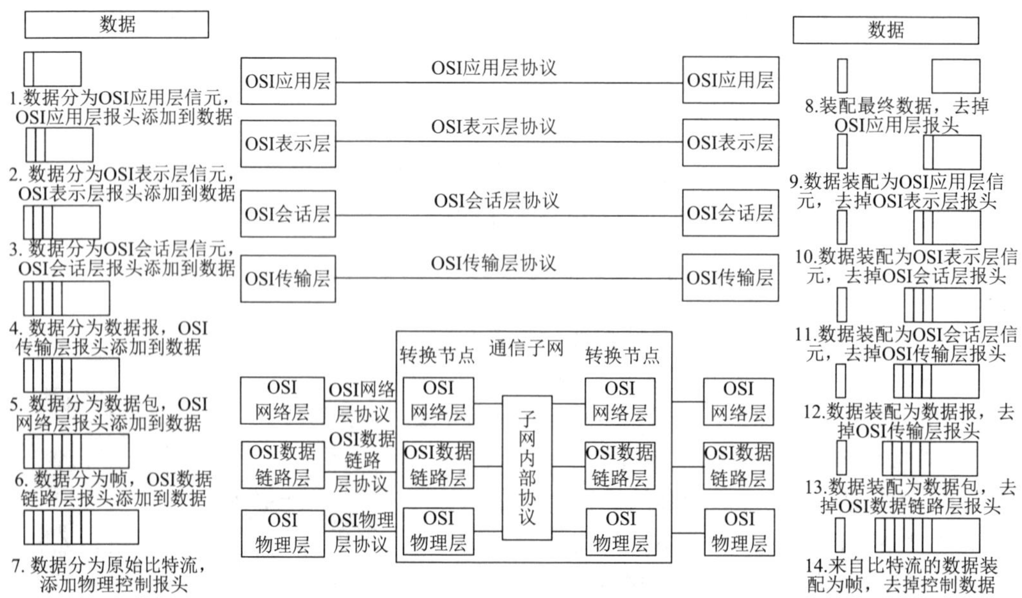

图 4-3 开放系统互连参考模型

理论体系的形成与网络技术的发展起到了规范和推动作用，从而使网络的发展无论是在软件方面还是在硬件方面都有了统一的标准，结束了网络“各自为政”的局面，Internet初步形成。

4. 第四阶段（高速的多媒体计算机网络）

1990年以后，Internet得以迅速发展，它把分布在世界各地的局域网通过统一的传输控制协议/互联网协议（transmission control protocol/internet protocol，TCP/IP）及各种高速通信设备连接成一个全球性的计算机网络，形成以信息高速公路和多媒体技术为代表的高速信息网络。Internet的应用也不断深入社会的各个领域，在该网络上可提供信息浏览、视频广播、网上会议、可视电话、远程教学、远程医疗、电子商务、电子政务、网上银行等服务。

5. 第五阶段（智能互联的移动计算机网络）

从2020年以来，随着移动通信技术、物联网技术和人工智能技术的迅猛发展，社会进入了智能互联的移动计算机网络时代。这一阶段的计算机网络不再仅仅局限于传统的固定网络，而是实现了无处不在、无缝连接的移动互联，将全球范围内的各种设备、传感器和智能终端紧密地连接在一起。在第五阶段，移动高速互联的计算机网络采用了先进的5G、5G+甚至更高水平的通信技术，实现了超高速、低时延、大连接的网络传输。同时，物联网技术的广泛应用，使各种智能设备、传感器和车辆都能通过网络实现信息的互通共享。这些技术的深度融合，极大地拓展了网络的应用领域，加速了社会的智能化。在这一阶段，网络应用服务进一步升级和深化。通过云计算、大数据和人工智能等技术的支撑，智能互联的移动计算机网络为人们提供了更加丰富和个性化的服务体验。比如，基于网络的位置感知技术可以实现精准定位和导航，帮助用户更加便捷地出行；智能家居系统可以通过网络实现对家居设备的远程控制，提升生活的舒适度和便利性；智能交通系统可以实时监测路况信息，优化交通流量，缓解交通拥堵问题；智能医疗系统则可以实现远程医疗咨询和诊断，为患者提供更加便捷和高效的医疗服务。

此外，智能互联的移动计算机网络还在智慧城市、智慧农业、智慧教育等领域发挥着重要作用。通过网络的连接和数据的共享，这些领域得以实现更加智能化、高效化的管理和服务，进而推动社会的可持续发展。第五阶段智能互联的移动计算机网络正在以其无处不在、无缝连接的特点，以及丰富的应用服务和智能化的发展趋势，深刻改变着人们的生活方式和社会的运作模式，引领人们走向一个更加美好的未来。

4.1.3 计算机网络的组成

计算机网络是一个非常庞大、复杂的系统，通常由资源子网和通信子网两个部分组成。如图4-4所示。

1. 资源子网

资源子网又称主机系统，由网络中的各种计算机及运行和存储在计算机中的各种软件与信息资源组成。资源子网的主要任务是完成信息的收集、存储和处理，并对网络中的通信行为进行管理和控制。

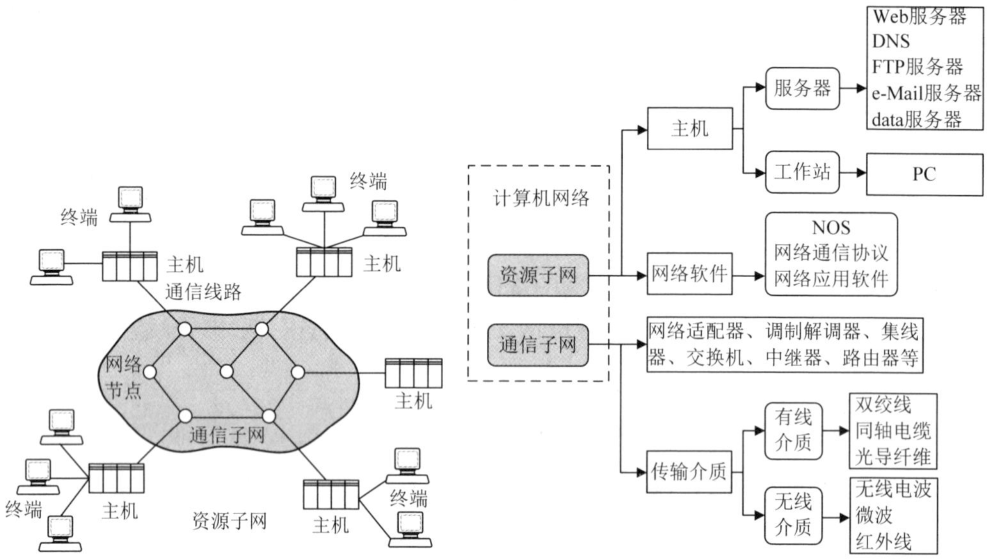

（a） （b）

图 4-4　计算机网络结构模型

1）主机

（1）服务器。服务器是计算机网络的控制核心，它对硬件性能的要求很高，一般由高档的微型计算机或大型计算机、中小型计算机组成。相对于一般的微型计算机来说，服务器具有更高的运算速度、运算精度，更大的存储容量、网络数据带宽（bandwidth）及硬件容错能力和扩展能力，其体积较大，价格较高，一般安装在网络控制中心的机柜中，如图 4-5 所示。一般来说，服务器的主要功能包括运行网络操作系统，存储和管理网络中的共享资源，对数据进行备份，为网络中的其他计算机提供应用程序，为用户提供打印机、磁盘等硬件共享，实现工作站与其他大型网络的连接和控制工作站的运行等。

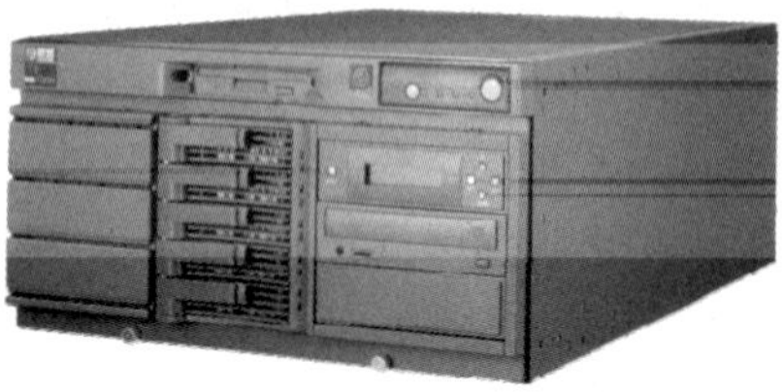

图 4-5　计算机网络中的服务器

根据在网络中提供服务的不同，通常将服务器分为万维网服务器（Web server）、域名服务器（domain name server，DNS）、文件传送协议（file transfer protocol，FTP）服务器、电子邮件服务器（e-mail server）、数据（data）服务器等。

① Web 服务器。Web 服务器通常用来保存网站内容，提供网页及信息的浏览、讨论、下载等服务。

② DNS。DNS 负责完成互联网协议（internet protocol，IP）地址与域名的转换。

③ FTP 服务器。FTP 服务器又称文件服务器，通常包含大容量的磁盘阵列，提供各种文件（如应用程序、游戏、电影、音乐、图片及学习资料等）的上传及下载服务。

④ 电子邮件服务器。电子邮件服务器提供电子邮件的存储、管理及收发服务。

⑤ data 服务器。data 服务器又称数据库服务器，用于对网络中各终端传回的数据

进行合并、分析、处理、存储和转发。

（2）工作站。工作站是网络终端用户的工作平台，通常由微型计算机组成，如图4-6所示。工作站具有自己的操作系统和应用软件，可以独立完成本机的数据处理工作；也可借助网卡和传输介质与网络连接，使用共享的网络资源；还可以将本机资源共享到网络上，并使用各种工具与网络上的其他计算机或用户通信。在有些情况下，工作站甚至可以不安装硬盘，通过无盘技术使用服务器上的硬盘，这样不仅可以降低计算机的成本，而且可以极大地简化网络的管理及安全工作。

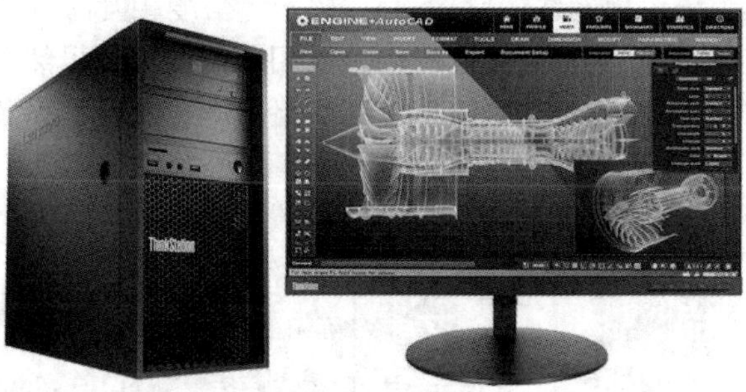

图4-6 工作站

2）网络软件

网络软件即用于网络管理和应用的软件，通常由网络操作系统（network operating system，NOS）、网络通信协议和网络应用软件三部分组成。

（1）网络操作系统。网络操作系统是计算机网络中组织和协调网络上活动的核心系统软件，它的主要功能是控制和实现对共享资源、用户权限、通信活动及系统安全的管理。目前，常用的网络操作系统有UNIX、Linux、Windows Server、Novell Netware等。

（2）网络通信协议。网络通信协议是为了在计算机之间传输信息而设立的一套规则和一组程序，它定义了在计算机网络活动中，信道如何建立、信息如何传输及如何检错和校正等。使用同样的协议，不同种类和型号的计算机就可以互相通信。根据任务的不同，一台计算机可以使用多种协议。例如，一台计算机可以使用一种协议与局域网上的另一台计算机进行通信，也可以使用另一种协议与Internet服务提供商的另一台计算机进行通信。

在计算机网络发展的过程中，人们开发了许多协议，如OSI、TCP/IP、NetBIOS协议、IPX/SPX协议等。其中TCP/IP是目前互联网中使用最广泛的一种协议。

（3）网络应用软件。网络应用软件是安装在计算机网络中，为用户使用网络资源提供最大方便的软件。网络应用软件与安装在单台计算机上的软件不同，它一般能支持多个用户同时操作同一个数据库，并能够通过系统的同步和组内通信来支持多用户的协同工作。典型的网络应用软件有浏览器软件、传输软件、电子邮件管理软件、网络游戏软件、聊天软件等。

2. 通信子网

通信子网是将网络中的各个工作站或服务器连接起来的数据通信系统，其主要任务是实现、控制和管理各计算机之间的通信。它通常由传输介质、网络适配器、调制解调器（modem）、集线器（hub）、交换机、中继器、路由器等组成。

1）传输介质

传输介质又称通信信道或信道，是信息传输的物质基础，包括能够传送信号的材料或技术。传输介质可分为有线和无线两大类：有线传输介质是指能够传输信号的有形材料，如双绞线、同轴电缆、光导纤维等；无线传输介质利用大气或空间传输信号，如无线电波、微波和红外线等。

（1）有线传输介质。

① 双绞线。双绞线俗称网线，它由 4 对按一定密度相互缠绕在一起的绝缘铜线组成，这样可以降低信号的干扰。与其他传输介质相比，双绞线虽然在传输距离、信道宽度和信息传输速率等方面受到一定限制，但其价格低廉，所以是局域网中使用最为广泛的一种传输介质。双绞线一般要和 RJ45 接头（俗称水晶头）配合使用（图 4-7），用来在星形网络中连接计算机的网卡及交换机等通信设备。

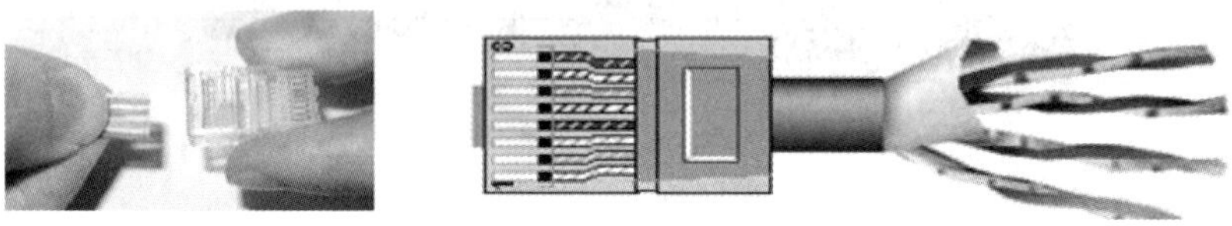

图 4-7　双绞线和 RJ45 接头

② 同轴电缆。同轴电缆是由一根空心的圆柱形外导体围绕着单根内导体构成的。内导体为实心或多芯硬质铜线电缆，外导体为硬金属或金属网，内、外导体之间有绝缘材料，如图 4-8 所示。同轴电缆可以采用 BNC 接头或 T 形接头连接计算机中的网卡，一般用在环形网络或在混合型网络中，此外，闭路电视系统常采用同轴电缆。因为同轴电缆的抗干扰能力很强，连接也不太复杂，所以曾经在中、高档局域网中被广泛采用。不过，今天大多数计算机网络不再使用同轴电缆，而是使用能以更快速度传输信号的光纤。

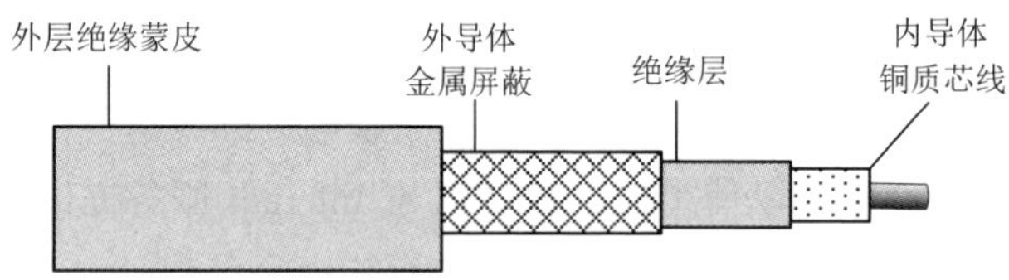

图 4-8　同轴电缆的结构

③ 光纤。光纤又称光导纤维或光缆，是一种由玻璃或塑料制成的纤维，光信号可以在这些纤维中以全内反射原理传输。微细的光纤封装在塑料护套中，使其能够弯曲而不至于断裂。光纤的外形及剖面结构如图 4-9 所示。

图 4-9　光纤的外形及剖面结构

光纤用光脉冲来传送信号。与其他有线传输介质相比，光纤价格较高、不易安装和改装；但光纤尺寸小，质量轻，具有很高的带宽，能快速同时传输许多信号，并且不受外界电场、磁场的干扰，数据传输的安全性好。因此，光纤通常用作广域网中的主干信道。

（2）无线传输介质。

通信系统中的有线传输介质一般铺设于建筑物中或者地下，而无线传输介质的明显优点是灵活，对那些不易铺设缆线的场合尤为适用，如舰船或车辆之间的通信等。用于通信的无线传输介质有无线电波、蜂窝电话、微波、通信卫星和红外线等。由于它们涉及其他领域专业知识较多，这里不再详述。

2）网络适配器

网络适配器又称网卡，是构成计算机网络最基本、最重要的连接设备，也是实现主机系统与通信子网连接的关键设备，其结构如图 4-10 所示。网卡一般安装在计算机或服务器的扩展槽中，它一方面通过数据总线接口[如协议控制信息（protocol control information，PCI 接口）]接收计算机准备发往网络的数据，将其按照一定的标准分解成若干个数据包，并加上本机地址和目标地址，转换成可以在信道上传输的电信号，然后通过电缆接口（如 RJ45 接口、BNC 接口）将电信号传送给网络中的交换机或路由器；另一方面负责将电缆接口传送回来的电信号转换成数据，再送往计算机进行处理。每个网卡在出厂时都有一个全球唯一的编号，称为 MAC 地址，又称物理地址（physical address）。它固化在网卡的 ROM 芯片中，MAC 地址由多个十六进制代码（如 00-50-56-C0-00-01）组成，通过该地址可以识别网络中的每台计算机。

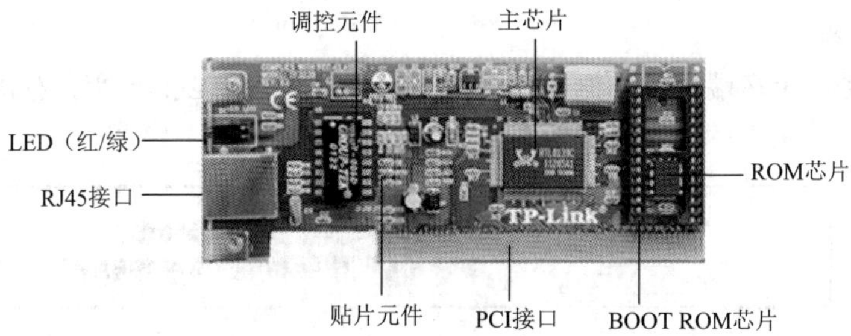

图 4-10　网卡的结构

网卡按信息传输速率可分为 10 Mb/s、100 Mb/s、10/100 Mb/s 自适应及 1000 Mb/s 网卡。家用网卡一般是 10/100 Mb/s 自适应网卡，100Mb/s 网卡用于宽带骨干网，1000 Mb/s 网卡一般用于高端服务器。网卡按数据传输方式可分为有线网卡和无线网卡，按安装方式可分为板载网卡和独立网卡等。

3）调制解调器

调制解调器可将来自计算机的数字信号转换成模拟信号，以便发往信道进行传输，在计算机网络中，一般把此过程称为调制（modulation）；也可将从信道接收到的模拟信号转换成数字信号供计算机使用，此过程称为解调（demodulation），即调制解调器同时具有调制和解调两种功能。在通信过程中，信道的两端一般都需要安装调制解调器，如图 4-11 所示。

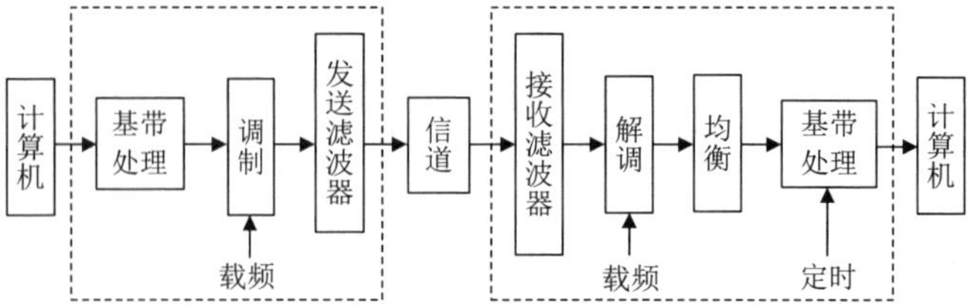

图 4-11 使用调制解调器的网络连接

调制解调器一般使用电话线作为传输介质，并通过电信局的存储程序控制交换机实现数据的转发。传统的调制解调器由于速度慢、可靠性差，现在已被非对称数字用户线（asymmetric digital subscriber line，ADSL）调制解调器取代。ADSL 是目前家庭及小型企业使用最多的一种 Internet 接入方式，ADSL 调制解调器如图 4-12 所示。

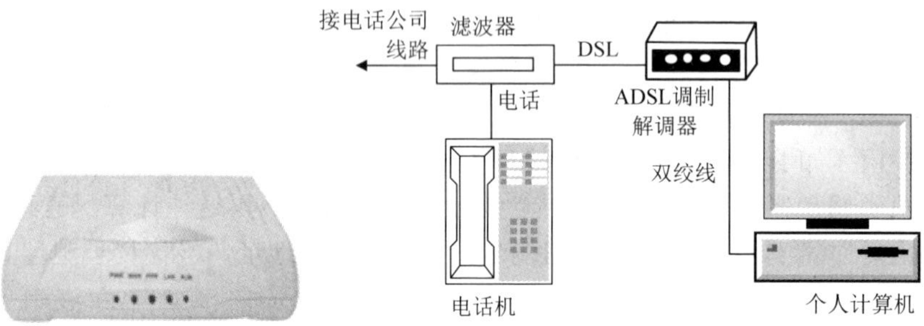

图 4-12 ADSL 调制解调器

4）集线器

集线器是一个多端口的中继器，主要作为星形网络中心的节点，对接收到的信号进行整形放大，并采用广播方式向所有节点发送信息，如图 4-13 所示。

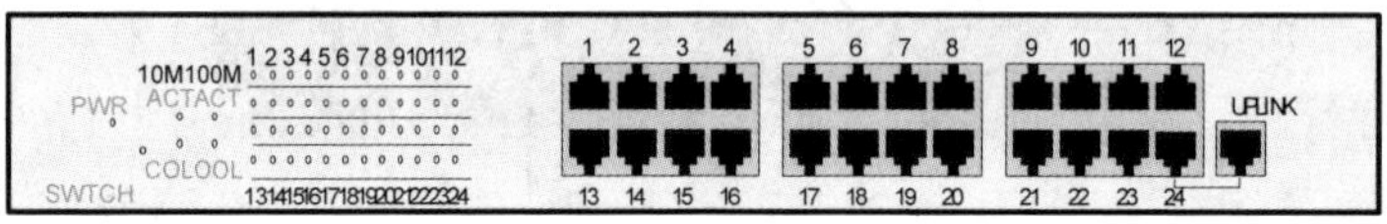

图 4-13 集线器

由于集线器是一种共享传输介质带宽的网络设备，本身不具备识别网络数据包目的地址的功能，因此，当同一网络中的两台主机传输数据时，数据包在以集线器为中心架构的网络上以广播方式传输，对网络上所有节点同时发送同一信息，然后再由每台终端通过验证数据包头部的地址信息来确定是否接收。这种方式很容易造成网络堵塞，另外，由于所发送的数据包能够被每个节点侦听到，容易出现一些不安全因素。随着网络技术的发展，集线器的缺点越来越突出，因此现在已经被一种技术更先进的数据交换设备——交换机取代。

5）交换机

交换机是一种智能型集线器，如图 4-14 所示。它是集线器的升级换代产品，从外观和线路连接来看，它与集线器区别不大，都是带有多个端口的设备，都可以通过 RJ45 接口连接星形网络中的计算机，但是在交换机内部有一条很高带宽的背部总线和内部交换矩阵。交换机的所有端口都挂接在这条背部总线上。控制电路收到数据包以后，处理端口会查找内存中的 MAC 地址对照表以确定目标网卡挂接在哪个端口上，通过内部交换矩阵直接将数据包迅速传送到目的节点。这样可以明显地提高数据传输效率，节约网络资源，避免网络堵塞，并且还可以实现数据安全传输，这也是交换机能够快速取代集线器的重要原因之一。

图 4-14　交换机

另外，交换机也可以把一个大的网络分成若干个小的网络，通过对照地址表，交换机只允许必要的网络流量通过，实现网络管理，这就是计算机网络中常用的虚拟局域网（virtual local area network，VLAN）技术。通过交换机的过滤和转发，可以有效地隔离广播风暴，减少错误包的出现，避免共享冲突。

6）中继器

当信号长距离传输时，信号强度会逐渐减弱，这种现象称为衰减。中继器安装在两段传输介质之间，能够对接收到的信号进行恢复与整形后再继续传输，这样信号就可以有效地传输向远方。模拟中继器通常只能放大信号，而数字中继器则能把接收到的信号整形到与原信号质量非常接近的程度。中继器通常用于局域网中各网段之间的连接，还可以用来扩大有线介质和无线介质广域网的传输距离，如图 4-15 所示。

图 4-15　中继器

7）路由器

所谓路由，通俗地讲就是指通过相互连接的网络把信息从源地点移动到目标地点的活动，而路由器就是这样一种连接多个网络或网段的网络设备。路由器能对不同网络或网段之间的数据信息进行“翻译”，以使它们能够相互“读懂”对方的数据，从而构成一个更大的网络。路由器是一种智能通信设备，可以为通信过程选择合适的网络和最快捷的有效路径。当部分网络不能使用时，路由器还能通过改变路径来传送数据。正是由于路由器的作用，因特网上的数据、信息和指令才能正确地到达目的地。可以说路由器是在网络层上实现互联的关键设备，它通常有两大典型功能，即数据通道功能和控制功能。数据通道功能包括决定转发及输出数据链路调度等，一般由硬件完成；控制功能一般由软件实现，包括与相邻路由器之间的信息交换、系统配置、系统管理等。路由器的应用比网桥更加复杂，也具有更大的灵活性。过去路由器多用于广域网，近年来，由于路由器性能有了很大提高，价格也逐步下降，因此，在局域网互联中也越来越多地使用路由器。常用的路由器如图 4-16 所示。

（a）高档路由器

（b）中档路由器

（c）低档路由器

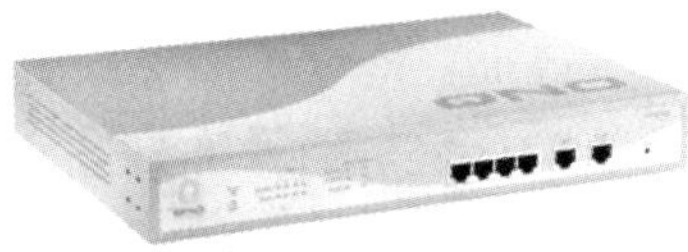

（d）家用路由器

图 4-16　常用路由器

4.1.4　常见的网络拓扑结构

网络拓扑结构是指局域网中各计算机之间的连接形式。它借用数学领域中“图论”的方法，即抛开网络中的具体设备，将服务器、工作站等网络单元抽象为节点，将网络中的电缆通信媒体抽象为“线”，这样一个计算机网络系统就演变成由点和线构成的几何图形，从而描绘出计算机网络系统的具体结构。计算机网络的拓扑结构主要有总线型拓扑、星形拓扑、环形拓扑、树形拓扑和混合型拓扑等类型。

1. 总线型拓扑

总线型拓扑是在网络中存在一条公共的数据传输通道（总线），网络中的所有站点（主机）都并联到这条通道上，如图 4-17 所示。当网络中的某个站点需要和其他站点通信时，就发送数据包到总线上，总线上的各站点依次接收数据包并对包的目标地址进行判断，如果数据包的目标地址与自己相同，就接收，否则将其抛弃。总线型拓扑是一种被动的拓扑结构，总线上的计算机只负责接收网上的数据，不负责数据的转发。总线型拓扑的优点在于安装简单方便，需要铺设的线缆最短，成本低，并且某个站点的故障一般不会影响整个网络，但是如果总线传输介质发生故障将会导致整个网络瘫痪。因此，总线型拓扑的网络安全性低，监控比较困难，并且增加新的站点不如星形拓扑容易。

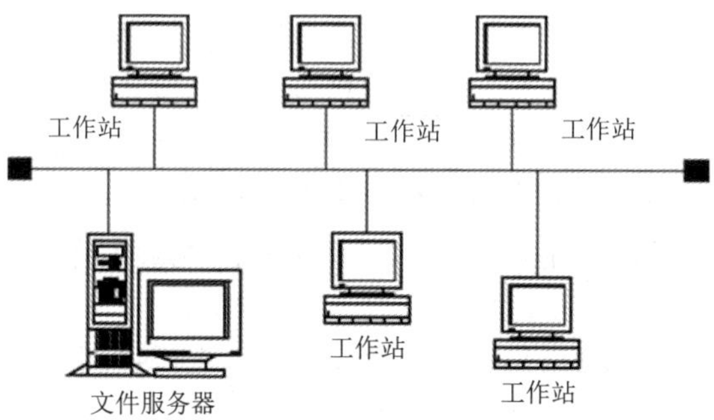

图 4-17　总线型拓扑

2. 星形拓扑

在星形拓扑中，各站点通过线缆与中心站（多为集线器或交换机）相连，如图 4-18 所示。当网络中的某个站点需要和其他站点通信时就发送数据包到中心站，中心站再将数据包以广播的方式（中心站为集线器，由各站点根据数据包的目标地址来决定是接收还是抛弃）或专线的方式（中心站为交换机，根据交换机内部的对应表自动将数据包发送到目标地址站点连接的端口）发送到目标站。星形拓扑是一种集中控制的结构，其特点是结构简单，很容易在网络中增加或删除站点，数据的安全性和优先级容易控制，某一台计算机或某一根线缆的故障不会影响整个网络。但因为星形拓扑的所有计算机都连接到中心站上，当网络规模较大时，需要大量的线缆，所以增加了建设成本，并且如果中心站发生故障，整个网络就会瘫痪。星形拓扑是目前计算机局域网中使用最广泛的一种网络结构。

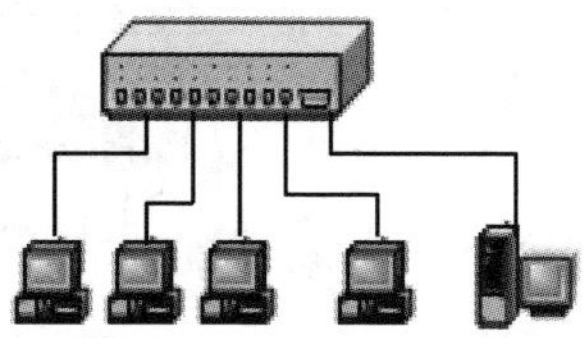

图 4-18 星形拓扑

3. 环形拓扑

环形拓扑是将各站点通过线缆连接成一个封闭的环路，各站点以串联的方式连接到环中，如图 4-19 所示。在网络中有一个按时间分配的数据收发标记，又称令牌。这个令牌按一定的时间间隔依次交给网络中的各站点，只有当站点获得令牌后，站点才能将数据包发送到通信环上，通信环上的各站点依次接收数据包并对其目标地址进行判断，如果数据包的目标地址与自己相同，就接收，否则将其转发到下一个站点。环形拓扑容易安装和监控，成本较低，但容量有限，网络建成后难以增加新的站点。由于数据信号依次通过每一台计算机，因此不容易保障数据安全，并且网络中任何一台机器或线缆出现故障都会影响整个网络的正常工作。

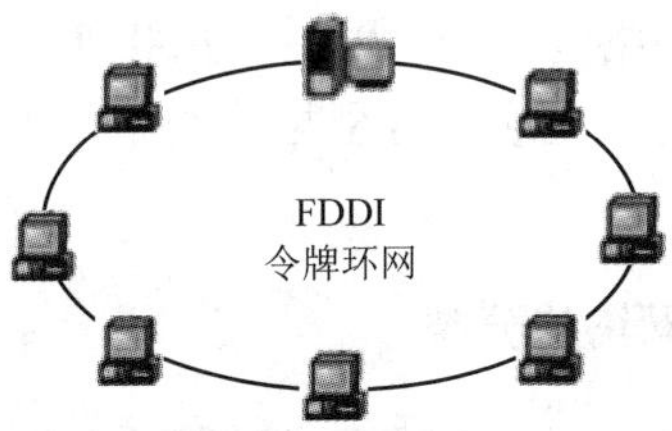

图 4-19 环形拓扑

4. 树形拓扑

树形拓扑可以理解为由多级星形网络扩展形成的结构，自上而下呈三角形分布，如图 4-20 所示。树形拓扑的最上层为核心层，通常由高性能的骨干交换机构成，中间为汇聚层，最底层为桌面或边缘层。树形拓扑采用分级的集中控制方式，其传输介质可以有多条分支，但不能形成闭合回路，每条通信线路都必须支持双向传输。

由于树形拓扑具有非常好的可扩展性、可管理性和易维护性，可以通过更换集中设备使网络整体性能得以迅速升级，极大地保护了用户的布线投资，因此大型、中型网络多采用这种拓扑结构。但是这种结构对根交换机（核心层交换机）的依赖性太强，如果根交换机发生故障，则整个网络都不能正常工作，同时，大量数据要经过多级传输，系统的响应时间较长。

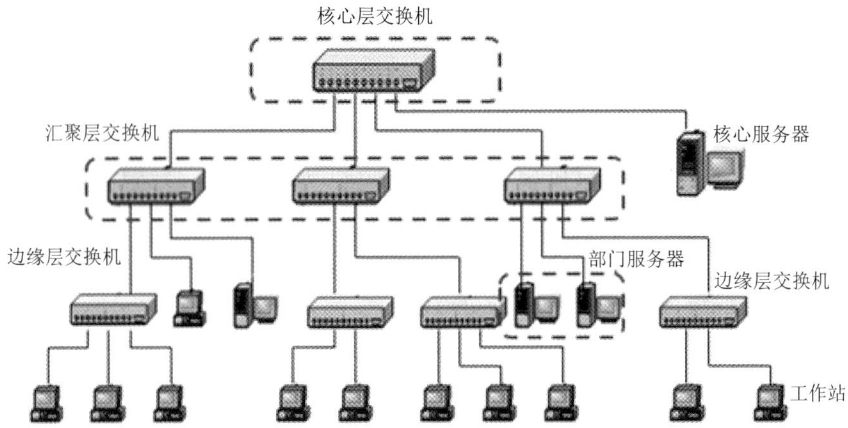

图 4-20 树形拓扑

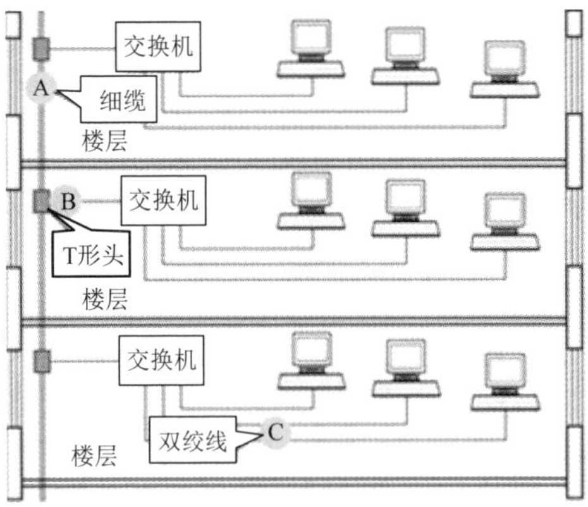

图 4-21 混合型拓扑

5. 混合型拓扑

在组建一个较大规模的网络时，如果只单纯采用以上介绍的一种拓扑结构，则往往会增加网络的复杂性和建设成本，这时就需要以总线型拓扑网络为骨干，以星形拓扑或树形拓扑网络为局部组成混合型拓扑网络，如图 4-21 所示。

4.1.5 计算机网络的分类

计算机网络是一个非常复杂的体系，按不同的分类标准可分为不同的网络类型，如表 4-1 所示。

表 4-1 计算机网络的分类

分类标准	网络类型
地理范围	局域网、城域网、广域网
管理方法	基于客户机/服务器的网络、对等网络
网络操作系统	Windows 网络、NetWare 网络、UNIX 网络
网络协议	NetBEUI 网络、IPX/SPX 网络、 TCP/IP 网络等
拓扑结构	总线型网络、星形网络、环形网络等
交换方式	线路交换、报文交换、分组交换
传输介质	有线网络、无线网络
体系结构	以太网、令牌环网、AppleTalk 网络等
通信传播方式	广播网络、点对点网络

其中最常用的分类方法是按地理范围分类，如图 4-22 所示。

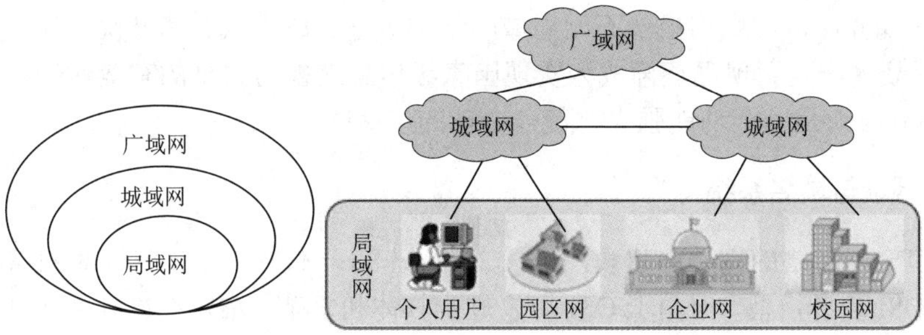

图 4-22　计算机网络分类及其关系

1. 局域网

局域网是一种在小区域内使用的网络，其分布距离一般为几十米到几十千米，是最常见的计算机网络。它具有速度快、延迟小、容易管理配置、拓扑结构简单等特点，在科研单位的内部网、校园网及中小企业网中得到了广泛的应用。随着社会信息化和光通信技术的不断发展，局域网的覆盖范围将越来越大，同时为了更好地发挥网络作用，局域网也可以连接到城域网（metropolitan area network，MAN）或广域网上。

2. 城域网

城域网的覆盖范围比局域网大，一般为几千米到几百千米，信息传输速率一般为 50 Mb/s 左右。城域网主要为个人用户、企业局域网用户提供网络接入，并将用户信号转发到因特网中。城域网的信号传输距离比局域网长，信号更容易受到环境的干扰。城域网的网络结构较为复杂，往往采用点对点、树形和环形相结合的混合结构。由于数据、语音、视频等信号可能都采用同一城域网，因此城域网的建设成本较高。比较典型的城域网有城市电子政府、园区网、企业内部网（intranet）等。

3. 广域网

广域网又称远程网，其覆盖范围比局域网要大得多，可从几百千米到几千千米甚至几万千米。典型的广域网构成如图 4-23 所示。广域网通常使用电话线、光纤、微波、卫

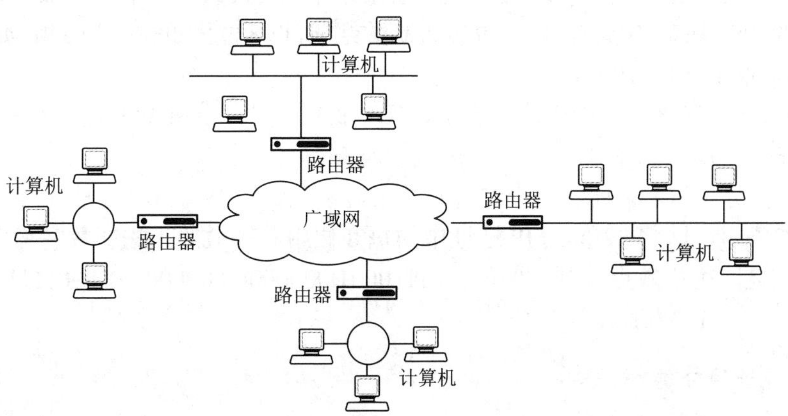

图 4-23　典型的广域网构成

星等作为传输介质。广域网虽然不如局域网结构规整、成本低、速度快、易管理，但其功能强大，资源丰富，现已逐渐成为实现国家级信息交换与共享的有效途径。后面即将介绍的 Internet 就是一个功能强大、覆盖全球的广域网。

4.1.6 IP 地址与域名系统

为规范全球网络的规划与建设，早在 20 世纪 80 年代初，ISO 就针对网络标准提出了著名的 OSI 参考模型，但由于 OSI 协议过于具体和复杂，难以通过硬件实现。为此人们在 OSI 参考模型的基础上进行了抽象和归纳，推出了新的 TCP/IP 协议族，现在 TCP/IP 通过不断发展和完善已成为 Internet 中最主要的协议。

在使用 TCP/IP 的计算机网络中，为了唯一区别每台主机，以标识数据收发的源地址和目标地址，必须为全网中的每个网络和网络中的每台计算机都分配一个唯一的编号，即 IP 地址。当主机要与局域网或 Internet 上的其他主机通信时，或者寻找 Internet 的各种资源时，网络中的网卡、交换机、路由器等设备会根据这个地址决定数据包要从哪台计算机发出，又要发送到哪台计算机中去。

1. IP 地址的构成

根据现行第 4 版互联网协议（internet protocol version 4，IPv4）的规定，计算机的 IP 地址由网络标识和主机标识两部分组成，如图 4-24 所示。

网络标识	主机标识
122.	16.2.252

图 4-24 IP 地址的构成

其中，网络标识类似于某个电话号码的区号，表明该主机位于哪个网络中；主机标识类似于某个电话号码，用来表示网络中一台计算机的具体编号。

2. IP 地址的表示

（1）二进制形式表示。二进制是计算机网络中各硬件能够直接识别和使用的形式，后面即将介绍的点分十进制地址及域名地址在计算机内部最终都要转换成二进制地址。现在使用的 IPv4 规定：IP 地址由 32 位二进制数组成，以 8 位为单位分为 4 组，如 11001010 11000100 00001110 11010001。

注意： IPv4 网络技术由于地址有限，现已出现了地址枯竭的窘境，新一代的 IPv6 网络技术正在兴起，在不久的将来将取代 IPv4 网络技术。

（2）用点分十进制表示。由于二进制数不容易记忆和书写，IP 地址通常还用点分十进制形式来表示。即将 32 位的 IP 地址中的每 8 位用其等效的十进制数字来表示，每个十进制数字之间用小数点分开。例如，01110001 00000000 00000001 00011111 用点分十进制形式表示为 113.0.1.31。

3. IP 地址的分类

根据 IP 地址的结构（网络标识长度和主机标识长度）不同，Internet 中的 IP 地址可分为五个主要类别：A 类、B 类、C 类、D 类（多播地址）和 E 类（保留地址），如图 4-25 所示。

（1）A 类地址。A 类地址的第一个字节为网络标识，第 1 位规定为“0”；后三个字节（24 位）为主机标识。因此，整个 Internet 中提供的 A 类网络的数目是 2^7，而每个 A 类网络可容纳的主机数最大为 $2^{24}-2$。A 类网络与其他类别网络相比，能够容纳的主机数目是最大的，但其网络数量有限，所以 A 类地址一般只用于世界上极少数具有大量主机的网络。

（2）B 类地址。B 类地址的前两个字节为网络标识，第 1、第 2 位规定为“10”；后两个字节为主机标识。B 类网络的数目是 2^{14}，每个 B 类网络可容纳的主机数最大为 $2^{16}-2$。B 类地址适用于中等规模的网络。

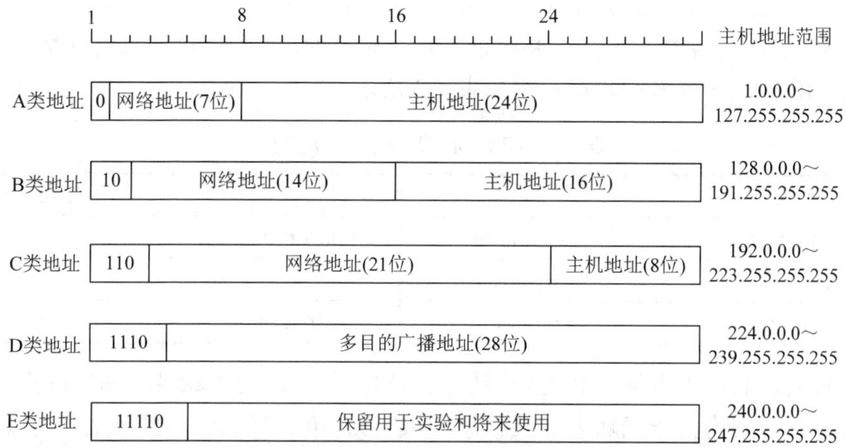

图 4-25　IP 地址的分类

（3）C 类地址。C 类地址的前三个字节为网络标识，最高 3 位规定为“110”；最后一个字节为主机标识。C 类网络的数目可以高达 2^{21}，因此 Internet 中绝大部分的网络是 C 类网络。每个 C 类网络可容纳的主机数最大为 2^8-2，C 类地址适用于主机数不多的小型网络。

4. IP 地址的管理

由于 IP 地址在 Internet 上全局有效并且是全球唯一的，因此，其分配和回收应当由一个组织来统一管理，以避免 IP 地址冲突而导致网络不可用。IP 地址的管理机构和管理方式是层次型的，即由最高一级的管理机构——Internet 网络信息中心（network information center，NIC）统一负责全球地址的规划和管理并向提出地址请求的组织（对应于国家、地区或组织）分配一个 IP 地址段，各组织再将这个大的地址段分成若干个小段，分配给其下一级组织，以此类推，直到最终用户从最低一级组织处分到一个 IP 地址为止。

5. IPv6

第 6 版互联网协议（internet protocol version 6，IPv6）是因特网工程任务组（Internet engineering task force，IETF）设计的用于替代 IPv4 的下一代互联网协议，其地址数量号称可以为全世界的每一粒沙子编上一个地址。由于 IPv4 最大的问题在于网络地址数量不足，严重制约了互联网的应用和发展。IPv6 的使用，不仅能解决网络地址数量不足的问题，而且能消除多种接入设备连入互联网的障碍。

IPv6 的地址长度为 128 位，是 IPv4 地址长度的 4 倍。IPv6 有 2^{128} 个 IP 地址，IPv4 地址点分十进制格式不再适用，IPv6 地址采用十六进制格式表示，如 ABCD:EF01:2345:6789:ABCD:EF01:2345:6789。

6. 域名

IP 地址是一种数字型的标识方式，这对网络硬件和软件来讲是最有效的，但是对于广大网络用户来说不便于记忆且难以理解，为此 TCP/IP 引入了一种字符型的主机命名机制——域名。在网络中，域名与 IP 地址是唯一对应的，它们通过计算机网络中的 DNS 相互转换。IP 地址与域名的转换实例如表 4-2 所示。

表 4-2 IP 地址与域名的转换实例

位置	域名	地址	地址类别
中国教育和科研计算机网	www.edu.cn	202.205.109.212	C
北京大学	www.pku.edu.cn	162.105.131.160	B
清华大学	www.tsinghua.edu.cn	166.111.4.100	B

为了避免重名，主机的域名也采用层次结构，各层次的子域名之间用圆点“.”隔开，从右至左分别为第一级域名（又称顶级域名）、第二级域名，直至主机名（最低级域名）。

其结构如下。

主机名.……第二级域名.第一级域名

例如，www.pku.edu.cn 是北京大学的一个域名，其中 www 表示的是一台提供网页服务的服务器，pku 是北京大学的英文缩写，edu 表示教育机构，cn 表示中国。

为保证域名系统的通用性，因特网国际特别委员会（Internet International Ad Hoc Committee，IAHC）规定顶级域名为一组标准化符号与国家和地区代码，也可以组织机构的性质来作为顶级域名，如表 4-3 所示。

表 4-3 顶级域名的代码及含义

顶级域名代码	含义	顶级域名代码	含义
cn	中国	ac	科研院所及科技管理部门
fr	法国	gov	国家政府部门
us	美国	org	各社会团体及民间非营利组织
hk	中国香港	net	接入网络的信息和运行中心
jp	日本	com	商业组织、公司
tw	中国台湾	edu	教育单位

4.2　统信 UOS 的网络设置

在为计算机连接网络和进行网络设置时，需要综合考虑网络硬件和软件两方面的内容。硬件方面需要首先保证计算机安装了网络适配器，软件方面需要通过控制中心设置计算机的基本 IP 地址、域名解析服务等。统信 UOS 支持硬件的即插即用，同时软件方面的设置界面也简洁明了。本节讲解统信 UOS 中网络的设置方法。

4.2.1　有线网络的基本设置

先用网线将计算机与相应的模块或设备（通常为交换机或路由器）连接，然后在控制中心选择“网络”→“有线网络”→“有线网卡”命令，弹出有线网络相关设置对话框，如图 4-26 所示。

在“IPv4”的“方法”栏中，如果当前网络存在自动分配 IP 地址的动态主机配置协议（dynamic host configuration protocol，DHCP）服务器[具体可以咨询提供网络接入的互联网服务提供商（internet service provider，ISP）]，可以选择“自动”命令，以省略手动输入的烦琐，同时还可以避免输入错误或 IP 地址冲突的情况。如果没有，则需要选择“手动”命令，并正确输入申请入网时从网络管理员处获得的 IP 地址、子网掩码、网关等信息。

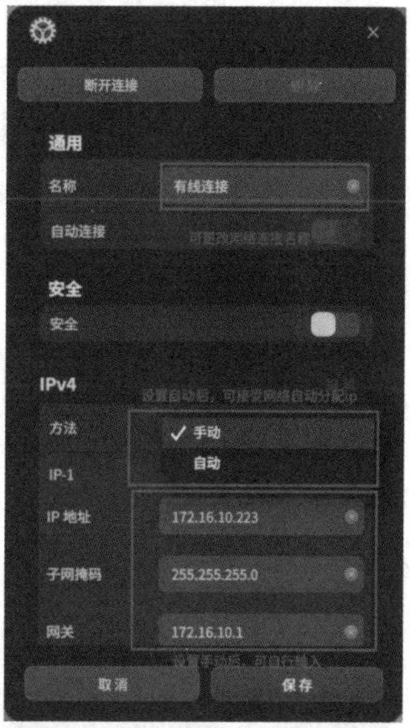

图 4-26　有线网络 IP 设置（手动）

4.2.2　无线网络的基本设置

如果计算机正确配置了无线网卡，统信 UOS 就能够自动搜索无线网络并连接到一个可用的服务集标识符（service set identifier，SSID），如图 4-27 所示。

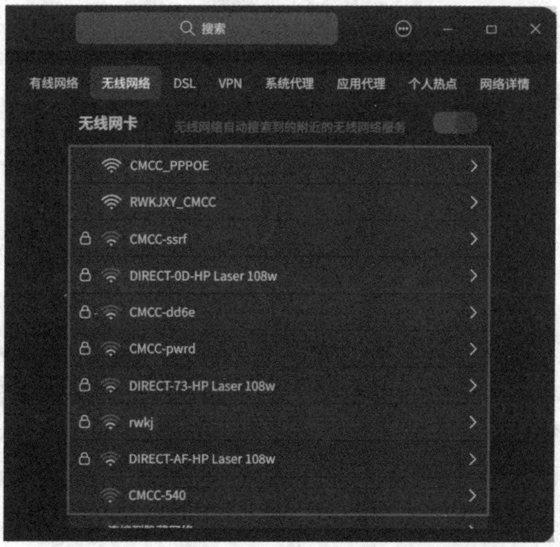

图 4-27　无线网络自动搜索到的网络列表

与有线网络一样，无线网络也可以使用手动设置，设置方法与有线网络一致，如图 4-28 所示。

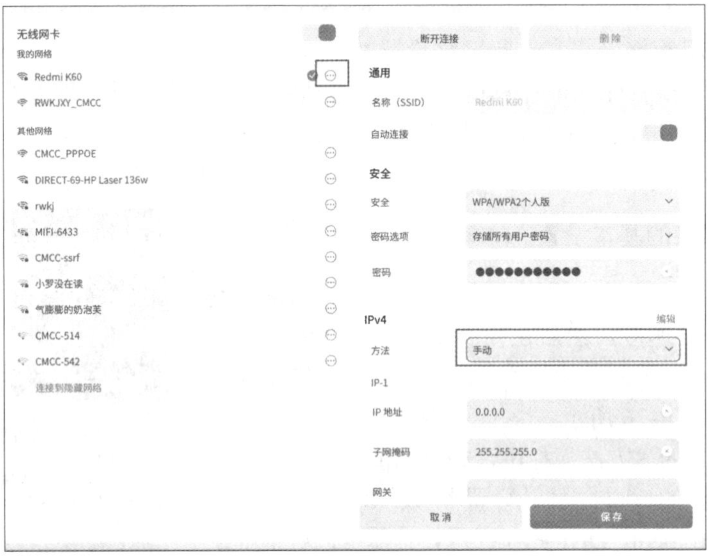

图 4-28　无线网络的手动设置

4.2.3　个人热点设置

个人热点（hotspot）是指由个人设备临时提供的一种无线局域网（Wi-Fi）接入服务。通过个人热点，用户可以将自己的设备变成一个移动 Wi-Fi 基站，供其他设备连接并使用网络。在控制中心的"网络"设置中选择"个人热点"选项卡并进行相应设置，可以组建一个临时的个人无线局域网络，如图 4-29 所示。

图 4-29　个人热点的设置

4.2.4 网络详情

网络连接设置完成后，用户可以通过控制中心“网络”设置的“网络详情”选项卡查看当前网络的基本连接状态，如图 4-30 所示。

图 4-30 “网络详情”选项卡

统信 UOS 控制中心的“网络”设置中，基本涵盖了网络设置的所有设置命令，用户可以在此设置、查询网络状态。此外，用户也可以在统信 UOS 的命令行界面通过相关命令进行网络的设置和调试。

4.3 Internet 及其应用

Internet 又称国际互联网或国际计算机信息资源网，它是一个采用 TCP/IP 把各个国家、各个部门、各种机构的内部网络连接起来的数据通信网，也是一个通过光纤、微波及路由器将世界不同地区、不同规模、不同类型的网络互相连接起来的全球性广域网。由于其提供了丰富的服务和资源，因此，受到越来越多的用户和组织欢迎，Internet 已经成为人们工作、学习、生活必不可少的工具。

4.3.1 Internet 的产生及发展

Internet 始于 1968 年美国国防部高级研究计划局（Defense Advanced Research Projects Agency，DARPA）提出并资助的实验性军用网络 ARPANET。其目的是将各地不同的主机以一种对等的通信方式连接起来，建立一个覆盖全国的网络以便于研究发展计划的进行，并为各地用户提供计算资源和多途径的访问。虽然当时连接的计算机数量较少，但在这个网络的基础上发展了互联网络通信协议的一些最基本的概念，使 ARPANET 成为 Internet 的前身。

20 世纪 80 年代初，TCP/IP 成为 ARPANET 上的标准通信协议，标志着真正的 Internet

的出现。

20 世纪 80 年代末，ARPANET 宣布解散，与此同时，美国国家科学基金会（National Science Foundation，United States，NSF）发现 Internet 在科学研究上的重大价值，即在美国政府的资助下，采用 TCP/IP 将美国五大超级计算机中心连接起来，组建了国家科学基金会网络（NSFNET），并围绕 NSFNET 又发展了一系列新的网络，它们通过骨干网节点相互传递信息，推动了 Internet 的发展。1992 年美国高级网络服务公司（Advanced Network Services，ANS）组建了新的广域网 ANSNET 以取代 NSFNET，其传输容量是 NSFNET 的 30 倍，信息传输速率达到 45 Mb/s，成为当代 Internet 的骨干网。

20 世纪 90 年代，世界各先进工业国家和各大商业机构纷纷加入 Internet 的建设中，成为 Internet 发展的一个重要动力，此后成千上万的用户和网络以惊人的速度增长。Internet 的规模迅速扩大，其应用领域也突破原本的限制，并逐步过渡为商业网络。时至今日，Internet 通过各种高速通信设备和线路将全世界几乎所有的国家连接起来，成为全球规模最大、用户数最多的网络。

Internet 在我国虽然起步较晚，但发展非常迅速。1987～1993 年，我国开始开展 Internet 的科学研究和技术合作，并通过拨号（X.25 协议）实现了电子邮件服务。1994 年 4 月开始，我国正式实现了 TCP/IP 连接，到 1996 年初已形成了以中国公用计算机互联网（ChinaNet）、中国国家计算机与网络设施（the national computing and networking facility of China，NCFC）、中国教育和科研计算机网（China education and research network，CERNET）、中国金桥信息网（China golden bridge network，ChinaGBN，又称中国国家公用经济信息通信网）为国际出口的网络体系。

（1）中国公用计算机互联网：由中国邮电电信总局（现为中国电信集团有限公司）组建，包括核心层的网络中心和各个省市的网络分中心，是一个可在全国范围内提供 Internet 商业服务的网络。

（2）中国国家计算机与网络设施：底层为中国科学院、北京大学、清华大学的校园网，上层为国内其他科研与教育单位的校园网及接入 Internet 的 NCFC 主干网。

（3）中国教育和科研计算机网：1994 年由国家计划委员会和国家教育委员会出资组建。

（4）中国国家公用经济信息通信网：1993 年开始建设，是建立金桥工程的业务网，也是一个可在全国范围内提供 Internet 商业服务的网络。

4.3.2 Internet 的接入

Internet 是覆盖全球的网络，其各级主干网是由光纤铺设而成的，但是 Internet 并没有直接接入千家万户，用户必须通过各 ISP 提供的线路和服务接入 Internet，如图 4-31 所示。

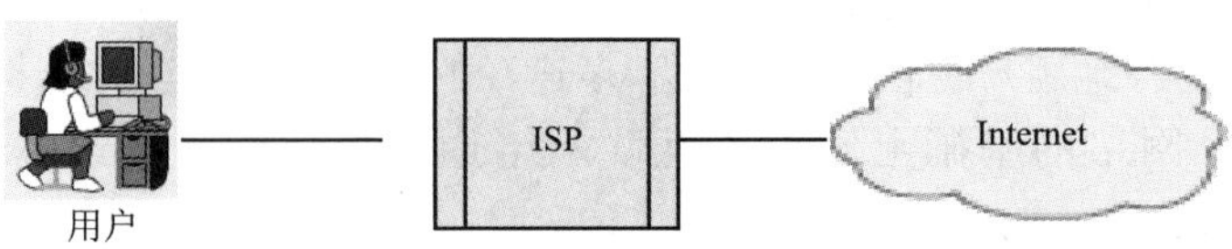

图 4-31 Internet 接入模型

ISP 为 Internet 用户提供综合互联网接入业务、信息业务和增值业务。国内主要的 ISP 如表 4-4 所示。

表 4-4　我国大型互联网骨干网的国际出口带宽

骨干网	中文名称	国际出口带宽/（Gb/s）	说明
ChinaNet	中国公用计算机互联网	809.9	商业网，信息产业部主管
CNCNet	中国网络公用互联网	466.9	商业网，信息产业部主管
CMNET	中国移动互联网	82.6	商业网，信息产业部主管
CSTNET	中国科技网	18.5	公益网，科学技术部主管
CERNET	中国教育和科研计算机网	11.7	公益网，科学技术部主管

1. 拨号接入

拨号接入是利用普通公用电话网接入 Internet 的方式。由于电话线只能传输模拟信号，因此在用户端和 ISP 端都需要配置调制解调器用于模拟信号和数字信号的转换和数据的收发（图 4-32），其中将计算机的数字信号转换为模拟信号称为调制，将模拟信号转换为数字信号称为解调。

由于拨号接入存在信息传输速率慢（最高速率只有 56 Kb/s）、语音和数据不能共存（上网时不能打电话，打电话时不能上网）、费用高（网络使用费按时计费，费用由通话时长费用和网络服务费用两部分组成）等缺点，现已逐渐退出主要应用领域，但对于一些不具备其他接入方式的地区和一些上网时间不是很长、对网速要求不高的用户而言，拨号上网也不失为一种好方法。

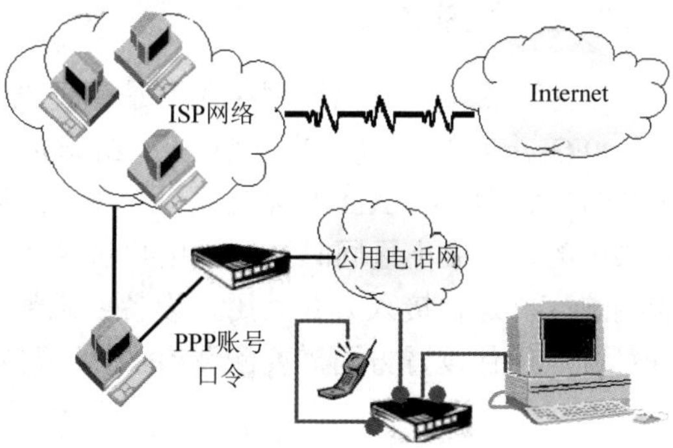

图 4-32　拨号接入 Internet

2. 非对称数字用户线

非对称数字用户线（ADSL）系统在用户端采用 ADSL 调制解调器，通过普通电话线连接到电话交换局前端 ADSL 解调设备解调后，将信号送入异步传输模式（asynchronous transfer mode，ATM）网，可以实现上行 1 Mb/s、下行高达 8 Mb/s 的信息传输速率。ADSL 在调制方式上采用离散多路复用技术，在一对铜线上用 0～4 kHz 传输电话音频，用 26 kHz～1.1 MHz 传输数据，并将它以 4 kHz 的宽度划分为 25 个上行子通道和 249 个下行子通道。采用 ADSL 上网时，ADSL 调制解调器产生 3 个信息通道（简称信道），1 个为标准电话通道，1 个为 640 Kb/s～1 Mb/s 的上行通道，1 个为 1～8 Mb/s 的高速下行通道，3 个信道同时进行 ADSL 传输而又互不影响。ADSL 接入 Internet 如图 4-33 所示。

另外，最新的 VDSL2（VDSL，very high-bit-rate digital subscriber line，甚高比特率数字用户线）技术可以达到上行、下行各 100 Mb/s 的信息传输速率，其特点是信息传输速率稳定、带宽独享、语音数据互不干扰等，适合家庭、个人等用户的大多数网络应用需求，可以满足一些宽带业务，如互联网电视（internet protocol television，IPTV）、视频点播（video on demand，VOD）、远程教学、可视电话、多媒体检索、LAN 互联和 Internet 接入等。

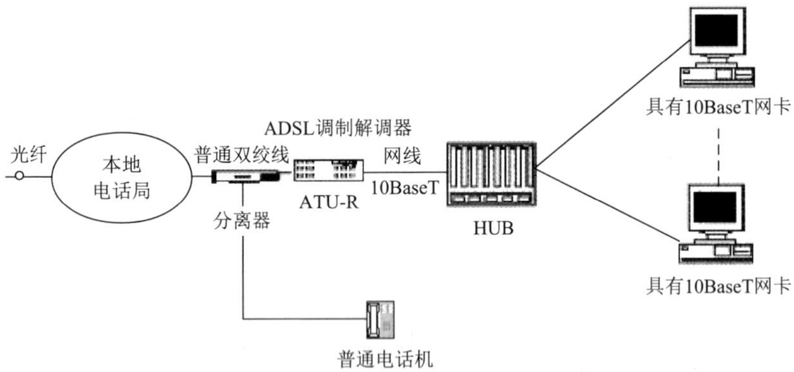

图 4-33　ADSL 接入 Internet

3. 小区宽带接入

小区宽带接入（局域网接入）是一种光纤接入方式，ISP 引光纤到小区，一般带宽是 100 Gb/s 甚至更高，在小区内部组建局域网，小区用户共享这条光纤的带宽，即 FTTX+LAN 方式。ADSL 宽带是独享的，速度比较稳定；小区光纤接入带宽是被小区用户共享的，如果小区同时上网的用户过多，或者当有用户占用很大的带宽时，就会影响上网速度。这种接入方式对用户设备要求最低，只需一台带 10/100 Mb/s 自适应网卡的计算机，软件设置方面需要配置 IP 地址或自动获取 IP 地址，如图 4-34 所示。

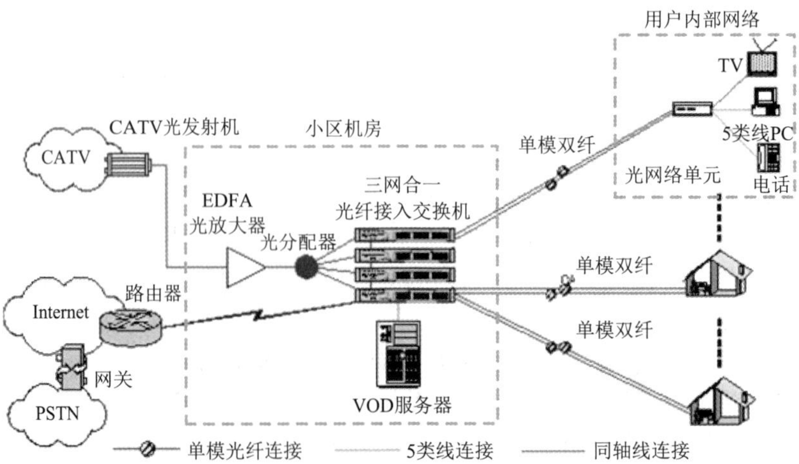

图 4-34　小区宽带接入 Internet

4. 无线接入

无线接入分为两种，一种是以传统局域网为基础，采用无线接入点（wireless access

point，WAP）或无线路由器和无线网卡构建的无线上网方式，又称无线保真（wireless fidelity，Wi-Fi）接入；另一种是通过手机开通数据共享功能，以计算机通过手机或无线上网卡来达到无线上网的目的，其上网速度由所使用的技术、终端支持速度和信号纯度共同决定。

（1）Wi-Fi 接入。Wi-Fi 是一种可以把有线网络信号转换成无线信号，供支持 Wi-Fi 技术的计算机、手机等接收的无线网络传输技术。

WAP 或无线路由器是有线局域网络与无线局域网络之间连接的桥梁，只要在家庭中的 ADSL 或小区宽带中加装无线路由器就可以把有线信号转换成 Wi-Fi 信号，而装有无线网卡的计算机均可通过 WAP 或无线路由器分享有线局域网络甚至广域网络的资源，如图 4-35 所示。

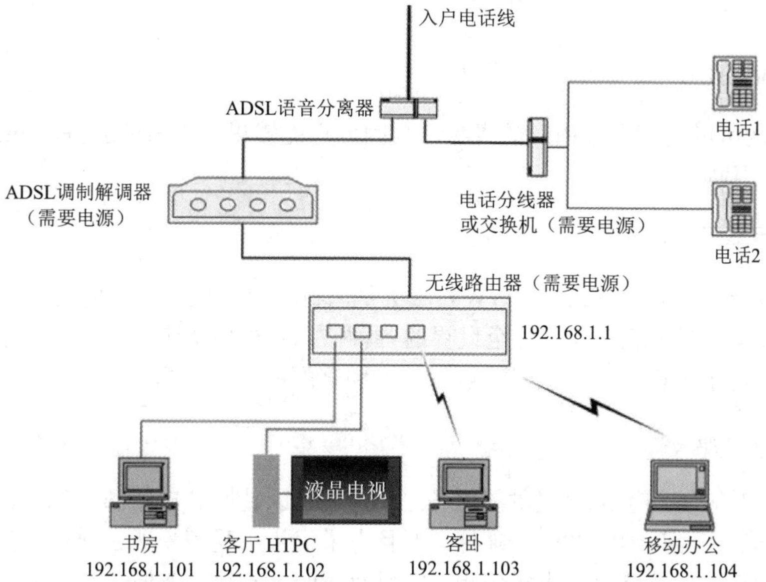

图 4-35 家庭 Wi-Fi 接入 Internet

根据无线网卡使用标准的不同，Wi-Fi 的速度也有所不同。IEEE 802.11b 规定的最大数据速率为 11 Mb/s，IEEE 802.11g 规定的最大数据速率为 54 Mb/s，IEEE 802.11n 规定的最大数据速率为 600 Mb/s。

（2）利用 4G/5G 网络手机接入。4G 网络是第四代移动通信技术网络。目前国际电信联盟（International Telecommunications Union，ITU）审批的 4G 标准有两个，一个是由我国研发的分时长期演进（time division long term evolution，TD-LTE），它是由时分同步码分多路访问（time division-synchronous code division multiple access，TD-SCDMA）发展而来的；另一个是欧洲研发的频分双工长期演进（long term evolution-frequency division duplexing，LTE-FDD），它是由宽带码分多路访问（wideband code division multiple access，WCDMA）发展而来的。4G 速度可达 60 Mb/s，比 3G 快几十倍，4G 接入 Internet 如图 4-36 所示。

5G 网络是最新一代移动通信技术网络。5G 的性能目标是实现高信息传输速率、减少延迟、节省能源、降低成本、提高系统容量和实现大规模设备连接，理论上 5G 的网速可达到 20 Gb/s 或更高。

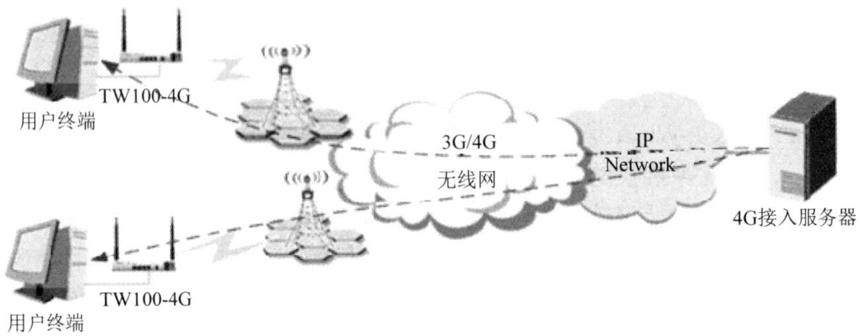

图 4-36 4G 接入 Internet

4.3.3 Internet 服务

Internet 之所以受到大量用户的青睐，是因为它能够提供丰富的服务。Internet 服务主要包括以下几项。

1. 万维网服务

万维网（World Wide Web，WWW）服务是因特网上发展最快和使用最广的服务。它以超文本和链接技术为基础，将全世界的各种信息有机地组织在一起，保存在网站服务器上，用户使用本机上的浏览器就可以检索和查阅所需的信息。

2. 电子邮件服务

电子邮件是因特网上最早提供的服务之一。通过因特网和电子邮件地址，通信双方可以快速、方便和经济地收发电子邮件，而且电子信箱不受用户所在地理位置限制，只要能连接上因特网，就能使用电子信箱。它具有省时、省钱、方便和不受地理位置限制等优点，现已成为人们使用最多的交流方式之一。

3. 文件传输服务

文件传输（file transfer）服务为因特网用户提供在网络上下载和上传各种类型文件的功能，不仅扩大了用户的存储空间，而且也是保证用户文件安全的有效手段之一。FTP 服务分为普通 FTP 服务和匿名 FTP 服务两种。普通 FTP 服务向注册用户提供文件传输服务，匿名 FTP 服务向任何因特网用户提供核定的文件传输服务。

4. 远程登录服务

远程登录（telnet）服务是一台主机的用户使用另一台主机的登录账号和口令与该主机实现连接，作为它的一个远程终端使用该主机资源的服务。

此外，因特网还提供电子公告板系统（bulletin board system，BBS）、IP 电话、网络视频会议、网上远程教学、网络游戏、视频点播、网络论坛、聊天室、电子政务、电子商务、网上银行和网上购物等多种特殊的服务。

4.3.4 WWW的使用

WWW简称3W，是Internet上一个非常重要的信息资源网。3W是20世纪90年代初在Internet上出现的服务，它遵循超文本传送协议（hypertext transfer protocol，HTTP，一种专门用来在网络中传输网页信息的协议)，以超文本或超媒体技术为基础，将Internet上各种类型的信息资源（包括文本、数字、声音、图形、图像、影视等）巧妙地集合在一起，形成万维网信息，保存在万维网服务器上，供用户快速访问或查询。

以下介绍WWW中的几个重要概念。

（1）网页又称Web页，它采用超文本标记语言（hypertext markup language，HTML，一种用作网页设计的计算机语言）编写程序，将各种类型信息资源有机地组合在一个页面上，即在一个网页中可以有序地包含文字、表格、图片、声音、视频动画等信息及其他数据资源。

（2）链接。Web页中，通常有一些带下画线的文字或图片，将鼠标指针移动到其上时，指针会呈手形，这些文字和图片通常称为链接或超链接，单击链接就可以从一个网页转到另一个网页，以此类推，再单击新网页中的链接又能转到其他网页。

（3）网站。网站通常是指单位、公司或个人用于保存或发布网页的计算机或服务器，在Internet中，一台计算机除了拥有一个唯一的Internet IP地址外，一般还拥有一个唯一的域名地址（如www.edu.cn)，当其他用户在其计算机浏览器的地址栏中输入域名或IP地址后，网站就会采用HTTP将保存在该计算机或服务器中的网页信息传送到用户计算机中，并显示在用户的浏览器窗口中。

（4）主页。网站的第一个Web页或起始页通常称为主页，它包含了进一步打开网站中其他内容的链接，用户要访问一个网站的具体内容，往往要从主页开始。

（5）统一资源定位符（uniform resource locator，URL）。URL用来描述Web页或包含在Web页中各种资源的地址和访问它时所用的协议，其使用格式如下。

协议://IP地址或域名/路径/文件名

其中，协议是指访问方式或获取数据的方法，简单地说就是“游戏规则”。常用的访问方式有http、ftp等，分别表示使用HTTP或FTP访问该主机。IP地址或域名是指存放该资源的主机的IP地址或域名。路径/文件名是用路径的形式表示Web页在主机中的具体位置（如文件夹、文件名等)。

例如，http://www.gzmu.edu.cn/web/html/salsa.html就是一个Web页的URL，它告诉系统：使用http访问域名为www.gzmu.edu.cn的主机上一个web文件夹中的html文件夹中的HTML语言文件salsa.html。

（6）浏览器。浏览器是一种用户使用WWW的客户端软件工具，安装在用户的计算机上。在基于Web的浏览器/服务器（browser/server，B/S）工作环境中，浏览器起着控制的作用：它一方面将用户的请求（如在地址栏中输入某个网站地址、在网页中单击某个链接、下载某个资源等）转换成网络上计算机能够识别的命令，发送到要访问的WWW服务器上；另一方面，WWW服务器上运行的服务程序收到请求后，把用户指定访问的资源文件通过HTTP协议传送回用户计算机，经浏览器解释后，用超文本标记语言描述的信息会转换成便于理解的网页形式并显示在浏览器页面中。

用户要访问 WWW 服务器，必须在本地计算机上运行 Web 浏览器软件。Web 浏览器软件有很多种，目前常用的 Web 浏览器有 Chrome 浏览器、360 浏览器、QQ 浏览器、搜狗浏览器、火狐（Firefox）浏览器等。

（7）cookie。cookie 是指当用浏览器访问某网站时，由 Web 服务器在硬盘上创建的一个小文本文件，用于记录用户 ID、用户密码、用户浏览过的网页，以及用户停留的时间等信息。

4.3.5 浏览器的设置和应用

浏览器是统信 UOS 内置的一款高效稳定的工具，功能强大，用户界面简洁友好，其主要特点如下。

（1）多标签浏览管理：浏览器可以使用多标签浏览的方式，可以新标签的方式打开网站页面。

（2）统一下载管理：浏览器可以将网页中下载的文件、图片保存到计算机或其他设备中。下载的文件将保存在默认的目录中并统一管理。

（3）定制功能丰富：浏览器包含许多可设置功能，如打开新的标签页、打开新的窗口、打开历史记录、管理收藏夹等。

浏览器的图标默认锁定在桌面的任务栏上，如图 4-37 所示。

图 4-37 从任务栏启动浏览器

可以单击任务栏上的浏览器图标打开浏览器。此外，也可以在启动器中查找浏览器，将其打开。浏览器的窗口如图 4-38 所示。

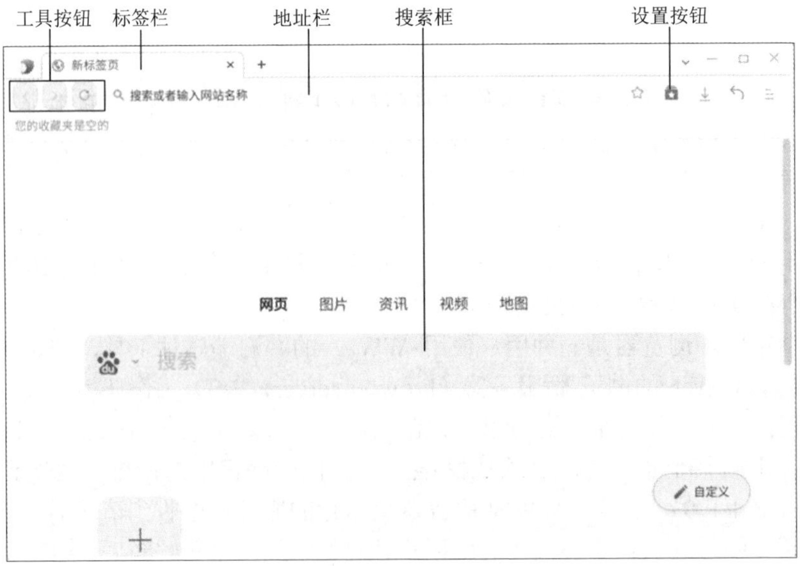

图 4-38 浏览器窗口

浏览器窗口主要包括地址栏、搜索框、标签栏等部分。地址栏的主要功能是负责提交浏览网页的 URL 信息。浏览器通过识别地址栏中的信息，连接用户要访问的内容。地址栏的前方附带了常用的快捷按钮，包括前进、后退、刷新和返回主页按钮。在地址栏中输入地址，按 Enter 键，浏览器就会自动链接到该地址并显示内容，用户也可以直接在搜索框输入关键字进行信息检索，查找并打开网页。此外，浏览器还预置了部分常用的网页链接，方便用户上网浏览相关网页。

在浏览器窗口的右上方单击设置按钮，可以打开浏览器的设置窗口。统信 UOS 浏览器的常规设置包括自动填充、显示、搜索引擎、启动时等，如图 4-39 所示。

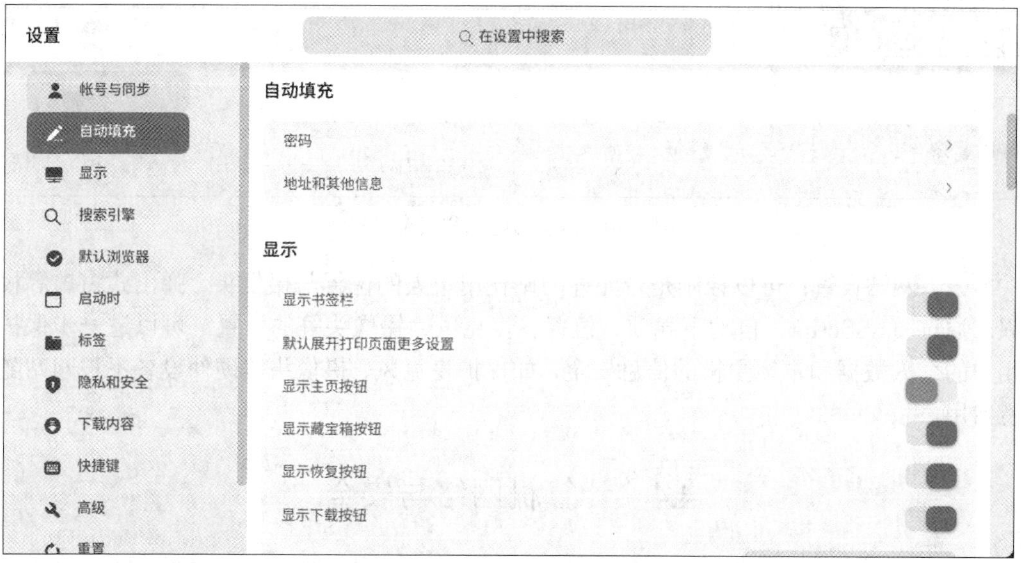

图 4-39　浏览器“设置”窗口

设置的基本功能含义如下。

（1）自动填充：用户在浏览网站时输入的数据会自动保存，再次访问该网站时，浏览器会自动填充之前输入的数据。

（2）显示：包括“显示主页按钮”和“显示藏宝箱按钮”等，选择“显示藏宝箱按钮”后，会在浏览器显示用户的藏宝箱，单击能够快速进入收藏的网站。

（3）搜索引擎：设置地址栏中使用的搜索引擎，在地址栏输入非 URL 地址时，浏览器会自动连接搜索引擎，并将输入的地址作为关键字进行检索。

（4）启动时：浏览器启动时会自动加载此处设置的站点。

为了保障用户的信息安全，浏览器中还有对应的安全设置，便于用户进行自定义设置，从而更好地维护个人数据安全。在浏览器的“设置”窗口选择“隐私和安全”命令就可以进行隐私和安全设置，如图 4-40 所示。

浏览器隐私和安全设置主要包括如下功能。

（1）清除浏览数据功能：可以清除浏览记录、cookie、缓存等，用以防止地址跟踪、cookie 跟踪等行为。

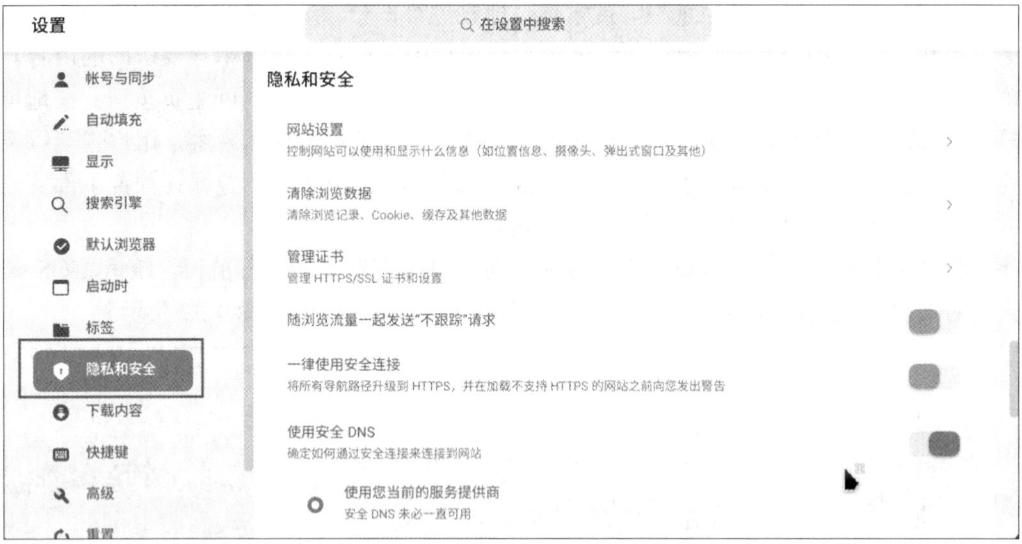

图 4-40　浏览器隐私和安全设置

（2）网站设置：可以控制是否允许网站使用个人的位置与摄像头、弹出式窗口等权限。通过 JavaScript、自动下载项、位置、麦克风、摄像头等的设置，可以进一步保护用户的个人数据和本地主机的信息安全，如保护麦克风、摄像头等硬件设备不被网站随意启用。

4.4 计算机网络与安全

计算机网络的广泛应用，给人们带来很多方便的同时也给信息和数据的安全带来极大的隐患，计算机信息的安全问题已日益受到关注和重视，在使用网络的同时，应当建立必要的信息安全意识并掌握一些简单的防范机制。

4.4.1 网络安全基本概念

网络安全就是确保网络上的信息和资源不被非授权用户破坏、访问和使用。一般来说，计算机网络所面临的安全威胁因素主要分为非人为因素和人为因素两种。

1. 非人为因素

非人为因素主要是指自然灾害所造成的不安全因素，如电磁干扰、电力波动、火灾、地震、水灾、战争等因素会造成网络的中断、数据破坏和丢失等。解决的方法是加强系统中的硬件建设，优化系统中的硬件设计，定期进行有效的数据备份。

2. 人为因素

人为因素是攻击者或攻击程序利用系统资源组中的脆弱环节进行人为入侵产生的。威胁网络安全的主要类型，如图 4-41 所示。

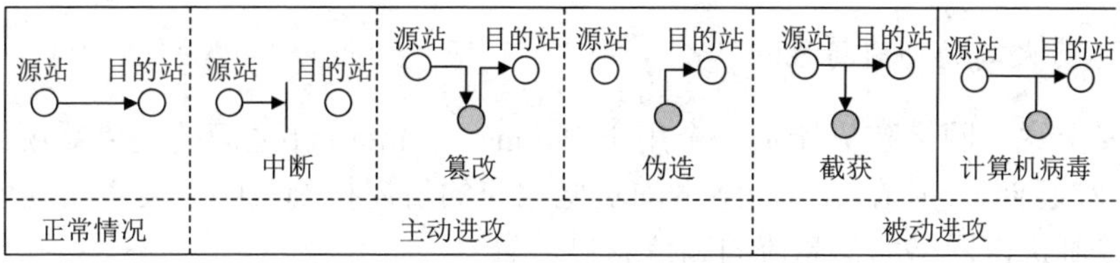

图 4-41 威胁网络安全的主要类型

人为因素对网络安全造成的影响具体来说主要表现在以下几个方面。

（1）破坏数据的完整性。攻击者有意毁坏系统资源，切断通信线路，造成文件系统不可用即中断，或以非法手段窃取对数据的使用权，删除、修改、插入或重新发送某些重要信息，不断对网络服务系统进行干扰，改变作业流程，执行无关程序使系统响应减慢，影响正常用户的使用，甚至使合法用户不能进入计算机网络或得不到相应的服务，以取得有益于攻击者的响应。

（2）非授权访问。非授权访问是指攻击者违反安全策略，假冒合法身份或利用系统安全的缺陷非法占有系统资源或访问本应受保护的信息。

（3）信息泄露或丢失。信息泄露或丢失是指敏感数据在有意或无意中被泄露出去或丢失，通常包括信息在传输过程中泄露或丢失、信息在存储介质中泄露或丢失、信息通过隐蔽渠道被窃听等。

（4）利用网络传播计算机病毒。通过网络传播计算机病毒，其破坏性远远大于单机系统，而且一般用户难以防范。

4.4.2 网络防火墙技术

1. 网络防火墙的概念

网络防火墙（firewall）类似建筑物中的防火墙，是用来连接两个网络并控制网络之间相互访问的系统，网络防火墙安全机制如图 4-42 所示。它包括用于网络连接的软件、硬件及控制访问的方案。防火墙用于对进出的所有数据进行分析，并对用户进行认证，从而防止有害信息进入受保护的网络，防止内部网络用户向外泄密，为网络提供安全保障。

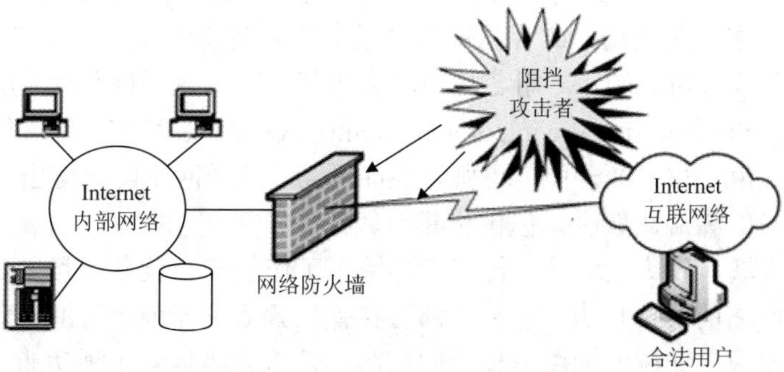

图 4-42 网络防火墙安全机制

2. 网络防火墙的功能特性

从广义上说，网络防火墙是一个用于 intranet 与 Internet 之间的隔离系统或系统组（包括软件和硬件），它在两个网络之间实施相应的访问控制策略。其主要功能如下。

（1）控制进出网络的信息流向和信息包。

（2）提供使用流量的日志和审计。

（3）隐藏内部 IP 及网络结构细节。

（4）提供虚拟专用网功能。

3. 网络防火墙遵循的准则

可以采取如下两种理念之一定义网络防火墙应遵循的准则。

（1）未经说明允许的就是拒绝。网络防火墙阻塞所有流经的信息，每一个服务请求或应用的实现都基于逐项审查，只有带有允许标记的数据才能进出。这是一个值得推荐的方法，它将创建一个非常安全的环境。该准则的不足在于过于强调安全而减弱了可用性，限制了用户可以申请的服务数量。

（2）未说明拒绝的均为许可。约定网络防火墙总是传递所有的信息，但那些带有拒绝标记的数据除外，此方式认为每一个潜在的危害总是可以基于逐项审查被杜绝。该准则的不足在于它将可用性置于比安全性更为重要的地位，增加了保证私有网安全性的难度。

4. 网络防火墙种类

当前使用的网络防火墙种类非常多，一般习惯按网络防火墙的结构和原理将其分为软件防火墙、基于 PC 硬件架构的防火墙、专用芯片级防火墙、云防火墙和虚拟防火墙 5 类。

（1）软件防火墙。软件防火墙运行于特定的计算机上，它需要客户预先安装好的计算机操作系统的支持，一般来说，这台计算机就是整个网络的网关。软件防火墙就像其他软件产品一样需要先在计算机上安装并做好配置才可以使用。这种防火墙的特点是原理简单、设置便捷、价格便宜，但功能有限。

（2）基于 PC 硬件架构的防火墙。目前市场上大多数的网络防火墙都是基于 PC 硬件架构的防火墙，一般至少应具备三个端口，分别接内网、外网和非军事区（demilitarized zone，DMZ），现在一些新的硬件防火墙往往扩展了端口，常见的是四端口防火墙，一般将第四个端口作为配置端口或管理端口。很多防火墙还可以进一步扩展端口数目。

（3）专用芯片级防火墙。专用芯片级防火墙基于专门的硬件平台，所有功能均由专用集成电路（application specific integrated circuit，ASIC）芯片完成，这使其比其他种类的网络防火墙速度更快，处理能力更强，性能更高。这类网络防火墙由于是专用操作系统，因此其本身的漏洞比较少，但价格相对较高。

（4）云防火墙。云防火墙是一种在云环境下工作的安全设备，其主要功能是监测和防止来自云端网络的恶意攻击。它通常部署在弹性云服务器前，为每一台弹性服务器提供直接防护，实现最细粒度的微隔离访问控制。云防火墙具有多种功能，包括网络入侵防御、安全策略管理、日志记录、流量分析、安全事件响应、流量过滤、数据保护及隔离等，可以满足不同类型的网络安全需求。

（5）虚拟防火墙。虚拟防火墙是一种在虚拟化环境中提供网络流量过滤和监控的安全设备或服务。虚拟防火墙支持多种虚拟机，如 VMware、XenServer、Hyper-V 等，为主机提供从网络层到应用层的全面安全防护。虚拟防火墙的功能包括网络防火墙功能、入侵防御系统（intrusion prevention system，IPS）、防计算机病毒、反垃圾邮件、Web 过滤和虚拟专用网络（virtual private network，VPN）等。虚拟防火墙工作于虚拟机之上，作为虚拟服务器与 Internet 之间的保护层。

4.4.3　防计算机病毒机制

1. 计算机病毒的概念

计算机病毒是指编写的或者在计算机程序中插入的具有破坏计算机功能及数据，影响计算机使用并且能够自我复制的一组计算机指令或程序代码。它一般具有寄生性、传染性、潜伏性和隐蔽性等特点。

2. 计算机病毒的类型

（1）寄生病毒。这是一类传统、常见的计算机病毒类型。这种计算机病毒寄生在其他应用程序中。当被感染的程序运行时，寄生病毒程序也随之运行，继续感染其他程序，传播计算机病毒。

（2）引导区病毒。这种计算机病毒感染计算机操作系统的引导区，是系统在引导操作系统前先将计算机病毒引导入内存，进行繁殖和破坏性活动。

（3）蠕虫病毒。蠕虫病毒通过不停地自我复制，最终使计算机资源耗尽而崩溃，或向网络中大量发送广播，致使网络阻塞。蠕虫病毒是目前网络中最为流行、最为猖獗的计算机病毒。

（4）宏病毒。“宏”是 Word 和 Excel 等文档文件中的一段可执行代码，使用“宏”可以极大地增强 Office 软件的功能，并且可以简化很多操作（具体操作将在后续课程“办公自动系统”中介绍），而宏病毒则是专门感染 Word、Excel 等文档文件的病毒，危害性极大。宏病毒与大多数计算机病毒不同，它只感染文档文件，而不感染可执行文件。文档文件原本存放的是不可执行的文本和数字，宏病毒就伪装成 Word 和 Excel 中的“宏”，当 Word 或 Excel 文件被打开时，宏病毒会运行，感染其他文档文件。

（5）特洛伊病毒。特洛伊病毒又称木马病毒，会伪装成一个应用程序、一个游戏隐藏于计算机中，并不断地将受到感染的计算机中的文件发送到网络中来泄露机密信息。

（6）变形病毒。这是一种能够躲避杀毒软件检测的计算机病毒。变形病毒在每次感染时会创建与自己功能相同、但程序代码明显变化的复制品，使防病毒软件难以检测。

（7）勒索病毒。勒索病毒是一种新型计算机病毒，它通过各种途径进行传播，如邮件、程序木马、网页挂马等。这种计算机病毒性质恶劣，危害极大，一旦感染将给用户带来无法估量的损失。勒索病毒利用各种加密算法对文件进行加密，被感染者一般无法解密，必须拿到解密的私钥才有可能破解。这些计算机病毒会加密用户计算机上的重要文件，然后向用户索要赎金，必须进行严密防范，否则用户将无法访问这些被加密的文件。

（8）间谍病毒。间谍病毒是一种恶意软件，其主要功能是窃取用户信息并将这些信息发送到远程服务器上。这种病毒通常会隐藏在看似无害的程序或文件中，当用户运行这些程序或打开这些文件时，间谍病毒就会开始执行其恶意行为。间谍病毒能够监控和记录用户的键盘输入、屏幕截图、浏览历史等信息，从而获取用户的敏感数据，如密码、信用卡信息、通讯录等。这些信息随后会被发送到黑客控制的远程服务器上进而被用于各种非法活动，如身份盗窃、金融欺诈等。

（9）广告病毒。广告病毒可能包括广告程序、IE 浏览器插件、间谍软件等，不仅干扰用户的正常上网体验，还可能对计算机系统造成损害。这些广告病毒通常通过各种手段潜入用户的计算机，如利用软件漏洞、捆绑安装等，然后在用户不知情的情况下收集用户信息、弹出广告窗口等。

3. 计算机病毒的破坏方式

（1）破坏操作系统，使计算机瘫痪。有一类病毒用直接破坏操作系统的磁盘引导区、文件分区表、注册表的方法强行使计算机无法启动。

（2）破坏数据和文件。计算机病毒发起攻击后会改写磁盘文件甚至删除文件，造成数据永久性的丢失。

（3）占用系统资源。计算机病毒使计算机运行异常缓慢，或使系统因资源耗尽而停止运行。

（4）破坏网络。如果网络中的计算机感染了蠕虫病毒，蠕虫病毒就会利用该计算机向网络中发送大量的广播包，从而大量占用网络带宽，造成网络拥塞。

（5）传输垃圾信息。Windows 内置消息传送功能，用于传送系统管理员所发送的消息。病毒会利用这个服务，使网络中的各个计算机频繁弹出一个名为“信使服务”的窗口，广播各种各样的信息。

（6）泄露计算机内的信息。计算机病毒专门将保存在计算机中的信息泄露到网络中，有的木马病毒会向指定计算机传送屏幕显示情况或特定数据文件（如搜索到的口令）。

（7）扫描网络中的其他计算机，开启后门。感染“口令蠕虫”病毒的计算机会扫描网络中其他计算机，进行共享会话，猜测其他计算机的管理员口令。如果猜测成功，就将蠕虫病毒传送到那台计算机上，开启虚拟网络控制台（virtual network console，VNC）后门，对该计算机进行远程控制。被传染的计算机上的蠕虫病毒又会开启扫描程序，扫描、感染其他计算机。

4. 计算机病毒的防范

（1）备好启动盘，并设置写保护。在对计算机进行检查、修复和手工杀毒时，通常要使用无毒的启动盘，使设备在较为干净的环境下操作。

（2）尽量不用 U 盘、移动硬盘或其他移动存储设备启动计算机，而用本地硬盘启动。同时尽量避免在无防毒措施的计算机上使用可移动的存储设备。

（3）定期对重要的资料和系统文件进行备份，数据备份是保证数据安全的重要手段。可以通过对比文件大小、检查文件个数、核对文件名来及时发现计算机病毒，也可以在文件损失后尽快恢复。

（4）对于重要的系统文件和磁盘可以通过赋予只读功能，以避免计算机病毒的寄生和入侵，也可以通过转移文件位置、修改相应的系统配置来保护重要的系统文件。

（5）重要部门的计算机尽量专机专用，并与外界隔绝。

（6）使用新软件时，先用杀毒程序检查，减少计算机感染病毒的机会。

（7）安装杀毒软件、网络防火墙等计算机防病毒工具，准备一套具有查毒、防毒、杀毒及修复系统的工具软件，并定期对软件进行升级，对系统进行查毒。

（8）经常升级安全补丁。80%的网络病毒（如红色代码、尼姆达等病毒）都是通过系统安全漏洞进行传播的，所以应定期到相关网站去下载最新的安全补丁，或者开启系统的自动更新功能。

（9）使用复杂的密码。有许多网络病毒是通过猜测简单密码的方式攻击系统的，因此使用复杂的密码可大大提高计算机的安全系数，也可以补充多因素认证（如指纹、面部识别等）的现代验证方法。

（10）不要在 Internet 上随意下载软件。免费软件是病毒传播的重要途径，如果特别需要，必须在下载软件后进行杀毒。保持良好的上网习惯，不访问不良网站，不下载不明软件和程序，以减少感染病毒的风险。

（11）不要轻易打开电子邮件中的附件。电子邮件病毒是当前病毒的主流之一，通过电子邮件传播病毒具有传播速度快、范围广、危害大的特点，较妥当的做法是先将附件保存下来，待杀毒软件检查后再打开。

（12）不要随意借入和借出移动存储设备，在使用借入或返还的设备时，一定要通过杀毒软件进行检查，避免感染病毒，对返还的设备，若有干净备份，则应重新格式化后再使用。

5. 防病毒软件的使用

防病毒软件就是能预防并清除计算机病毒的工具，它依靠病毒特征代码对病毒进行判断，使防病毒软件能查杀绝大多数的已知病毒，同时还广泛采用了其他行为分析判断技术，以便能查杀其他未知类型的病毒。

目前在计算机中使用的防病毒软件非常多，每种防病毒软件都有自己的优缺点。比较流行的防病毒软件有 360 安全卫士、火绒安全软件、Bitdefender、卡巴斯基等，有需要的同学可以自行到官网上下载安装。

4.5　计算机网络新技术、新概念

1. 云计算

“云”是指一个由无数服务器及各种计算设备组成的可以提供各种服务（如存储、计算、软件和平台）的虚拟网络，如亚马逊云、阿里云等。云计算通常又称分布式计算或网格计算，即是将海量数据分解成若干部分，通过多台服务器组成的系统进行快速处理和分析，并将所得结果返回给用户的技术。

云计算通过网络提供可伸缩的、按需获取的计算资源（包括服务器、存储、数据库、网络、软件、分析和智能等）和服务，它允许用户在不购买和维护硬件及软件基础设施的情况下，根据业务实际需求弹性地租用云计算平台，既为用户节约了成本，又保证了业务的灵活性。

2. 物联网

物联网是指通过信息传感设备，按约定的协议，将任何终端与网络相连接，以实现智能化识别、定位、跟踪、监管、远程控制等功能的技术。物联网设备可以收集和交换数据，从而提高效率、便利性和安全性。物联网由于其先进特点和特性，广泛应用在智能家居、智慧交通、智能医疗、智能电网、智能物流、智慧农业、智能电力等各领域。

3. 大数据

大数据技术是指所涉及的资料量规模巨大到无法通过主流软件工具，在合理时间内达到撷取、管理、处理并整理成为有用的信息。大数据技术涉及的数据具有海量、高增长率和多样化的特点，因此需要新的处理模式才能使其具有更强的决策力、洞察发现力和流程优化能力。大数据技术的战略意义并不在于简单掌握庞大的数据信息，而在于对这些富有意义的数据进行专业化的处理，以实现数据的增值。

4. 人工智能

人工智能是一个以计算机科学为基础，由计算机、心理学、哲学等多学科交叉融合，研究、开发用于模拟、延伸和扩展人的智能的理论、方法、技术及应用系统的一门新的学科。人工智能试图了解智能的实质，并生产出一种新的、能以与人类智能相似的方式做出反应的智能机器。该领域的研究包括机器人、语言识别、图像识别、自然语言处理和专家系统等。

第 5 章　WPS 文字

文字处理是现代办公中一项重要内容，也是利用计算机实现办公自动化的一个重要途径。用于文字处理的软件非常多，除了前面在操作系统中学习过的文本编辑器和语音记事本外，更专业的还有北京金山办公软件股份有限公司（以下简称金山办公）的 WPS 文字、微软公司的 Word、永中软件股份有限公司的永中 Office，以及以开源为准则的 OpenOffice、LibreOffice 和 ONLYOFFICE 等。本书将以功能强大、用户众多的 WPS 文字为例来讲解文字处理软件的用法。由于 WPS 文字是 WPS Office 软件系统中的一个组件，在正式学习 WPS 文字之前，需要先整体了解 WPS Office 软件系统的基本特征。

5.1　WPS Office 概述

WPS Office 是由金山办公自主研发的一个现代办公软件系统，具有内存占用低、运行速度快、云计算功能强大、插件丰富、可提供免费在线存储空间及文档模板等优点，可以实现文字、表格、演示文稿与 PDF 等多种格式办公文档的高级处理。

WPS Office 不仅全面兼容微软公司的 Office 文档，还支持 Windows、Linux、Android、iOS 等多个平台，支持桌面办公和移动办公，并且 WPS 移动版通过 Google Play 平台已覆盖多个国家和地区。

2020 年 12 月，教育部考试中心宣布 WPS Office 成为全国计算机等级考试（national computer rank examination，NCRE）的二级考试科目之一，于 2021 年在全国实施。这表明 WPS Office 在国内办公软件市场的影响力正在逐渐扩大，充分体现了 WPS Office 在国内办公软件领域的领先地位。

此外，金山办公还正式发布了具备大语言模型能力的生成式人工智能应用，暂定代号“WPS AI”。这一创新举措将进一步提升 WPS Office 的智能化水平，帮助用户更高效地解决办公问题，标志着 WPS Office 在人工智能领域迈出了坚实的一步。

5.1.1　WPS Office 的组成

WPS Office 是一款稳定、高效、专业的办公软件，广泛应用于各类企业和个人的日常办公场景。WPS Office 主要包含以下组件。

1. WPS 文字

WPS 文字是 WPS Office 软件系统中专用于文字的输入、编辑、排版和打印的组件，其功能与 Office 中的 Word 相似，但更符合中文思维和操作习惯。WPS 文字不仅支持复杂的表文混排和图文混排，可以满足日常办公需求，还提供了非常丰富的模板和样式，可以轻松创建出各类专业文档。此外，WPS 文字还支持强大的在线协作功能、支持多种格式的导入和导出，方便用户在不同平台和设备上进行文档的处理和共享。

2. WPS 表格

WPS 表格是 WPS Office 软件系统中专用于表格数据的输入、计算、排序、筛选、分析、统计的组件，具备强大的数据处理和分析能力。WPS 表格内置了大量精心设计和优化的函数库和中文帮助文档、示例，可以帮助用户快速完成各种复杂的数据处理任务。此外，WPS 表格还具备出色的图表功能，用户通过简单的操作，就可以轻松插入和组合各种类型的图表，以更加形象、直观的方式展示数据之间的复杂关系。

3. WPS 演示

WPS 演示是 WPS Office 软件系统中专用于演示文稿和幻灯片的创作、播放及打印的组件，可以满足各种教学办公、商务会议、学术交流及产品发布场合的演示需求。在内容创作方面，WPS 演示提供了多样化的模板、主题和海量的图片、图表和形状素材，以完善演示内容的视觉效果和感染力，确保用户能够快速创建出符合专业标准的演示文稿。同时，WPS 演示还配备了一系列实用的演示工具，如精确的计时器、灵活的画笔和激光笔等，可以帮助用户在演讲过程中保持严谨的节奏，提高演示的专业性和效率。

除此之外，WPS Office 还集成了 PDF 阅读器与编辑器、云存储和共享等实用功能，为用户提供更加便捷和高效的工作体验。

5.1.2 WPS Office 的安装和卸载

1. WPS Office 安装及运行的环境

WPS Office 不但兼容龙芯、飞腾、鲲鹏、兆芯、申威、海光、Intel/AMD 等各种硬件架构，软件兼容性也非常强，可以在统信 UOS（Linux）、Windows、Android 及 iOS 等多种平台上运行，实现桌面端和移动端的无缝对接。

2. 安装 WPS Office

安装 WPS Office 的操作步骤会因为来源、版本、介质及操作系统不同而有差异，这里只介绍统信 UOS 下 WPS2019 专业版的常用安装方法。

（1）单击启动器按钮，在系统应用列表中打开应用商店，单击搜索按钮，在搜索栏中输入“WPS”并选择“WPS2019 专业版”，单击“安装”按钮，如图 5-1 所示，系统便可自动下载并直接完成安装。

（2）登录金山办公官网（http://www.wps.cn/），单击“更多下载”下拉按钮，进入版本选择页面，如图 5-2 所示。选择“Linux 版”命令，在打开的页面中单击“立即下载”按钮，弹出如图 5-3 所示的对话框，单击“64 位 Deb 格式”列的“For X64”按钮，开始下载安装包。

图 5-1　应用商店安装 WPS Office

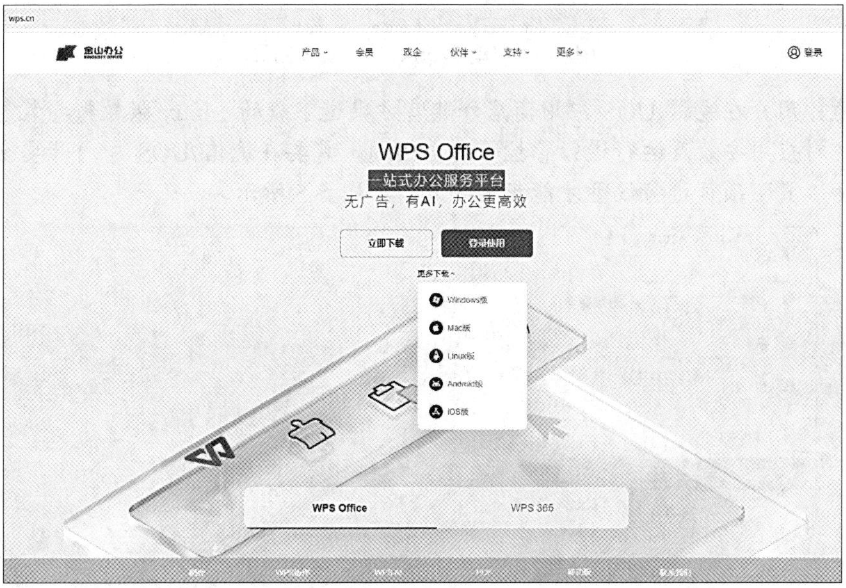

图 5-2　WPS Office 版本选择页面

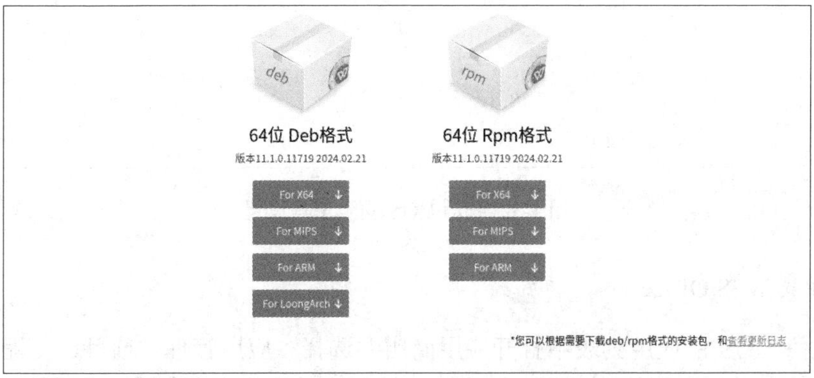

图 5-3　WPS Office 在 Linux 版下的选择页面

安装包下载完成后，双击安装包启动安装向导，如图 5-4 所示，单击“安装”按钮，等待片刻系统即可直接完成安装。

图 5-4　启动 WPS Office 安装向导

注意： *用户在统信 UOS 应用商店外非官方渠道下载的 Linux 版软件安装包，由于涉及系统对应用安装及运行进行管控等安全问题，需要在统信 UOS 中打开安全中心，对“安全工具”项目进行设置才能正常安装，如图 5-5 所示。*

图 5-5　统信 UOS 安全工具设置

3. 卸载 WPS Office

在统信 UOS 的应用列表中打开应用商店并选择“应用管理”项目，在程序列表中单击“WPS2019”右侧的“卸载”按钮可以卸载 WPS Office，如图 5-6 所示。

图 5-6 卸载 WPS Office

5.2 WPS 文字的基本操作

利用 WPS 文字创建一篇文档的整个工作流程包括启动（打开）WPS 文字，命名并保存文档，编辑文字、表格、图形、图像，页面排版，输出打印，退出（关闭）WPS 文字等环节。本节主要介绍软件启动与退出、界面构成、文件管理等基本操作。

5.2.1 启动与退出

1. *启动* WPS Office

WPS Office 是统信 UOS 环境下的一个应用程序，可以用以下三种方式来启动 WPS Office。

（1）单击启动器按钮，在弹出的系统应用列表中选择“WPS 2019”命令，如图 5-7 所示。

图 5-7 从启动器启动 WPS Office

（2）在桌面上双击“WPS 2019”图标，如图 5-8 所示。

图 5-8　从桌面快捷图标启动 WPS Office

（3）在磁盘中双击某个 WPS 文档。

2. 退出 WPS Office

退出 WPS Office 常用的方法有以下三种。

（1）单击 WPS Office 窗口右上角的关闭按钮。

（2）选择“文件”→“退出”命令。

（3）按 Alt+F4 组合键。

5.2.2　用户界面

WPS Office 成功启动后，由于 WPS Office 已经将文字、表格、演示功能集成在一个工作界面，单击“首页”按钮右侧的“新建”按钮，选择“文字”，单击“新建空白文档”按钮即可打开一个名为“文字文稿 1”的工作窗口，如图 5-9 所示。

1. 标题栏

标题栏位于窗口顶部，左侧为“首页”按钮，方便进行 WPS Office 各项基本功能操作，中间部分为当前打开的文档标题，并且 WPS Office 支持多个不同类型的文档在同一个窗口打开，标题栏右侧提供对主窗口进行最大化、最小化及关闭操作的控件。

2. “文件”菜单

单击窗口左上角的“文件”按钮可打开“文件”菜单，其中包含了有关文档管理的各种命令，如“新建”“保存”“分享文档”等。

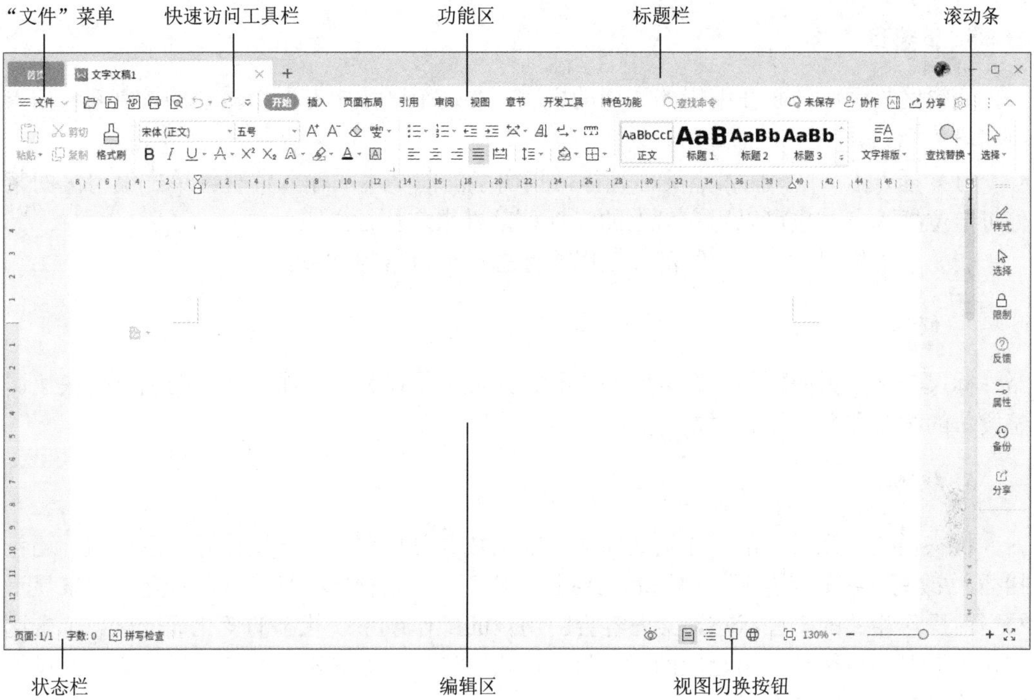

图 5-9 WPS 文字工作窗口的组成

3. 功能区

（1）“开始”功能区：包括剪贴板、字体、段落、样式、文字排版和查找 6 个组，该功能区主要用于帮助用户对 WPS 文字文档进行文字编辑和格式设置，是用户最常用的功能。

（2）“插入”功能区：包括页、表格、插图、批注、页眉和页脚、符号和公式、超链接、交叉引用和窗体这几组，主要用于在 WPS 文字文档中插入各种对象。

（3）“页面布局”功能区：包括主题、页面设置、页面背景、稿纸、文字环绕和选择窗格这几组，用于帮助用户设置 WPS 文字文档的页面样式。

（4）“引用”功能区：包括目录、脚注尾注、引文、题注、索引和邮件这几组，用于实现在 WPS 文字文档中插入目录等比较高级的编辑功能。其中单击“邮件”按钮弹出“邮件合并”功能区，可以对文档进行邮件合并操作。

（5）“审阅”功能区：包括校对、中文简繁转换、批注、修订、比较和文档权限这几组，主要用于对 WPS 文字文档进行校对和修订等操作，适用于多人协作处理 WPS 文字长文档。

（6）“视图”功能区：包括阅读版式、导航窗格、显示、护眼模式、窗口和并排比较这几组，主要用于帮助用户设置 WPS 文字操作窗口的视图类型。

（7）“章节”功能区：包括章节导航、封面目录、页面设置、节、页码和页眉页脚这几组，主要用于帮助用户进行 WPS 文字长文档编辑。

4. 编辑区

编辑区显示当前正在编辑的文档的内容，在这个区域中有两个重要的控制符：插入点和段落标记。

（1）插入点（|）。插入点又称光标，指明了当前文本的输入位置。单击编辑区的某处可定位插入点，也可以用键盘上的光标移动键来定位插入点。

（2）段落标记（ ↵ ）。段落标记用于标志一个段落的结束。

5. 标尺

标尺是位于页面顶部、有刻度的工具栏，常用于调整页边距、文本的缩进、快速调整段落的编排和精确调整表格等。

6. 状态栏

状态栏位于窗口底部，提供文档的当前页数、总页数、字数统计等信息按钮，还包括插入/改写状态转换按钮、拼写和语法状态检查按钮、视图快捷方式按钮等，用来显示与当前操作相关的一些状态，其内容会随用户的操作或系统状态的变化而变化，单击这些显示信息的按钮会弹出相应的对话框。在状态栏空白处右击，可打开用于状态栏设置的快捷菜单，如图 5-10 所示。

图 5-10 WPS 文字“自定义状态栏”快捷菜单

7. 浮动工具栏

浮动工具栏是 WPS 文字中一项极具人性化的功能。用户在文档中选定文字时，将自动弹出一个浮动工具栏，如图 5-11 所示。其中包含了常用的设置文字格式的命令，如字体、字号、颜色、对齐方式等命令。如果不需要在 WPS 文字文档窗口中显示浮动工具栏，可以在 WPS 文字“选项”对话框中进行关闭。具体操作步骤如下。

（1）打开 WPS 文字文档窗口，选择“文件”→“选项”命令。

（2）在弹出的“选项”对话框中，取消选中“视图”功能区中的“选择时显示浮动工具栏”复选框，并单击“确定”按钮。

图 5-11　WPS 文字浮动工具栏

5.3　WPS 文字的文件操作

WPS 文字的文件操作一般包含文档的创建、保存、保护、打开及关闭等几个方面。

5.3.1　创建文档

在 WPS Office 中创建文档一般有以下两种方法。

（1）利用快捷菜单创建 WPS 文档。

WPS Office 完成安装后，系统会自动在文件管理器窗口的快捷菜单中添加新建 WPS 文档的命令，可以打开准备创建文档的文件夹窗口，在空白处右击，在弹出的快捷菜单中选择“新建文档”命令，再根据实际需求选择一种文档类型并输入文档名即可，如图 5-12 所示。

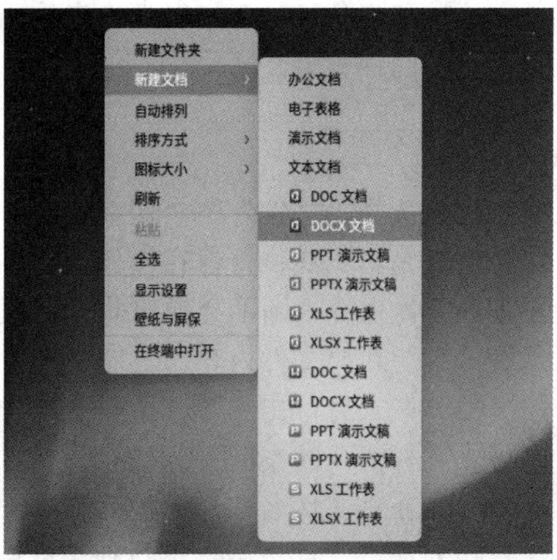

图 5-12　利用快捷菜单创建 WPS 文字文档

（2）启动 WPS Office 后选择相应命令创建 WPS 文档。

WPS Office 启动后依次选择“首页”→“新建”→“文字”命令，如图 5-13 所示，再根据需要选择空白文档或基于模板的文档，选择空白文档，系统会自动新建一个名为“文字文稿 1”的空白文档。在编辑现有文档的过程中，也可根据需要单击文档标题后面的+按钮，创建若干个新文档，系统自动按顺序依次命名为“文字文稿 2”“文字文稿 3”等。

图 5-13 WPS 文字中创建空白文档

提示：模板是系统中预先定义好格式（包含页面布局、段落设置、文字格式等）和框架（包含对应主题建议性的目录层次、标题、表格、图表等），但是没有具体内容的一种特殊文档。WPS 文字提供了数量众多、设计精美的模板资源，以帮助用户快速创建各种专业的文档，如简历、法律合同、人事行政、平面设计、职场办公、信纸手账等。

5.3.2 保存及保护文档

在文档创建后或对文档进行了一些修改操作后，为防止 WPS 文字意外关闭（如停电、死机等）而导致文档信息的丢失，应及时对文档进行保存，即将临时保存在内存中的文档转移到各种外存中以便将来使用。在 WPS 文字中，保存文档可分为手动保存和自动备份两种类型。

1. 手动保存

（1）选择“文件”→“保存”（或“另存为”）命令，或按 Ctrl+S 组合键进行保存。如果文件是第一次执行保存操作，将弹出“另存文件”对话框，如图 5-14 所示。如果不是第一次保存，则不会弹出此对话框，而直接以文件原来的文件名、文件类型及位置保存，即更新原文件内容。

（2）在“另存文件”对话框中，文档将默认保存在“我的云文档”文件夹中，用户也可以选择“我的桌面”“我的文档”或者其他位置进行文档存放。

（3）在“文件名称”下拉列表框中，用户可以输入或选择要保存的文档的名称。

（4）在“文件类型”下拉列表框中，用户可以选择要保存的文件类型。WPS 文字默认的文件类型是“WPS 文字文件”，扩展名为.wps，如果不是特殊需要，用户一般不要修改。当然，如果要保证文档的兼容性，也可以选择保存为其他文件类型，如 Microsoft Word 文件（*.docx）。

图 5-14　WPS 文字的“另存文件”对话框

2. 自动备份

WPS 文字提供了本地实时自动备份机制，即使文档因断电等意外原因导致未保存而关闭，也可以在下次打开该文件时恢复到上次自动备份时的状态。此功能可在 WPS 文字的“备份中心”对话框中进行设置，如图 5-15 所示。

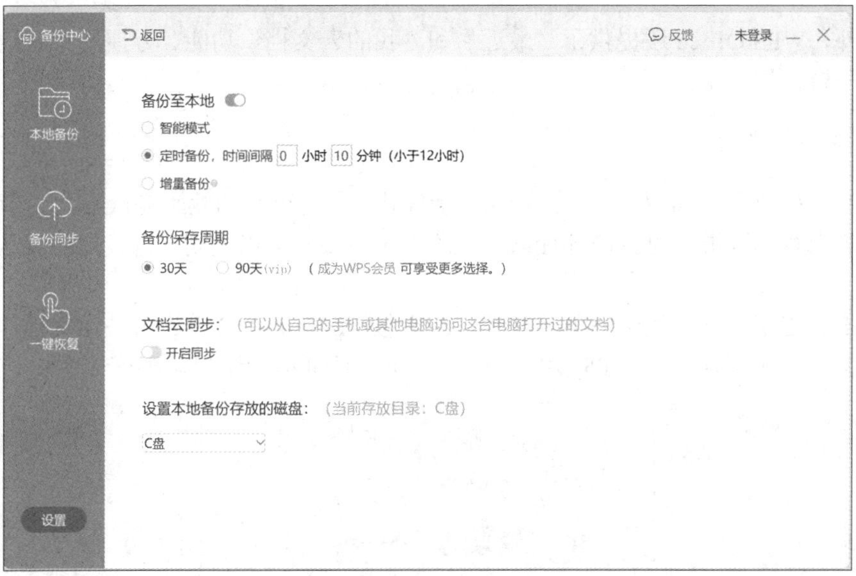

图 5-15　设置文件自动备份

5.3.3 打开文档

对于保存在磁盘上的文档，再次使用时应先将其打开。在 WPS 文字中打开文档的方法通常有两种：一种是在统信 UOS 的文件管理器中双击某个 WPS 文字兼容的文件图标；另一种是先启动 WPS Office，单击“首页”按钮，选择“打开”命令，在弹出的“打开”对话框中浏览文档存放位置，或者在地址栏中直接输入文档的存放路径，双击该文档或者单击右下角的“打开”按钮即可打开，如图 5-16 所示。

图 5-16 WPS Office“打开”对话框

另外，WPS Office 还提供了“最近”和“我的云文档”功能，方便用户快速打开文档和跨平台协作使用。

5.3.4 关闭文档

WPS 文字可以同时打开多个文档进行编辑，当某个文档编辑完成后，为节约系统资源，防止对已编辑好的文档进行意外更改，应该将此文档关闭，也就是将其从内存中退出。

单击文档窗口标题栏中的关闭按钮，或者按 Alt+F4 组合键均可关闭文档。如果被关闭的文档尚未保存，则 WPS 文字将弹出一个对话框提示用户保存，如图 5-17 所示。

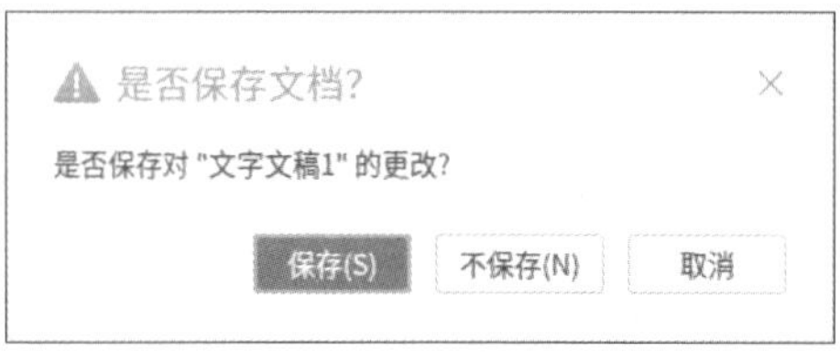

图 5-17 关闭文档提示对话框

5.3.5　查看和编辑文档属性

WPS 文字文档属性包括标题、主题、作者、类别、关键字和备注等信息，在标题栏上右击，在弹出的快捷菜单中选择“属性”命令即可打开该文件的属性对话框进行查看和编辑，如图 5-18 所示。

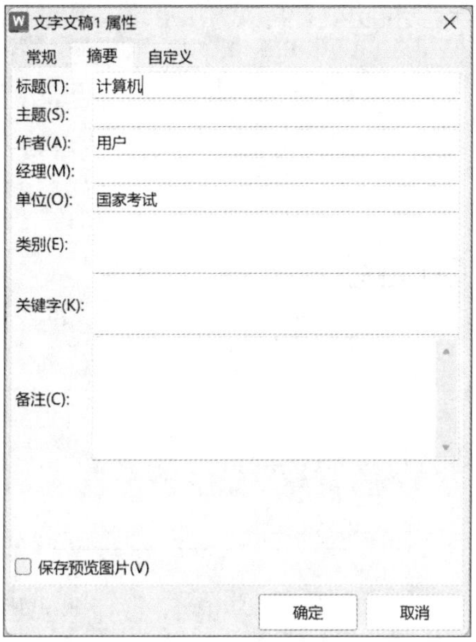

图 5-18　设置文档属性对话框

5.3.6　文档视图

1. 视图及切换

WPS 文字提供了“视图”工具，可以根据文档的操作重点切换到不同的显示方式和查看方式，如“全屏显示”“阅读版式”“写作模式”“页面”“大纲”“Web 版式”“导航窗格”等。用户可以在“视图”功能区中选择需要的文档视图模式，也可以在 WPS 文字文档窗口的右下方单击视图切换按钮进行选择，如图 5-19 所示。

（1）全屏显示。全屏模式下，除了文档内容外，其他菜单、工具栏和状态栏都被隐藏，为用户提供更大的可视空间，用于无干扰地阅读或演示。

（2）阅读版式。阅读版式下以分栏样式显示 WPS 文字文档，在这种视图下显示和阅读文章最佳。阅读模式下会隐藏除“阅读版式”和“审阅”工具栏以外的所有工具栏，可以方便地增大或减小文本显示区域的尺寸，而不会影响文档中的字体大小和实际打印效果。

（3）写作模式。写作模式的目的是为用户提供一个简洁、无干扰的环境，帮助用户专注于文字内容的创作，减少不必要的视觉干扰。

（4）页面。页面视图主要用于版面设计，是编辑文档中使用最多的一种视图，此视图模式下，可以完成绝大部分文档的页面、段落、文字、表格、图形及其他对象的编辑和排版，也可以显示文档每一页打印出来的效果（“所见即所得”）。页面视图模式占用计算机资源相对较多，使处理速度变慢。

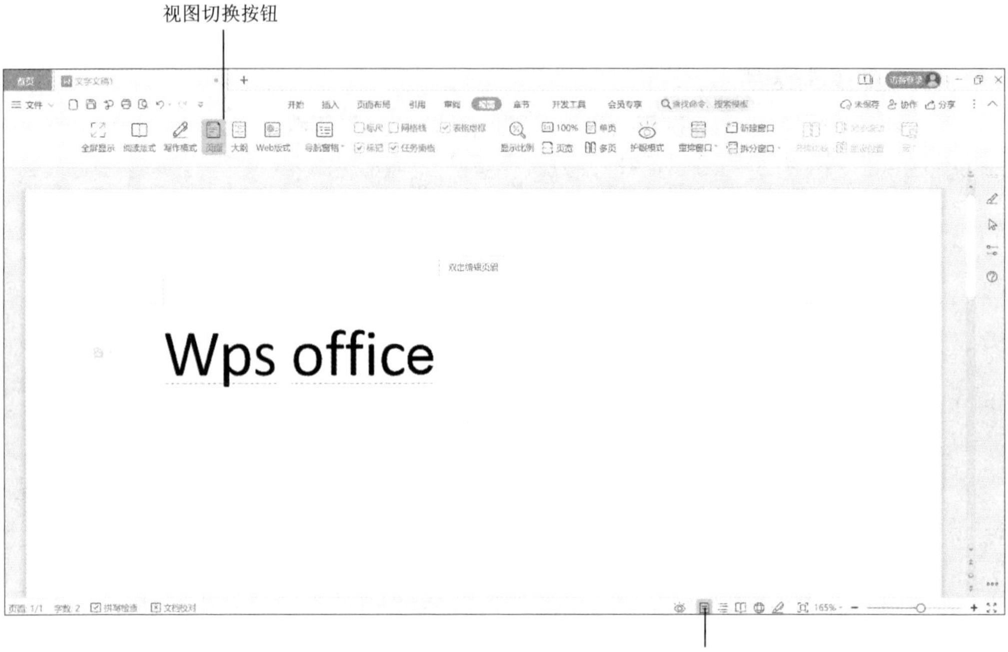

图 5-19 视图切换按钮

（5）大纲。在大纲视图中，水平标尺由“大纲”工具栏替代，并按级别显示文档的各个标题，使文档的结构更加清晰。通过“大纲”工具栏可对标题进行移动、复制、删除或调整文档的整体结构，并且可以折叠文档以便只查看某一级的标题或子标题，也可以展开文档查看整个文档的内容。

（6）Web 版式。在 Web 版式视图中，文档是以 Web 页的外观进行显示的，使用该视图方式可方便用户在将文档发布到网上前预览发布后的效果，文本和表格将自动换行以适应窗口的大小，图形位置与在 Web 浏览器中的位置一致，同时文档将显示为一个不带分页符的长页。该模式可以创建能在屏幕上显示的网页式文档。

（7）导航窗格。导航窗格是 WPS 文字文档编辑软件中的一个功能，它允许用户快速导航到文档的不同部分，如标题、页码、书签、注释、脚注等。该工具可以减少滚动和寻找特定部分所需的时间，特别适用于长文档操作。

2. 文档显示比例

单击“视图”功能区中的“显示比例”按钮，可以在弹出的“显示比例”对话框中调整文档视图的显示比例。在页面视图模式下，选择“多页”命令会自动根据显示屏宽度缩小显示比例至每屏显示两页，选择“页宽”命令则会自动放大显示比例使页面宽度占满屏幕。也可以用 Ctrl 键配合鼠标轮滚动来快速调整显示比例。

3. 窗口拆分

在编辑一篇较长的文档时，如果要同时观察文档的不同区域（如对比文档的开头和结尾的内容），可以将编辑区拆分成上下两个子窗口，分别用于显示文档的不同位置，并且两个子窗口都有自己独立的滚动条，可以单独使用，如图 5-20 所示。

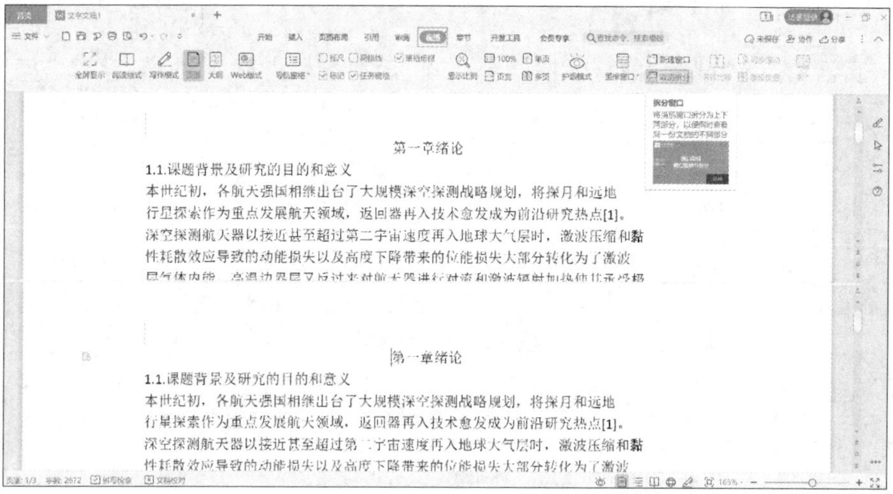

图 5-20　编辑区窗口拆分

在“视图”功能区中单击“拆分窗口”按钮，窗口中会出现一条灰色的水平分隔线，移动鼠标到合适的位置单击即可。如果要取消拆分窗口，可以在已拆分窗口“视图”功能区中单击“取消拆分”按钮或双击水平分隔线将已拆分窗口进行合并。

4. 文档导航

利用导航窗格所提供的导航工具，可方便快捷地浏览和定位长篇文档。单击“视图”功能区中的“导航窗格”按钮即可打开或关闭导航窗格。

导航窗格由目录框、章节框、书签框和搜索结果浏览框等部分构成，其中目录只能在使用了标题样式的文档中使用。

1）目录导航

（1）单击“导航窗格”按钮打开导航窗格后，默认为按标题导航，如图 5-21 所示，其中列出了文档包含的各级标题。单击任意标题，窗口会快速跳转至该标题的开始位置，单击▲按钮或▼按钮，可折叠或展开目录层级。

（2）右击文档标题，可在弹出的快捷菜单中选择相应命令对该标题进行升级、降级、插入新目录、删除目录（含内容）及指定显示的级别等操作。

（3）拖动标题到新的位置，可将该标题（含内容）移动到文档的其他位置，调整文档的层次结构。

2）章节导航

单击导航窗格中的页面导航按钮会显示文档的页面缩略图，如图 5-22 所示，单击某个页面缩略图，文档视图会快速跳转至该页面。

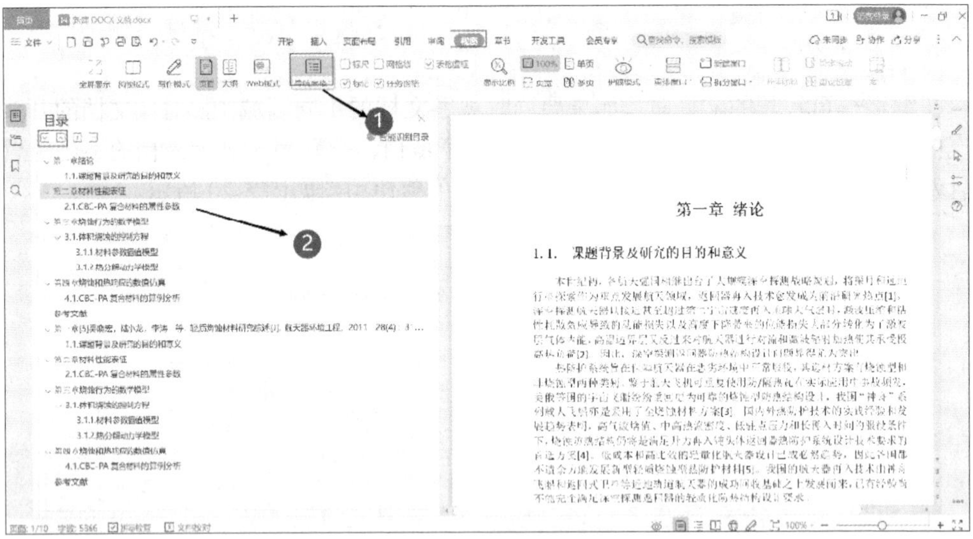

图 5-21　目录导航

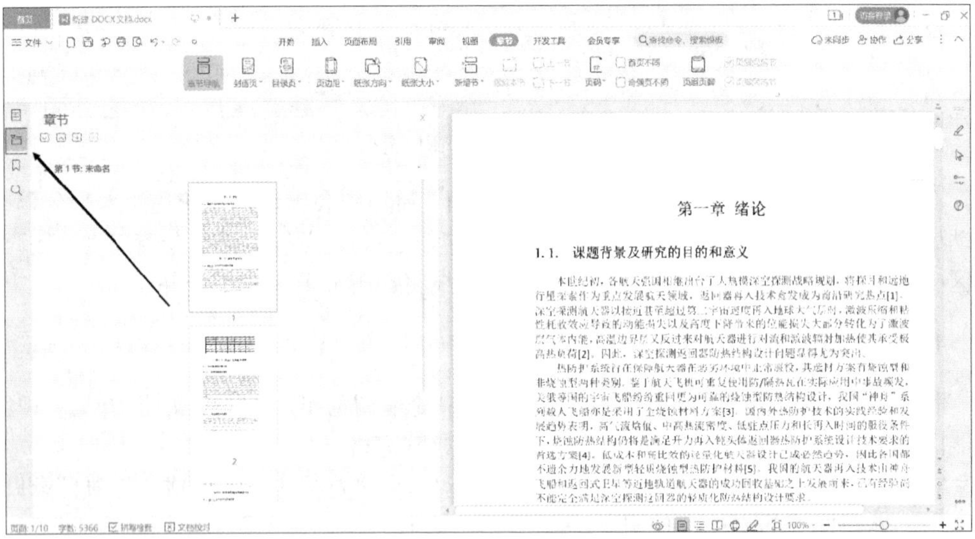

图 5-22　章节导航

3）关键词导航

单击导航窗格中的 按钮，在搜索框中输入要搜索的关键词并按 Enter 键，系统会自动搜索该关键词出现在文档中的位置，并按出现顺序将其展现在搜索结果浏览框中，文档视图也会自动跳转到关键词出现的第一个位置，并以黄色底纹突出显示搜索到的关键词，单击结果浏览框列出的搜索结果，文档窗口将自动跳转至对应页面。

5.4　WPS 文字的基本编辑技术

WPS 文字的编辑主要是指在 WPS 文字已创建的空文档或已打开的文档中输入（插入）各种基础信息（如文字、段落、特殊符号、表格、图形、公式等），并对其进行增加、删除、查找、修改等操作，使文档的内容正确、通顺、完整。

5.4.1 移动插入点

插入点是文档编辑区内一个竖向的闪烁光标，从键盘输入的内容及粘贴的信息均放在插入点之后。在文档中插入或设置各种信息之前应当先移动插入点到指定的位置。

1. 用鼠标移动插入点

对于一篇长文档，可首先拖动垂直滚动条或水平滚动条（也可使用鼠标滚轮）将要编辑区域的文本显示在当前屏幕窗口中，然后移动 I 形鼠标指针到所需的位置并单击。

2. 用键盘移动插入点

在 WPS 文字中，插入点除了可以用鼠标移动之外，还可以用键盘来移动。表 5-1 列出了使用键盘移动插入点时几个常用按键的功能。

表 5-1 使用键盘移动插入点时的常用按键

按键	功能	按键	功能
向上键	上移一行	Shift+Tab 组合键	左移一个单元格
向下键	下移一行	Tab 键	右移一个单元格
向左键	左移一个字符	End 键	移至行尾
向右键	右移一个字符	Home 键	移至行首
Ctrl+向左键	左移一个单词	PageUp 键	上移一屏（滚动）
Ctrl+向右键	右移一个单词	PageDown 键	下移一屏（滚动）
Ctrl+向上键	上移一段	Alt+Ctrl+PageUp 组合键	移至窗口顶端
Ctrl+向下键	下移一段	Alt+Ctrl+PageDown 组合键	移至窗口结尾
Ctrl+PageDown 组合键	移至下页顶端	Ctrl+Home 组合键	移至文档开头
Ctrl+PageUp 组合键	移至上页顶端	Shift+F5 组合键	打开文档后，转到上一次关闭时的位置
Ctrl+End 组合键	移至文档结尾		

3. 用“定位”命令移动插入点

在“开始”功能区中单击“查找替换”下拉按钮并选择“定位”命令，可打开“查找和替换”对话框中的“定位”选项卡来快速移动插入点，使用“定位”命令移动插入点如图 5-23 所示。

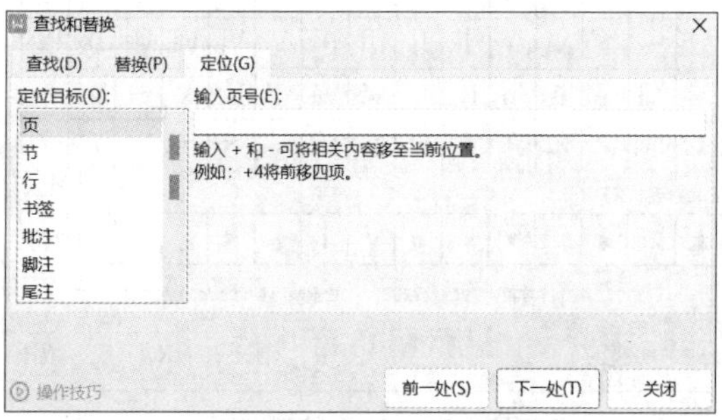

图 5-23 使用“定位”命令移动插入点

5.4.2 输入文本

新建一个空文档后就可以输入文本了。在默认状态下，WPS 文字输入的是英文字符，如果要输入汉字，则应先切换到中文输入法。

当输入文本时，插入点会自动自左向右移动。如果输入了一个错误的字符，可以按 Backspace 键删除该错误字符，再继续输入。WPS 文字有自动换行的功能，当输入到达每行的末尾时不必按 Enter 键，WPS 文字会自动换行；只有想要另起一个新的段落时才需要按 Enter 键。按 Enter 键表示一个段落的结束，并且会在段落的后面显示一个回车符↵ 。

5.4.3 插入对象

在文档中，除了可以输入数字、字母、标点符号之外，还可以插入各种键盘上没有的特殊符号、日期和时间、脚注和尾注、批注和公式等。

1. 插入符号

在输入文档的过程中，可能要输入（或插入）一些键盘上没有的特殊符号（如俄文字符、日文字符、希腊文字符、数学符号、图形符号等），除了利用汉字输入法的软键盘外，WPS 文字还提供插入符号的功能。

（1）移动插入点到要插入符号的位置。

（2）单击“插入”功能区中“符号”下拉按钮并选择“其他符号”命令，弹出“符号”对话框，如图 5-24 所示。

（3）先选择“字体”下拉列表中的“普通文本”命令，再根据需要在“子集”下拉列表中选择一个符号类别（如数字运算符），则会显示所有数字运算符，双击需要的符号即可将该符号插入文档中，如图 5-25 所示。

图 5-24　选择特殊符号类别

图 5-25　插入特殊符号

2. 插入日期和时间

日期和时间是编辑文档中最常用的一种对象。在 WPS 文字中，可以直接输入日期和时间，也可以使用“插入”功能区中的“日期”按钮快速插入标准格式或者可以随文档打开时间自动更新日期和时间。

（1）移动插入点到要插入日期和时间的位置。

（2）单击“插入”功能区中的“日期”按钮，弹出“日期和时间”对话框，如图 5-26 所示。

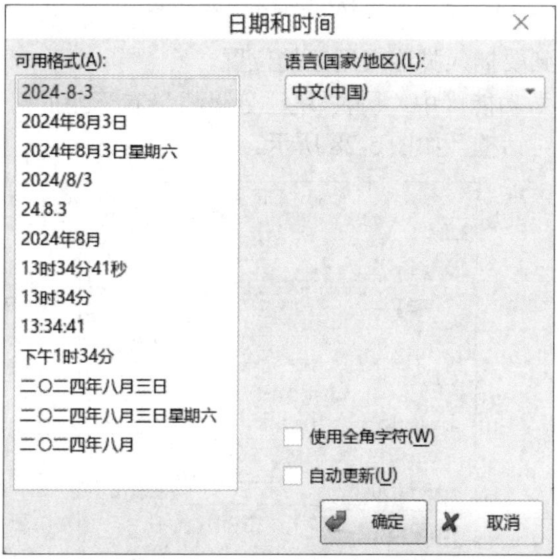

图 5-26 “日期和时间”对话框

（3）在“语言”下拉列表中选择一种语言（国家/地区），以便符合相应的语法习惯，如编辑的是英文文章，则选择英语（美国），否则选择中文（中国）。

（4）在“可用格式”列表中单击所需的格式。

（5）如果选中“自动更新”复选框，则所插入的日期和时间会自动更新，否则会保持原插入的值。如果选中“使用全角字符”复选框，则会将日期和时间中的数字转换为全角字符，否则为半角字符。

（6）单击“确定”按钮，即可在指定位置处插入系统当前的日期和时间。

注意：如果插入的日期和时间与实际不符，可在统信 UOS 控制中心的“日期和时间”设置中进行调整。

3. 插入脚注和尾注

脚注和尾注主要用于对文档中某些文本提供解释、说明及相关的参考资料。脚注放在每个页面的底端，尾注放在整篇文档的结尾处，说明引用的文献。脚注和尾注由两个互相链接的部分组成，脚注和尾注引用标记及其对应的注释文本格式如图 5-27 所示。

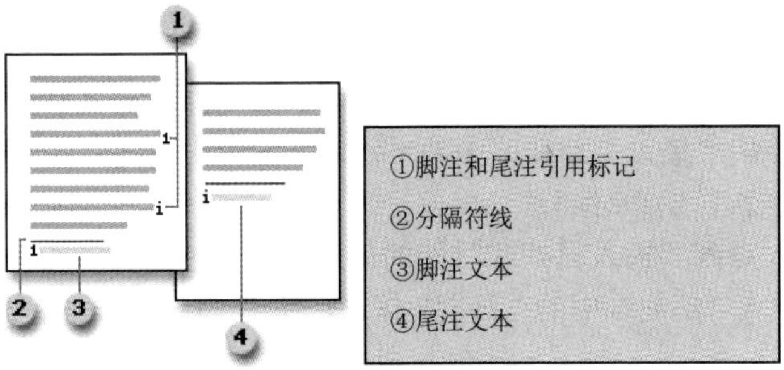

图 5-27　脚注和尾注格式

（1）移动插入点到要插入脚注或尾注的位置。

（2）单击“引用”功能区中“脚注/尾注分隔线”右下角的对话框启动器按钮 ，弹出“脚注和尾注”对话框，如图 5-28 所示。

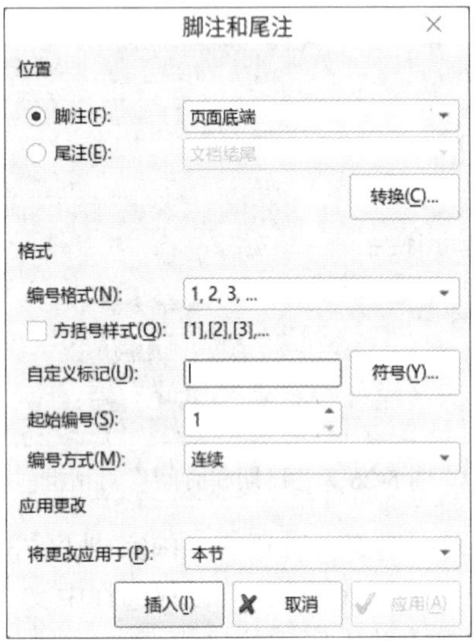

图 5-28　“脚注和尾注”对话框

（3）在对话框中根据需要选中“脚注”或“尾注”单选按钮，并选择脚注或尾注的位置。

（4）在“编号格式”下拉列表中选择所需格式。

（5）单击“插入”按钮，WPS 文字会在文本后插入一个注释编号，并将插入点置于相应的注释编辑区上。

（6）输入注释文本。

（7）如果要删除脚注或尾注，则可选中脚注或尾注标记，按 Delete 键。

注意：脚注或尾注只能在页面视图模式中编辑。

4. 插入批注

批注是显示在文档右页边距中作者或审阅者为文档添加的注释。

（1）选中要设置批注的文本或内容。

（2）在“审阅”功能区中单击“插入批注”按钮。

（3）在批注文本框中输入批注文字，如图 5-29 所示。

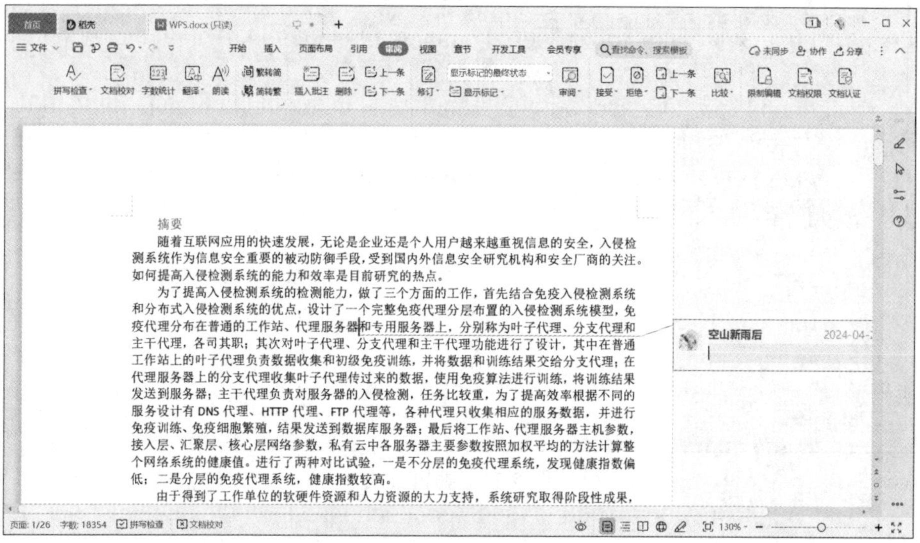

图 5-29　插入批注

（4）如果要删除批注，可在批注上右击，在弹出的快捷菜单中选择“删除批注”命令。

5. 插入公式

WPS 文字提供了录入各种数学、物理公式的工具和模板，以满足各种技术文档和专业论文的需要。

（1）在“插入”功能区中单击“公式”下拉按钮弹出公式库列表，可选择一种合适的公式模板，也可选择“插入新公式”命令来手动编辑新公式，如图 5-30 所示。

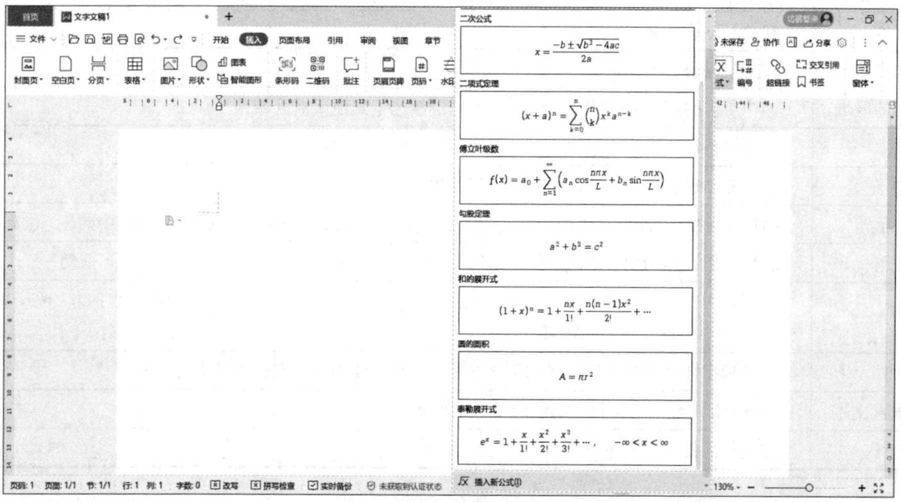

图 5-30　“公式”下拉菜单

（2）在光标插入点出现公式编辑框（公式编辑控件），同时激活“公式工具”功能区，该功能区包括编辑公式要用到的各项符号，如图 5-31 所示。

图 5-31　编辑公式

5.4.4　选中文本

在编辑文本时，必须首先选中一块文本作为操作对象，然后才能对其进行进一步的操作，如移动、复制、删除和设置字体等。

1. 用鼠标选中文本

用鼠标选中文本的操作方法如表 5-2 所示。

表 5-2　使用鼠标选中文本

对象范围	操作方法
任意文本	拖动经过这些文本
一个词语	双击该词语
不相邻的区域	选中所需的第一个区域，按住 Ctrl 键，继续选中其他所需区域
一行文本	将鼠标指针移动到该行的左侧，指针变为指向右边的箭头后单击
一个句子	按住 Ctrl 键，然后单击该句中的任何位置
一个段落	将鼠标指针移动到该段落的左侧，指针变为指向右边的箭头后双击，或者在该段落中的任意位置三击
多个段落	将鼠标指针移动到段落的左侧，指针变为指向右边的箭头，再单击并向上或向下拖动
大块文本	当要选中的文本区域较长，用前面的方法不方便操作时，可先单击要选中内容的起始处，再按住 Shift 键单击要选中内容的结束位置
整篇文档	将鼠标指针移动到文档中任意正文的左侧，指针变为指向右边的箭头后三击
一块垂直文本	按住 Alt 键然后将鼠标拖动经过要选中的文本
取消选择	在编辑区任意位置单击

2. 用键盘选中文本

用键盘选中文本的操作方法如表 5-3 所示。

表 5-3 使用键盘选中文本

组合键	选取范围	组合键	选取范围
Shift+向右键	右侧的一个字符	Ctrl+Shift+向右键	单词结尾
Shift+向左键	左侧的一个字符	Ctrl+Shift+向左键	单词开始
Shift+PageDown 组合键	下一屏	Ctrl+Shift+向下键	段尾
Shift+PageUp 组合键	上一屏	Ctrl+Shift+向上键	段首
Shift+End 组合键	移至行尾	Ctrl+Shift+Home 组合键	移至文档开头
Shift+Home 组合键	移至行首	Ctrl+Shift+End 组合键	移至文档结尾
Shift+向下键	下一行	Alt+Ctrl+Shift+PageDown 组合键	窗口结尾
Shift+向上键	上一行	Ctrl+A 组合键	包含整篇文档

5.4.5 插入与删除文本

1. 插入文本

确定状态栏上的改写功能是否打开。在默认情况下，该按钮为灰色，表明改写功能关闭，处于插入状态，此时，将插入点移动到需要插入文本的位置，新输入的字符插入到原文本之间；若双击此按钮或按 Insert 键，则按钮变成黑色，表明改写功能打开，处于改写状态，此时插入点右边的字符将被新输入的字符替代。

2. 删除文本

如果仅删除单个字符，则可先将插入点放置到该字符的前方再按 Delete 键，或者将插入点放置到该字符的后方再按 Backspace 键。如果要删除多个字符，则可先选中字符再按 Delete 键或 Backspace 键。

5.4.6 复制与移动文本

1. 复制文本

在输入文本或编辑文档时，常常会重复输入一些前面已经输入过的文本，使用复制操作可以提高输入效率，减少输入错误。

（1）使用鼠标操作。先选中要复制的对象，按 Ctrl 键并将选中的对象拖动到合适位置。

（2）使用快捷键操作。先选中要复制的对象，按 Ctrl+C 组合键，移动插入点到合适位置按 Ctrl+V 组合键。

2. 移动文本

在编辑文档时，常常需要调整一些字、词、句或段落的先后顺序，这时可使用移动操作。

（1）使用鼠标操作。先选中要移动的对象，再将选中的对象拖动到合适位置。

（2）使用快捷键操作。先选中要移动的对象，按 Ctrl+X 组合键，移动插入点到合适位置按 Ctrl+V 组合键。

5.4.7 查找与替换

WPS 文字提供了丰富的查找功能，用户不仅可以查找文档中某一指定的文本，还可以查找特殊符号（如段落标记、制表符等）。

1. 常规查找

（1）单击导航窗格中“查找和替换”按钮（如果主界面没有显示导航窗格，可以在“视图”功能区中单击“导航窗格”按钮），即可打开“查找和替换”导航窗格，如图 5-32 所示。

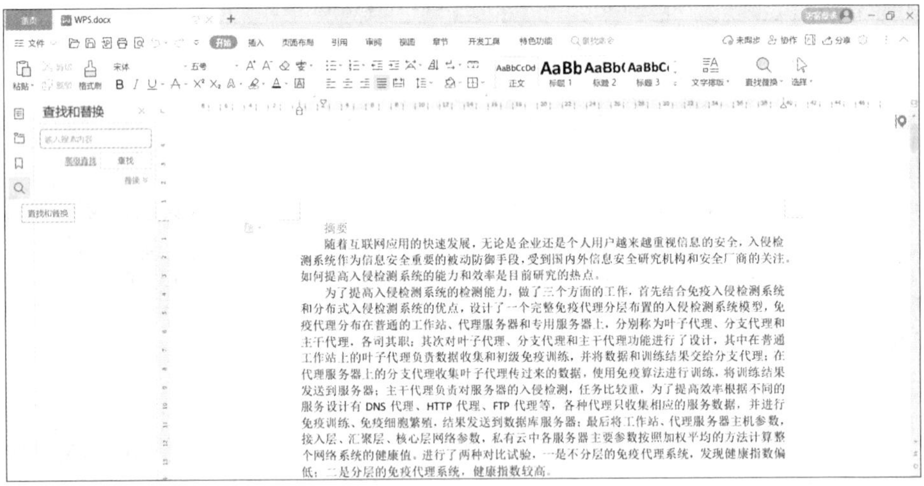

图 5-32 常规查找

（2）在“查找和替换”导航窗格文本框中输入准备查找的文字，WPS 文字就会自动在文档中查找相应内容，并将查找到的内容加上黄色底纹显示在窗口中，如图 5-33 所示。

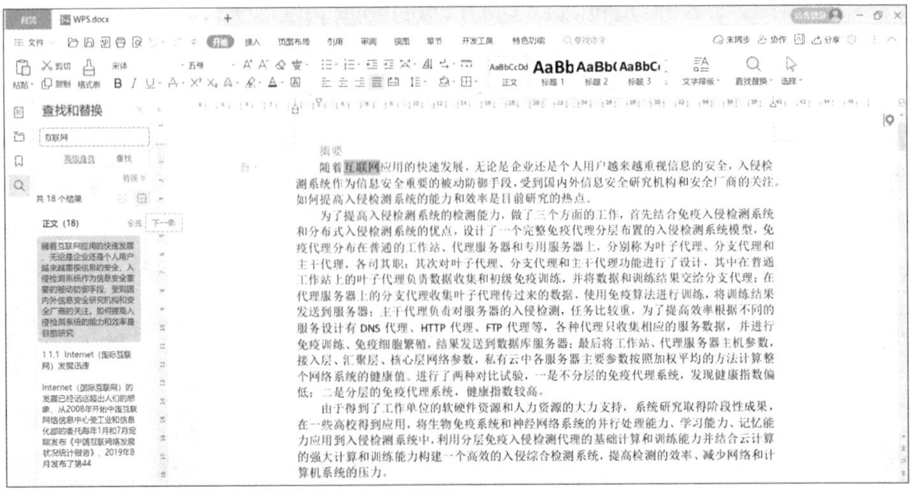

图 5-33 查找结果显示

（3）在“查找和替换”导航窗格搜索结果中单击“下一条”按钮开始查找。当查找到指定的信息后，就将文档窗口移动到该信息处，并反色显示所找到的文本。如果还需继续查找下一个，可再次单击“下一条”按钮，直到整个文档查找完毕为止。

2. 高级查找

（1）在“查找和替换”导航窗格中单击“高级查找”按钮，或者直接在“开始”功能区中单击“查找替换”按钮，或直接按 Ctrl+F 组合键，都可以打开“查找和替换”对话框，如图 5-34 所示。

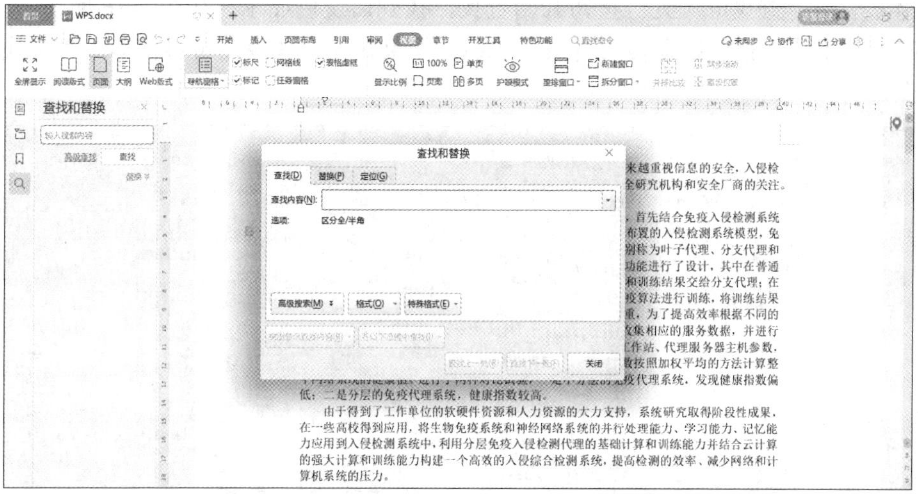

图 5-34 “查找和替换”对话框

（2）在“查找和替换”对话框“查找”选项卡的“查找内容”文本框中输入准备查找的文字，然后单击“查找下一处”按钮，WPS 文字就会自动在文档中查找相应内容，并在查找到的内容上加上灰色底纹，如图 5-35 所示。如果还需要继续查找下一个，可再次单击“查找下一处”按钮，直到整个文档查找完毕为止。

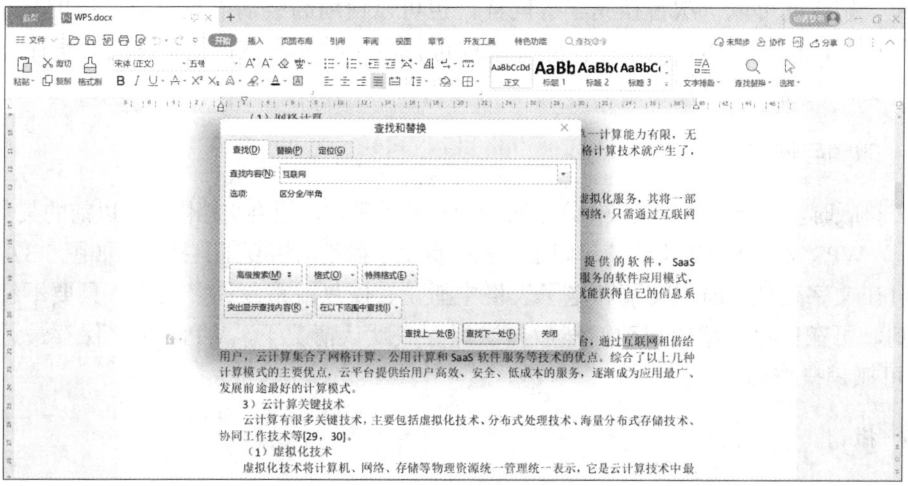

图 5-35 设置查找选项

3. 替换文本

上面叙述的仅仅是一种单纯的查找方法，在文字处理中，查找和替换总是密切联系在一起的，常常要将多次出现在文档中的某些文本替换为另一个文本，如将“计算机”替换成“电脑”等。这时可以利用替换功能完成。替换的操作与查找类似，具体如下。

（1）在“查找和替换”对话框中选择“替换”选项卡。

（2）在“查找内容”文本框中输入要查找的内容。

（3）在“替换为”文本框中，输入要替换的内容。

（4）单击“查找下一处”按钮开始查找，找到后反色显示，如图 5-36 所示。

（5）如果要替换，则单击“替换”按钮，如果此处不替换则可再次单击“查找下一处”按钮。

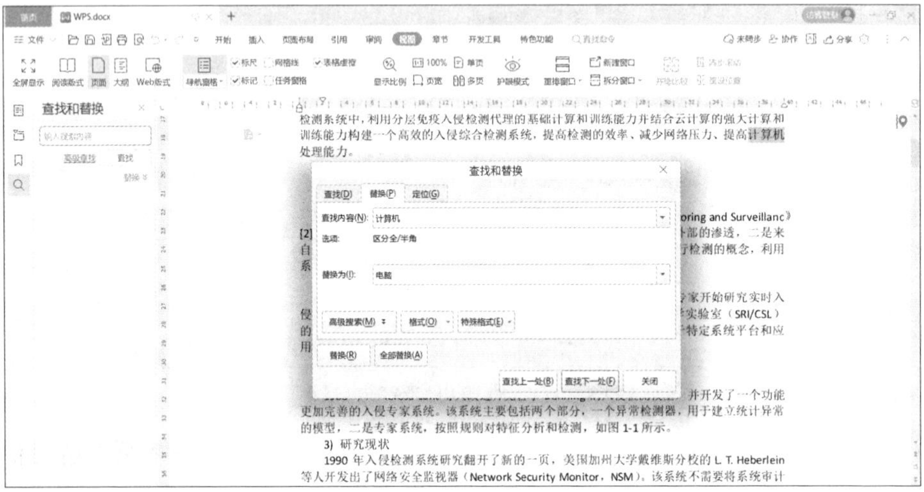

图 5-36 替换文本

反复进行（4）、（5）两步可以边审查边替换；如果要全部替换，那么只要单击“全部替换”按钮就可以一次替换完毕。同样，也可以使用高级功能设置要替换的文字。

替换功能在对字体、段落、样式等格式进行操作时非常方便，将在《大学计算机素质教育实训教程》中重点讲解。

5.4.8 撤销与恢复

在排版时，可能会出现误操作，或对当前设置不满意，想将文档恢复到以前的某个状态的情况，WPS 文字在自定义快速访问工具栏中提供了撤销与恢复工具按钮，如图 5-37 所示。

可在文字处理、演示文稿和电子表格中撤销、恢复或重复许多操作。只要不超过撤销限制，可在保存后撤销更改，然后再次保存（默认情况下，WPS 文字保存最近最多 32 个可撤销操作）。

1. 撤销

在快速访问工具栏中单击“撤销”按钮或按 Ctrl+Z 组合键可以撤销前一次操作，

若要撤销多步，可连续多次单击该按钮，或者单击其右侧的下拉按钮，弹出记录各次编辑操作的下拉列表，最上面的是最近的一次操作，在某项上单击，即可撤销到该步操作，如图 5-38 所示。

图 5-37　“撤销”与“恢复”按钮

图 5-38　撤销多步操作下拉列表

2. 恢复

在自定义快速访问工具栏中单击“恢复”按钮或按 Ctrl+Y 组合键可以恢复之前撤销的操作。该功能只能在执行撤销操作之后使用，操作方法与撤销操作相似，只不过操作方向相反。

5.5　WPS 文字的排版技术

文档经过前面的基本编辑（增、删、改、查）后，已经成为一篇正确、通顺的文档，但还需要经过排版，才能成为一篇层次分明、赏心悦目的文章。WPS 文字提供了丰富的排版功能，如页面排版、文字排版、段落排版、表格排版、图形排版、长文档排版等。在实际的工作中，用户可以根据自己的爱好和习惯决定排版的先后顺序，但从经验来看，一般要先进行页面排版，从总体上设置好文档的页面属性，再进行文字排版，最后进行段落排版，这样可以减少很多重复的工作。本节先介绍页面、文字、段落的排版，表格、图形及长文档的排版相对复杂，将在 5.6 节～5.8 节中单独介绍。

5.5.1　页面排版

1. 页面设置

在创建文档时，WPS 文字预设了一个以 A4 纸为基准的 Normal 模板，其版面几乎适用于大部分文档，对于其他型号的纸张，用户可以按照需要重新进行页面设置。

（1）在“页面布局”功能区中单击相应按钮，可对主题、颜色、效果、页边距、纸张大小、分栏、文字方向等进行简单快捷的设置，如图 5-39 所示。

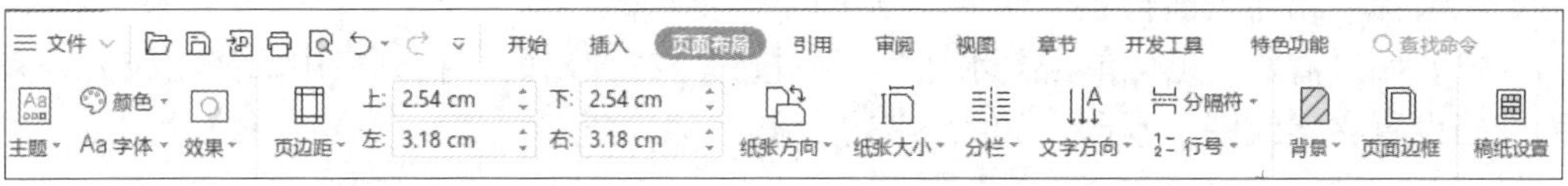

图 5-39　“页面布局”功能区

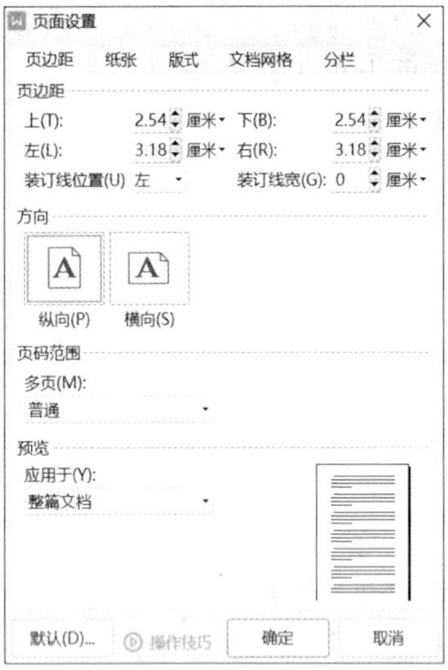

图 5-40 “页面设置”对话框

（2）在页面设置选项组中单击右下角的对话框启动器按钮，弹出“页面设置”对话框，如图 5-40 所示。

（3）选择“页边距”选项卡，可对页边距、装订线位置及纸张方向进行设置。

（4）选择“纸张”选项卡，可对纸张大小及进纸方式进行设置。

（5）选择“版式”选项卡，可对页眉、页脚的位置进行设置。

（6）选择“文档网格”选项卡，可对每页中的行数、每行的字符数进行设置。

（7）在操作过程中，可通过对话框下侧的预览缩略图观察效果，完成后单击“确定”按钮。

2. 设置页面边框和底纹

在默认情况下，WPS 文字文档的页面是没有边框和底纹的，用户可以根据实际情况添加，具体步骤如下。

1）添加页面边框

（1）在“页面布局”功能区中单击页面背景选项组中的“页面边框”按钮，在弹出的“边框和底纹”对话框中选择“页面边框”选项卡，如图 5-41 所示。

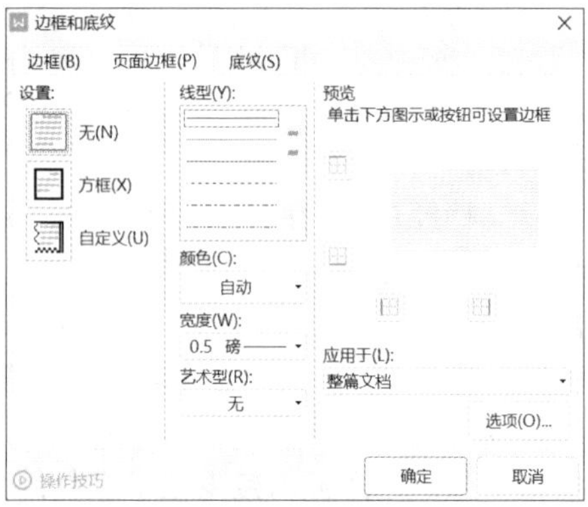

图 5-41 “边框和底纹”对话框

（2）在“设置”选项组中选择一种边框的类型。

（3）在样式列表选择一种边框的线型、颜色、宽度或艺术型。

（4）在“应用于”下拉列表中选择边框应用的范围。

（5）如果还想设置边框线与页面的距离，那么可单击右下角的“选项”按钮进行设置。

（6）在操作过程中，可通过对话框右侧的“预览”选项组观察效果，也可在“预览”选项组中双击某一边线来添加或取消该位置的边框。完成后单击“确定”按钮。

2）添加底纹

（1）在“页面布局”功能区中单击“背景”下拉按钮，弹出下拉列表，如图 5-42 所示。

（2）在下拉列表中选择一种颜色，可将此颜色设置为页面背景，若已经设置了文档背景，选择“删除页面背景”命令，则可以删除背景。

（3）如果需要，也可单击“水印”下拉按钮，在弹出的下拉列表中选择相应命令来为文档设置文字或图片水印，如图 5-43 所示。

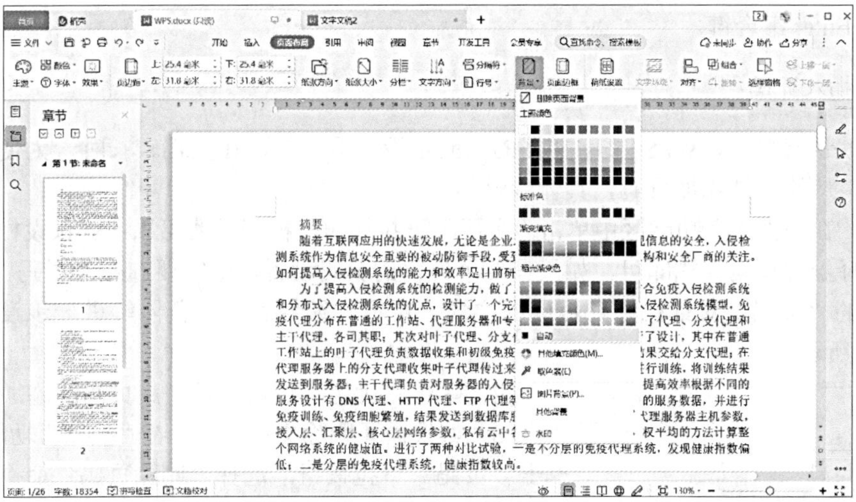

图 5-42 “背景”下拉列表

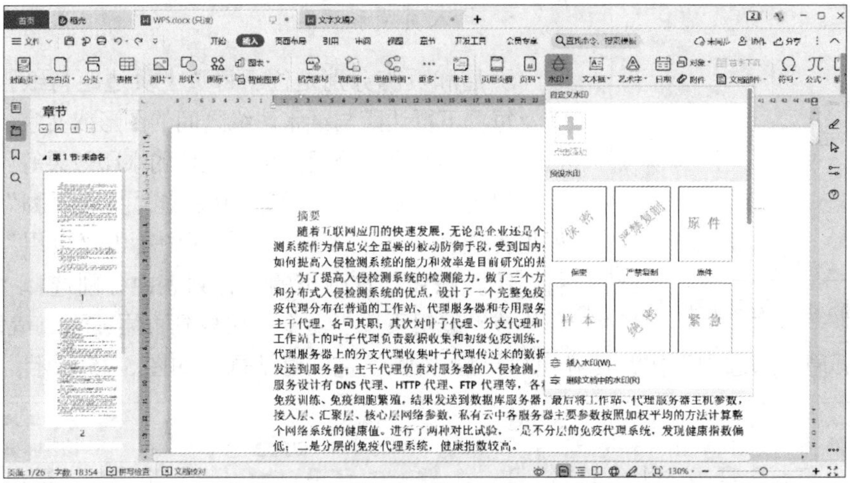

图 5-43 文档水印效果的设置

提示：水印是显示在文本下面的文字或图片，可以增加趣味或标识文档的状态，如注明文档是“草稿”。水印适用于打印文档，在页面视图或打印出的文档中可以看到水印。如果使用图片作为水印，可将其淡化或冲蚀，以不影响文档文本的显示。如果使用文字，可从内置词组中选择或自定义。若在下拉列表中选择“删除文档中的水印”命令，则可以删除水印。

3. 插入分页符

一般情况下，WPS 文字会根据设置的页面参数及输入的内容自动分页，用户也可根据排版的需要手动插入分页符，将文档的某一部分内容单独放置在一页。插入分页符的具体步骤如下。

（1）移动插入点到要分页的位置。

（2）在“插入”功能区中单击“分页”下拉按钮，选择“分页符”命令，也可直接按 Ctrl+Enter 组合键。

4. 插入页码

在默认情况下，WPS 文字文档的页面是没有页码的，在文档较长时，为便于装订和阅读，应给文档添加页码，具体步骤如下。

（1）在“插入”功能区中单击“页码”下拉按钮，根据需要可以在“预设样式”列表中选择一种页码样式即可。如果需要个性化的页码设置，则需要选择“页码”命令，在弹出的“页码”对话框中对页码的样式、位置、编号和应用范围等进一步设置，如图 5-44 所示。

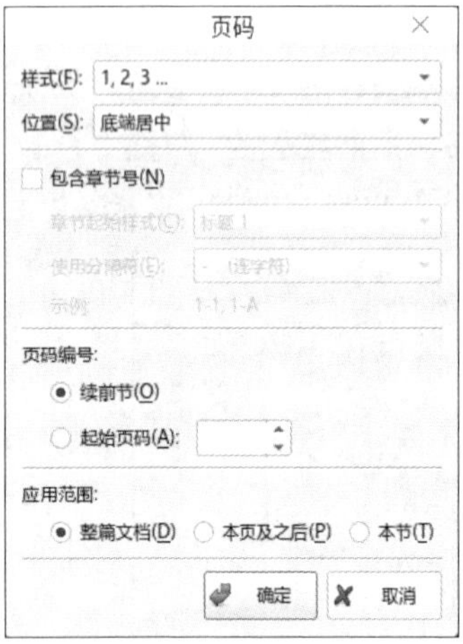

图 5-44 插入页码

（2）单击“确定”按钮即可完成页码的添加。

（3）如果需要删除文档页码，在“插入”功能区中，单击“页码”下拉按钮，选择“删除页码”命令可取消页码设置。

5. 插入页眉和页脚

页眉和页脚分别是位于每页上页边距与纸张边缘之间及每页下页边距与纸张边缘之间的图形或文字，如页码、日期、文档标题、公司徽标及文档的水印效果等。

（1）在“插入”功能区中单击“页眉页脚”按钮，根据需要在“页眉页脚”功能区中单击“页眉”或“页脚”下拉按钮，在弹出的下拉列表中分别选择“编辑页眉”或“编辑页脚”命令，切换到页眉或页脚编辑状态，单击“页眉页脚选项”按钮可弹出“页眉/页脚设置”对话框，如图 5-45 所示。

图 5-45 插入页眉和页脚

（2）根据提示在页眉区域中输入文本和图形。

（3）若要创建页脚，可在“页眉页脚”功能区中单击“页脚”下拉按钮，在弹出的下拉列表中选择“编辑页脚”命令，切换到页脚区域，然后输入文本或图形。

（4）若要创建特殊格式的页眉和页脚，可单击“页眉页脚选项”按钮，在弹出的“页眉/页脚设置”对话框中选中“首页不同”或“奇偶页不同”复选框。

（5）若要删除页眉和页脚，可在“页眉页脚”功能区中单击“页眉”或“页脚”下拉按钮并选择“删除页眉”或“删除页脚”命令。

（6）页眉和页脚编辑结束后，可单击“页眉页脚”功能区的“关闭”按钮，退出页眉和页脚编辑，并返回到页面视图。

6. 分栏排版

在进行简报或公告排版时，经常要把一个页面或部分段落分割成若干个纵向并列的编辑区域，即分栏，这样会使文本更便于阅读，版面显得更生动。

（1）在“页面布局”功能区中单击“分栏”下拉按钮，再从下拉列表中选择一种简单的分栏方式即可，如图5-46所示。

（2）如果要对页面进行更加复杂的分栏设置，则可在“分栏”下拉列表中选择“更多分栏”命令，弹出“分栏”对话框，如图5-47所示。

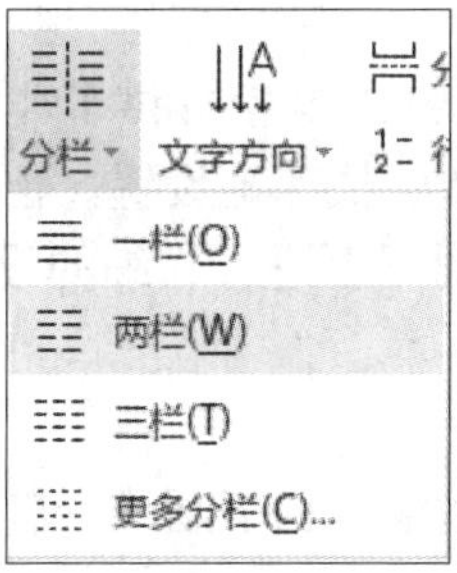

图5-46　“分栏”下拉列表

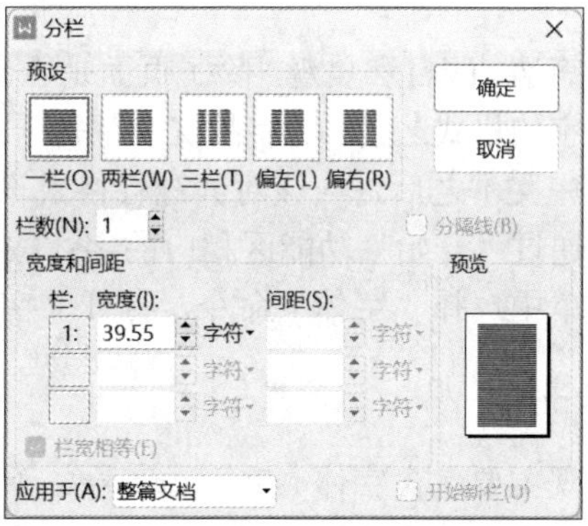

图5-47　“分栏”对话框

（3）在“预设”选项组中选择分栏格式，在“栏数”文本框中输入分栏数。

（4）在“宽度和间距”选项组中设置栏宽和间距，若选中“栏宽相等”复选框，则依据页面平均分配各栏栏宽。

（5）选中“分隔线”复选框，可以在各栏之间加一条分隔线。

（6）选中文字进行设置时默认应用于所选文字，若要将整篇文档进行分栏，可在“应用于”下拉列表中选择“整篇文档”。

7. 插入封面

WPS 文字提供了很多设计精美的封面模板，可以使用户在很短的时间内通过简单的操作便能制作出专业的文档封面。

在“插入”功能区中单击“封面”下拉按钮，根据需要从系统提供的封面下拉列表中选择一种合适的封面，然后输入或修改相关内容即可，如图 5-48 所示。

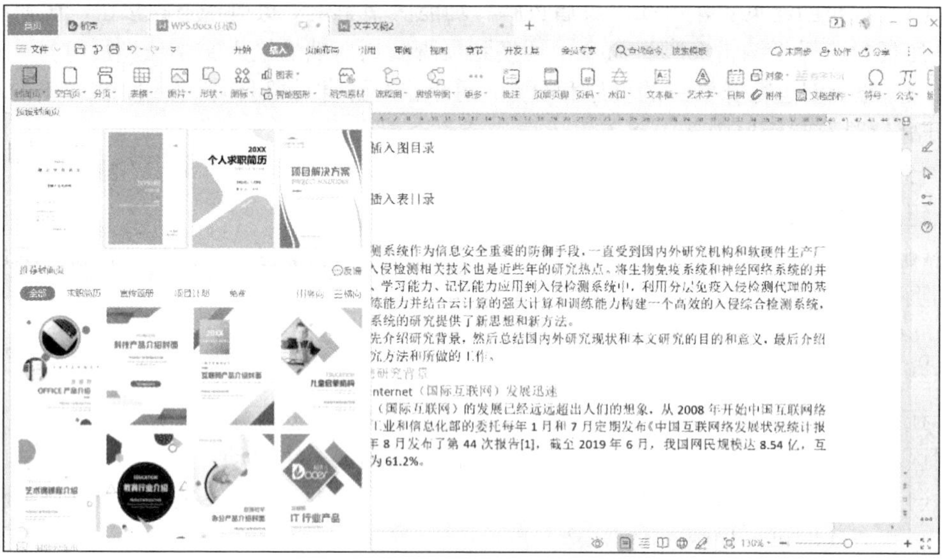

图 5-48　在文档中插入封面

5.5.2　文字排版

文档是否简洁、醒目和美观，除了页面是否合理设置外，文字格式的设置也很重要。在没有设置文字的格式之前，所有的文字都是千篇一律的，既不美观，也不能突出重点，为此，在输入完文本之后，应该对其进行格式设置。WPS 文字提供了非常丰富的文字格式，既可以通过“开始”功能区相应的字体按钮简单、快速地设置，也可以右击，在弹出的快捷菜单中选择“字体”命令，打开“字体”对话框进行详细的设置。

1. 更改文字的外观

文字的外观主要包含字体、字形、字号、颜色、边框、加下画线、着重号和改变字间距等，可按以下方法更改这些属性。

1）用功能区按钮

（1）选中要更改外观的一个或多个字符。

（2）在“开始”功能区中分别单击如图 5-49 所示的字体格式工具栏中相应的按钮进行设置。

图 5-49　字体格式工具栏

提示： 将鼠标停放在某个按钮上，可获得该按钮的功能说明。某些按钮后面带有下拉按钮▼，单击后可以打开下拉列表。

2）用“字体”对话框

（1）选中要更改外观的一个或多个字符。

（2）右击选中的区域并在弹出的快捷菜单中选择“字体”命令，弹出“字体”对话框，如图 5-50 所示。

（3）选择“字体”选项卡可对字体常规属性及高级效果进行设置。

（4）选择“字符间距”选项卡可对字符间距进行设置。

（5）在操作过程中，可通过对话框下方的预览区观察效果，完成后单击“确定”按钮。

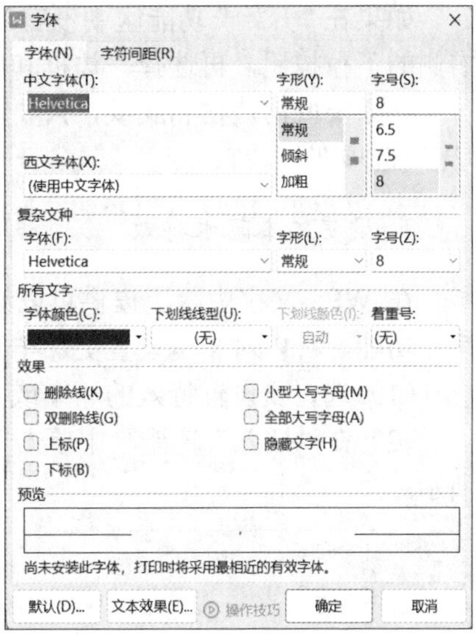

图 5-50　设置字体

2. 给文本加边框和底纹

在 WPS 文字中，除了可以使用“开始”功能区中的“字符边框”和“字符底纹”按钮简单设置边框和底纹外，还可以使用“边框和底纹”对话框进行更加详细的设置。

（1）选中要添加边框或底纹的一个或多个字符。

（2）在“开始”功能区中单击“边框和底纹”下拉按钮，在下拉列表中选择“边框和底纹”命令，弹出“边框和底纹”对话框，如图 5-51 所示。

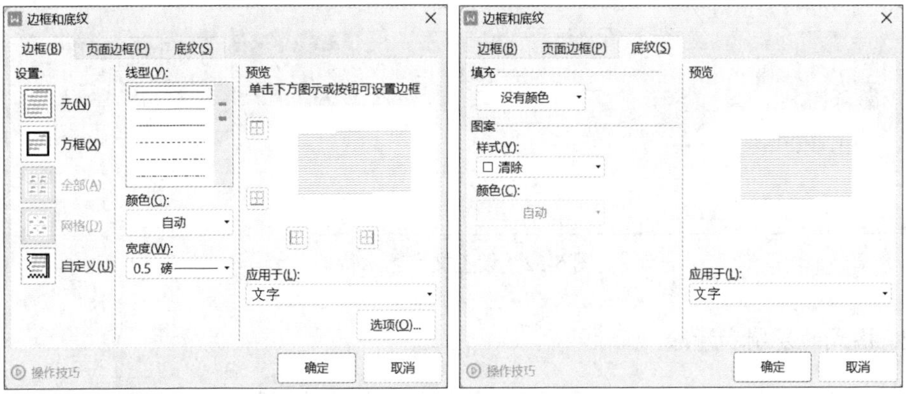

图 5-51　“边框和底纹”对话框

（3）在“边框”选项卡的“设置”“线型”“颜色”和“宽度”等选项组中进行相应设置。

（4）在“边框”选项卡的“应用于”下拉列表中选择“文字”命令。

（5）在对话框中选择“底纹”选项卡，然后在“填充”选项组的下拉列表中选择纯色的填充底纹，也可在“样式”下拉列表中选择底纹的式样，再在“颜色”下拉列表中选择底纹的颜色。

（6）在操作过程中，可通过对话框右侧的“预览”选项组观察效果，完成后单击“确定”按钮。

如果在“开始”功能区中没有显示边框和底纹按钮，则可先单击下框线按钮右侧的下拉按钮，再选择“边框和底纹”命令。

如果要取消边框和底纹，只要在此对话框的“边框”选项卡“设置”选项组中选择“无”选项即可。

3. 设置文本艺术特效

在 WPS 文字中除了提供可以给文字设置以前版本的常规外形外，还提供了“艺术字”功能，可以对文本设置更加丰富的效果。

（1）选定要设置特效的一个或多个字符。

（2）在“插入”功能区中单击“艺术字”下拉按钮可以选择适合的样式，如图 5-52 所示。

图 5-52　设置文字艺术特效

4. 格式的复制和清除

在处理文档的过程中，有时需要将已设置好的样本格式快速应用到文档或表格中的其他部分，使之自动与样本格式一致，这时可利用 WPS 文字中的格式刷完成这一功能。使用格式刷的具体操作步骤如下。

（1）选中已经设置好格式的一个或部分字符。

（2）单击“开始”→“剪贴板”→“格式刷”按钮以提取样本格式，这时鼠标指针变为形式。

（3）用鼠标在要设置格式的文字上拖动，拖动范围内的所有字符格式自动设置为所提取的样本格式。

（4）若要清除格式，可选中文字，按 Ctrl+Shift+Z 组合键，文字即可恢复到系统默认格式。

注意：

（1）格式刷按钮单击时只能将格式应用一次，双击时可使用多次。如果要将格式连续应用到多个文本块，则应将上述第 2 步的单击操作改为双击，或者当执行完一次格式刷操作之后，再选中其他文本，按 F4 键（重复上一步操作）。

（2）在文档中选中文本后，按 Shift+F1 组合键，可在任务窗格中显示所选文本的格式，单击蓝色的链接文字即可打开相应的对话框，对格式进行修改。

5.5.3　段落排版

为了使文档的结构清晰、层次分明，在完成文档的页面及文字排版后，通常还需要进行段落排版来设置段落格式。在 WPS 文字中，段落就是指以段落标记↵（又称回车符）为结束标记的一组文字，设置段落格式同样可以使用“开始”功能区中的按钮进行简单、快捷的设置，也可以通过“段落”对话框进行全面而精确的设置。

1. 段落的创建、拆分与合并

（1）段落的创建。在输入文字的过程中，当输入超出页面的右边界后，WPS 文字会自动换行或分页，只有在需要开始一个新的段落时才按 Enter 键。每按一次 Enter 键就插入一个段落标记，而且新段落的格式（如字体、字号、左右边界、行间距、边框、底纹等）与前一段相同。

（2）段落的拆分。段落拆分就是根据文档结构的需要，将一个大的段落拆分成几个小的段落。可移动插入点到要分段的位置，按 Enter 键即可。

（3）段落的合并。段落合并是将多个段落合并成一个段落。移动插入点到要合并的第一个段落最后的回车符↵前，按 Delete 键将其删除即可。删除了段落标记，后面一段文本就会自动连接到前一段文本之后，成为前一段文本的一部分，其段落格式变成与前一段相同，如图 5-53 所示。

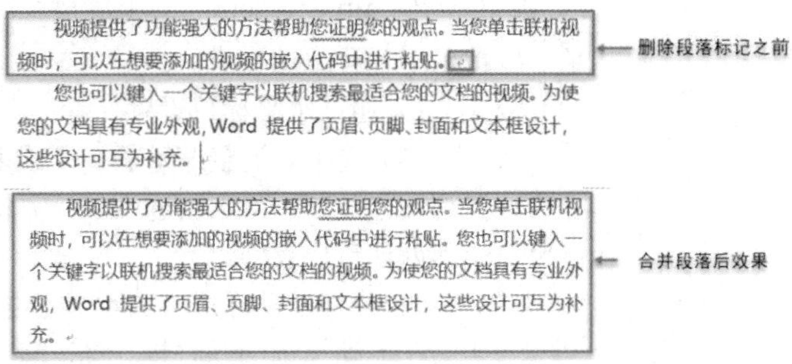

图 5-53　合并段落

2. 设置段落的缩进

缩进是指段落文字距纸张左、右边界的距离。根据文档的规范性要求（中英文有所不同）和排版的需要，可以调整每个段落相对于页边距的缩进量[以中文字符数、磅（point，即一种印刷业描述印刷字体大小的专用尺度，1 磅近似等于 0.35278 mm）或厘米为单位]，也可以调整段落内每行之间的间隔距离或段落前、后与其他段落之间的间隔距离。在 WPS 文字中，段落的缩进可分以下几种类型，如图 5-54 所示。

（1）左缩进。整个段落距纸张左边界的距离，默认情况下与页面的左边界相同。

（2）右缩进。整个段落距纸张右边界的距离，默认情况下与页面的右边界相同。

（3）首行缩进。段落第一行距纸张左边界的距离，按中文习惯，首行缩进为两个汉字宽度。

（4）悬挂缩进。段落第二行起距纸张左边界的距离，悬挂缩进常用于项目符号和编号列表。

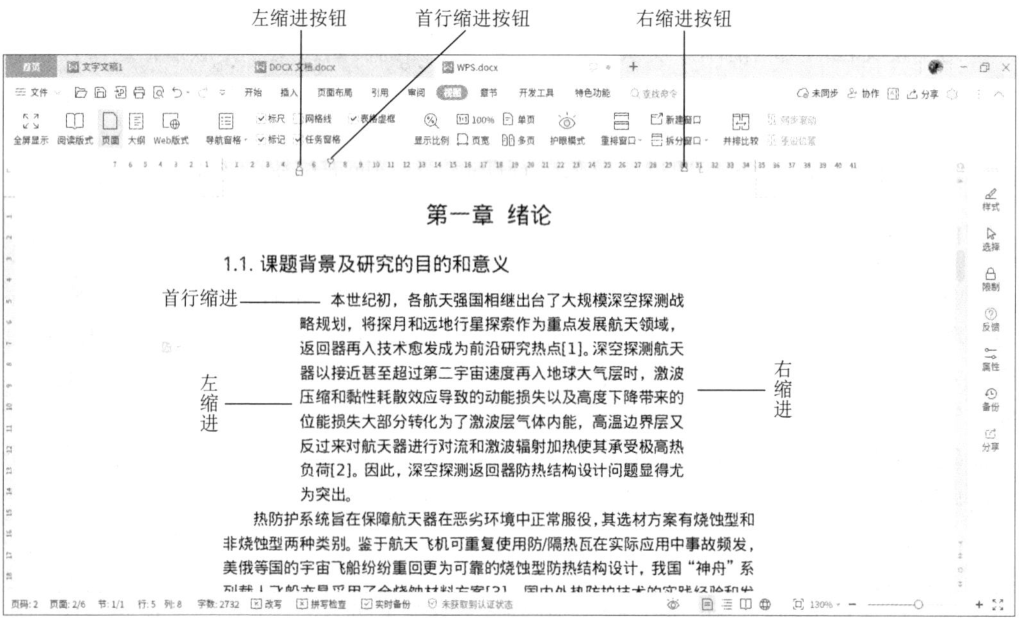

图 5-54 段落缩进示例

在 WPS 文字中，要调整段落的缩进，一般可按以下几种方法完成。

1）通过水平标尺设置

（1）选中要调整缩进的一个或多个段落（如果仅是一个段落，可不用选中，只需将插入点放置在段落内任意位置即可）。

（2）分别拖动标尺上的 4 个缩进按钮进行调整，如果在拖动标记的同时按住 Alt 键，那么在标尺上会显示具体缩进的数值。

提示：如果不显示标尺，可选中“视图”功能区中的“标尺”复选框进行设置。

2）通过“段落”对话框设置

（1）选中要调整缩进的一个或多个段落，右击，在弹出的快捷菜单中选择“段落”命令，弹出“段落”对话框，如图 5-55 所示。

图 5-55 设置段落的各种缩进

（2）在“缩进”选项组的“文本之前”“文本之后”文本框中输入一个数字来改变段落的左、右缩进。

（3）在“特殊格式”下拉列表中选择“首行缩进”或“悬挂缩进”，再在“度量值”文本框中输入一个数字。

（4）在设置过程中可通过对话框下方的预览区观察效果，单击“确定”按钮完成操作。

3）通过工具按钮设置

在“段落”选项组中单击“减少缩进量”和“增加缩进量”按钮可缩进或增加段落的左边界，这种方法虽然缩进量固定、灵活性差，但使用方便快捷。

3. 设置段落对齐方式

段落对齐方式是指段落中每一行的对齐方式。在 WPS 文字中，段落有“两端对齐”“左对齐”“居中”“右对齐”“分散对齐”5 种方式，可使用“开始”功能区中的相应按钮或“段落”对话框进行设置。

1）通过工具按钮设置

（1）选中要调整对齐方式的一个或多个段落或移动插入点到一个段落内。

（2）在“开始”功能区的“段落”选项组中分别单击“两端对齐”、“左对齐”、“居中”“右对齐”和“分散对齐”按钮，对同一段文字的显示方式进行设置，如图 5-56 所示。

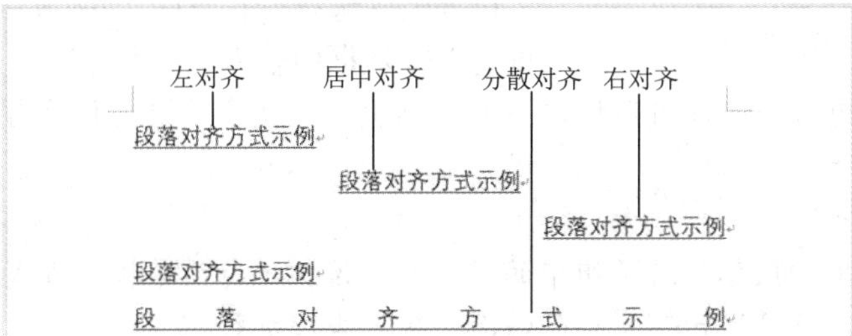

图 5-56　段落的各种对齐方式示例

2）用“段落”命令设置

（1）选中要调整对齐的一个或多个段落。

（2）右击选中的对象，在弹出的快捷菜单中选择“段落”命令，弹出“段落”对话框，如图 5-57 所示。

（3）在“常规”选项组的“对齐方式”下拉列表中选择一种对齐方式。

注意：两端对齐是指调整文字的水平间距，使其均匀分布在左、右页边距之间，使两侧文字具有整齐的边缘，在一般情况下和左对齐的效果相同。

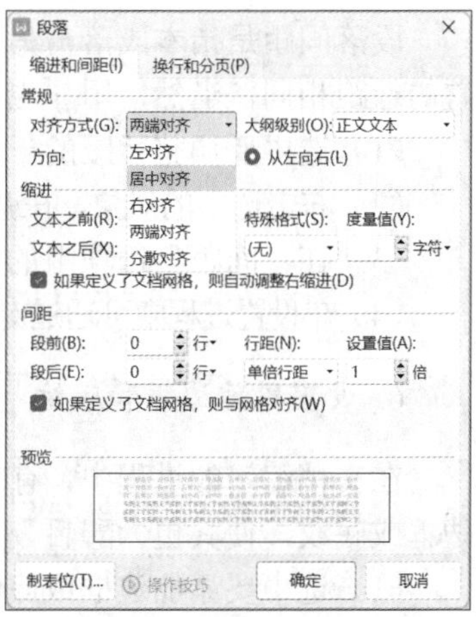

图 5-57　设置段落对齐方式

4. 设置行距

行距决定段落中各行文本间的垂直距离，其默认值是单倍行距，该设置可容纳所在行的最大字体并附加少许额外间距。如果某行包含大字符、图形或公式，WPS 文字将增加该行的行距，在 WPS 文字中，行距通常有以下几种类型。

（1）单倍行距：将行距设置为该行最大字体的高度，并上、下留有适当的空隙，空隙的大小取决于所用的字体。

（2）1.5 倍行距：为单倍行距的 1.5 倍。

（3）两倍行距：为单倍行距的 2 倍。

（4）最小值：WPS 文字将自动调整高度以容纳最大字体。

（5）固定值：将行距设置为用户手动输入的某个固定数值。

（6）多倍行距：行距在单倍行距的基础上按指定百分比增大或减小。

一般情况下，对段落内的行距，WPS 文字会根据用户设置的字体大小自动调整行高。有时输入的文档不满一页，为了使页面显得饱满、美观，可以适当增加字间距和行距；有时输入的内容稍稍超过了一页（如超出了 1～2 行），为了节省纸张，可以适当减小行距。其操作步骤如下。

（1）选中要调整行距的一个或多个段落。

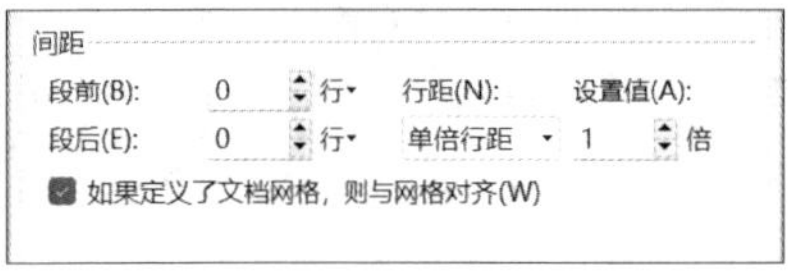

图 5-58 设置段落行距

（2）右击选中的对象，在弹出的快捷菜单中选择“段落”命令，打开“段落”对话框。

（3）在图 5-58 所示的“间距”选项组的“行距”下拉列表中选择一种行距类型，如果需要，再在“设置值”文本框中输入一个数字。

（4）在设置过程中可通过对话框下方的预览区来观察效果，并单击“确定”按钮完成操作。

注意：

（1）也可使用“段落”选项组中的“行距”按钮进行简单快速设置。

（2）如果出现项目显示不完整的情况，可适当增加行距。

5. 设置段落间距

段落间距是指本段落与另一个段落之间空白距离的大小。默认情况下与上一段落设置的行距相同，当然，用户也可以根据实际需要调整，其操作步骤如下。

（1）选中要调整行距的一个或多个段落。

（2）右击选中的对象，在弹出的快捷菜单中选择“段落”命令，打开“段落”对话框。

（3）在“间距”选项组的“段前”或“段后”文本框中输入一个数字。

（4）在设置过程中可通过对话框下方的预览区观察效果，并单击“确定”按钮完成操作。

6. 设置段落边框和底纹

在文档编辑的过程中，有时为了突出文章的某些重要段落或文字，可以给它们加上边框或底纹，使其更为醒目，其操作步骤如下。

（1）选中要添加边框或底纹的一个或多个字符。

（2）单击“开始”功能区中的边框和底纹下拉按钮，选择“边框和底纹”命令弹出“边框和底纹”对话框，如图 5-59 所示。

（3）在“边框”选项卡的“设置”“线型”“颜色”“宽度”等选项组中设置合适的值。

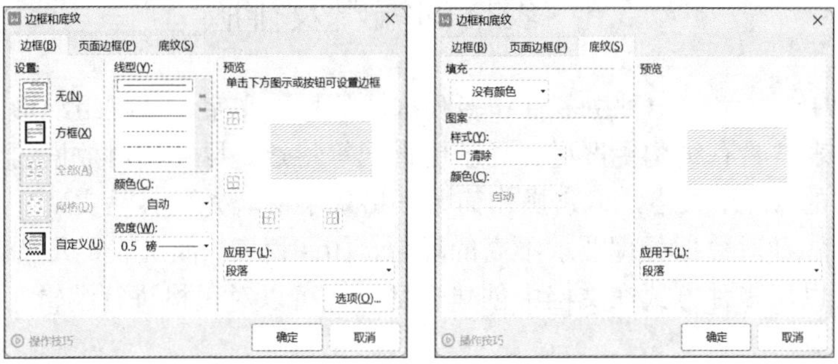

图 5-59　“边框和底纹”对话框

（4）在“边框”选项卡的“应用于”列表中选择“段落”命令。

（5）在对话框中选择“底纹”选项卡，然后在“填充”选项组的下拉列表中选择纯色的填充底纹，也可在“样式”下拉列表中选择底纹的式样，再在“颜色”下拉列表中选择底纹的颜色。

（6）在操作过程中，可通过对话框右侧的“预览”选项组观察效果，完成后单击“确定”按钮。

注意：要取消边框和底纹只要在此对话框的“设置”选项组中选择“无”选项即可。

7. 设置首字下沉

在对小说、报纸或杂志等进行排版时，经常会遇到某个段落的首行不是用缩进的方式开头，而是将段落的第一个字符放大后放置到段落前方的情况，这种特殊的排版方式称为首字下沉。在 WPS 文字中，要设置首字下沉，可按以下步骤进行。

（1）选择要用首字下沉开头的段落（该段首必须含有文字）。

（2）在“插入”功能区中单击“首字下沉”按钮，弹出“首字下沉”对话框，根据需要完成相关设置，并单击“确定”按钮，效果如图 5-60 所示。

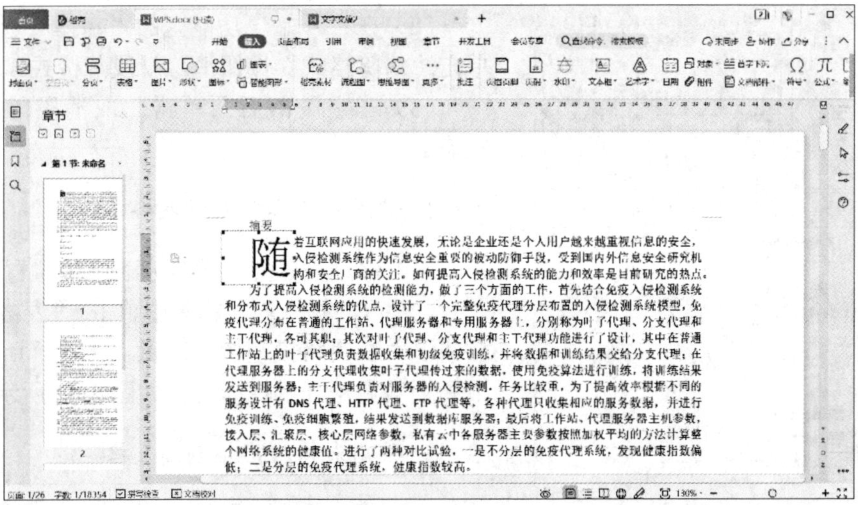

图 5-60　首字下沉效果

5.6　表格的编辑及排版

表格是 WPS 文字中一种由多行和多列构成的特殊文字、数据组织形式。相对于段落文字而言，表格具有结构更严谨、显示更直观等特点，尽管其对数据的处理能力不如后面将要学习的 WPS 表格，但它操作简单、格式丰富，并且容易实现文、表混排，因此广泛应用于各种对数据处理要求不高的场合，如课程表、简历表、人员表等。在 WPS 文字中不仅可以用多种方式在文档中创建表格，还可以对表格进行编辑、修改、转换、排序及简单计算。

5.6.1　创建及删除表格

在 WPS 文字文档中创建表格的方法有多种，可以使用表格模型、表格对话框快速创建规则表格，可以使用快速表格创建某种风格的表格，也可以将现有文字转换成表格，还可以手动绘制不规则表格等。每一种方法都有各自的特点，有时还可以将它们结合起来使用。在创建表格前要注意以下两点：如果文档以表格开头，为方便以后编辑，在插入表格前应先插入一个空段落，即表格从第二行起插入；如果表格在文档内部插入，它的单元格会继承上一个段落的文字格式，如图 5-61 所示，一般来说这不是我们希望的，因此，在插入表格前应插入一个空段落，并清除空段落的格式。清除空段落格式的操作步骤如下。

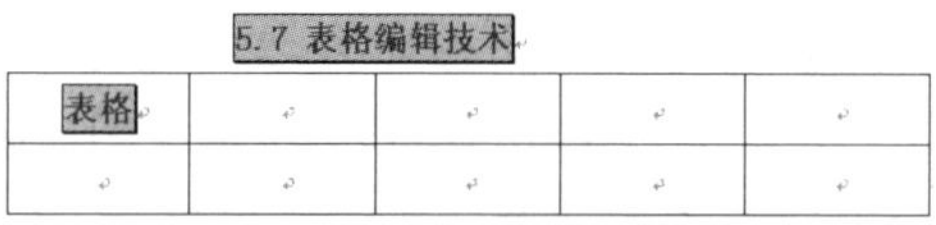

图 5-61　表格对上一段落格式的继承

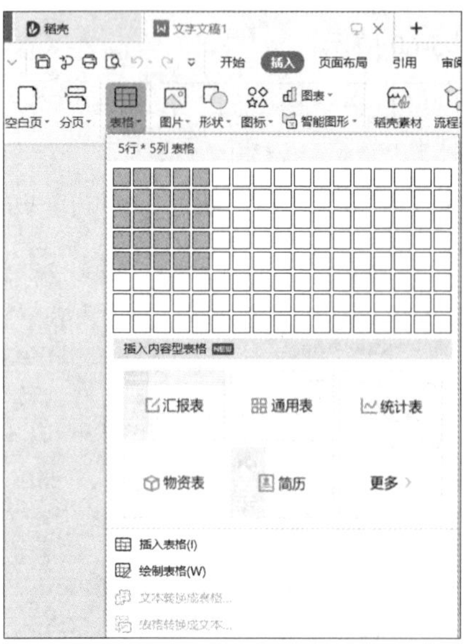

图 5-62　插入简单表格

（1）将鼠标移动到空段落的左侧，当光标变成空心箭头时单击选中段落。

（2）在“开始”功能区的“字体”选项组中单击“清除格式”按钮清除新段落格式。

（3）在空段落后面单击，取消段落的选中状态。

1. 使用表格模型创建表格

（1）移动插入点到要创建表格的位置。

（2）在“插入”功能区中单击 “表格”下拉按钮，并在表格模型中拖动鼠标，选择所需的行数和列数后松开鼠标即可，如图 5-62 所示。

2. 使用表格对话框创建表格

（1）移动插入点到要创建表格的位置。

（2）在“插入”功能区中单击“表格”下拉按钮，并选择“插入表格”命令，弹出“插入表格”对话框，如图 5-63 所示。

（3）在“表格尺寸”选项组中根据需要设置列数、行数。

（4）在“列宽选择”选项组中选择一种表格列宽方式。

① 固定列宽。用户输入一个数值决定每列的列宽。

② 自动列宽。自动根据设置的纸张大小、页边距和列数来平均分配各列。

（5）单击“确定”按钮，完成表格创建。

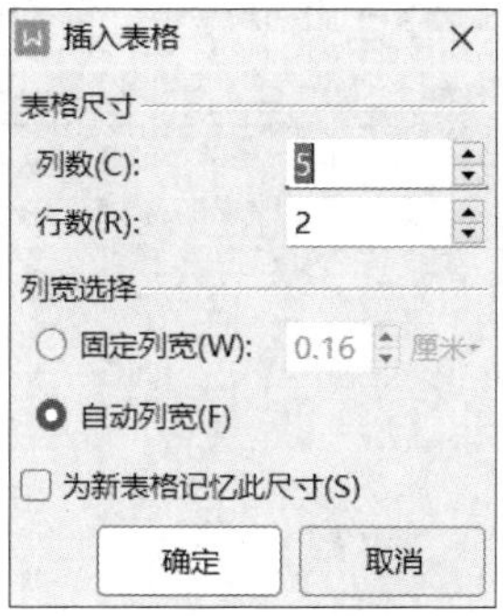

图 5-63　插入表格设置

3. 将文本转换成表格

在 WPS 文字文档中，可以将具有固定分隔符（如逗号、空格、制表符或固定的文字及特殊字符等）的一组文字转换成表格，例如，有以下几段文字。

表格是 WPS 文字中一种，由多行和多，列构成的特殊，的文字数据，组织形式相对于段落文字而，言表格更具有，结构严谨显示，直观等特点，尽管其 对数据的处理能力，不如后面将，要学习的 WPS 表格，但它操作简，单格式丰富

可以看出，该组文字每段一行，每行被“，”（当然也可以是其他符号）分成 5 部分，对于具有这样结构的一组文字，可按以下步骤将其快速转换成表格。

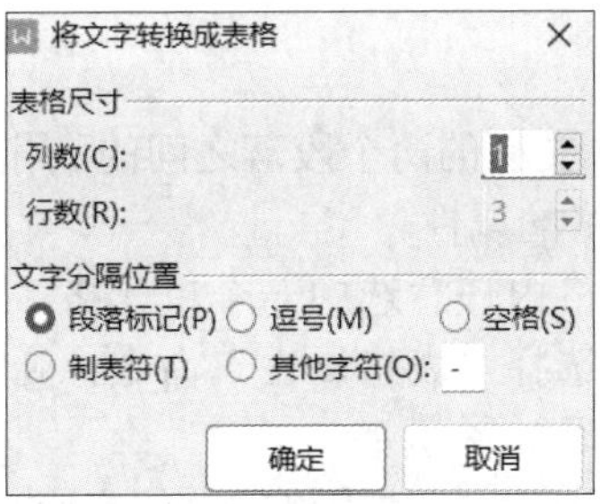

图 5-64　文字转换成表格设置

（1）选中要转换成表格的段落文字。

（2）在“插入”功能区中单击“表格”下拉按钮，并选择“文本转换成表格”命令，弹出“将文字转换成表格”对话框，如图 5-64 所示。

（3）在对话框中选择相应的分隔符，并在“表格工具”的“自动调整”下拉列表中选择“根据内容调整表格”命令，结果如下。

表格是 WPS 文字中一种	由多行和多	列构成的特殊	的文字数据	组织形式
相对于段落文字而	言表格更具有	结构严谨显示	直观等特点	尽管其
对数据的处理能力	不如后面将	要学习的 WPS 表格	但它操作简	单格式丰富

提示：在本例中尽管文字的分隔符为“，”，但它是在中文状态输入的，与对话框中的所指的“逗号”格式不同，因此，对话框中应选中“其他字符”单选按钮，并在文本框中输入中文的逗号。

4. 手工绘制复杂表格

（1）移动插入点到要创建表格的位置。

（2）在“插入”功能区中单击“表格”下拉按钮，并选择“绘制表格”命令，此时光标会变成铅笔形状，在编辑区拖动鼠标先绘制出表格的外边框。绘制出外边框后，WPS 文字窗口中将激活“表格工具”功能区，如图 5-65 所示。

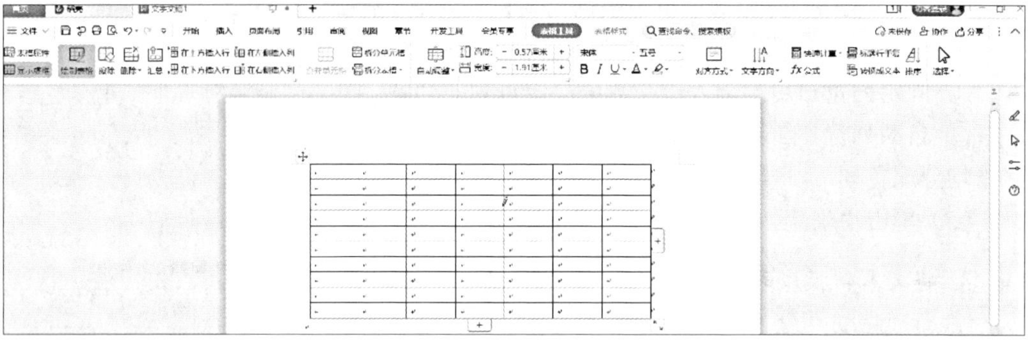

图 5-65 手动绘制表格外边框

（3）根据需要先设置线型、粗细、颜色等属性，再在边框区域内拖动鼠标绘制表格内部线条，在绘制线条的过程中，可单击“擦除”按钮清除不需要的线条。

5. 删除表格

移动插入点到表格内部，在“表格工具”功能区中选择“删除”→“表格”命令即可删除表格。

5.6.2 设置表格属性

在文档中插入的表格默认情况下是以左对齐的方式嵌入文档的两个段落之间的，用户也可根据实际情况更改表格的属性。

图 5-66 设置表格属性

（1）在要修改属性的表格内任意选中一个单元格，右击，在弹出的快捷菜单中选择“表格属性”命令，弹出“表格属性”对话框，如图 5-66 所示。

（2）在“表格”选项卡中可以设置表格的总体宽度、表格在页面中的对齐方式、表格与文字之间的环绕方式。单击“边框与底纹”按钮可在弹出的对话框中设置表格的边框与底纹，单击“选项”按钮，可在弹出的对话框中设置单元格边距和间距等。

（3）在“行”或“列”选项卡中可以设置每一行的行高或每一列的列宽。

（4）在“单元格”选项卡中可以设置单元格的宽度和其中文本的对齐方式，以及单元格内部对象距单元格边框之间的距离等。

5.6.3 在表格中输入及编辑对象

创建表格后，插入点自动定位在表格首行首列的单元格内，此时可以向表格中输入各种信息，包括文字、数字、图片及符号等，它的输入方式、编辑方式和格式设置方法均与普通文本相同。

当输入内容超过单元格右边界后，文本会自动换行，单元格的行高将随之改变。输入过程中按 Enter 键，可以在该单元格中开始一个新的段落。一个单元格输入完成后，按 Tab 键或向右键、向下键可将插入点移动到下一个单元格，按 Shift+Tab 组合键可将插入点移动到上一个单元格，或者单击某个单元格也可将插入点定位到该单元格。

5.6.4　选中表格

在对表格进行进一步操作前，应当先选中相应的一个或一组单元格，具体可分为以下几种情况。

1. 选中一个单元格

（1）用鼠标操作。从单元格的开始位置拖动到结束位置，或将光标放置在单元格左侧边缘，当光标呈黑色实心箭头时单击。

（2）用命令操作。移动插入点到要选中的任意单元格，在“表格工具”功能区单击“选择”下拉按钮，在弹出的下拉列表中选择“单元格”命令。

2. 选中连续的多个单元格

从第一个单元格拖动到最后一个单元格，或者移动插入点到第一个要选中的单元格，按住 Shift 键的同时，单击要选中的最后一个单元格。

3. 选中不连续的多个单元格

选中第一个单元格，按住 Ctrl 键不放，再分别单击其他单元格。

4. 选中整行

（1）用鼠标操作。移动光标到行首，当光标呈空心箭头时单击。

（2）用命令操作。移动插入点到要选中行内的任意单元格，在“表格工具”功能区中单击“选择”下拉按钮，在弹出的下拉列表中选择“行”命令。

5. 选中整列

（1）用鼠标操作。移动光标到列首，当光标呈黑色实心向下箭头时单击。

（2）用命令操作。移动插入点到要选中行内的任意单元格，在“表格工具”功能区中单击“选择”下拉按钮，在弹出的下拉列表中选择“列”命令。

6. 选中整个表格

（1）用鼠标操作。移动光标到表格左上角外，这时表格左上角将出现一个移动控件，单击该控件。

（2）用命令操作。移动插入点到要选中表格内的任意单元格，在“表格工具”功能区中单击“选择”下拉按钮，在弹出的下拉列表中选择“表格”命令。

7. 取消选中

在选中区域之外单击。

5.6.5 调整表格行高列宽及大小

将光标放置到要调整以上属性的行或列内，WPS 文字窗口中将激活“表格工具”功能区，单击“自动调整”下拉按钮弹出下拉列表，如图 5-67 所示，利用“高度”“宽度”“平均分布各行”“平均分布各列”等设置即可完成表格行高和列宽的调整。

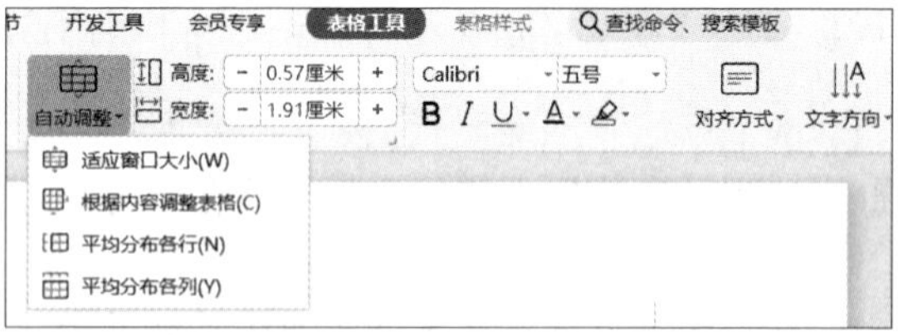

图 5-67 调整表格高度和宽度

另外，也可按以下操作完成。

1. 调整表格行高

（1）移动光标到行的下边线，当光标呈上下调整箭头时，拖动鼠标到适合位置。

（2）移动插入点到行内任意单元格右击，在弹出的快捷菜单中选择“表格属性”命令，弹出“表格属性”对话框，在“行”选项卡中选中“指定高度”复选框并在文本框中输入一个数值，单击“确定”按钮，如图 5-68 所示。

2. 调整表格列宽

（1）移动光标到列的右边线，当光标呈左右调整箭头时，拖动鼠标到适合位置后松开鼠标即可。

（2）移动插入点到列内任意单元格，右击，在弹出的快捷菜单中选择“表格属性”命令，弹出“表格属性”对话框，在“列”选项卡中选中“指定宽度”复选框并在文本框中输入一个数值，单击“确定”按钮，如图 5-69 所示。

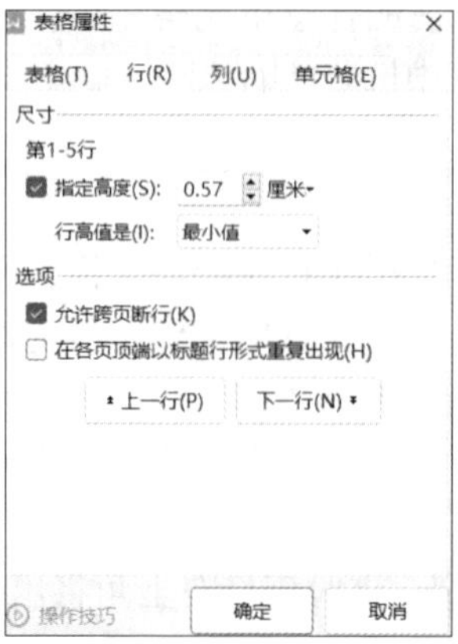

图 5-68 调整表格的行高

图 5-69 调整表格的列宽

（3）如果要单独调整一个或部分单元格的列宽，可先选中要调整的单元格，移动光标到选中单元格的左边线或右边线，当光标呈左右调整箭头时，拖动鼠标到合适位置后松开鼠标即可，如图 5-70 所示。

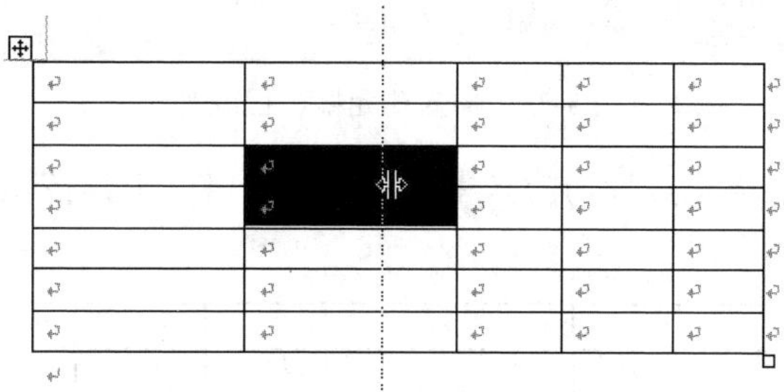

图 5-70　调整部分单元格的列宽

3. 使用“自动调整”命令

选中准备自动调整的行或列，右击，根据实际需要在弹出的快捷菜单中选择“自动调整”→“根据内容调整表格”或“根据窗口调整表格”命令。

4. 调整表格大小

（1）移动光标到表格内任意单元格，这时表格右下角将出现一个小方形的调整控件，将鼠标移动到该控件上，当光标呈斜向调整箭头时，拖动鼠标到合适位置后松开鼠标即可，如图 5-71 所示。当调整表格大小时，表格内的单元格随之按比例缩放，如果列宽小于单元格内容，则自动换行并增加行高。

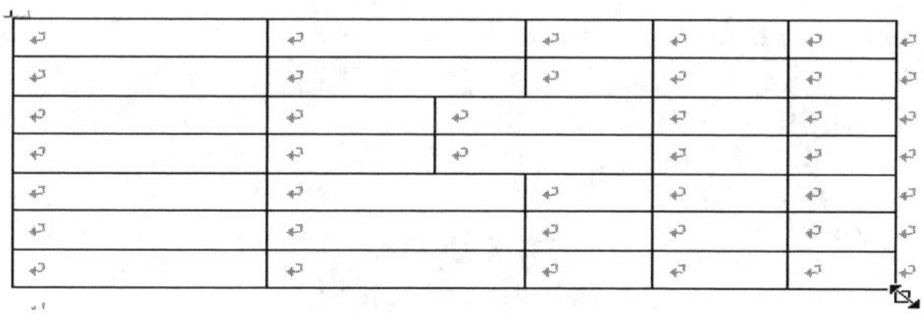

图 5-71　调整表格大小

（2）移动插入点到列内任一单元格右击，在弹出的快捷菜单中选择“表格属性”命令，弹出“表格属性”对话框，在“列”选项卡中选中“指定宽度”复选框并在文本框中输入一个数值，单击“确定”按钮，如图 5-72 所示。

图 5-72　精确调整表格大小

5.6.6　在表格中插入或删除

1. 插入单元格、行或列

（1）移动插入点到要插入单元格、行或列的位置根据需要从“表格工具”功能区中单击“在上方插入行”“在下方插入行”“在左侧插入列”“在右侧插入列”“插入单元格”按钮，如图 5-73 所示。

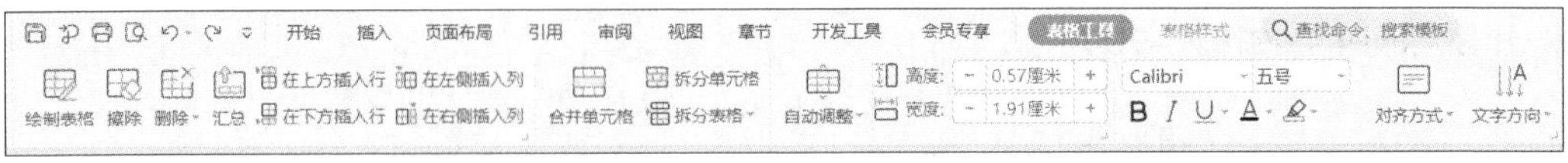

图 5-73　插入单元格、行或列

（2）也可使用“表格工具”功能区中的“绘制表格”工具按钮在要插入行或列的位置画线，如图 5-74 所示。

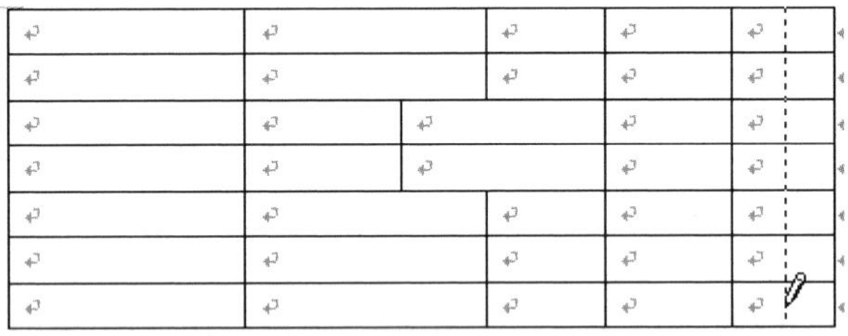

图 5-74　使用“绘制表格”工具增加行或列

2. 删除单元格、行或列

（1）移动插入点到要删除单元格、行或列的位置，根据需要在“表格工具”功能区中单击“删除”下拉按钮，并根据需要选择“单元格”、“行”或“列”命令，如图 5-75 所示。

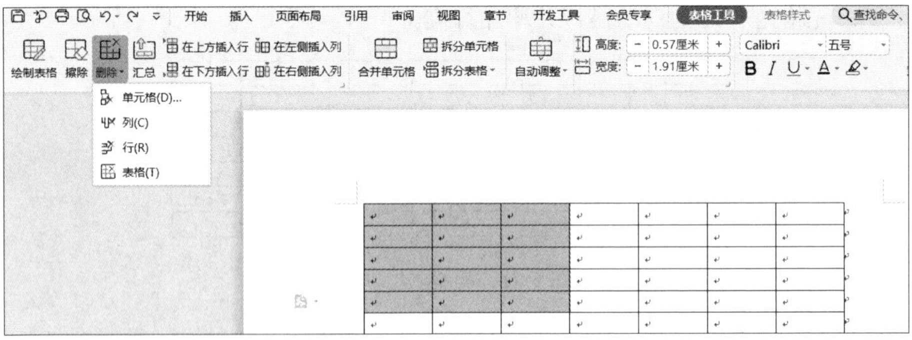

图 5-75　删除单元格、行或列

（2）也可使用“表格工具”功能区中的“擦除”工具按钮在要删除行或列的边线上拖动，如图 5-76 所示，则可删除行或列的边线，并且原边线两侧的两个单元格数据将合并到一个单元格中。

姓名	C 语言	操作系统	大学语文	英语	可视化编程
晁盖	94	77	56	59	97
伍松	78	87	75	43	54
李魁	75	67	65	75	67
西门庆	40	79	55	89	80
鲁智深	56	69	67	47	49
燕青	70	50	76	64	75
林冲	80	60	89	96	67
卢俊义	91	80	98	45	55

图 5-76　删除表格边线

5.6.7 合并或拆分单元格

1. 合并单元格

先选中要合并的多个连续单元格，在“表格工具”功能区中单击“合并单元格”按钮，则选中的多个单元格及单元中的数据就合并成一个单元格，如图 5-77 所示。

姓名	C 语言	操作系统	大学语文	英语	可视化编程
晁盖	94	77	56	59	97
伍松	78	87	75	43	54
李魁	75	67	65	75	67
西门庆	40	79	55	89	80
鲁智深	56	69	67	47	49
燕青	70	50	76	64	75
林冲	80	60	89	96	67
卢俊义	91	80	98	45	55

<table>
<tr><th>姓名</th><th>C 语言</th><th>操作系统</th><th>大学语文</th><th>英语</th><th>可视化编程</th></tr>
<tr><td>晁盖</td><td>94</td><td>77</td><td>56</td><td>59</td><td>97</td></tr>
<tr><td>伍松</td><td>78</td><td>87</td><td>75</td><td>43</td><td>54</td></tr>
<tr><td>李魁</td><td>75</td><td rowspan="4">67
79
69
50</td><td>65</td><td>75</td><td>67</td></tr>
<tr><td>西门庆</td><td>40</td><td>55</td><td>89</td><td>80</td></tr>
<tr><td>鲁智深</td><td>56</td><td>67</td><td>47</td><td>49</td></tr>
<tr><td>燕青</td><td>70</td><td>76</td><td>64</td><td>75</td></tr>
<tr><td>林冲</td><td>80</td><td>60</td><td>89</td><td>96</td><td>67</td></tr>
<tr><td>卢俊义</td><td>91</td><td>80</td><td>98</td><td>45</td><td>55</td></tr>
</table>

图 5-77 合并单元格前和合并单元格后的表格

2. 拆分单元格

（1）移动插入点到要拆分的单元格内，在“表格工具”功能区中单击“拆分单元格”按钮，弹出“拆分单元格”对话框，如图 5-78 所示。

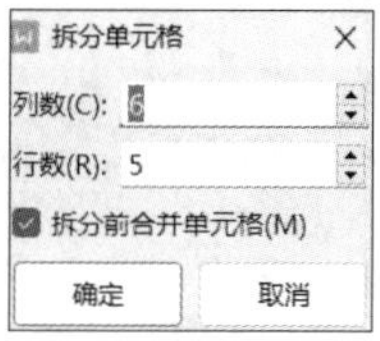

图 5-78 拆分单元格

（2）在对话框中输入要拆分的列数和行数，单击“确定”按钮。

5.6.8 拆分或合并表格

1. 拆分表格

移动插入点到要拆分的行上，在“表格工具”功能区中单击“拆分表格”下拉按钮并选择“按行拆分”命令，则表格从当前行位置处被拆分成两个表格。

2. 合并表格

（1）通过鼠标拖动两个表格的左、右框线的位置，使两个表格的宽度和位置保持相同。（若使用鼠标无法精确调整，可在“表格工具”功能区中单击“表格属性”按钮，在“表格属性”对话框中对两个表格的宽度和对齐方式进行同样的设置。）

（2）删除两个表格间的内容，再使用 Delete 键删除两个表格间的回车符，如图 5-79 所示。

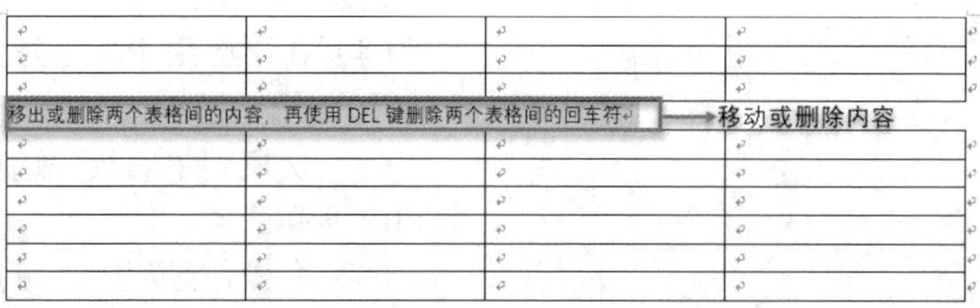

图 5-79 合并表格

5.6.9 设置表格对齐方式

在 WPS 文字中，表格除了可以设置常规的水平对齐方式外，还可以设置垂直方向上的对齐方式，具体操作如下。

（1）选中要设置对齐方式的一个或多个单元格。

（2）在“表格工具”功能区中单击“文字方向”下拉按钮，并根据需要选择相应命令，如图 5-80 所示。

图 5-80 设置单元格对齐方式

5.6.10 设置表格边框和底纹

（1）选中要设置边框的一个单元格、多个单元格或整个表格。

（2）在“表格样式”功能区中单击“底纹”按钮设置底纹，也可单击“边框”按钮设置边框。单击“边框”右侧的下拉按钮并选择“边框和底纹”命令，即可弹出“边框和底纹”对话框，如图 5-81 所示。

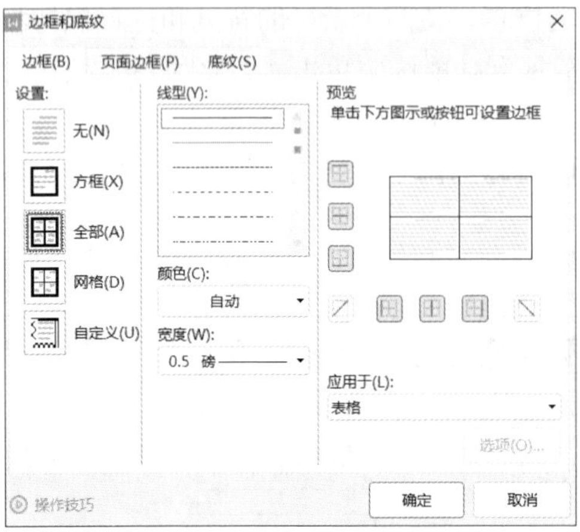

图 5-81 设置表格边框和底纹

（3）在“边框”选项卡中，先设置必要的线型、颜色、宽度，再在“设置”选项组中选择一个项目，如果需要，还可在“预览”选项组中单击相应的线条，可设定或取消这些线条。

（4）在“应用于”下拉列表中选择一个应用范围。

（5）切换到“底纹”选项卡对底纹进行相应设置。

（6）在操作过程中，可通过对话框右侧的“预览”选项组观察效果，完成后单击“确定”按钮。

5.6.11 套用表格样式

要快速为表格套用一种系统样式，可在表格创建时完成，也可在表格创建后再来操作。具体可移动插入点到表格内任意单元格，根据需要在“表格样式”功能区中选择一种样式来完成，如图 5-82 所示。

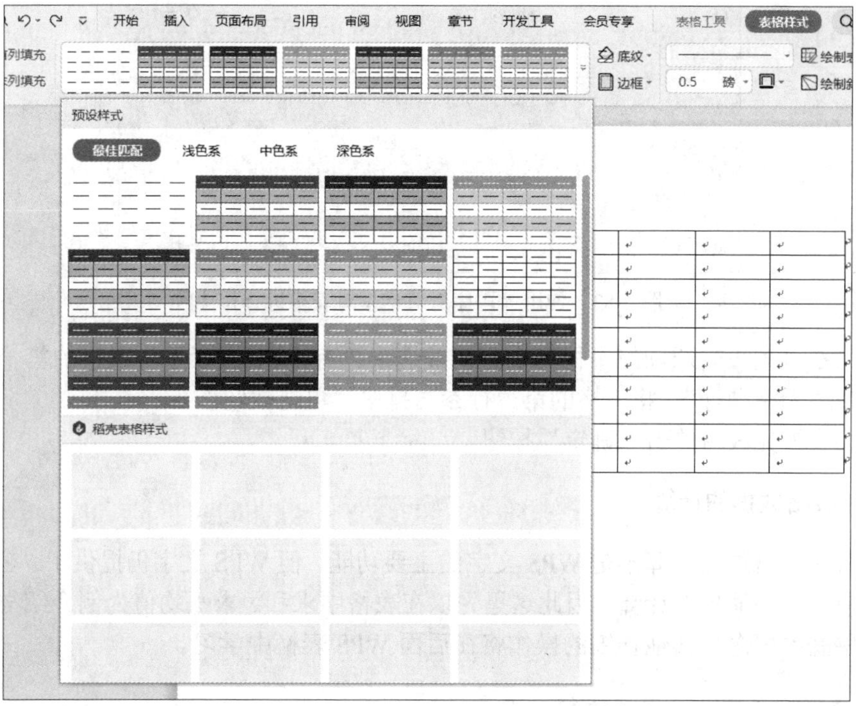

图 5-82 表格自动套用样式

5.6.12 表格数据的排序

对表格内的各种数据进行排序是表格最常用的操作之一。在 WPS 文字中，对于规整的表格，可以根据数据审阅和分析的需要，以某列内的数据为依据，重新排列整个表格的先后顺序。另外，如果在对表格进行了多次排序操作后，想使表格恢复到原来的顺序，可在对表格进行排序前，先在表格中插入一个能标识原始顺序的列，这样，无论对表格进行怎样的排序，最后只要按插入的列排序即可将表格恢复到原来的顺序。

在表格中对数据进行排序的操作步骤如下。

（1）移动插入点到表格内，在“表格工具”功能区中单击“排序”按钮，弹出“排序”对话框，如图 5-83 所示，这时 WPS 文字会自动选中整个表格。

（2）在“主要关键字”选项组中选择要作为排序主要依据的列标题、该列的数据类型及排序的方式。

（3）如果需要，再在“次要关键字”（即第二关键字，在排序过程中，如作为主要排序依据列中的值相同，则再按此列来排列）或“第三关键字”选项组中选择相应的列标题、该列的数据类型及排序的方式。

图 5-83　使用“排序”对话框对表格进行排序

（4）在“列表”选项组中根据实际情况选中“有标题行”（不将表格的第一行参与排序）或“无标题行”（将表格的第一行参与排序）单选按钮。

（5）设置完成后单击“确定”按钮。

5.6.13　表格数据的计算

尽管对表格进行计算不是 WPS 文字的主要功能，但 WPS 文字仍提供了“公式”按钮用于完成一些简单的计算，因此这里先以在表格中求和、求平均值为例介绍与表格有关的一些基本概念，其他详细的操作将在后面 WPS 表格中学习。

1. 表格计算中几个重要概念

表结构如图 5-84 所示。

（1）列号：即第几列，用字母 a～z 来表示。

（2）行号：即第几行，用数字 1，2，…，n 来表示。

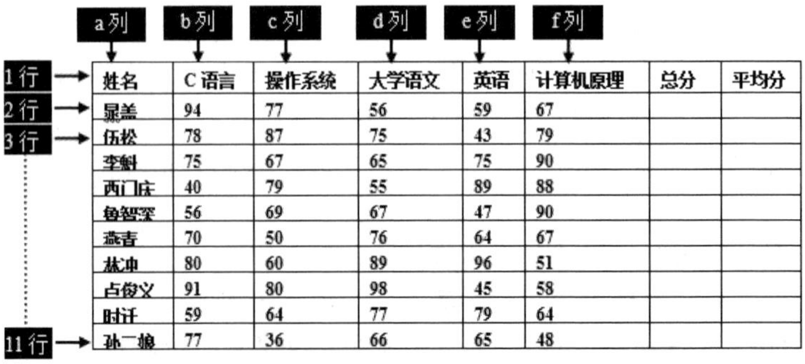

姓名	C 语言	操作系统	大学语文	英语	计算机原理	总分	平均分
晁盖	94	77	56	59	67		
伍松	78	87	75	43	79		
李斛	75	67	65	75	90		
西门庆	40	79	55	89	88		
鲁智深	56	69	67	47	90		
燕青	70	50	76	64	67		
林冲	80	60	89	96	51		
卢俊义	91	80	98	45	58		
时迁	59	64	77	79	64		
孙二娘	77	36	66	65	48		

图 5-84　表结构

（3）单元格地址：用列号+行号来表示，如表格左上的第一个单元格地址是 a1，第三列的第四个单元格地址是 c4。如果要表示不连续的多个单元格，可先依次书写每个单元格地址，再用英文半角的逗号“,”来分开，如 a1,c4,d5；如果要表示连续的多个单元格，可先依次书写开始单元格地址和结束单元格地址，再用英文半角的冒号“:”来分开，如 a1:d5，表示从 a1 到 d5 这个区间。在 WPS 表格中，还可用 above 来表示当前单元格上边的所有单元格，用 left 来表示当前单元格左边的所有单元格。

（4）函数：一个用于简化计算的，由特定的英文单词、括号及参数组成的字符串，例如，用于对 a1 到 a6 单元格求和的 sum(a1:a6)，用于对当前位置上所有单元格求平均值的 average(above)。

（5）公式：以等号“=”开头，用各种运算符将各参与计算的元素连接起来的式子。如=a1+3*average(a1,a6)。

2. 在表格中进行求和运算

下面举例说明在表格中进行求和运算的操作。例如，求图 5-84 所示的表格中各学生成绩总分的步骤如下。

（1）移动插入点到要保存计算结果的单元格，本例为 g2 单元格。

（2）单击“表格工具”功能区“公式”按钮，弹出“公式”对话框，如图 5-85 所示。

（3）在对话框中，WPS 文字会根据表格的特点，自动给出了一个公式，默认为=SUM(LEFT)，即对 g2 左边保存数字的单元格求和，可直接单击“确定”按钮，完成本次计算。

（4）移动插入点到下一行 g3 单元格，重复执行步骤（2）和（3），直到全部学生的总分计算完成。

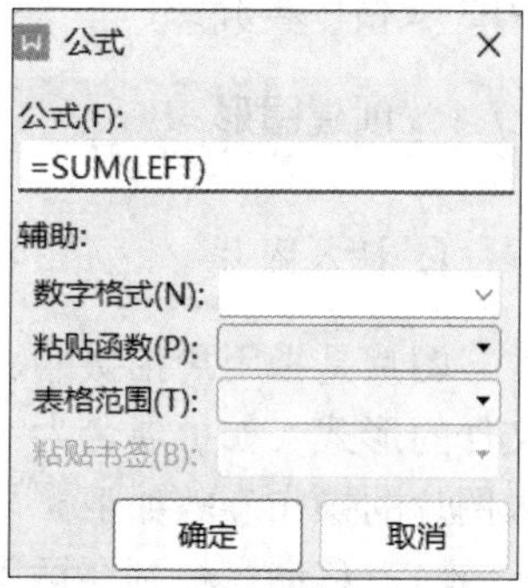

图 5-85　在表格中完成求和运算

3. 在表格中进行求平均值运算

在表格中进行求平均值运算的操作步骤如下。

（1）移动插入点到要保存计算结果的单元格，本例为 h2 单元格。

（2）单击“表格工具”功能区中的“公式”按钮，弹出“公式”对话框。

（3）在对话框中，WPS 文字也自动给出了一个公式，默认就是对 h2 左边保存数字的单元格求和，此时，要把系统给出的公式删掉，再手动输入公式=AVERAGE(B2:F2)，如图 5-86 所示。

（4）单击“确定”按钮完成本次计算。

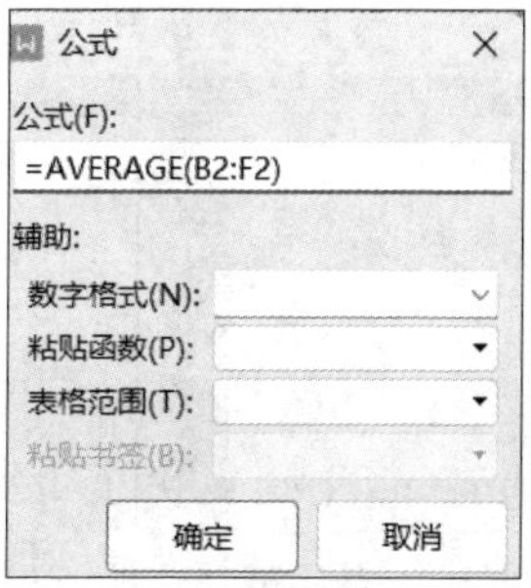

图 5-86　在表格中完成求平

（5）移动插入点到下一行（h3 单元格），重复执行步骤（2）～（4）（公式中的 B2:F2 应换成 B3:F3……），直到全部学生的平均分计算完成。

注意：公式中的所有字符必须在英文半角状态下输入，如果在编辑文档过程中启动了中文输入法，则在输入时应使用 Ctrl+空格键将其关闭，需要时再次使用 Ctrl+空格键打开。

如果该行或列中含有空单元格，则系统将不对这一整行或整列进行累加，如果需要对整行或整列求和，应在每个空单元格中输入零值。

5.7 图形的编辑及排版

图文混排是 WPS 文字的特色功能之一。可以在文档中插入由其他软件制作的图片，也可以直接在文档中绘制各种自选图形，并且还可以使用系统提供的各种工具和命令对图形进行编辑和处理，以使图形更适合文档排版的需要，使文章达到图文并茂的效果。

在 WPS 文字中可以使用的图形通常有图片文件、剪贴画、形状、智能图形、文本框、艺术字、图表、条形码及二维码等，而文件图片和剪贴画具有类似的属性，习惯上将其合称为图片。本节先简单介绍前几种图形对象的编辑方法，图表等内容将在第 6 章 WPS 表格中再介绍。

5.7.1 创建图形

1. 插入图片

图片是指用户拍摄的、下载的或用其他图形编辑软件绘制的图形，这些图形通常以文件的形式（如扩展名为 jpg、bmp 的文件）存放在计算机磁盘上。在 WPS 文字中插入图片的操作步骤如下。

（1）移动光标到要插入图片的位置。

（2）在“插入”功能区中单击“图片”按钮，弹出“插入图片”对话框，如图 5-87 所示。

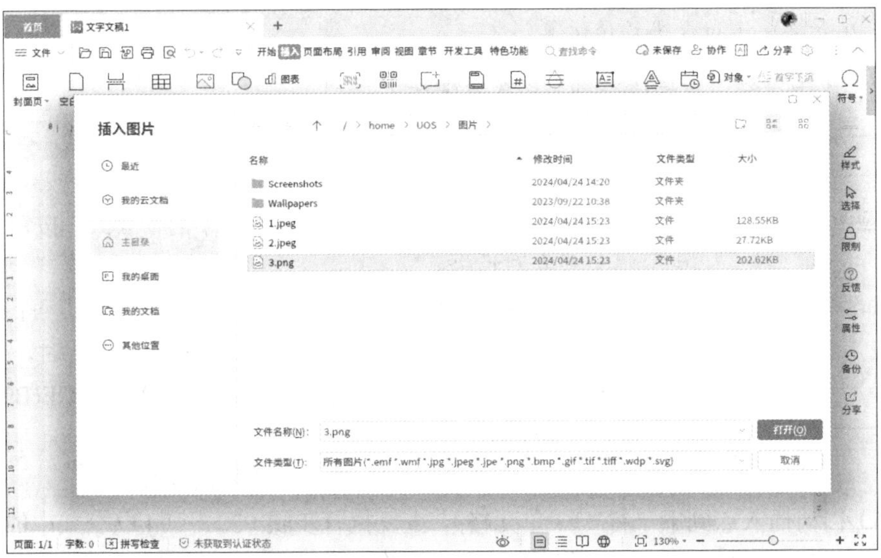

图 5-87 在文档中插入图片

（3）在“插入图片”对话框的地址栏或左侧的导航面板中选择所要插入图片的位置。

（4）在文件列表中双击需要插入的图片。

注意：也可以直接在文件夹窗口中右击图片文件，或在各种图形处理软件中选择整个图片或者部分区域并右击，在弹出的快捷菜单中选择“复制”命令，再在文档中要插入图片的位置右击，在弹出的快捷菜单中选择“粘贴”命令。

2. 插入形状

形状是WPS文字中提供的一组现成的矢量图形，包括线条、基本几何形状、箭头、公式形状、流程图形状、星、旗帜和标注等。可以在文档中添加一个形状，也可以在其中添加文字、项目符号、编号和快速样式，或者合并多个形状以生成一个绘图或一个更为复杂的形状。在WPS文字中插入形状的步骤如下。

（1）移动光标到要插入图形的位置。

（2）在“插入”功能区中单击“形状”下拉按钮，弹出下拉列表，如图5-88所示。

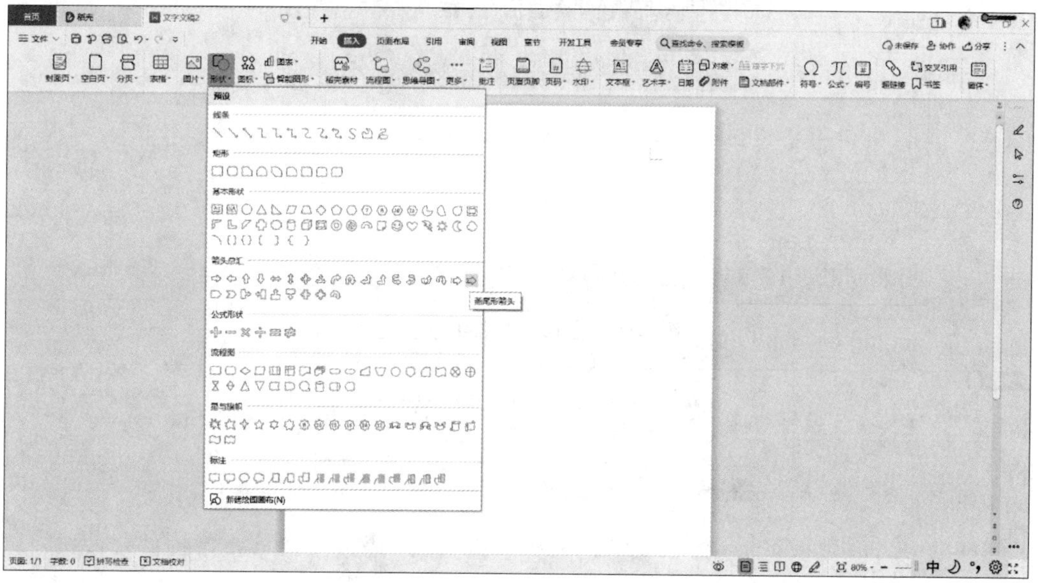

图5-88　在文档中插入形状

（3）先在下拉列表中单击一个图标，然后在编辑区中拖动鼠标到合适位置后松开鼠标，即可在文档中插入相应的形状。

（4）在形状上右击，在弹出的快捷菜单中选择“添加文字”命令即可在形状中添加文字，在形状对象中添加文字的效果如图5-89所示。

3. 插入智能图形

智能图形是一种全新的信息和观点的视觉表示形式，与纯文字描述相比，智能图形更能将文档中的某些理念以图形方式展现出来，从而快速、轻松、有效地帮助读者理解和记忆信息。WPS文字中提供了多种不同布局、设计精美的智能图形以供用户选择使用。在 WPS 文字中插入智能图形的步骤如下。

（1）移动光标到要插入智能图形的位置。

（2）在“插入”功能区中单击“智能图形”按钮，弹出“选择智能图形”对话框，如图 5-90 所示。

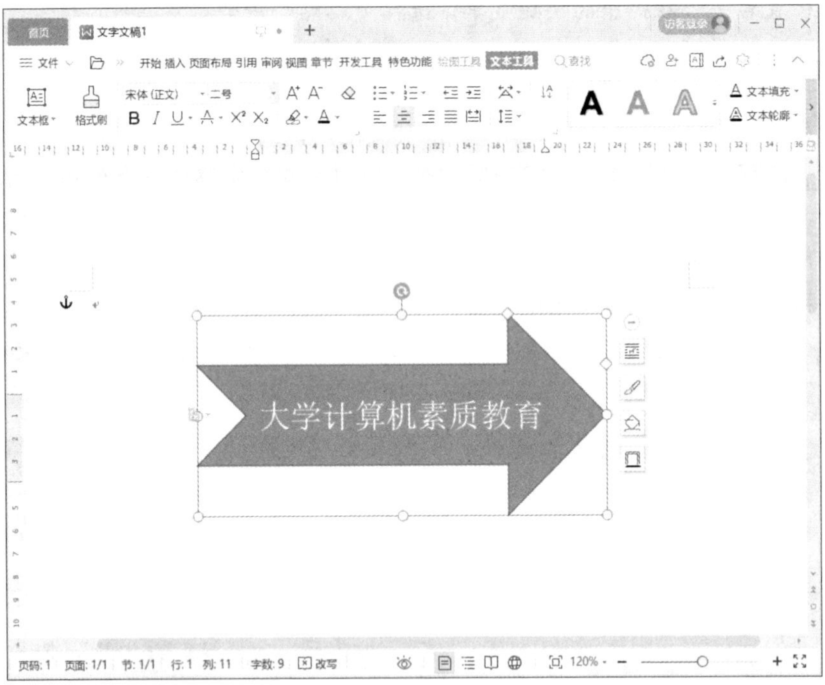

图 5-89　在形状对象中添加文字

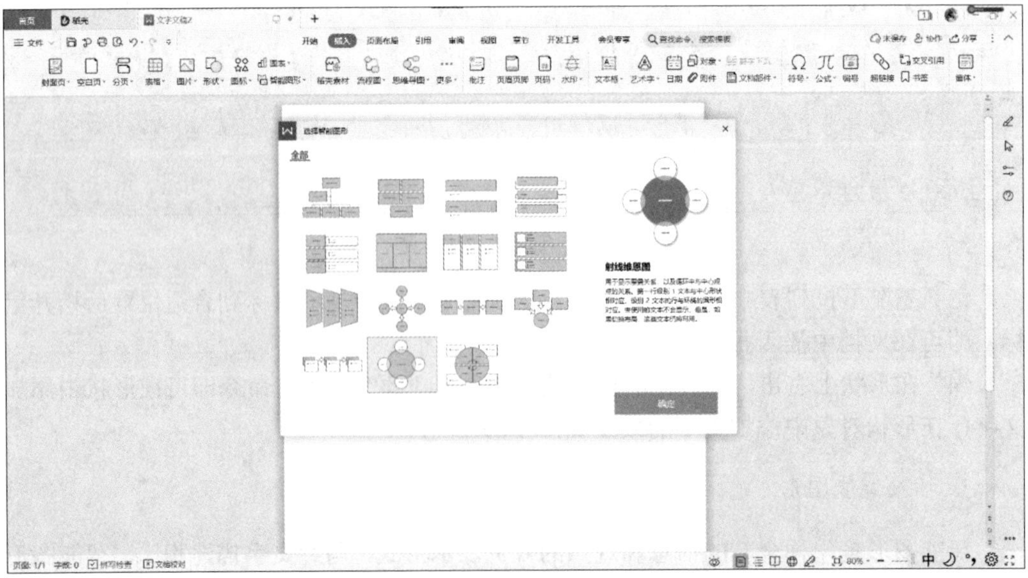

图 5-90　“选择智能图形”对话框

（3）先在“选择智能图形”对话框左侧选择一种智能图形类别，再在中部的列表中单击某个图标，这时在“选择智能图形”对话框右侧将显示该智能图形的缩略图和详细说明，如果此智能图形符合文档需要，则可单击“确定”按钮，将智能图形插入文档中。

（4）在智能图形中输入相应内容，如图 5-91 所示。

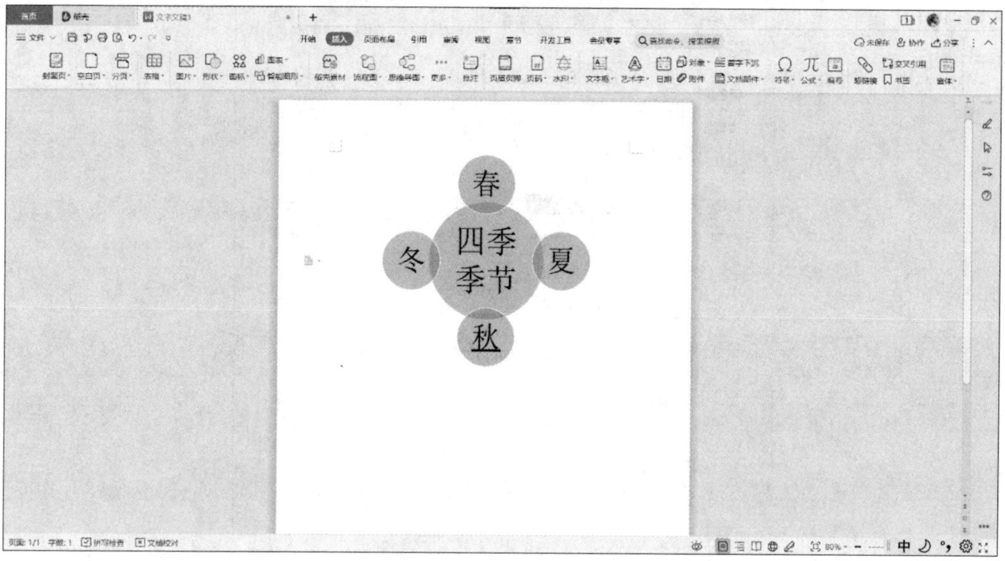

图 5-91 编辑智能图形

4. 插入文本框

文本框是一种可移动、可调大小的文字或图形容器（注意，文本框是一种特殊的图形对象，与给文字加边框是不同的概念）。使用文本框，可以在页面上建立一个与文档中其他文字或段落不同的独立编辑区域。如果在文档中有部分文字需要特殊的编辑方式，可将其放置在文本框中。在 WPS 文字中插入文本框的步骤如下。

（1）移动光标到要插入文本框的位置。

（2）在“插入”功能区中单击“文本框”下拉按钮，弹出下拉列表，如图 5-92 所示。

（3）根据需要在下拉列表中选择“横向”、“竖向”或“多行文字”命令，即可将对应风格的文本框插入文档中。例如，选择“横向”命令，然后在文档编辑区拖动建立一个传统格式的文本框。

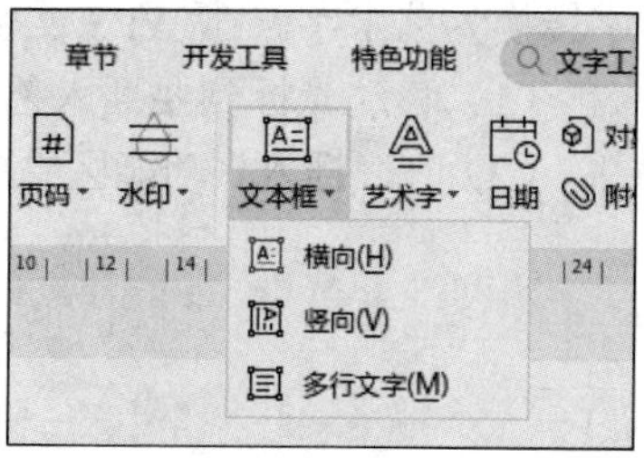

图 5-92 文本框样式列表

（4）在文本框中输入所需的文字。

（5）在文本框边框上单击，使用“绘图工具”功能区中的相应按钮可设置文本的边框（线型、颜色、粗细）、底纹、文字颜色、阴影及三维效果等属性。使用“文本工具”功能区中的相应按钮可设置文字格式及文本效果。

（6）在文本框边框上单击，拖动边框上的控制点，可改变文本框的大小。

注意：调整边距后，如果文字未正常显示，可以拖动尺寸控制点以增大文本框。

（7）拖动文本框边框可改变其位置。

（8）在文本框边框上右击，在弹出的快捷菜单中选择“设置对象格式”命令，可以在弹出的“设置对象格式”对话框中详细设置文本框的颜色、边框、版式及内部文字距边框的距离，如图 5-93 所示。

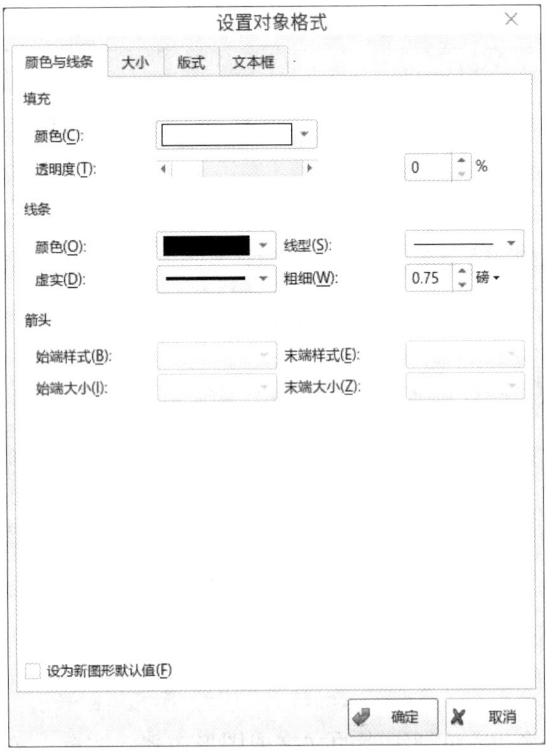

图 5-93　设置对象格式

5. 插入艺术字

艺术字是一种特殊的文字样式库，用户可以将艺术字添加到 WPS 文字文档中以制作出具有装饰性效果的文字，如带阴影的文字或镜像（反射）文字，也可以将现有的文字转换为艺术字。在 WPS 文字中插入艺术字的步骤如下。

（1）移动光标到要插入艺术字的位置。

（2）在“插入”功能区中单击“艺术字”下拉按钮，打开下拉列表，如图 5-94 所示。

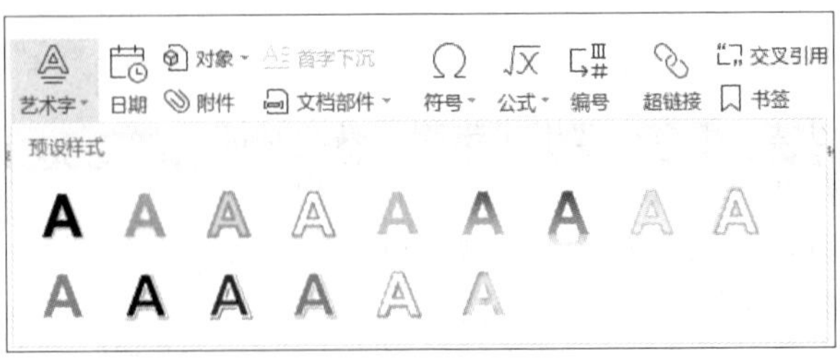

图 5-94　插入艺术字

（3）根据需要在列表中选中一个样式（如第 2 行第 4 列的图标），即可将该样式的艺术字插入文档中，如图 5-95 所示。

图 5-95　在文档中插入指定风格的艺术字

（4）输入艺术字的内容。

（5）在“绘图工具”功能区中单击相应按钮，即可对艺术字的各种属性进行更加详细的设置。使用“文本工具”功能区中的相应按钮可设置艺术字的格式及文本效果。

5.7.2　图形的常规编辑

在图形对象插入文档中后，经常需要对其进行选中、移动、缩放、旋转、复制、添加边框底纹及删除等操作，使图形满足文档的要求。

1. 选中图形

（1）在文档中单击图形。

（2）当选中一个图形后，在图形的四周会出现控制边框和控制点，同时 WPS 文字窗口中增加“绘图工具”功能区，如图 5-96 所示。

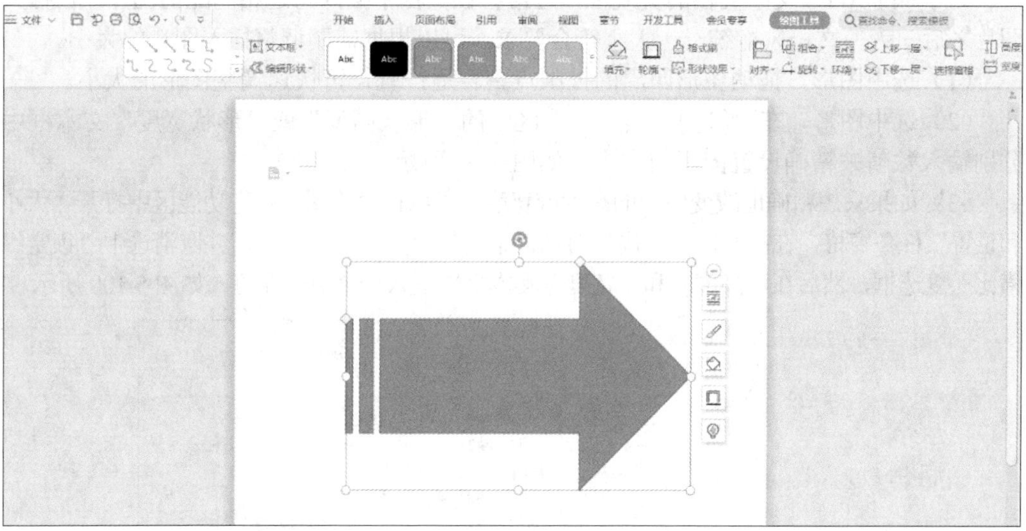

图 5-96　在文档中选中图形

2. 移动图形

（1）在文档中拖动图形到合适位置。

（2）选中图形，在“绘图工具”功能区中单击“对齐”下拉按钮，打开下拉列表，根据需要从中选择一个对齐方式，如图 5-97 所示。或者选中图形，右击，在弹出的快捷菜单中选择“其他布局选项”命令，在弹出的“布局”对话框中精确设置图形在页面中的位置，如图 5-98 所示。

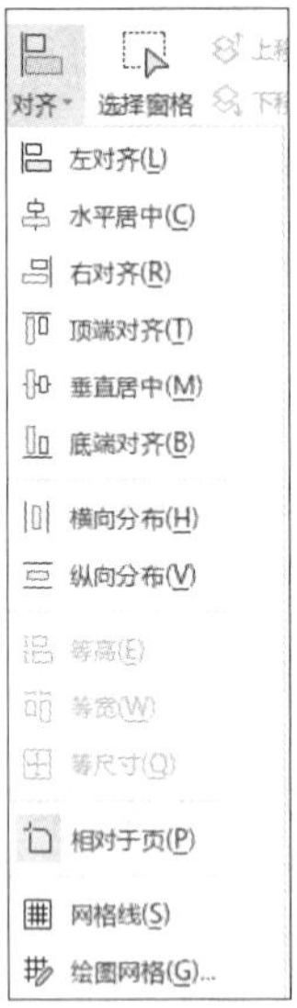

图 5-97 “对齐”下拉列表

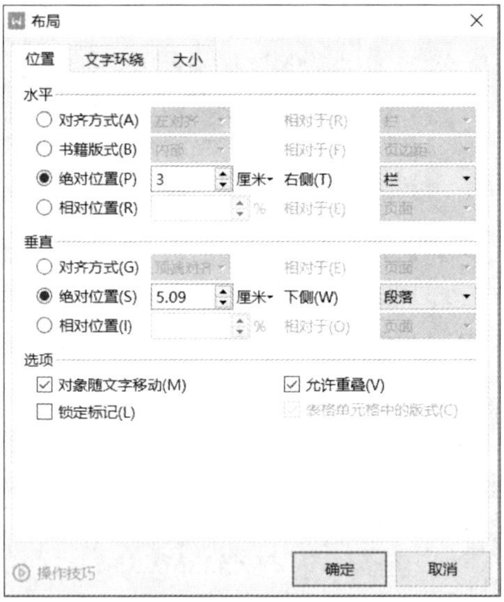

图 5-98 “布局”对话框

3. 缩放图形

为了保证 WPS 文字文档的美观性，经常会在文档中插入与之相匹配的图片。在插入图片之后，为使文档风格统一，大小符合要求，可以根据需要调整插入图片的大小。

（1）选中图形，拖动图形四周的控制点到合适位置，可快速调整图形的大小。

（2）选中图形，在“绘图工具”功能区中的“形状高度”或“形状宽度”文本框中分别输入数值来精确设置图形的大小，如图 5-99 所示。

（3）如果只想精确地改变图形的高度或宽度，可以在“绘图工具”功能区中打开“大小和位置”任务窗格，在打开的“布局”对话框中选择“大小”选项卡，并取消选中“锁定纵横比”复选框，然后在“高度”和“宽度”文本框中输入一个数值即可，如图 5-100 所示。

图 5-99 调整图形大小

图 5-100 设置图形的高度或宽度

4. 旋转图形

旋转图形的操作方法如下。

（1）选中图形，拖动图形顶部的灰色背景旋转箭头，可快速调整图形的角度。

（2）选中图形，在“图片工具”功能区中单击“旋转”下拉按钮，在弹出的下拉列表中选择一项来设置图形的方向，如图 5-101 所示。

（3）如果需要精确改变图形的其他方向，可以在“图片工具”功能区中打开“大小和位置”任务窗格，在“布局”对话框中选择“大小”选项卡，在“旋转”文本框中输入一个数值即可，如图 5-102 所示。

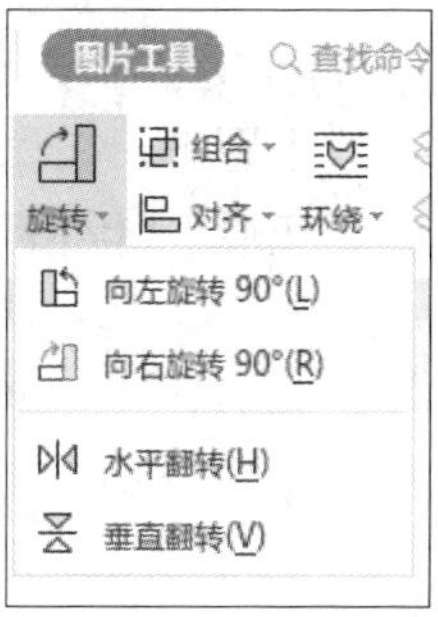

图 5-101　设置图片旋转

图 5-102　使用“布局”对话框旋转图形

5. 复制图形

复制图形的方法有以下两种。

（1）在选中图形后按住 Ctrl 键不放，拖动图形到合适位置即可。

（2）右击选中的图形，在弹出的快捷菜单中选择“复制”命令，然后在需要粘贴的位置右击，在弹出的快捷菜单中选择“粘贴”命令即可。

5.7.3 图形的高级编辑

对图形对象除了可以进行前面介绍的一些常规编辑，还可以根据特殊文档的编辑需要，进行颜色、效果、样式、版式、文字环绕、裁剪重置及组合等高级操作。

1. 更改图形颜色

WPS 文字中更改图形颜色的操作步骤如下。

选中图形，在“图片工具”功能区中单击“色彩”下拉按钮，在弹出的下拉列表中选择“灰度”“黑白”“冲蚀”等命令来调整图片的色彩，如图 5-103 所示。

图 5-103 更改图形颜色

2. 设置图形效果

选中图形，在“图片工具”功能区中单击“效果”下拉按钮，在弹出的下拉列表中根据需要选择一个效果，如图 5-104 所示，也可以选择“更多设置”命令进行组合操作。

图 5-104 设置图形效果

3. 裁剪图形

选中图形，在“图片工具”功能区中单击“裁剪”按钮，此时在图形的四周会出现 8 个裁剪控件，在相应控件上拖动鼠标，即可对图形进行裁剪，控件右边有“按形状裁剪”“按比例裁剪”的工具栏可以进行形状和比例的选择，如图 5-105 所示。

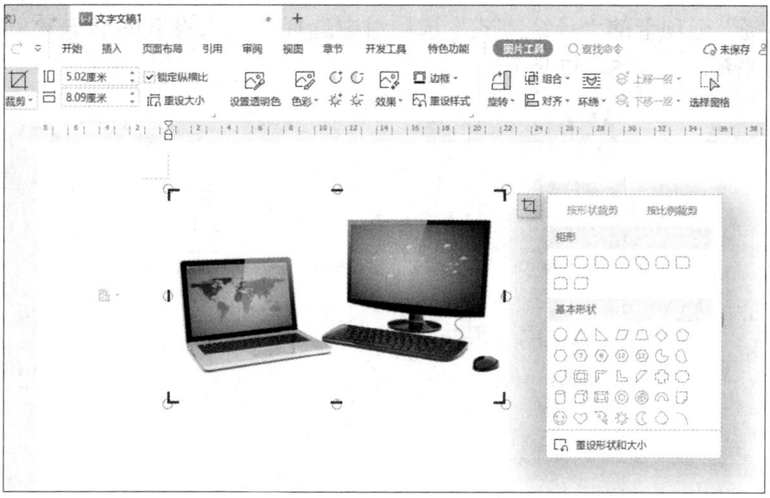

图 5-105 裁剪图形

4. 设置形状样式

选中形状，在“绘图工具”功能区的“样式”选项组中，根据需要从中选择一种样式，如图 5-106 所示。

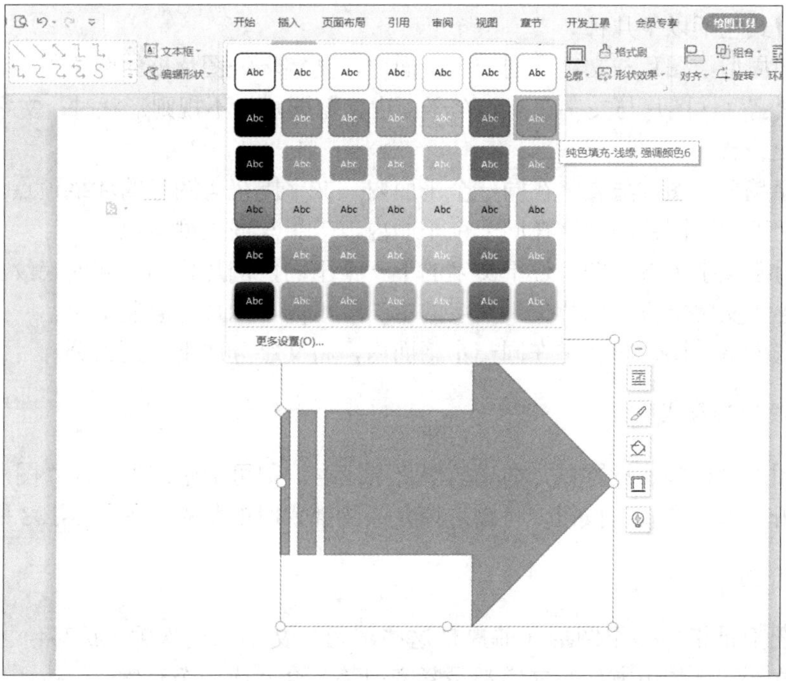

图 5-106 设置图形样式

5. 设置文字环绕

右击图形，在弹出的快捷菜单中选择“其他布局选项”命令，弹出“布局”对话框，在“文字环绕”选项卡的“环绕方式”选项组中选择一项来设置图形与文字之间的位置关系、层次关系，如图 5-107 所示。

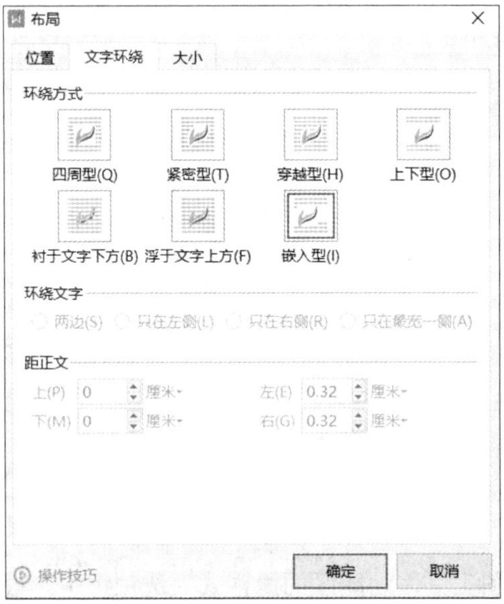

图 5-107 “文字环绕”选项卡

环绕方式包括以下几种。

（1）四周型。图片与文字在同一个平面内，文字环绕图片框的两边。

（2）紧密型。图片与文字在同一个平面内，若图片为不规则形状时，文字将嵌入图片边缘。

（3）穿越型。图片与文字在同一个平面内，文字围绕着图形的环绕顶点。

（4）上下型。图片与文字在同一个平面内，效果与嵌入型类似。

（5）衬于文字下方。图片位于文字的下一个平面，图片作为文字的底纹。

（6）浮于文字上方。图片位于文字的上一个平面，图片将遮盖文字。

（7）嵌入型。图片与文字在同一个平面内，将文字分成上下两部分。

6. 重设图形样式

当对图形进行多次设置后，如果效果仍不满意，则可选中图形，在“图片工具”功能区中单击“重设样式”按钮，将图形恢复成刚插入时的状态，如图 5-108 所示。

7. 组合图形

组合图形是指把多个图形（前提是这些图形与文字的层次关系或环绕方式必须相同，如都位于文字的上方或与文字都是紧密型等）合并成一个整体。

组合图形的操作步骤如下。

先按住 Shift 键，分别单击需要组合的图形，在“绘图工具”功能区中单击“组合”下拉按钮，在弹出的下拉列表中选择“组合”命令，即可将多个图形组合在一起，如图 5-109 所示。

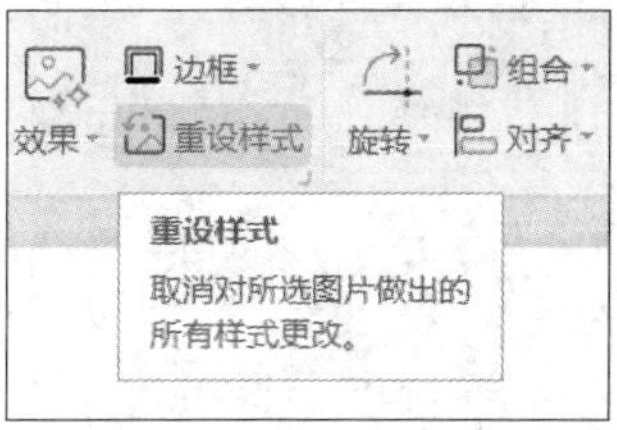

图 5-108 重设图形

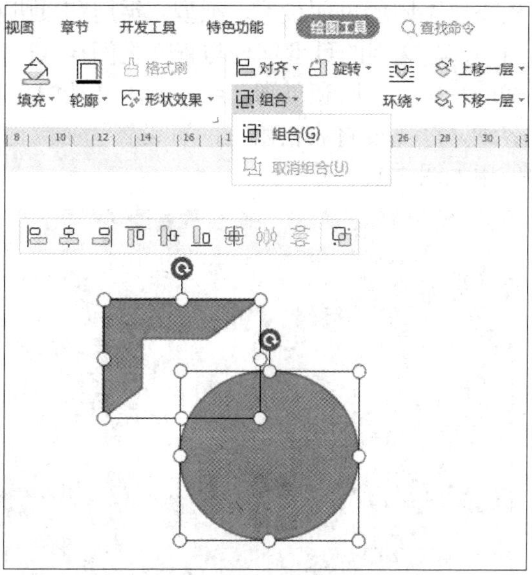

图 5-109 组合图形

对于已经组合在一起的多个图形，也可以对其进行拆分操作，将其还原成原本独立的图形。选中已经组合的对象，在“绘图工具”功能区中单击“组合”下拉按钮，在弹出的下拉列表中选择“取消组合”命令即可。

5.8 长文档排版

长文档一般又称复杂文档，如毕业论文、学术论文、毕业证、准考证、项目报告、出版物等。相对于简单文档而言，长文档不仅内容多（通常是几十页、几百页甚至更多）、对象多（除了常规的文字、页面、段落、表格、图形外，还有可能包含样式、节、多级列表、目录、封面、索引、引文、题注、交叉引用、域、宏等复杂对象），并且这些对象并不是孤立存在的，而是紧密联系在一起的，对其中某个对象进行操作，会引起另外很多对象同时发生变化。例如，在文档中删除“标题 2.1”，不但原本的“标题 2.2”“标题 2.2.1”编号要进行更改，而且如果删除的内容中包含图形或表格，则其后面的所有图形和表格的题注编号、交叉引用也要进行更改，如果文档包含目录，则目录的内容、结构及页码同样也要进行更新等。

因此在进行长文档编辑时，除了要对页面、段落、文字、表格、图形进行设置外，还需要注重文档的结构及排版方式。WPS 文字提供了很多强大的功能，使长文档的编辑、排版、阅读和管理更加轻松、方便。

5.8.1 插入分节符

“节”是 WPS 文字中一个非常重要的概念。在默认情况下，WPS 文字将整个文档当成一节来处理，在文档中更改任何一个页面的属性，其他所有页面都会发生相同变化，而当文档需要不同的页面设置、纸型、页眉和页脚和页码格式时，通常要将文档分成若干节。例如，在文档的目录部分与正文之间插入一个分节符，可以分别在两个节中设置不同格式的页码、页眉和页脚。或者如果文档中包含比较大的横向表格，正常纵向的页面无法容纳，就需要将表格所在的页设置为独立的节，单独进行横向排版。WPS 文字中节的使用如图 5-110 所示。

图 5-110　节的使用示例

要插入分节符，可在“页面布局”功能区中单击“分隔符”下拉按钮，根据需要在弹出的下拉列表中选择一个命令，如图 5-111 所示。

图 5-111　插入分隔符

（1）下一页分节符：插入一个分节符，新节从下一页开始。即在当前位置同时实现分节和分页的功能。

（2）连续分节符：插入一个分节符，但不分页，新节从当前位置开始。

（3）奇数页或偶数页分节符：插入一个分节符，新节从下一个奇数页或偶数页开始。

5.8.2　设置段落项目符号和段落编号

项目符号是指出现在每个段落前面的一个特殊符号或图形，而段落编号则是指每个段落前的一个序号，如图 5-112 所示。在文档中合理使用项目符号和段落编号，可以增加文档的可读性和美观性，并且可以极大地提高文档的输入速度和编辑效率。

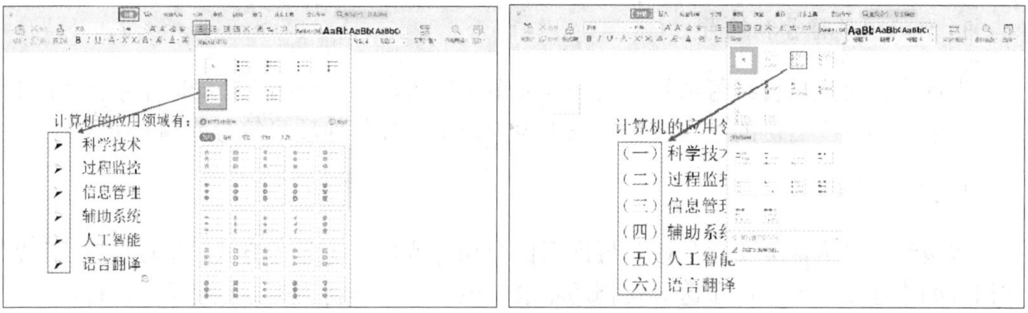

图 5-112 项目符号和段落编号使用示例

1. 添加项目符号和编号

（1）手动添加项目符号和编号。输入文字之前，先在“开始”功能区中单击“项目符号”或“编号”按钮，也可先输入一个带序号性质的数字或文字[如一、二；(一)、(二)；1、2；(1)、(2)；①、②等数学序号或大写字母（A、B 等）]，再输入一个分隔符（如顿号、冒号、制表符等）以产生段落编号，然后输入段落文本，输入完成后按 Enter 键即可。

（2）自动产生项目符号和编号。要给已经输入的段落添加项目符号和编号，可先选中该段落，再在“开始”功能区中单击“项目符号”或“编号”按钮即可。

2. 中断、删除、追加项目符号和编号

（1）中断项目符号和编号。

① 按一次 Enter 键，再按一次 Ctrl+Z 组合键，后续段落取消自动编号。

② 按两次 Enter 键，后续段落取消自动编号（不过同时也插入了多余的一个空行）。

（2）删除项目符号和编号。

① 将光标移到编号和正文之间，然后按 Backspace 键可删除行首编号。

② 先选中要删除项目符号或编号的一个或多个段落，在“开始”功能区中单击“项目符号”或“编号”右侧的下拉按钮，在下拉列表中选择“无”即可。

以上方法都可用于删除项目符号和段落编号列表，可根据需要选用。但如果要删除多个编号，只能用第二种方法。

（3）追加项目符号和编号。

① 将光标移动到包含编号的段尾，按 Enter 键，即可在下一段插入一个编号，原有后续编号会自动调整。

② 将带有自动编号（或项目符号）的段落复制到新位置时，新段落将应用自动编号（或项目符号）。

③ 中断编号并输入多段后，选取中断前任意带编号的文本后单击（或双击）格式刷按钮，然后再单击要接着编号的段落，即可接排编号。

④ 如果将包含编号的文本内容复制到新位置，新位置文本的编号就会改变，通常会接着前面的段落列表继续编号。可以在复制的段落内右击，然后在弹出的快捷菜单中

选择“重新开始编号”或“继续编号”命令来设置编号的起始值。

3. 更换项目符号和编号

先选中要更换项目符号或编号的一个或多个段落，在“开始”功能区中单击“项目符号”或“编号”右侧的下拉按钮，在下拉列表中选择其他项目符号或编号类型即可。

4. 应用多级编号

多级编号是为区分文档的段落层次而嵌套编号或项目符号的方式，通常在撰写长篇文档（如毕业论文）中用于区分文档的章节构成。例如，将第 1 章编号为 1，将第 1 章第 1 节编号为 1.1，将第 2 章第 2 节编号为 2.2 等，应用多级列表的最大优势在于调整章节顺序、级别时，编号能够自动更新。使用多级编号时，只要确定好段落（标题）的层级，这些编号就会由系统自动生成。

（1）将光标移动到要编号的段落中，或同时选中多个段落。

（2）单击“开始”功能区中的“编号”下拉按钮，在弹出的下拉列表中选择“自定义编号”命令。

（3）首次编号后，选中需要更改编号级别的段落，单击“编号”下拉按钮，在弹出的下拉列表中选择“更改编号级别”命令，并根据需要进行降级（如将一级标题降为二级标题）。

（4）要更改多级编号的样式，选择“开始”→“编号”→“自定义编号”命令，弹出“项目符号和编号”对话框，选择“多级编号”选项卡，选择一种标题类型并单击“自定义”按钮进行设置，如要设置一级编号格式为“第 1 章”，并链接到“标题 1”样式，操作方法如下。

① 在文档中选中要向其添加编号的文本。

② 选择“开始”→“编号”→“自定义编号”命令，在弹出的“项目符号和编号”对话框中选择“多级编号”选项卡，选择一种标题类型并单击“自定义”按钮，可以在弹出的“自定义多级编号列表”对话框中进行设置，如图 5-113 所示。

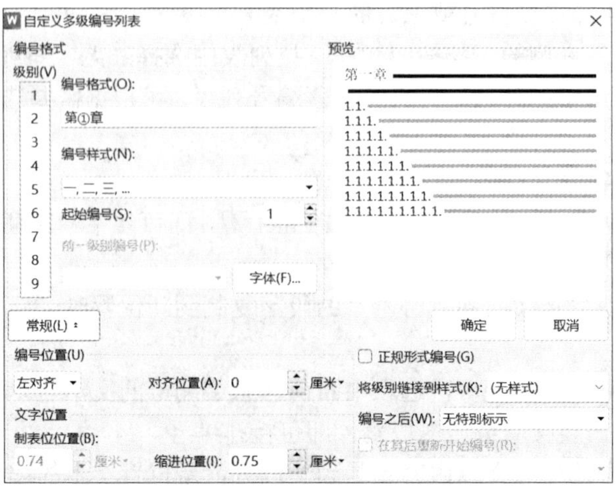

图 5-113 “自定义多级编号列表”对话框

5.8.3 设置样式

样式是一组预先由系统命名定义的字符和段落格式，它规定了文档中标题、正文，及要点等各个文本元素的格式。用户可以将一种样式应用于某个选中的段落或字符，以使所选中的段落或字符具有这种样式所定义的格式。

使用样式有很多便利之处，它可以帮助用户轻松统一文档的格式，辅助构建文档大纲，以使内容更有条理，简化文档格式的编辑和修改操作。此外，样式还可以用来生成文档目录。

1. 在文档中应用样式

WPS 文字提供了非常丰富的预设样式，在编辑文档时，用户可以从中选择并快速应用某种样式，以便减少一些格式设置上的重复性操作。要为文档的文字应用 WPS 文字预设样式中的一种样式，可以按照如下操作步骤进行设置。

（1）在文档中选中要应用样式的标题或文本。

（2）在“开始”功能区的“样式和格式”选项组中选择一种常用样式。

（3）如果在常用样式列表中没有合适的样式，也可单击样式列表右下角的下拉按钮，在弹出的预设样式中预览并选择一种合适的样式。

（4）如果在预设样式列表中仍然没有找到合适的样式，也可单击“显示更多样式”按钮，在弹出的“样式和格式”任务窗格中预览并选择一种合适的样式（在“样式和格式”任务窗格中选中下方的“显示预览”复选框，可看到样式的预览效果，如图 5-114 所示，否则所有样式只以文字描述的形式列举出来）。

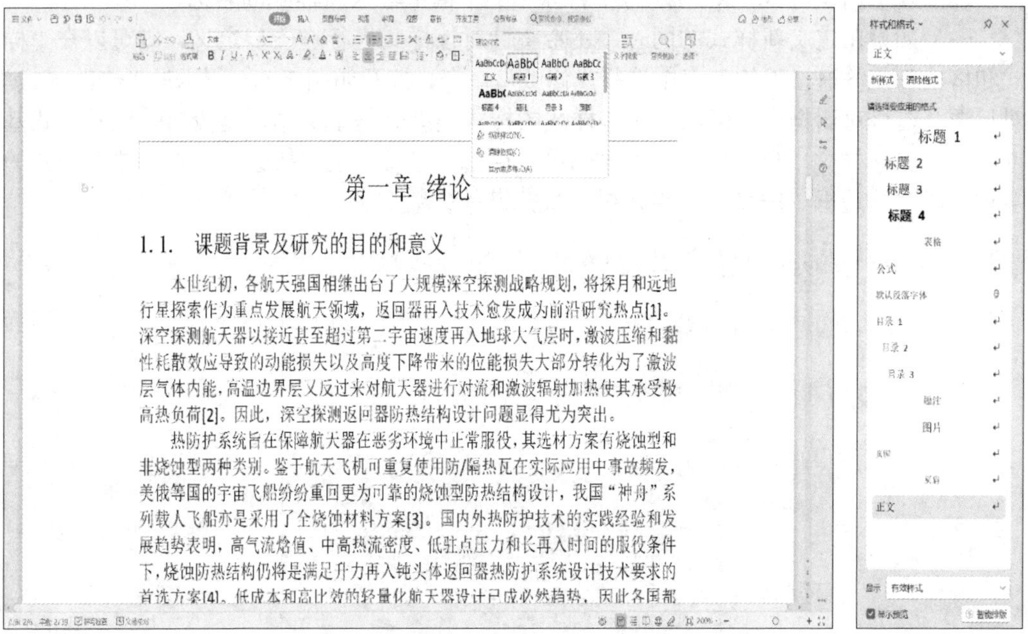

图 5-114 文本样式列表

2. 创建样式

（1）如果用户需要添加一个全新的自定义样式，则可单击“样式”选项组右下角的展开按钮，在弹出的“样式和格式”任务窗格下拉列表中选择“新建”命令，打开“新建样式”对话框，如图 5-115 所示。

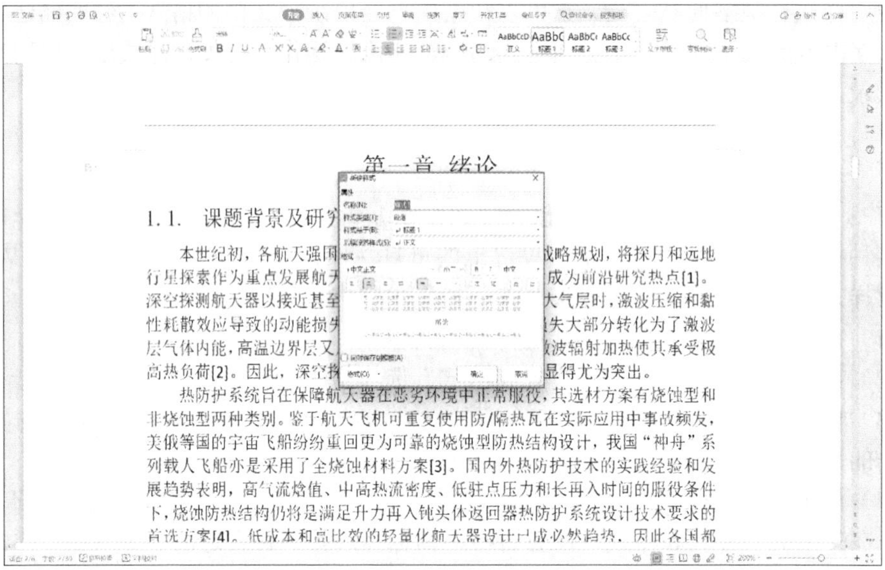

图 5-115 “新建样式”对话框

（2）在“新建样式”对话框的“名称”文本框中输入新样式的名称。

（3）如果在定义新样式的同时，还希望针对该样式进行进一步定义，则可以在“样式和格式”任务窗格下拉列表中选择“修改”命令，打开如图 5-116 所示的“修改样式”对话框。在该对话框中，可以定义该样式的样式类型是基于文本还是段落，以及样式基准和后续段落样式。除此之外，用户也可以单击“格式”下拉按钮，分别设置该样式的字体、段落、边框、编号、文字效果、快捷键等参数信息。

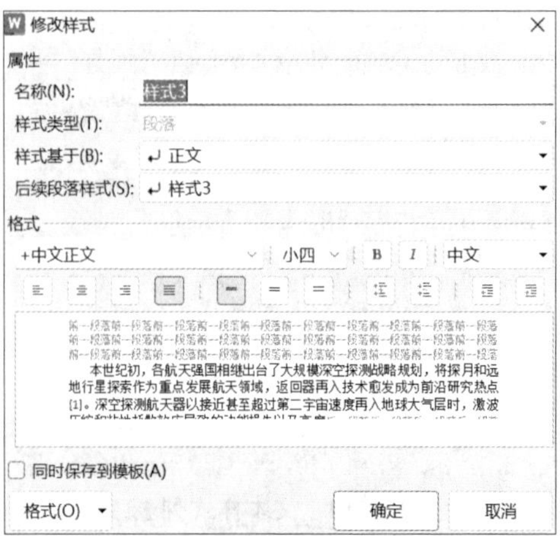

图 5-116 “修改样式”对话框

（4）单击“确定”按钮，新定义的样式会出现在快速样式库中，用户可以利用该样式快速调整文本或段落的格式。

5.8.4 设置题注、交叉引用

题注就是给图片、表格、图表、公式等项目添加的名称和编号。例如，本书中所有图片的下方或表格的上方都设置有图片和表格的编号和内容，以方便读者查找和阅读。

交叉引用是对 WPS 文字文档中其他位置内容的引用，例如，可为标题、脚注、书签、题注、编号段落等创建交叉引用。创建交叉引用之后，可以改变交叉引用的引用内容。例如，可将引用的内容从页码改为段落编号。

为 WPS 文字的图片、表格、公式这类对象创建的、带有编号的说明文字，称为“题注”。每幅图片下方的“图 1”“图 2”等文字就是题注，通俗的说法就是插图的编号。

以下是给图或表添加题注及交叉引用的介绍。

1. 为图片设置题注

（1）选中要添加题注的图片。

（2）在“引用”功能区中单击“题注”按钮，打开“题注”对话框，如图 5-117 所示。

（3）单击“标签”右侧的下拉按钮，在弹出的下拉列表中选择一种题注名称，如“图”“表”等，如果没有需要的标签，可以单击“新建标签”按钮来创建其他标签，也可以根据文档需要设置编号，完成后单击“确定”按钮，即可在图片的下方插入一个标签。

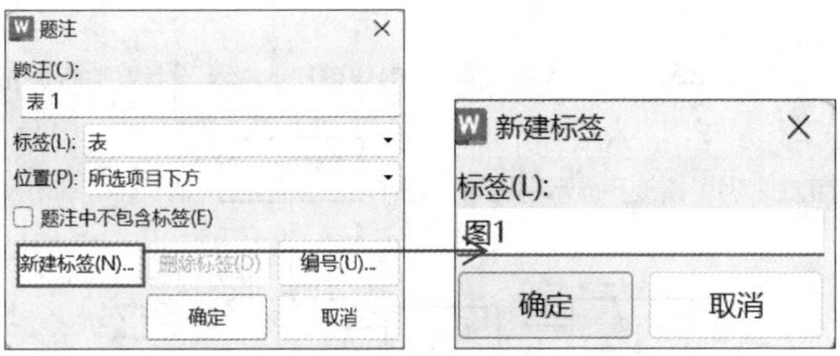

图 5-117 添加新标签和编号

（4）选中图片下的题注（如果是表格，则需要在表格上方插入题注），可以在编号后面补充输入图片的说明文字或进行相关格式的设置，如图 5-118 所示。

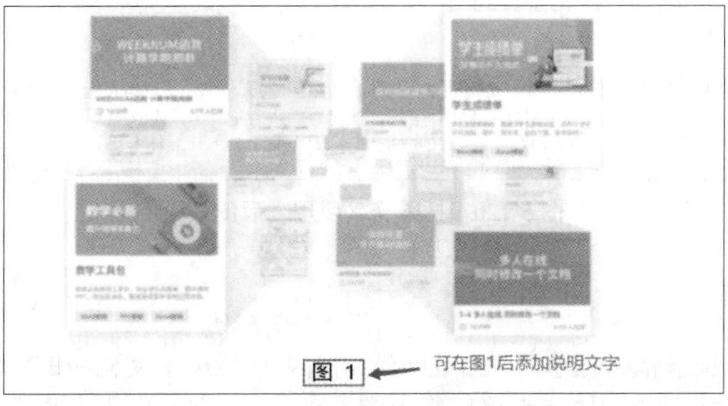

图 5-118 编辑题注

2. 设置交叉引用

在给图片或表格设置题注后，可以在正文的段落文字内部插入对题注的详细描述或引用，引用和题注是相互对应的，通常称这种关系为交叉引用。

图 5-119 交叉引用的设置

（1）移动插入点到需要插入交叉引用的位置，在“引用”功能区中单击“交叉引用”图标，打开“交叉引用”对话框，单击“插入按钮”进行插入，如图 5-119 所示。

（2）插入交叉引用之后的效果如图 5-120 所示。

交叉引用的作用是当题注中的内容发生变化后，交叉引用的地方也会自动变化。如果图片中的题注编号发生变化，则正文中引用的题注编号也会随之发生变化。但是前面所说的这些自动变化并不会马上显示出来，而是在文档保存后或打印时才能体现出来。

总之，用好 WPS 文字的自动化功能不仅可节省很多编辑时间，还可避免编辑文档时顾此失彼的现象。

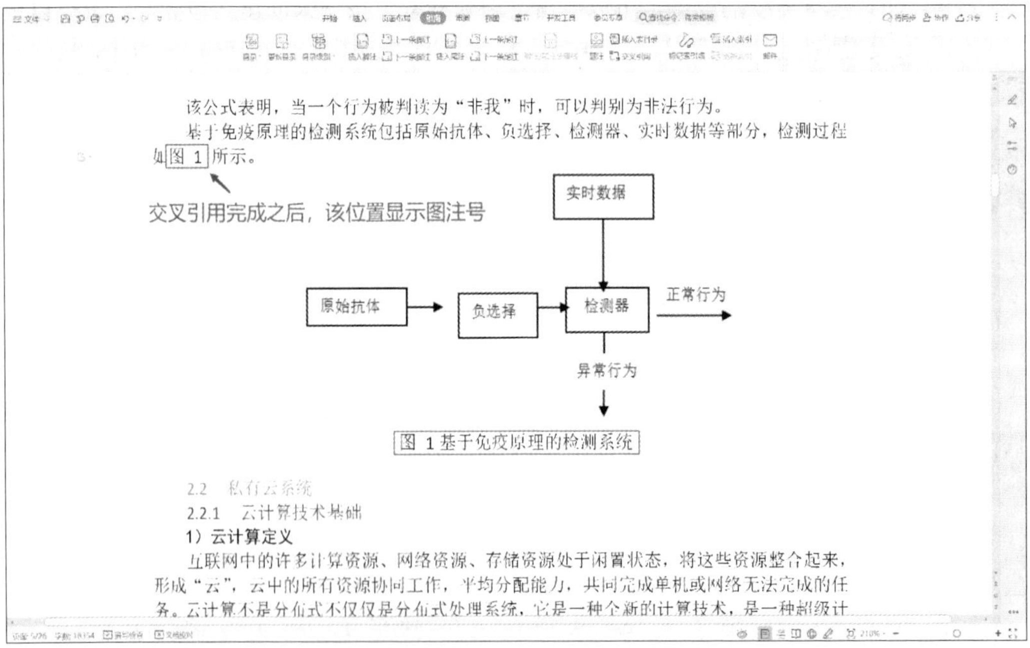

图 5-120 插入交叉引用之后的效果

5.8.5 创建目录

目录通常是长篇幅文档不可缺少的一项内容，它列出了文档中的各级标题及其所在的页码，便于文档阅读者快速查找所需内容。WPS 文字提供了一个内置的目录库，其中有多种目录样式可供选择，可代替用户完成大部分工作，使插入目录的操作变得快捷、简便。

1. 使用目录库创建目录

（1）将鼠标指针定位到需要创建文档目录的地方，通常是文档的最前面。

（2）在“引用”功能区中单击“目录”下拉按钮，弹出如图 5-121 所示的下拉列表。

（3）根据需要选择一种目录样式，WPS 文字就会自动根据所标记的标题在指定位置创建目录，如图 5-122 所示。

2. 使用自定义样式创建目录

如果用户已将自定义样式应用于标题，则可以按照如下操作步骤创建目录。用户也可以选择 WPS 文字在创建目录时使用的样式设置。

（1）将鼠标指针移动到需要创建文档目录的位置。

（2）在“引用”功能区的“目录”选项组中，单击“目录”下拉按钮选择“自定义目录”命令，打开如图 5-123 所示的“目录”对话框。

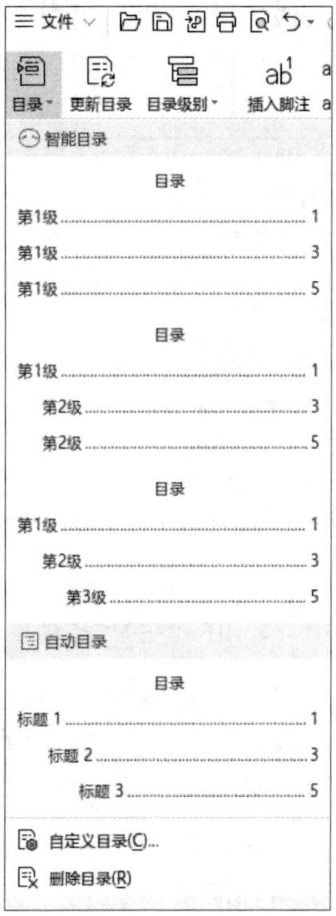

图 5-121 “目录”下拉列表

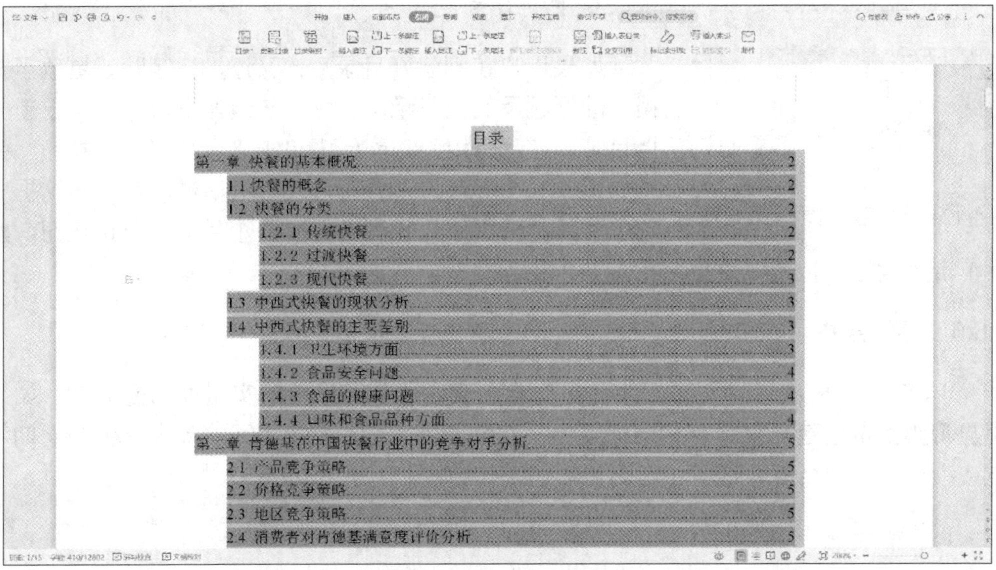

图 5-122 自动创建目录

（3）在“目录”选项组中单击“选项”按钮，打开如图 5-124 所示的“目录选项”对话框，在“有效样式”区域中可以查找应用于文档中的标题样式，在样式名称旁边的“目录级别”文本框中输入目录的级别（可以输入 1～9 中的一个数字），以指定希望标题样式代表的级别。如果希望仅使用自定义样式，则可删除内置样式的目录级别数字，例如，可以删除“标题 1”“标题 2”“标题 3”样式名称旁边代表目录级别的数字。

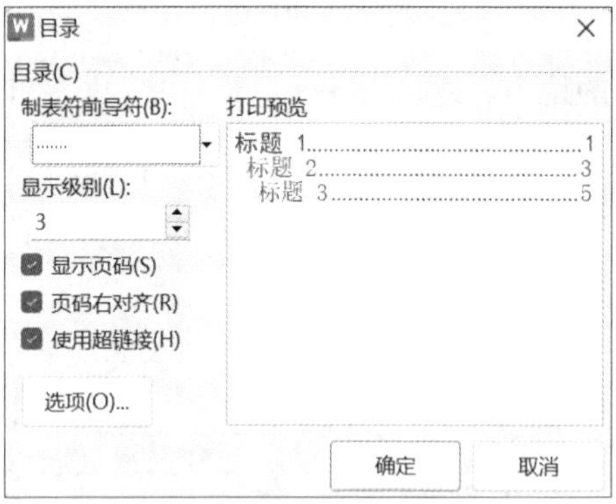

图 5-123 “目录”对话框

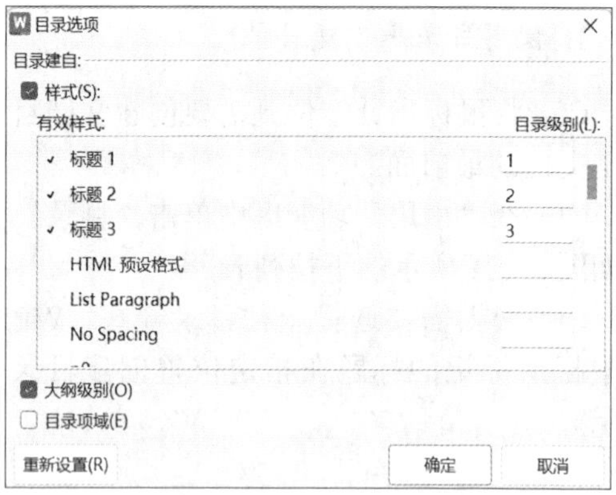

图 5-124 “目录选项”对话框

（4）在有效样式和目录级别设置完成后，单击“确定”按钮，关闭“目录选项”对话框返回“目录”对话框，用户可以在“打印预览”区域中看到 WPS 文字在创建目录时使用的新样式设置。另外，如果正在创建读者将在打印页上阅读的文档，那么在创建目录时应包括标题和标题所在页面的页码，即选中“显示页码”复选框，从而便于读者快速翻到所需页。

（5）单击“确定”按钮完成所有设置。

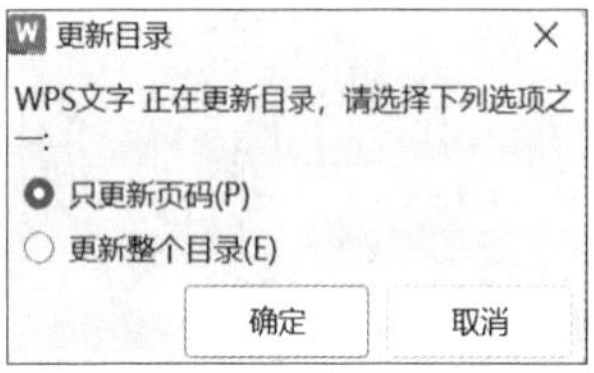

图 5-125 “更新目录”对话框

3. 更新目录

如果用户在创建好目录后，又添加、删除或更改了文档中的标题及其他目录项，可以按照如下操作步骤更新文档目录。在“引用”功能区中单击“更新目录”按钮，弹出如图 5-125 所示的“更新目录”对话框，在该对话框中选中“只更新页码”或者“更新整个目录”单选按钮，然后单击“确定”按钮即可按照指定要求更新目录。

5.8.6 邮件合并

WPS 文字提供了强大的邮件合并功能，该功能具有极佳的实用性和便捷性。如果用户希望批量创建一组具有相同框架但又有细节区别的文档（如寄给多个学生的学期考试成绩单、公司名片、准考证等），就可以使用邮件合并功能实现。

1. 邮件合并的基本概念

WPS 文字的邮件合并可以将一个主文档与一个数据源结合起来，最终生成一系列主体相同但细节不同的输出文档，利用邮件合并功能可以创建信函、电子邮件、传真、信封、标签、目录（打印出来保存在单个 WPS 文字文档中的姓名、地址或其他信息的列表）等文档。

在使用邮件合并之前需要明确以下几个基本概念。

（1）主文档。主文档是经过特殊标记的 WPS 文字文档，是用于创建输出文档的模板，其中包含了基本的文本框架，这些文本框架在所有输出文档中都是相同的，如信件的信头、主体及落款等。另外，还有一系列指令（称为合并域），用于插入在每个输出文档中都要发生变化的信息，如收件人的姓名和地址等。

（2）数据源。数据源实际上是一个数据列表，其中包含了用户希望合并到输出文档中的数据。通常保存姓名、通信地址、电子邮件地址、传真号码等数据字段。WPS 文字的邮件合并功能支持很多类型的数据源，其中主要包括以下几类。

① WPS 表格工作表：可以从工作簿内的任意工作表或命名区域选择数据。

② WPS 文字数据源：可以使用某个 WPS 文字文档作为数据源。该文档应该只包含 1 个表格，该表格的第 1 行必须用于存放标题，其他行必须包含邮件合并所需的数据记录。

③ HTML 文件：使用只包含 1 个表格的 HTML 文件。表格的第 1 行必须用于存放标题，其他行则必须包含邮件合并所需的数据。

（3）邮件合并的最终文档。邮件合并的最终文档包含了所有的输出结果，其中有些文本内容在输出文档中都是相同的，有些则会随着收件人的不同而发生变化。

2. 利用邮件合并制作邀请函

用户通常需要制作或发送一些信函或邀请函之类的邮件给客户或合作伙伴，这类邮件通常分为固定不变的内容和变化的内容。例如，有一份如图 5-126 所示的邀请函文档，在这个文档中已经输入了邀请函的正文内容，这一部分就是固定不变的内容。邀请函中的姓名及称谓等信息就属于变化的内容，而这部分内容保存在如图 5-127 所示的 WPS 表格工作表中。

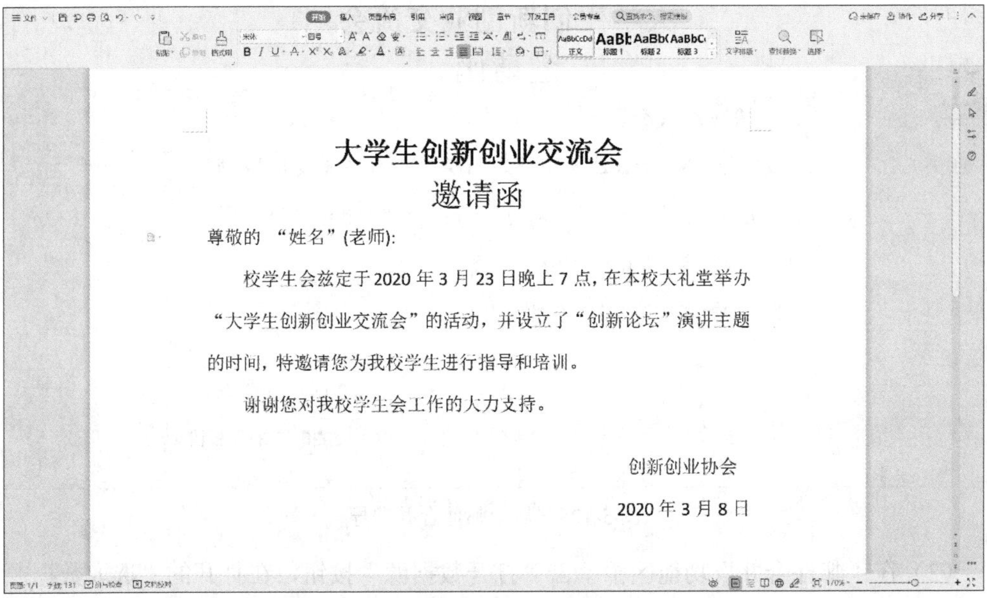
大学生创新创业交流会
邀请函

尊敬的 “姓名”(老师):

校学生会兹定于2020年3月23日晚上7点，在本校大礼堂举办“大学生创新创业交流会”的活动，并设立了“创新论坛”演讲主题的时间，特邀请您为我校学生进行指导和培训。

谢谢您对我校学生会工作的大力支持。

创新创业协会

2020年3月8日

图 5-126 邀请函主文档

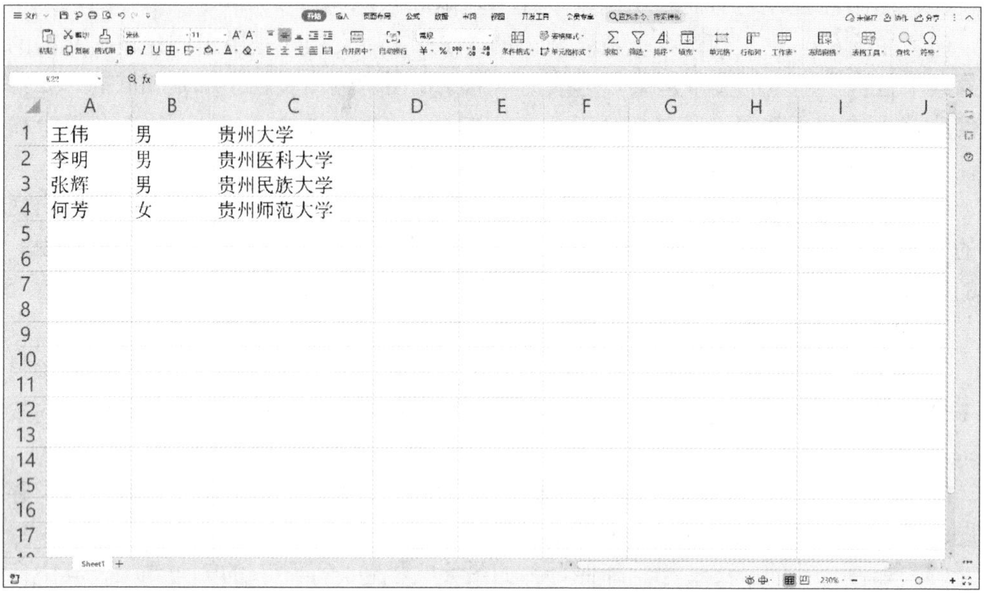

图 5-127　保存在 WPS 表格工作表中的邀请人信息

下面来介绍如何利用邮件合并功能中的“邮件合并分步向导”功能将数据源中邀请人的信息自动填写到邀请函文档中。

（1）在“引用”功能区中，单击“邮件”按钮，在弹出的“邮件合并”功能区中可以进行邮件合并的相关操作，如图 5-128 所示。

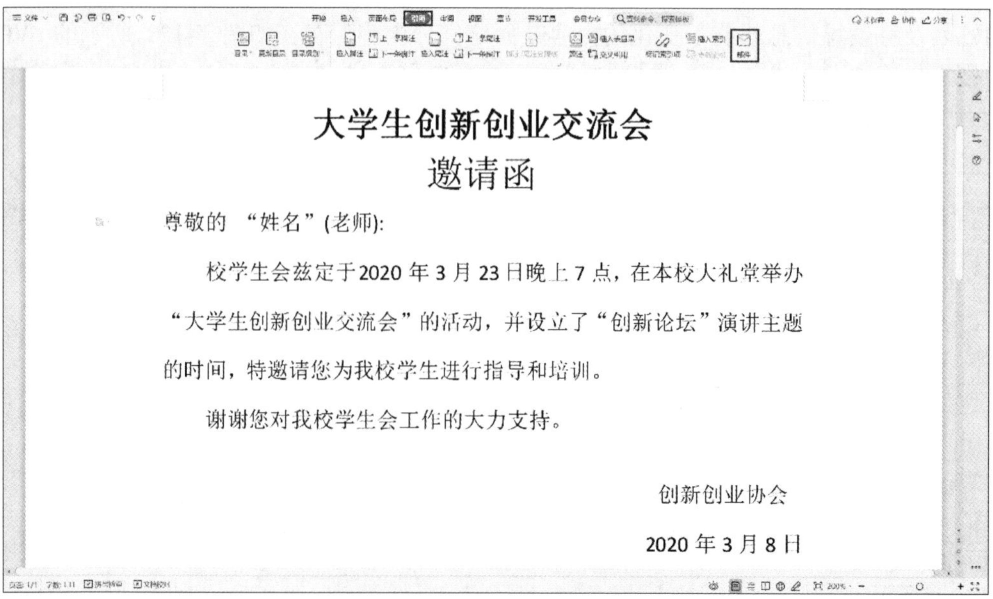

图 5-128　启动邮件合并向导

（2）在“邮件合并”功能区中单击“打开数据源”按钮，在打开的“选取数据源”对话框中选择需要导入的表格文件，如图 5-129 所示。

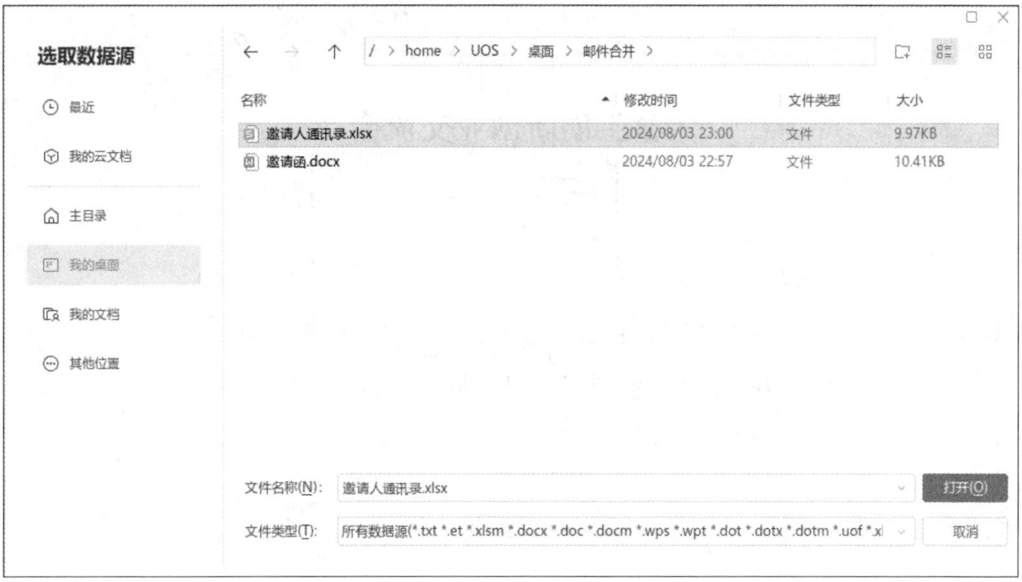

图 5-129 “选取数据源”对话框

（3）将光标先放在需要插入数据的位置，再单击“插入合并域”按钮，打开“插入域”对话框，选中“数据库域”单选按钮，在“域”列表中选择对应要插入的数据，选择完成后单击“插入”按钮，然后单击“关闭”按钮，如图 5-130 所示。

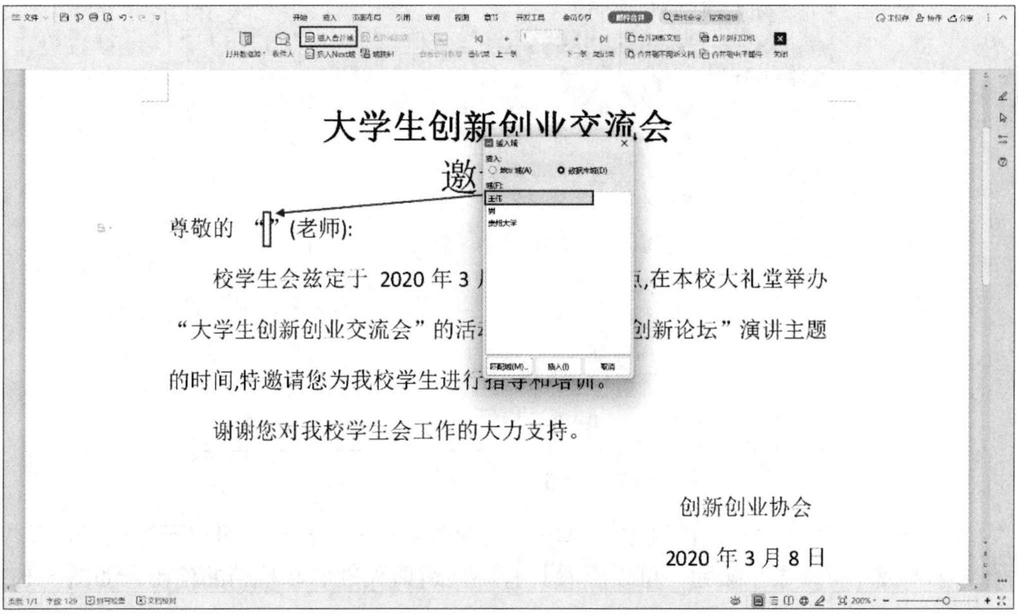

图 5-130 设置邮件合并数据源

（4）单击“邮件合并”功能区中的“收件人”按钮，打开“邮件合并收件人”对话框，如图 5-131 所示。

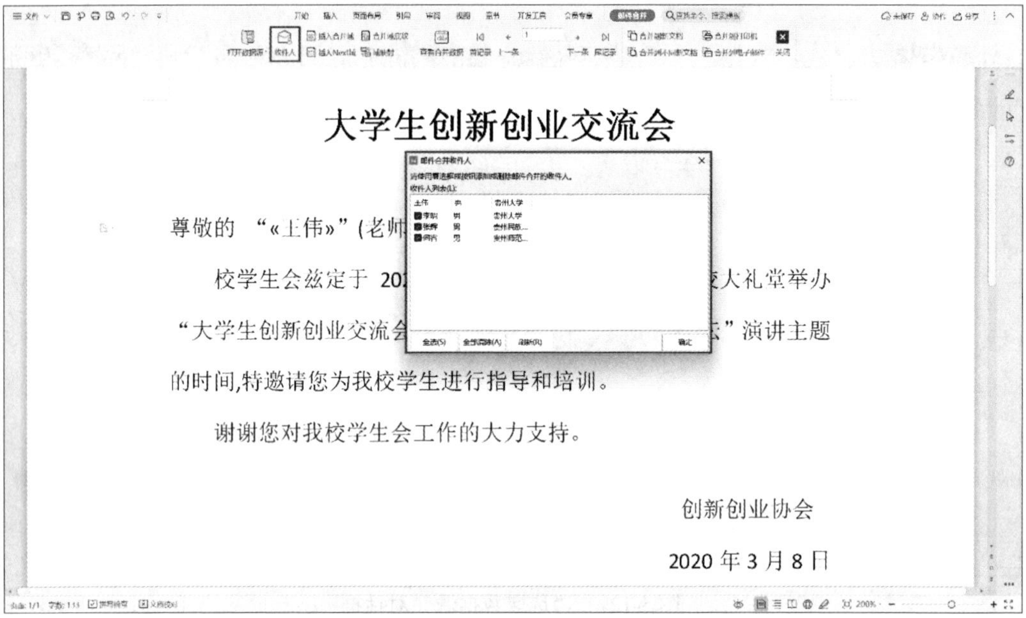

图 5-131 “邮件合并收件人”对话框

（5）在“邮件合并收件人”对话框中可以对需要合并的收件人信息进行修改，然后单击“确定”按钮，如图 5-132 所示。

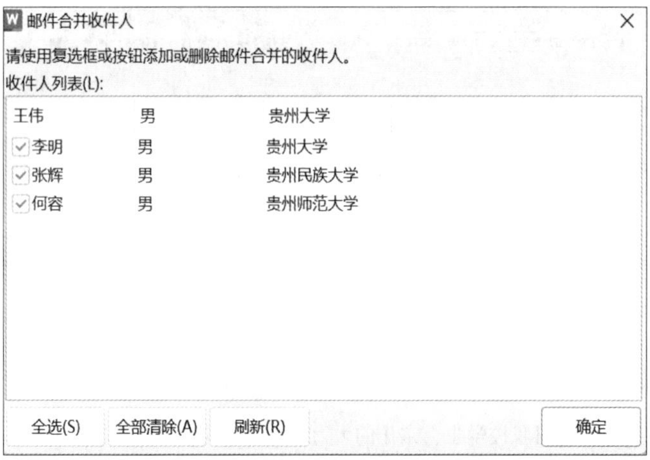

图 5-132 修改邮件合并收件人信息

（6）在“邮件合并”功能区中，单击“查看合并数据”按钮，可以预览信函，单击“上一条”或“下一条”按钮，可以查看具有不同邀请人姓名和称谓的信函，如图 5-133 所示。

（7）预览并处理输出文档后，单击“合并到新文档”按钮，随后会出现一个新文档。用户也可以根据实际需要选择单击“合并到打印机”按钮，将邮件合并的内容打印出来。

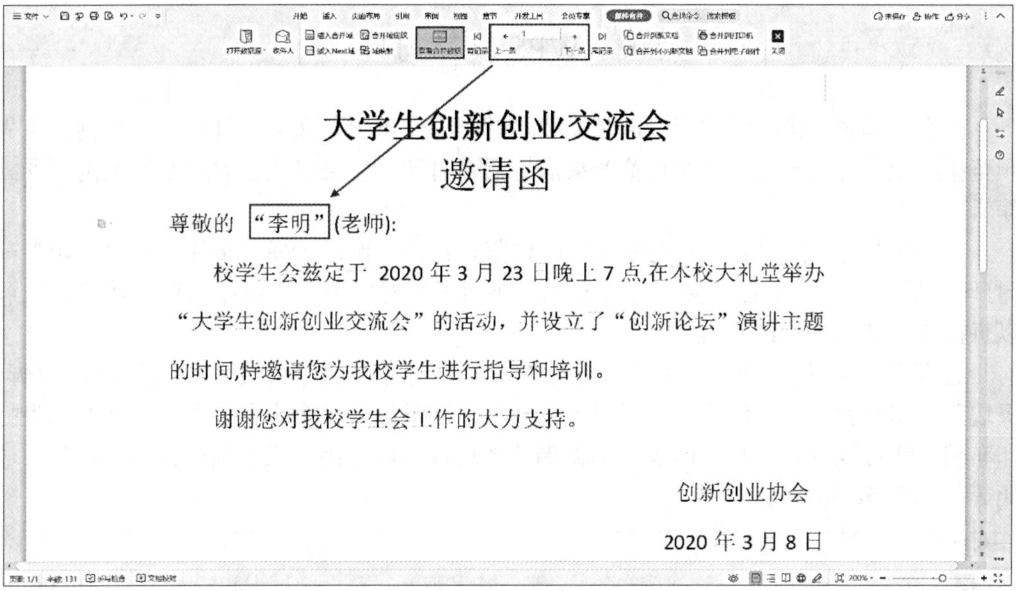

图 5-133 预览信函

（8）在“合并到新文档”对话框的“合并记录”选项组中，选中“全部”单选按钮，如图 5-134 所示，然后单击“确定”按钮。

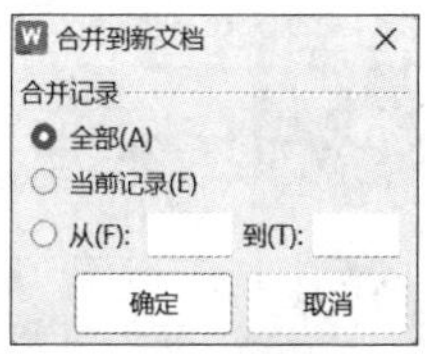

图 5-134 设置信函合并记录

这样，WPS 文字会将表格中存储的收件人信息自动添加到邀请函正文中，并合并生成一个如图 5-135 所示的新文档。在该文档中，每页中的邀请函客户信息均由数据源自动创建。

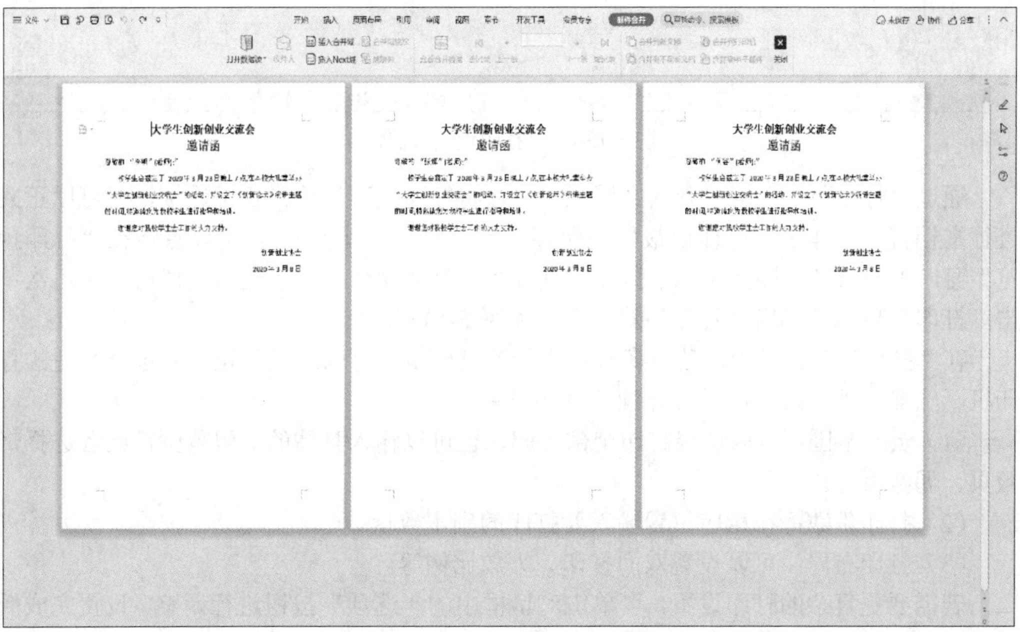

图 5-135 生成并显示全部信函

5.9 WPS 文字打印

当文档编辑、排版完成后，通常需要将其打印在纸上，在真正打印输出之前，应先预览排版效果是否理想，在对预览效果满意后再打印，如果对预览效果不满意则可继续编辑、修改。

在 WPS 文字打印前可以先进行打印预览。具体操作：选择“文件”→“打印”→“打印预览”命令，或者直接在自定义快速访问工具栏中单击“打印预览”按钮，也可以直接按 Ctrl+Alt+P 组合键。

进入打印预览模式后，屏幕上会显示出文档在打印时的分页效果，包括页眉、页脚、页边距、图片和表格的位置等。用户可以利用滚动条浏览各个页面，查看文档的完整打印布局，还可以进行一些打印设置的微调，如更改打印范围、设置双面打印、调整页边距等，如图 5-136 所示。

图 5-136 “打印预览”窗口

通过“打印预览”窗口确认文档无误后，将打印机和计算机正确连接，就可以正式进行文档打印工作了（打印前最好先保存文档，以免意外丢失）。可以直接在“打印预览”窗口中单击“直接打印”下拉按钮进行实际打印操作，或者返回文档窗口后再次单击“打印”按钮，弹出“打印”对话框，如图 5-137 所示。

在“打印”对话框中，若有多台已连接的打印机，可以通过下拉列表选择合适的打印机。除此之外，还可以进行详细的打印设置。

（1）页码范围：可以选择打印全部页码，也可以输入具体的页码范围，或者选择奇数页、偶数页等。

（2）打印份数：在相应位置输入要打印的副本数量。

（3）打印布局：可以设置双面打印、缩放比例等。

若需要更复杂的打印设置，可单击对话框中的“选项”按钮进行调整。设置完成后单击“确定”按钮开始打印任务。

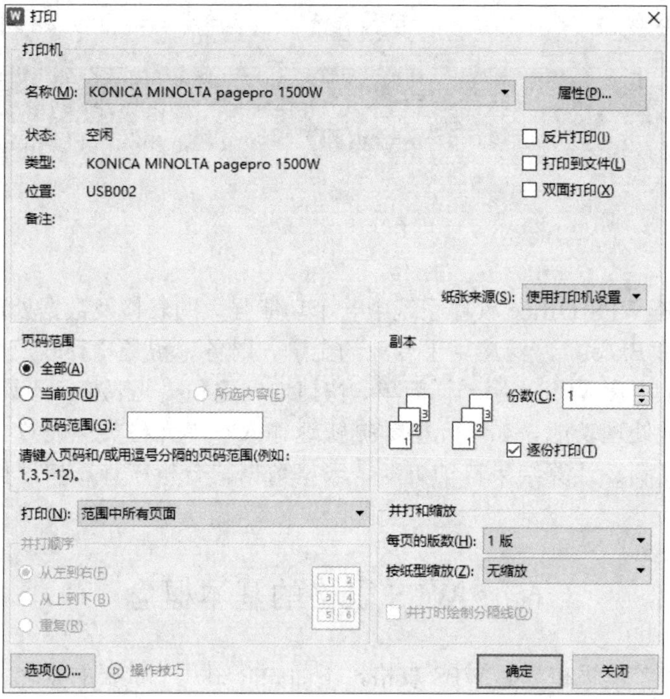
打印
打印机
名称(M): KONICA MINOLTA pagepro 1500W
属性(P)...
状态: 空闲
类型: KONICA MINOLTA pagepro 1500W
位置: USB002
备注:
反片打印(I)
打印到文件(L)
双面打印(X)
纸张来源(S): 使用打印机设置
页码范围
全部(A)
当前页(U)
所选内容(E)
页码范围(G):
请键入页码和/或用逗号分隔的页码范围(例如: 1,3,5-12)。
副本
份数(C): 1
逐份打印(T)
打印(N): 范围中所有页面
并打顺序
从左到右(F)
从上到下(B)
重复(R)
并打和缩放
每页的版数(H): 1 版
按纸型缩放(Z): 无缩放
并打时绘制分隔线(D)
选项(O)...
操作技巧
确定
关闭

图 5-137 “打印”对话框

第 6 章　WPS 表格

WPS 表格是 WPS Office 软件系统中一个功能强大的表格及数据处理组件，类似于微软 Office 中的 Excel，广泛应用于专业的金融、财务、税务、行政及个人事务处理等领域。它不仅可以像 WPS 文字一样简单、快捷地创建和美化表格，还具有比 WPS 文字更加强大的数据处理功能，如单元格数据快速输入、单元格类型设置、复杂计算公式的创建和智能复制、计算结果自动更新、表格数据的分析统计、快速创建报表和图表等功能。

6.1　WPS 表格的基本概念

为了帮助读者理解和掌握 WPS 表格，下面先介绍几个重要的概念。

1. 工作簿

工作簿是指保存在硬盘上的扩展名为 et 的文件，图标为。一个工作簿可以包含一个或多个工作表，它像一个表格集合，把若干个相关联的表格或图表存放在一起，便于集中管理。例如，用户可以创建一个名为“2023 级物联网专业 2 班.et”的工作簿来记录该班的总体信息，这个工作簿可以包含“学生名册”工作表、“学生成绩”工作表、“体检情况”工作表、“奖惩记录”工作表等。

2. 工作表

工作表即包含在工作簿中的一个由列和行组成的单表。在 WPS 表格中，默认情况下一个工作簿只包含一个工作表，命名为 Sheet1。尽管 WPS 表格的每个工作表都提供了足够的容量，但为方便管理，一般一个工作表只记录一类信息或保存一个数据清单，不同的信息应保存在不同的工作表中。

3. 单元格

工作表中行、列交会处的区域称为单元格，它可以保存数值、文字、声音等数据，是 WPS 表格中基本的编辑单位。工作簿、工作表及单元格之间的关系可用图 6-1 来表示。

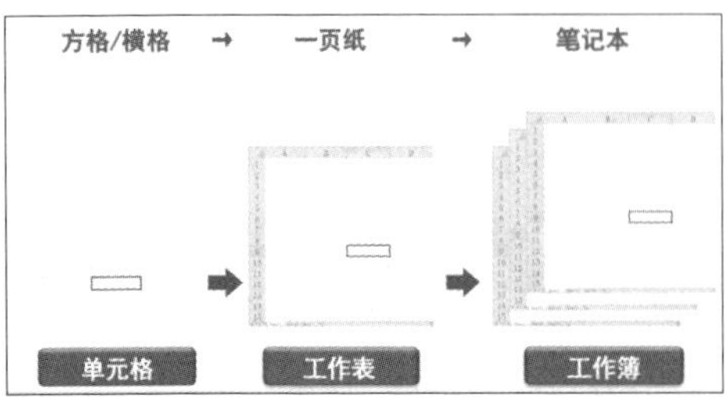

图 6-1　WPS 表格文档结构

4. 单元格地址

在 WPS 表格中，为标记每个单元格在表格中的位置，需要给每一个单元格定义一个唯一的编号，即单元格地址。和 WPS 文字中的表格一样，WPS 表格的单元格地址也由“列号+行号”组成，例如，C7 表示第 C 列、第 7 行的单元格，A4 表示第 A 列、第 4 行的单元格等。如果要表示多个不连续的单元格，可依次书写每个单元格地址，其间用“,”连接，如“A4,C7”。如果要表示一个连续的单元格区域，可书写该区域的开始单元格地址和结束单元格地址，其间用“:”连接，如“A4:C7”或“C7:A4”。也可将这些表示方法混合使用，如“A4:C7,f8,G7:K16”等。

5. 活动单元格

活动单元格即插入点所在的单元格或者已经选中的单元格组，表示当前正在进行编辑的区域，其四周用绿色加粗的边框标记，并且在其右下角还会出现一个绿色的控件（称为填充柄）。在 WPS 表格中，很多智能化的操作都是通过填充柄完成的。

6.2 WPS 表格的基本操作

6.2.1 启动 WPS 表格

和 WPS 文字一样，WPS 表格也可以由以下方法启动。

（1）单击启动器按钮，在启动器菜单中选择“WPS 表格”命令，启动 WPS 表格，如图 6-2 所示。

（2）在桌面上双击“WPS 表格”快捷图标启动 WPS 表格，如图 6-3 所示。

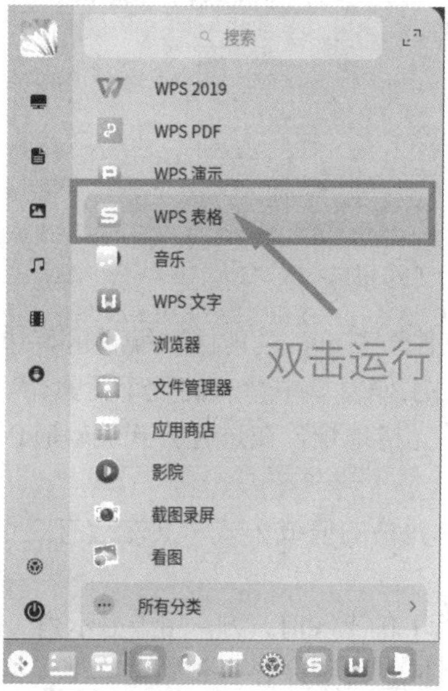

图 6-2 从启动器菜单启动 WPS 表格

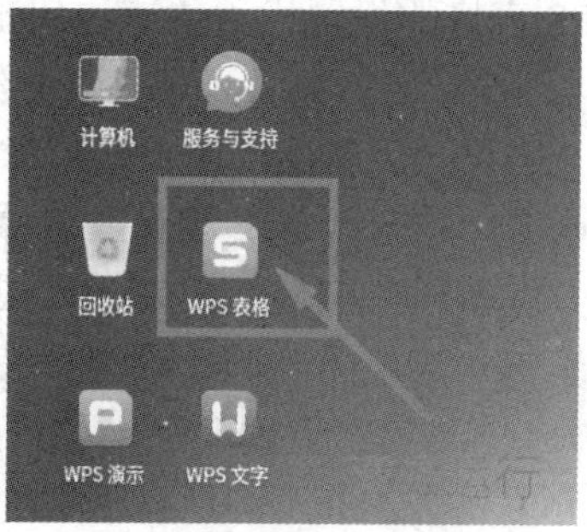

图 6-3 从桌面快捷图标启动 WPS 表格

（3）在文件管理器窗口中双击扩展名为 et 的文件图标启动 WPS 表格，如图 6-4 所示。

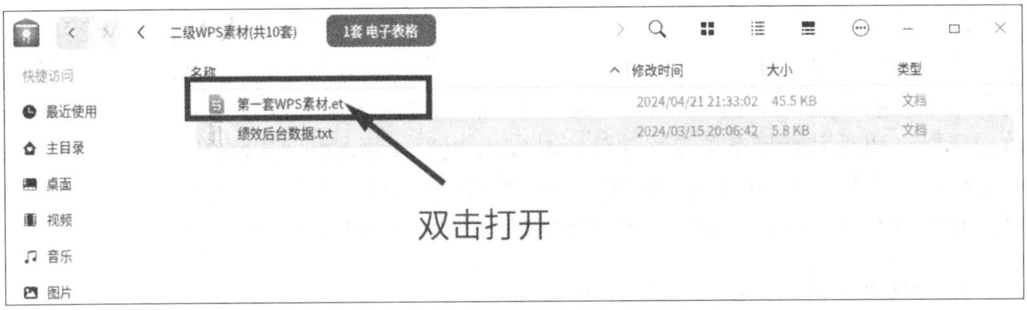

图 6-4　双击相应文件启动 WPS 表格

6.2.2　WPS 表格工作窗口的组成

WPS 表格成功启动后，将在桌面上显示其工作窗口，如图 6-5 所示。

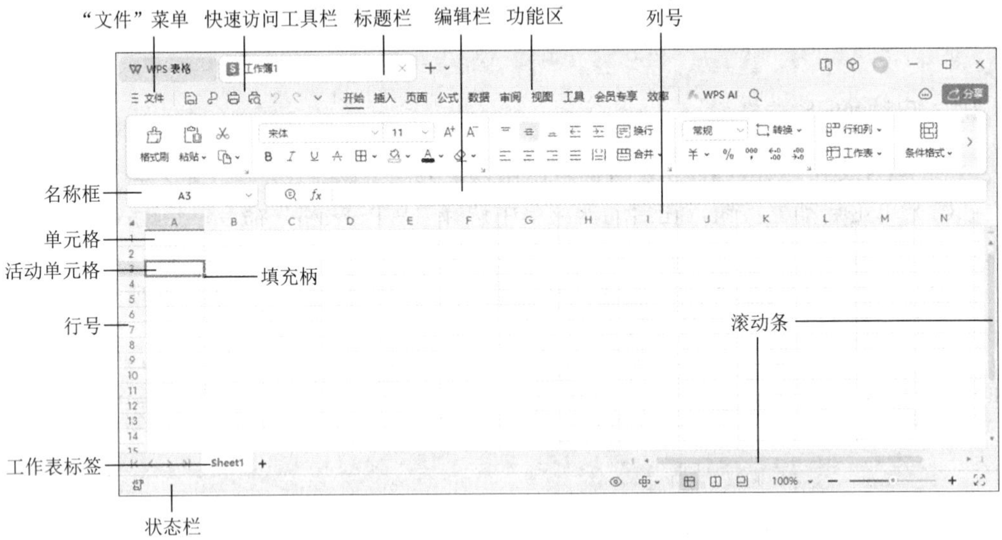

图 6-5　WPS 表格的工作窗口

WPS 表格的标题栏、快速访问工具栏、“文件”菜单、功能区、编辑区、边框边角的结构与 WPS 文字类似，这里仅介绍 WPS 表格工作窗口中特有的几个元素。

（1）名称框。名称框用于显示和选中活动单元格地址，在进行公式编辑时，可以插入一个函数，也可以定义和管理名称。

（2）编辑栏。编辑栏用来输入或编辑当前单元格的值或公式，其左边有三个按钮，分别用于输入数据的确认、取消和编辑公式。

（3）列号、行号。列（行）号位于每一列（行）的上（前）方，用于显示列（行）号。

（4）单元格。单元格是表格中的一个矩形区域，用于保存各种数据。单元格四周包围灰色边框，在表格打印输出时，该灰色边框将被忽略，若要打印边框，则需要进行相应设置。

（5）活动单元格。活动单元格即插入点所在的单元格或者已经选中的单元格组，其四周用绿色加粗的边框标记。

（6）填充柄。填充柄是出现在活动单元格右下角的方形控件，将鼠标指针移动到其上时，指针由✚变成✚，拖动鼠标可以在目标单元格中智能填充各种数据。

（7）工作表标签。工作表标签用于显示当前工作簿文件中包含的工作表名，位于表层的是当前正在编辑的工作表，单击标签可在不同的工作表之间进行切换。

（8）状态栏。状态栏的左侧用于显示与当前操作相关的一些信息和窗口状态。例如，在为单元格输入数据时显示“输入状态”，在为单元格修改数据时显示“编辑状态”等。当在表格中选中多个包含数值的单元格后，在状态栏的左部区域将显示这些单元格的常用运算结果；状态栏右部则显示视图切换按钮和当前的视图模式，同时还显示窗口比例及比例调节滑块。

6.2.3 退出 WPS 表格

WPS 表格的退出和 WPS 文字一样，也有以下几种常用的方法。

（1）单击 WPS 表格工作簿窗口右上角的“关闭”按钮。

（2）选择“文件”→“退出”命令（注意，不是“关闭”命令）。

（3）按 Alt+F4 组合键。

6.3 WPS 表格的文件操作

在 WPS 表格中，文件操作与 WPS 文字相似，为了保持内容结构的完整，加深读者印象，这里仅作简单介绍，详细内容可参考第 5 章。

6.3.1 创建工作簿

在默认情况下，每次启动 WPS 表格后，系统会自动以默认格式创建一个名为“工作簿 1”的空工作簿。当然，在编辑工作簿的过程中，用户也可根据需要再创建新的工作簿，系统对新建的工作簿按创建的顺序依次命名为“工作簿 2”“工作簿 3”等。

1. 创建空白工作簿

创建空白工作簿即以系统默认格式创建空工作簿，具体操作是选择“文件”→“新建”→“新建”命令并单击“空白表格”按钮或按 Ctrl+N 组合键。

2. 使用模板创建工作簿

WPS 表格预先定义了很多设计精美、格式丰富的表格模板，可以选择“文件”→“新建”→“本机上的模板”命令，在弹出的“模板”对话框中选择合适的模板来完成工作簿的创建（计算机需要连接网络），如图 6-6 所示。

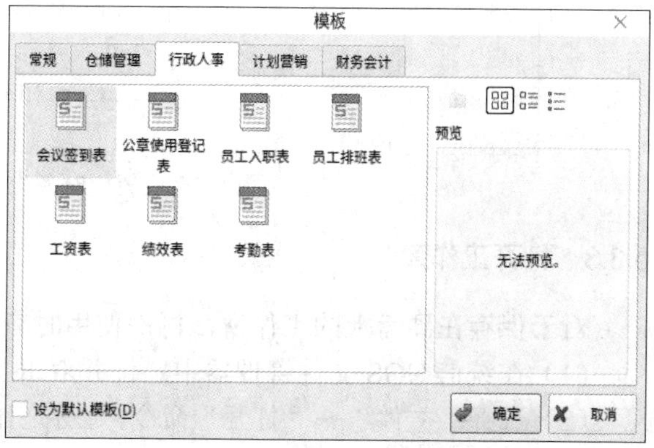

图 6-6 使用 WPS 表格模板

6.3.2 保存工作簿

在工作簿创建后，或在对工作簿进行修改操作后，为防止 WPS 表格意外关闭而导致信息丢失，用户应及时对工作簿进行保存。

1. 手动保存

在自定义快速访问工具栏中单击“保存”按钮或按 Ctrl+S 组合键，可以对工作簿进行保存。如果是对工作簿第一次执行保存操作，系统将弹出“另存为”对话框，在该对话框中设置文件名称、文件类型及保存位置即可。如果不是第一次保存，则不会弹出此对话框，而是直接以文件原来的文件名、文件类型及位置进行保存。

2. 定时备份

（1）选择“文件”→“选项”命令，弹出“选项”对话框，在左侧区域中选择“备份设置”命令。

（2）在右侧区域中选中“定时备份”单选按钮，启用自动保存功能，并在“时间间隔”文本框中输入一个数值，如 10 分钟，设置定时备份的时间间隔，如图 6-7 所示。

图 6-7　设置定时备份的时间间隔

6.3.3 打开工作簿

对于保存在硬盘上的工作簿，再次使用时应先打开，方法通常有以下几种。

（1）在统信 UOS 文件管理器中定位并双击工作簿文件。

（2）选择“文件”→“打开”命令，在弹出的“打开文件”对话框中选择要打开的工作簿。

（3）单击“文件”菜单，从“最近使用”列表中选择要打开的工作簿，如图 6-8 所示。

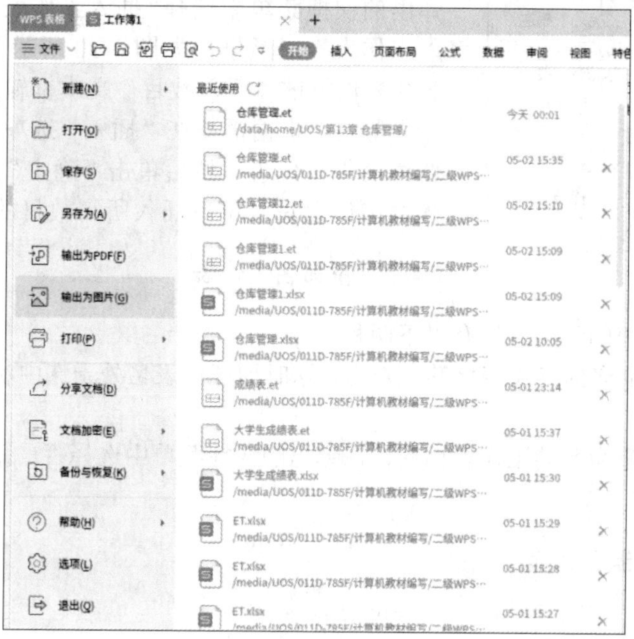

图 6-8　打开最近使用的工作簿

6.3.4　关闭工作簿

在 WPS 表格中打开多个工作簿时，可使用以下方法关闭。

（1）选择“文件”→“文件”→“关闭”命令。

（2）单击工作簿窗口的“关闭”按钮。

6.4　编辑工作表

6.4.1　插入工作表

插入工作表常用的方法有以下两种。

（1）在工作表标签区单击右侧的“新建工作表”按钮+或按 Shift+F11 组合键，即可在工作簿中插入一个新工作表，如图 6-9 所示。

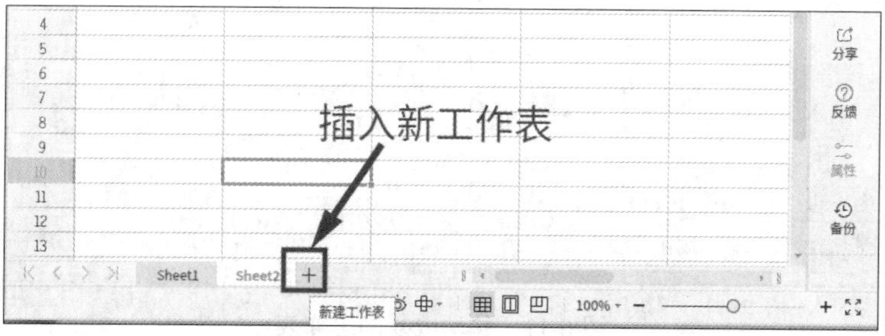

图 6-9　插入新工作表

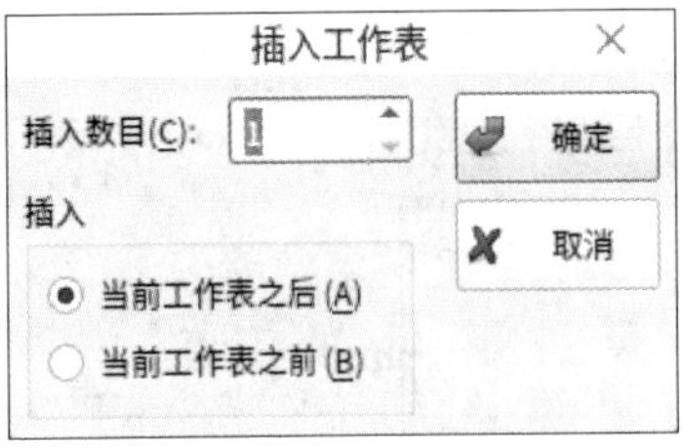

图 6-10 插入新工作表

（2）在工作表标签区中选择任意工作表右击，在弹出的快捷菜单中选择“插入工作表”命令，弹出“插入工作表”对话框，如图 6-10 所示。在“插入工作表”对话框的“插入数目”文本框输入需要插入的工作表数目，根据需要在“插入”选项组中选择合适的新建工作表位置，然后单击“确定”按钮，即可在选择的工作表对应位置插入所需数目的工作表。

6.4.2 重命名工作表

重命名工作表的常用方法有以下两种。

（1）在要重命名的工作表标签上双击，这时原工作表名处于选中状态，重新输入新工作表名即可。

（2）右击要重命名的工作表标签，在弹出的快捷菜单中选择“重命名”命令，输入新工作表名即可。

6.4.3 移动和复制工作表

移动和复制工作表的常用方法有以下两种。

（1）选中一个要移动的工作表标签，然后拖动工作表标签到合适的位置即可。若在拖动工作表标签的同时按 Ctrl 键则可完成复制操作，并自动命名为“原工作表名+(序号)”。

（2）右击要移动或复制的工作表标签，在弹出的快捷菜单中选择“移动”命令，弹出“移动或复制工作表”对话框。在“工作簿”下拉列表中选择目标工作簿（默认情况下是当前工作簿），如果此时还有其他打开的工作簿，也可以把工作表移动或复制到其他工作簿中去。在“下列选定工作表之前”列表中选择一个位置。是否选中“建立副本”复选框，可以根据需要进行设置，如果选中该复选框，则进行复制操作，否则进行移动操作。单击“确定”按钮完成操作，如图 6-11 所示。

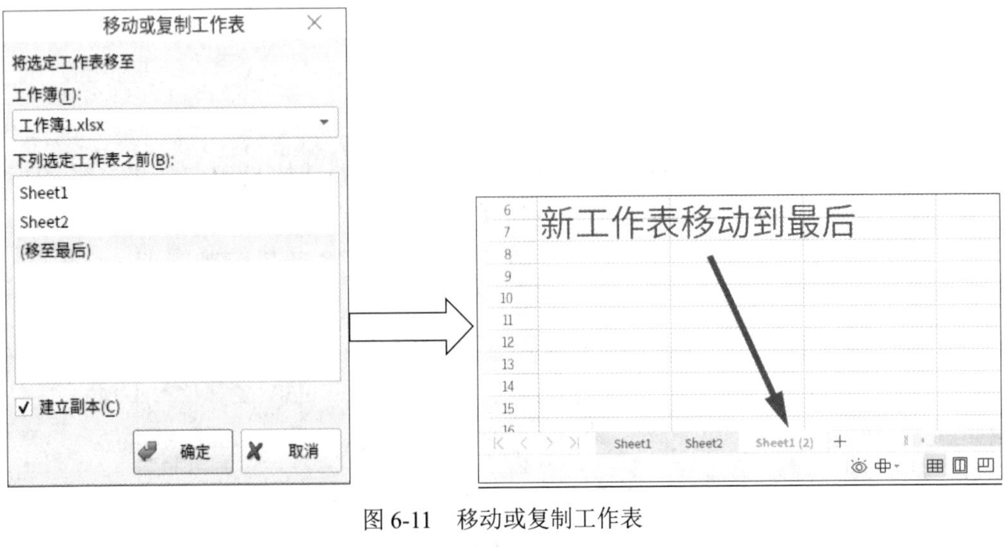

图 6-11 移动或复制工作表

6.4.4　删除工作表

删除工作表的步骤如下。

（1）右击要删除的工作表标签，在弹出的快捷菜单中选择“删除”命令。

（2）如果工作表中没有数据，则工作表被直接删除，否则会弹出确认删除提示对话框，如图 6-12 所示。

（3）根据情况单击“确定”按钮或“取消”按钮。

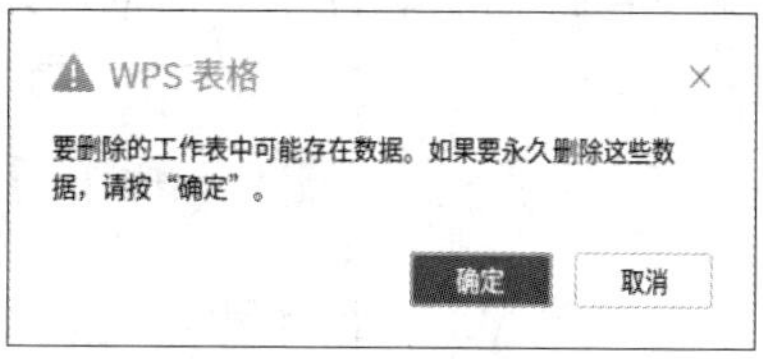

图 6-12　删除工作表

6.4.5　选中工作区

在对表格进行详细编辑之前，应先选中一个区域，以便确定操作的范围和对象。在工作表中选中区域主要分为以下几种情况。

（1）选中一个单元格。单击要选中的单元格或在名称框中输入要选中单元格的地址。

（2）选中连续的多个单元格。从第一个单元格拖动到最后一个单元格。若多个单元格区域较大，拖动操作不方便或不精确，可先选中区域中的第一个单元格，然后按住 Shift 键不放，单击最后一个单元格；或者直接在名称框中输入区域地址并按 Enter 键，如“D6:M90”。

（3）选中不连续的多个单元格。先选中第一个单元格或单元格区域，然后按住 Ctrl 键不放依次选中其他单元格或单元格区域；也可直接在名称框中输入区域地址并按 Enter 键，如“D6:K9,M14:P30”。

（4）选中整行或整列。单击要选中的行号或列号，配合使用 Ctrl 键或 Shift 键可选中不连续的多行、多列或连续的多行、多列。

（5）选中整个工作表。单击编辑区左上角的◢按钮，可以选中整个工作表，如图 6-13 所示。

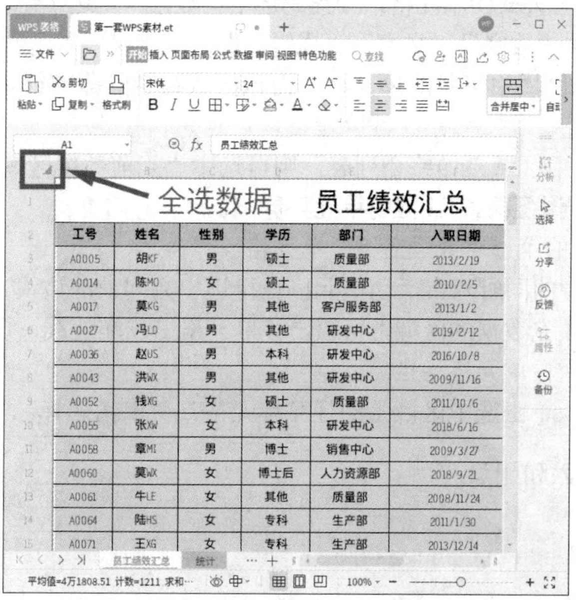

图 6-13　选中整个工作表

（6）根据条件选中特殊类型的单元格区域。

① 在“开始”功能区中单击“查找”下拉按钮，在弹出的下拉列表中选择“定位”命令，弹出“定位”对话框，如图 6-14 所示。

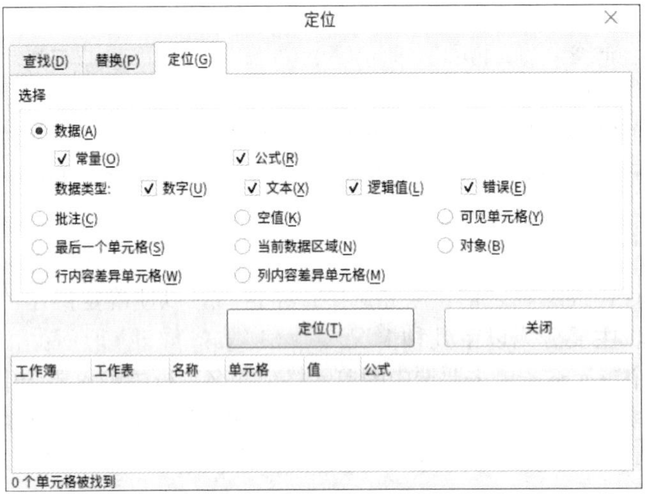

图 6-14 “定位”对话框

② 若要选择空白单元格，则可选中“空值”单选按钮。

③ 若要选择包含批注的单元格，则可选中“批注”单选按钮。

④ 若要选择包含常量的单元格，则需先选中“数据”单选按钮，再选中“常量”复选框，然后通过选中“数字”、“文本”、“逻辑值”或“错误”复选框来设置要选取的单元格类型。在默认情况下，这 4 个复选框全部被选中，如果只想选择表格中包含文本的单元格，就需要取消选中除“文本”复选框外的 3 个复选框。

⑤ 若要选择包含公式的单元格，则需先选中“数据”单选按钮，再选中“公式”复选框，然后通过选中“数字”、“文本”、“逻辑值”或“错误”复选框来设置公式的类型。

⑥ 若要仅选择区域中可见的单元格，而该区域跨越隐藏的行和列，则可选中“可见单元格”单选按钮。

⑦ 若要选择当前区域，如整个列表，则可选中“当前数据区域”单选按钮。

（7）选择行或列中已填充数据的单元格区域。

① 单击区域中的第一个或最后一个单元格。

② 按住 Shift 键的同时双击活动单元格在待选中方向上的边线。例如，要选中活动单元格上方所有已填充数据的区域，可双击该单元格的顶端边线，则选中区域会向上扩展到此列中下一个空白单元格为止。

（8）取消选择。单击选中区域外的任意单元格，可取消选择。

6.4.6 在表格中插入和删除

1. 插入单元格

（1）在要插入单元格上右击，在弹出的快捷菜单中选择“插入”命令，打开其级联菜单，如图 6-15 所示。

（2）根据需要在“插入”命令级联菜单中选择一种插入单元格的方式即可。

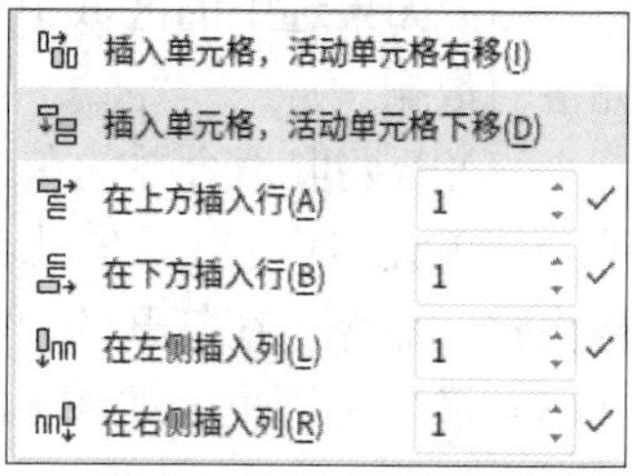

图 6-15　“插入”命令级联菜单

2. 插入行或列

插入行或列的方法有以下两种。

（1）移动插入点到要插入行或列的任意一个单元格中，右击该单元格，在弹出的快捷菜单中选择“插入”命令，在其级联菜单中可以选择“在上方插入行”、“在下方插入行”、“在左侧插入列”或“在右侧插入列”命令。

（2）右击行号或列号，在弹出的快捷菜单中选择“在上方插入行”、“在下方插入行”或“在左侧插入列”、“在右侧插入列”命令，即可在当前行的上/下方插入空行或在当前列的左/右侧插入空列。

3. 删除单元格、行或列

（1）右击要删除的单元格区域、行或列，在弹出的快捷菜单中选择“删除”命令，弹出“删除”命令级联菜单，如图 6-16 所示。

（2）在“删除”命令级联菜单中选择一种删除单元格的方式即可。

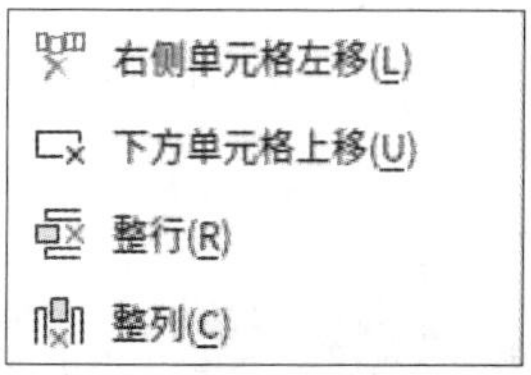

图 6-16　“删除”命令级联菜单

6.4.7　合并单元格

在设计表格时，实现标题名称居中放置最简单的方法就是使用单元格的“合并居中”功能。其具体操作步骤如下。

（1）选中要合并居中的多个单元格。

（2）在“开始”功能区中单击“合并”下拉按钮，在下拉列表中选择“合并居中”命令，如图 6-17 所示。

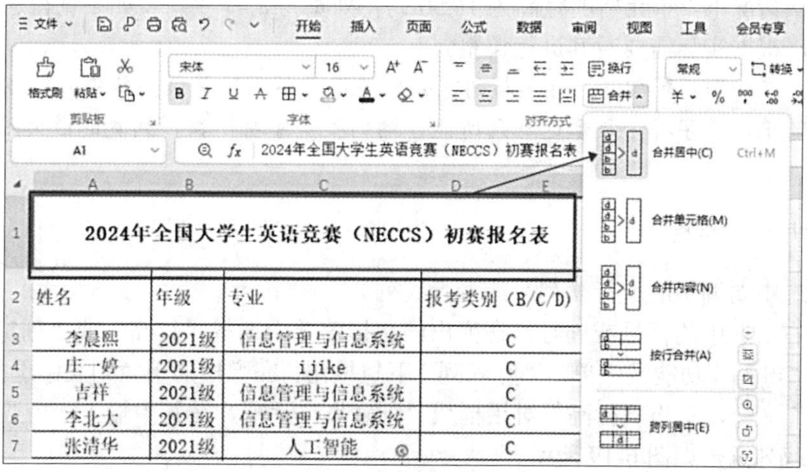

图 6-17　合并居中单元格

（3）如果选中的区域中包含数据，选中范围内各单元格在合并后只保留最左上角单元格的数据。

（4）若要取消合并的单元格，可再次单击“合并”下拉按钮，在下拉列表中选择“取消合并单元格”，也可在已合并的单元格上右击，在弹出的快捷菜单中选择“设置单元格格式”命令，在打开的“单元格格式”对话框中选择“对齐”选项卡，取消选中“合并单元格”复选框，如图 6-18 所示，单击“确定”按钮完成操作。

图 6-18　取消合并单元格

6.4.8　调整单元格的行高和列宽

在默认情况下，单元格的行高为 16.50 磅，列宽为 8.47 字符，如果觉得这个数值不合适，可以根据实际需要对其进行调整。

提示：在 WPS 表格中，行高与列宽分别使用了不同的单位。其中，行高的单位是磅，列宽的单位是字符（表示这一列所能容纳的半角字符个数，列宽的最大限制为 255 字符）。

1. 使用命令调整

（1）选中要调整的一行（列）或多行（列）。

（2）右击选中的行号或列号，在弹出的快捷菜单中选择“行高”或“列宽”命令，也可以在“开始”功能区中单击“行和列”下拉按钮，在弹出的下拉列表中选择“行高”或“列宽”命令，弹出“行高”对话框或“列宽”对话框，在其中输入一个数值，即可调整行高或列宽，如图 6-19 所示。

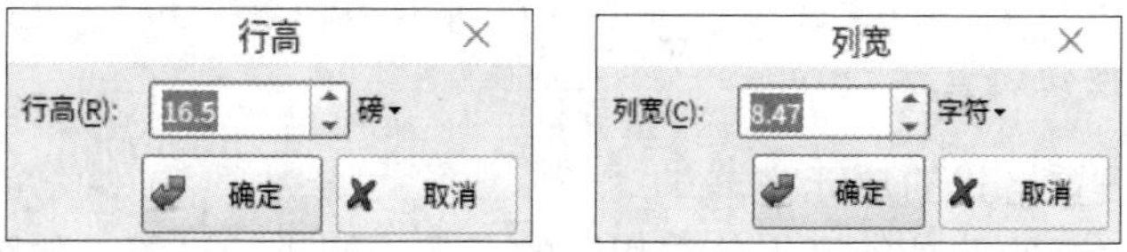

图 6-19 调整行高及列宽

2. 使用鼠标调整

（1）选中要调整的一行（列）或多行（列）。

（2）将鼠标指针移动到选中行的下边线或选中列的右边线，当鼠标指针变为双向调整箭头时，拖动鼠标（这时会显示一条虚线指示边线要调整到的位置，并且指针的右上角也显示出一个数值）到合适位置后松开鼠标即可，如图 6-20 所示。

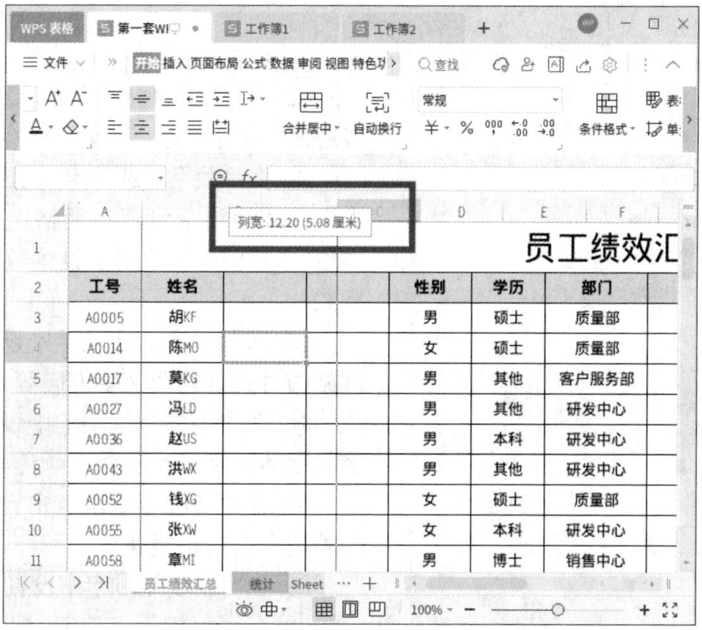

图 6-20 使用鼠标调整列宽的示例

3. 自动调整

（1）选中要调整的一行（列）或多行（列）。

（2）将鼠标指针移动到选中行的下边线或选中列的右边线，当鼠标指针变为双向调整箭头时双击，系统会根据行或列内的信息自动调整行高或列宽。

6.4.9 设置单元格格式

作为一个专业的表格处理工具，WPS 表格为表格或单元格提供了丰富的格式类型，它除了可以像 WPS 文字一样简单、快速地设置单元格框架及单元格数据的外观格式外，还可以对单元格的数据格式（如数据类型、小数位数、负数的形式、千位符样式等）进行设置。

1. 通过工具按钮设置

（1）选中要设置格式的单元格。

（2）分别在“开始”功能区中单击相应的工具按钮进行设置，如图 6-21 所示。

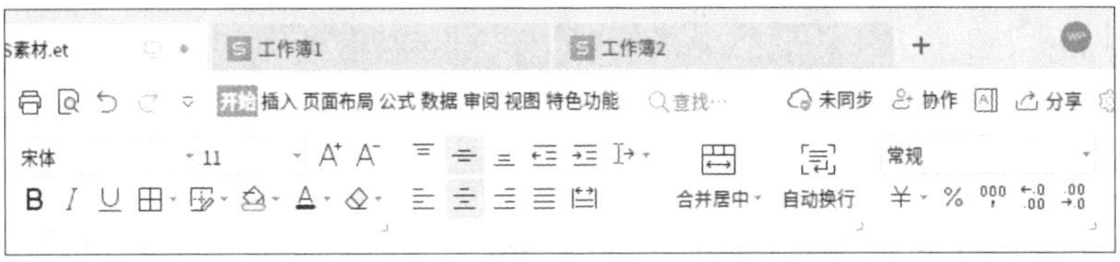

图 6-21 使用工具按钮设置单元格格式

2. 通过对话框设置

（1）右击选中的要设置格式的单元格。

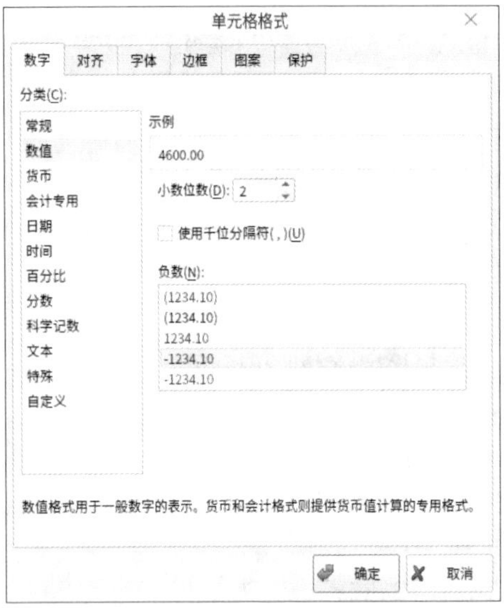

图 6-22 “数字”选项卡

（2）在弹出的快捷菜单中选择“设置单元格格式”命令，打开“单元格格式”对话框。

① 在“数字”选项卡（图 6-22）中，“分类”选项组用于设置单元格中要保存的数据类型，“示例”区域用于设置数据类型的具体格式。

② 在“对齐”选项卡中设置单元格内部数据的对齐方式及文字方向等。

③ 在“字体”选项卡中设置单元格内文字的字体、字形、字号、颜色等。

④ 在“边框”选项卡中设置单元格区域的外边框及内部线条。

⑤ 在“图案”选项卡中设置单元格的底纹。

⑥ 在“保护”选项卡中设置单元格的锁定或隐藏。

6.4.10 设置条件格式

在使用 WPS 表格处理数据时，经常需要通过表格直观地查看和分析数据。例如，哪些学生考试分数低于 60 分，在过去 5 年的利润汇总中有哪些异常情况，过去 2 年的营销调查反映出哪些倾向，这个月谁的销售额超过 50000 元，雇员的总体年龄分布情况如何，哪些产品的价格增长幅度大于 10%，利用 WPS 表格提供的条件格式可以轻松、快捷地对这些情况进行统计。

条件格式，是根据用户设定的条件来突出显示所关注的单元格或单元格区域，强调异常值，使用数据条、颜色刻度和图标集直观地显示数据的格式。条件格式基于条件更改单元格区域的外观。如果条件为真（true），则使用该条件设置单元格区域的格式；如果条件为假（false），则不使用该格式。在设置了条件格式之后，如果单元格的值发生变化，不满足设置的条件，那么系统会恢复这些单元格以前的格式。

WPS 表格不仅有“突出显示单元格规则”功能，还有更加丰富的其他条件格式，如“项目选取规则”“数据条”“色阶”“图标集”等，WPS 表格还允许用户自己定义其他规则，如图 6-23 所示。

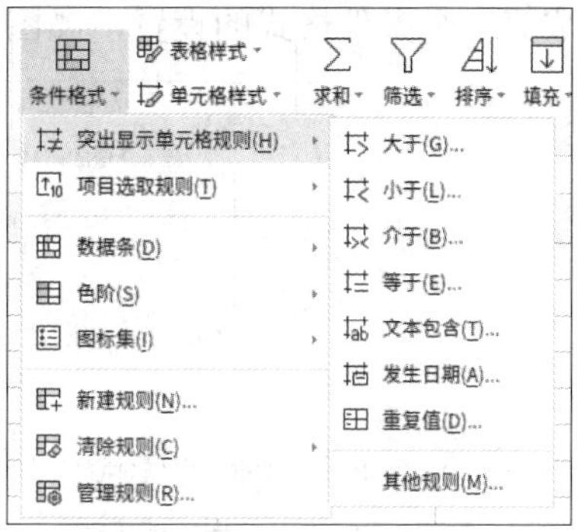

图 6-23 WPS 表格的条件格式

1. 设置条件格式

【例 6-1】将考试成绩表中成绩为优秀（大于或等于 90 分）的单元格显示为红色、加粗，对成绩为中等（大于 70 分但小于 80 分）的单元格添加黄色底纹。

具体操作步骤如下。

（1）选中成绩表中保存分数的单元格区域。

（2）在“开始”功能区中单击“条件格式”下拉按钮，在弹出的下拉列表中选择“突出显示单元格规则”→“其他规则”命令，打开“新建格式规则”对话框。在“编辑规则说明”选项组的下拉列表中分别选择“单元格值”“大于或等于”，并在文本框中输入“90”，如图 6-24 所示。

（3）单击“格式”按钮，打开“单元格格式”对话框，选择“字体”选项卡，在“字形”列表中选择“粗体”选项，在“颜色”下拉列表中选择红色（图 6-25），单击“确定”按钮，完成第一个条件格式的设置。

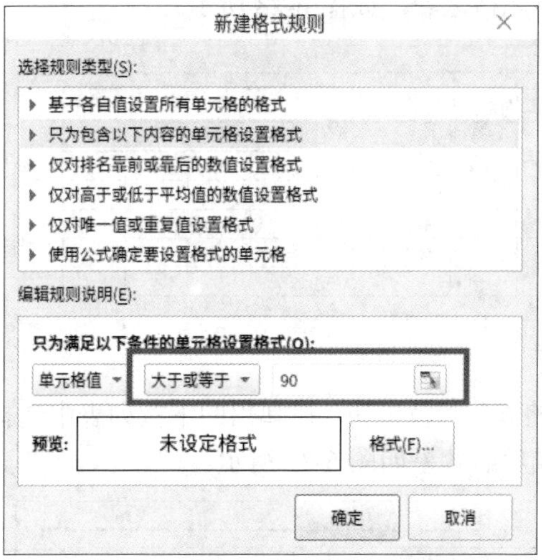

图 6-24 “新建格式规则”对话框

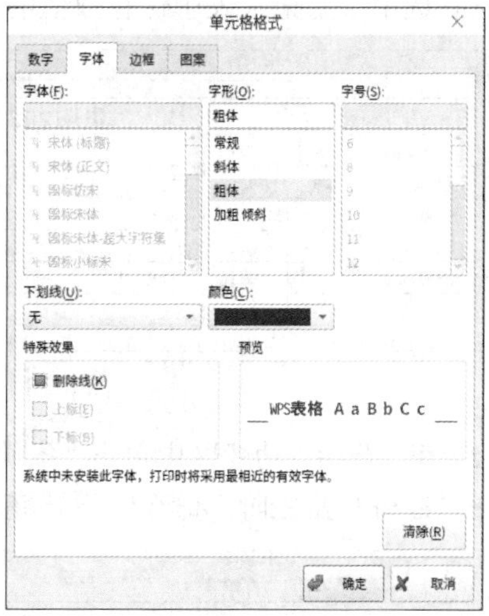

图 6-25 设置第一个条件格式

（4）不取消当前选中的区域，再次单击“条件格式”下拉按钮，在弹出的下拉列表中选择“突出显示单元格规则”→“介于”命令，打开“介于”对话框。在“介于”对话框的两个文本框中分别输入“70”和“80”，在“设置为”下拉列表中选择“自定义格式”选项，在打开的“单元格格式”对话框中选择“图案”选项卡，在“单元格底纹”区域中选择“黄色”，单击“确定”按钮，返回“介于”对话框，单击“确定”按钮完成第二个条件格式的设置，如图 6-26 所示。

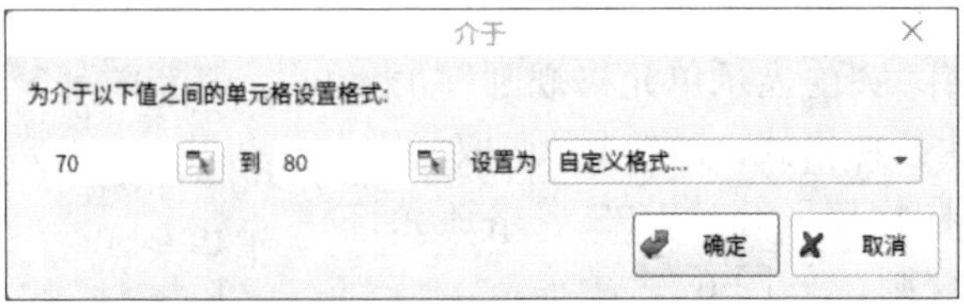

图 6-26 设置第二个条件格式

（5）条件格式设置完成后的效果如图 6-27 所示。

计算机专业学生成绩								
学号	姓名	性别	班级	高等数学	大学英语	逻辑学	应用文写作	程序设计基础
10001	李心怡	女	二班	91	98	94	92	82
10002	韩珂	男	一班	87	90	97	69.5	88.5
10003	刘艺涵	女	六班	66	66	74	72	83
10004	刘俊佟	女	四班	91	50	88	72	91.5
10005	刘佳慧	女	二班	73.5	78	73	71	77.5
10006	孙舜	男	二班	78	86.5	67	65	68
10007	周米文	男	六班	84	70.5	75	73	75
10008	孙瑜晗	男	三班	86.5	65	62.5	60.5	58.5
10009	赵瑜梦	男	四班	91	88	95	90	94.5
10010	余韬	女	二班	77	90	74.5	72.5	77.5
10011	孙芊	女	三班	73.5	70	80	82.5	84
10012	李秋阳	男	四班	94	90	96	83.5	93

图 6-27 应用条件格式后的效果

注意：也可先对空单元格设置条件格式，再输入数字。

【例 6-2】在数据表中用色阶显示数据变化趋势。

（1）选中气温记录表中保存数值的单元格区域，如图 6-28 所示。

贵阳2023年气温记录表												
记录时间	一月	二月	三月	四月	五月	六月	七月	八月	九月	十月	十一月	十二月
平时最高值	5.3	9.6	14.2	18.7	23.6	27.2	29.4	31.6	29.6	19.3	11.6	6.8
平时最低值	-2.9	1.1	4.5	9.5	168	22.6	23.7	24.7	17.3	11.3	8.4	5.3
记录最高值	10.2	14.7	18.6	20.5	26.8	29.8	33.7	32.9	30.7	26.9	19.5	15.6
记录最低值	-3.8	-2.1	0.5	6.7	14.7	19.6	20.7	22.4	15.9	8.5	6.7	4.3
相对误差												

图 6-28 选中条件格式区域

（2）在“开始”功能区中单击“条件格式”下拉按钮，在弹出的下拉列表中选择“色阶”→“红-白-蓝色阶”命令，设置完成后的效果如图 6-29 所示。

贵阳2023年气温记录表												
记录时间	一月	二月	三月	四月	五月	六月	七月	八月	九月	十月	十一月	十二月
平时最高值	5.3	9.6	14.2	18.7	23.6	27.2	29.4	31.6	29.6	19.3	11.6	6.8
平时最低值	-2.9	1.1	4.5	9.5	168	22.6	23.7	24.7	17.3	11.3	8.4	5.3
记录最高值	10.2	14.7	18.6	20.5	26.8	29.8	33.7	32.9	30.7	26.9	19.5	15.6
记录最低值	-3.8	-2.1	0.5	6.7	14.7	19.6	20.7	22.4	15.9	8.5	6.7	4.3
相对误差												

图 6-29 设置色阶后的效果

2. 更改和删除条件格式

（1）要更改一个或多个条件格式，可以在原区域重新设置条件格式。

（2）要删除一个或多个条件，可以在“开始”功能区中单击“条件格式”下拉按钮，在弹出的下拉列表中选择“清除规则”命令级联菜单中相应的命令。

6.4.11　格式的复制与套用

和 WPS 文字一样，WPS 表格也提供了快速应用格式的格式刷及自动套用格式功能，其操作也基本相同，这里不再重复叙述，具体可参考第 5 章相关内容。

6.4.12　冻结工作表窗口

当工作表中的数据很多，使用垂直滚动条或水平滚动条查看时，可能出现标题（行）或项目（列）不能显示的情况，冻结窗格功能可以将工作表的特殊列或行冻结在编辑区中，在使用滚动条查看工作表时，指定行和列的内容会一直在屏幕上显示。

1. 冻结行或列

（1）选中要冻结行的下一行或要冻结列的下一列。例如，要冻结第 2 行，应在行号 3 上单击，选中第 3 行。

（2）在“视图”功能区中单击“冻结窗格”下拉按钮，在弹出的下拉列表中选择“冻结至第 2 行”命令，这时在工作表窗口中会出现一条冻结线，将工作表冻结在第 2 行，如图 6-30 所示。

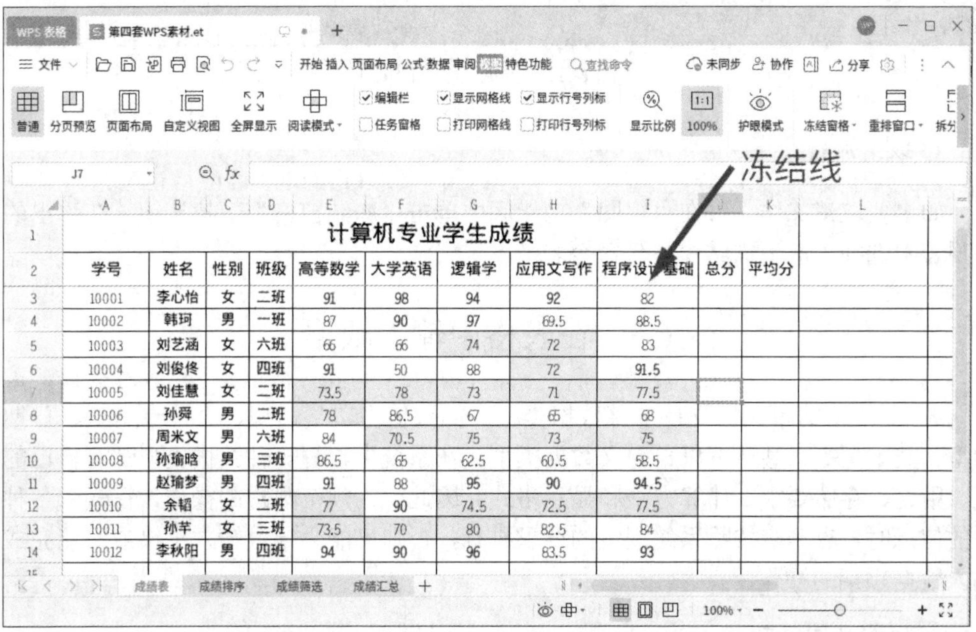

图 6-30　将工作表窗口冻结在第 2 行

2. 同时冻结行和列

（1）选中非冻结区域左上的第一个单元格。例如，要从第 2 行、第 1 列开始冻结，应选中 B3 单元格。

（2）在“视图”功能区中单击“冻结窗格”下拉按钮，在弹出的下拉列表中选择“冻结至第 2 行 A 列”命令，这时在工作表窗口中会出现两条冻结线，同时冻结行和列，如图 6-31 所示。

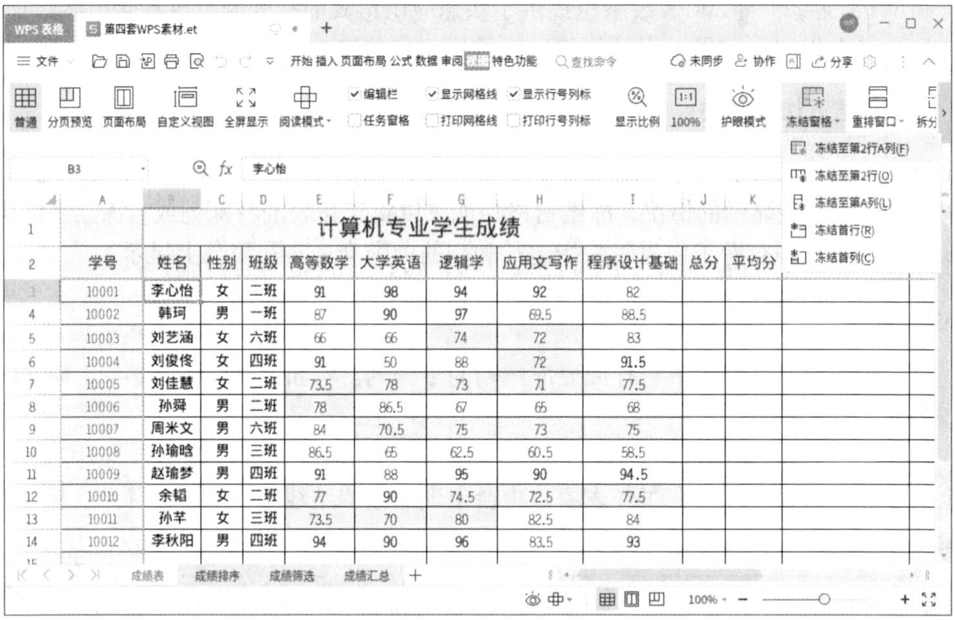

图 6-31　同时冻结行和列

3. 取消冻结

如果要取消冻结，可在“视图”功能区中单击“冻结窗格”下拉按钮，在弹出的下拉列表中选择“取消冻结窗格”命令。

6.5　在表格中输入数据

WPS 表格的单元格支持多种数据类型，如数值型、货币型、会计专用型、日期时间型、文本型等，甚至可以自定义数据类型。在系统中，每一种数据类型都有自己的格式、用途、存储要求、计算方法和显示格式。因此，为规范数据的操作，在输入各种类型的信息时，应严格按照系统规定的要求进行，否则可能会导致输入出错或不能完成对输入数据预期的操作。

6.5.1　输入数据设置

在 WPS 表格中，数据除了可直接在单元格中输入外，也可在编辑栏中输入。首先选中准备输入数据的单元格，然后按系统规定的格式输入，输入完成后可按键盘上的向上键、向下键、向左键、向右键及 Tab 键、Enter 键来确认输入，并将活动单元格移动到其四周的一个单元格上。

1. 利用“编辑”选项卡进行设置

为了方便和规范在单元格中输入数据，在正式输入数据之前可以选择“文件”→“选项”命令，弹出“选项”对话框，选择“编辑”选项卡，对 WPS 表格的编辑选项进行设置，如图 6-32 所示。

图 6-32　设置 WPS 表格编辑选项

“编辑设置”选项组中的项目很多，其中与数据输入联系较密切的主要有以下几项。

（1）按 Enter 键后移动。该复选框用来设置在单元格编辑完成并按 Enter 键后，活动单元格的移动方向。默认值是“向下”，也可以根据需要设置其他方向。

（2）自动设置小数点。选中该复选框，系统自动将所输入数字的后几位转换成小数。例如，在“位数”文本框中输入 3，然后在单元格中输入 2834，则其值为 2.834。如果在“位数”文本框中输入-3，然后在单元格中输入 283，则其值为 283000。若要暂时取消“自动设置小数点”功能，可在输入数字时输入小数点。

（3）输入时提供推荐列表。若选中该复选框，则可在同一数据列中自动填写已经录入的字符，即如果在单元格中输入的起始字符与该列已有的录入项相符，则系统将自动填写其余的字符。如果接受建议的录入项，可按 Enter 键；如果不想采用自动填写的字符，可继续输入，或者按 Esc 键取消已输入的内容；如果要删除自动提供的字符，可按 Backspace 键。

（4）单元格拖放功能。若选中该复选框，则允许使用填充功能，并可以通过使用鼠标拖动单元格的边框来实现单元格的移动或复制。

2. 输入数据的技巧

在输入数据时，还应该注意以下几点，灵活应用可极大提高输入的效率。

（1）同时在多个单元格中输入相同数据。

① 选中需要输入数据的多个连续或不连续的单元格（注意，选中后可直接输入数据，不要在选中的区域内单击任何单元格）。

② 输入相应的数据，然后按 Ctrl+Enter 组合键。

（2）同时在多个工作表中输入或编辑相同的数据。

① 同时选中需要输入数据的多个工作表，使其组成工作组。

② 在组内任意一个表中进行输入或编辑，可将当前表中的操作应用到同组所有表的相应单元格中。

③ 若要取消工作组，可单击工作组外任意一个工作表标签，即可取消组合。

（3）将数据填充到其他工作表。如果已在一个工作表中输入数据，而其他的一个或多个工作表也需要同样的数据，则可快速将该数据填充到其他同组工作表的相应单元格中。

① 同时选中已包含数据和需要填充数据的多张工作表，使其组成工作组。

② 在源数据表中选中数据区域。

③ 在“开始”功能区中单击“填充”下拉按钮，在下拉列表中选择“至同组工作表”命令，此时会打开“填充成组工作表”对话框，可以选中填充“全部”、“内容”或者“格式”其中一个单选按钮。

6.5.2 输入文本

文本又称字符或字符串，是表格中最常用的数据类型之一，在单元格中默认被设置为左对齐。文本通常由汉字、字母、符号组成，特殊情况下也可以是数字。文本一般不能直接参与数学运算，否则系统会显示“#VALUE!”的错误信息。

文本的输入非常简单，先将光标定位到要输入的单元格内，然后输入字符串，如果需要在单元格内部换行输入，可按 Alt+Enter 组合键，输入完成后可按 Enter 键转到下一单元格。当输入的字符串超出单元格的宽度时，如果右侧单元格内容为空，则字符串超出宽度部分将一直延伸到右侧单元格显示。如果右侧单元格有内容，则字符串超宽部分将被隐藏，但在编辑栏中会显示。

在表格编辑的过程中，有时需要使用一些由数字组成的文本字符（如身份证号、电话号码、邮政编码、产品编号等），为了与其他数值区别，可先输入单引号，再输入数字型文本，也可先将单元格属性设置为文本型，再输入数字。数字型文本在单元格中靠左对齐，并且在单元格左上角有一个“文本标记”。数字型文本不参加计算，并且超过 12 位时也不会被转换成科学记数法形式，如图 6-33 所示。

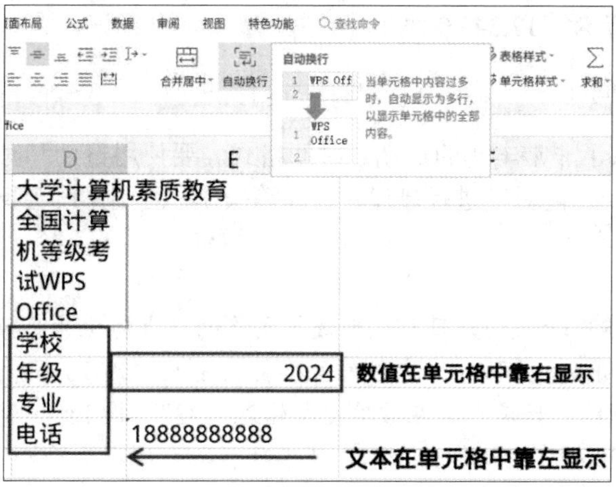

图 6-33　在单元格中输入数据的显示格式

6.5.3　输入数值

在 WPS 表格中，数值是一个有大小、有正负值的数，可以参与算术运算，也可以比较大小。在单元格中可以输入或使用以下类型的数值：整数（如 1000、56、+78、−97、10,000 等）、小数（如 1.23）、分数（如 1/2）、百分数（如 10%）、科学记数法形式（如 1.5E4，值为 15000）、货币（如￥100、$100）等。

要输入数值，可先将光标定位到相应单元格，再输入相应的数字，输入完成后可按 Enter 键转到下一单元格，继续输入。输入的数字在单元格中默认右对齐。当输入的数字超出单元格的宽度时，将以连续的#表示，或转换成科学记数法形式，但在编辑栏中会正确显示，这一问题可通过调整单元格的列宽来解决。

注意：

（1）如果要输入分数（如 3/8），应先输入“0”和一个空格，然后输入“3/8”，否则 WPS 表格会把该数据作为日期处理，显示“3 月 8 日”。

（2）负数有两种输入法，分别用“−”或“( )”来表示。例如，负 10 可以输入“−10”或“(10)”。

（3）如果在“单元格格式”对话框的“数字”选项卡中设置了单元格的小数位数，则输入的小数将以四舍五入的方式去掉多余的位数。

（4）如果某单元格中已经按系统格式输入过日期或设置为日期格式，则输入的数字将自动转换为距 1900 年 1 月 1 日相应天数的日期或时间。例如，输入“12345”则显示为“1933 年 10 月 18 日”；输入“12345.6”，若单元格处于编辑状态，则显示为“1933/10/18 14:24:00”，若单元格没有处于编辑状态，则显示“1933 年 10 月 18 日”。若要使该单元格显示数值，则必须重新将单元格格式设置为数值。

（5）对于输入的数字，还可以右击该单元格，在弹出的快捷菜单中选择“设置单元格格式”命令，在“单元格格式”对话框中选择“数字”选项卡进行相应格式设置。例如，若某单元格中已经输入了数值“12345”，选择“货币”命令则显示为“￥12,345.00”；选择“百分比”命令则显示为“1234500.00%”；选择“数值”命令，选中“使用千位分隔符”复选框则显示为“12,345.00”。

6.5.4 输入日期时间

WPS 表格提供了非常丰富的日期和时间格式。要使用日期和时间，必须按系统提供的格式进行输入，才能对其进行排序、计算等操作，否则系统会把输入的日期和时间当作文本处理。

注意：

（1）若单元格首次输入的是日期，则该单元格的格式转化为日期格式，以后输入的数值都将换算成日期格式。例如，在某单元格首次输入“99-10-1”按 Enter 键，单元格中显示为“1999/10/1”；如果再次在该单元格输入“32”，按 Enter 键后单元格中显示不是“32”，而是“1900/2/1”（即 1900 年 2 月 1 日）。

（2）在单元格中可以用各种格式显示日期或时间。例如，在当前单元格中输入“2024 年 7 月 1 日”，若要改成“二〇二四年七月一日”形式，可在“单元格格式”对话框“数字”选项卡下的“分类”选项组中选择相应格式，如图 6-34 所示。

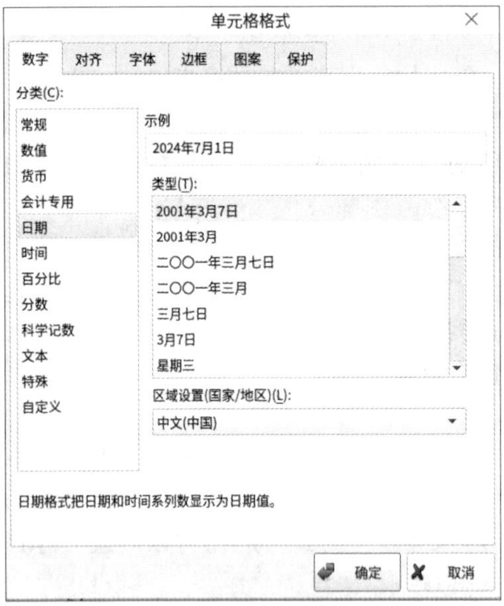

图 6-34 选择日期类型

（3）在 WPS 表格中，日期和时间都可以转换为数值。

（4）日期可以参与计算，例如，在某列中已经按系统格式输入了员工的出生日期，则可以通过公式计算出年龄。

6.5.5 设置数据的有效性

在 WPS 表格中，有时为了简化数据的输入或保证数据输入的正确性，可以为若干单元格设置数据的有效性。例如，可以设置在单元格中输入的文本、数字、日期的取值范围和文本字符的长度，甚至可以将单元格设置成下拉列表框的形式，只需单击下拉列表框即可快速有效地输入信息。

1. 添加数据有效性

（1）选中要限制其数据有效性范围的单元格。

（2）在“数据”功能区中单击“有效性”按钮，打开“数据有效性”对话框，如图 6-35 所示。

（3）在“设置”选项卡中的“有效性条件”选项组中选择以下一种所需的有效性类型。

① 整数、小数。“整数”或“小数”用来指定单元格能输入的整数或小数的范围，例如，数学成绩必须介于 0～100 分之间。

② 序列。“序列”用来指定单元格只能从设置的下拉列表项中选择或输入一个。例如，班级只能为一班、二班或三班，如图 6-36 所示。

图 6-35　设置整数输入范围

选中“提供下拉箭头”复选框后，单元将提供单击下拉列表框来代替键盘输入信息的功能，否则，只能通过键盘输入其中的一个值。

③ 文本长度。“文本长度”用来指定单元格能输入的字符个数（一个汉字、字母或数字标点符号均算一个字符）。例如，姓名必须为 2～8 个字符，如图 6-37 所示。

图 6-36　设置单元格只能输入序列

图 6-37　设置单元格的文本长度

（4）指定单元格是否为空白单元格，如果希望空白单元格（空值）有效，可选中“忽略空值”复选框，如果要避免输入空值，可取消选中“忽略空值”复选框。

（5）若要在单击该单元格后显示一个输入信息，可选择“输入信息”选项卡，选中“选定单元格时显示输入信息”复选框，然后输入标题和正文，如图 6-38 所示。

（6）若要指定在单元格中输入无效数据时系统的响应方式，可以选择“出错警告”选项卡，选中“输入无效数据时显示出错警告”复选框，再根据需要设置“样式”、“标题”和“错误信息”，如图 6-39 所示。

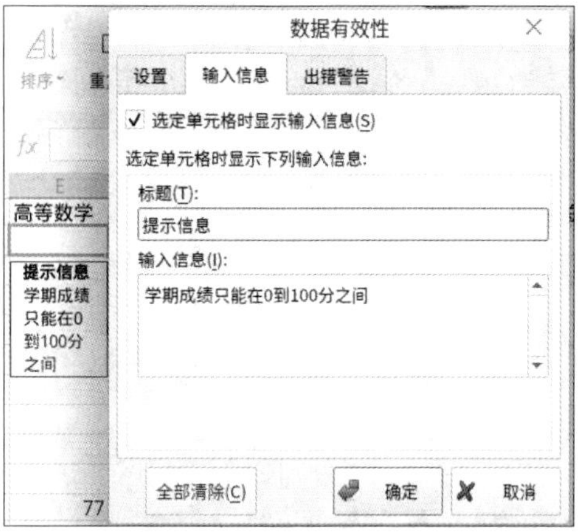

图 6-38 单元格输入提示信息的设置

图 6-39 单元格中输入错误信息的设置示例

注意：在第（5）步中，如果不输入标题，则只显示内容提示而不显示标题；在第（6）步中，如果不输入标题或正文，标题显示“错误提示”或正文显示“您输入的内容，不符合限制条件。”表明用户已经对输入该单元格的数值作了限制。

2. 删除数据有效性

在“数据”功能区中单击“有效性”按钮，打开“数据有效性”对话框，单击“全部清除”按钮即可删除数据有效性。

6.5.6 智能填充数据

在 WPS 表格中，数据可以单个输入，也可以使用填充柄快速在相邻的多个单元格中输入相同数据或按某种规律变化的数据，以提高数据输入的效率。

1. 填充相同的数据

（1）在第一个单元格中输入一个文本型数据。

（2）将鼠标指针移动到该单元格的填充柄上，当鼠标指针变成十字形状时，拖动鼠标到要结束的位置。

（3）如果选择的是一行或一列，则向下或向右拖动填充柄可同时得到多行或多列的相同数据。

注意：执行操作后，处于拖动范围内的单元格中原有的数据将被覆盖。

2. 填充一个自定义序列

序列是日常生活中经常用到的、一组具有某种变化规律数据列，如表示月份的“一月、二月、…、十二月”，表示星期的“星期一、星期二、…、星期日”等。

在 WPS 表格中，既可以输入系统预先定义好的各种序列，也可以根据需要自定义序列，具体操作方法如下。在“开始”功能区中单击“排序”下拉按钮，在弹出的下拉列表中选择“自定义排序”命令，打开“排序”对话框，在“次序”下拉列表中选择“自定义序列”命令，打开“自定义序列”对话框，在“输入序列”选项组中依次换行输入序列的每一个元素，最后单击“添加”按钮，如图 6-40 所示。

图 6-40　“自定义序列”对话框

填充时，先在某个单元格中输入序列中的任意元素，然后再拖动填充柄到其他单元格，系统会自动循环将序列的项依次填充到相应单元格中。

3. 填充一个数列

（1）在第一个单元格中输入起始值，选中要填充的单元格区域。

（2）在“开始”功能区中单击“填充”下拉按钮，在弹出的下拉列表中选择“序列”命令，打开“序列”对话框，在“类型”选项组中选择一种填充规律（如“等差序列”），在“步长值”文本框中输入步长值，然后单击“确定”按钮，如图 6-41 所示。

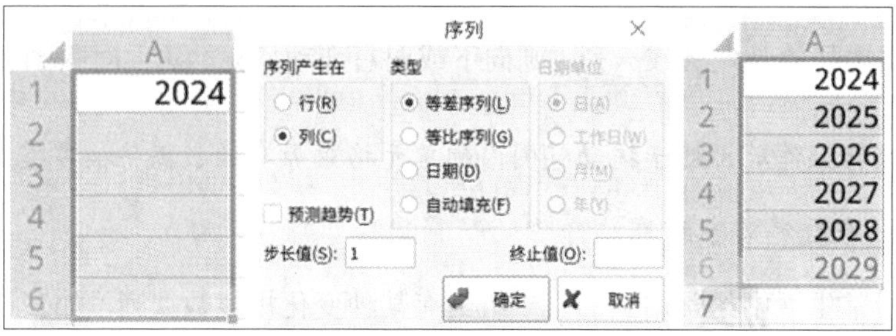

图 6-41　填充一个数列

4. 智能填充

（1）填充数字序列。例如，要快速输入 1、2、3、4、5 等，可在前两个单元格中输入 1 和 2，然后选中这两个单元格，拖动填充柄进行填充；要输入 2、4、6、8 等，可先输入 2 和 4，然后选中这两个单元格，拖动填充柄进行填充；要为新生编学号，可先输入前两个学生的学号 201303001、201303002，然后选中这两个单元格，拖动填充柄进行填充。

（2）填充包含数字[如 1、（1）等]的文本序列。例如，要填充“第 1 名”，可先在单元格中输入“第 1 名”，然后选中这个单元格，拖动填充柄进行填充；要填充“条件 1”，可先在单元格中输入“条件 1”，然后选中这个单元格，拖动填充柄进行填充。

6.5.7　插入符号、图形与批注

WPS 表格中的单元格除了可以输入数字、文字以外，还可以插入各种键盘上没有的符号、图形、声音、视频及批注等对象，并且可以使用在前面学习过的 WPS 文字的各种编辑技巧对其进行编辑和修饰。

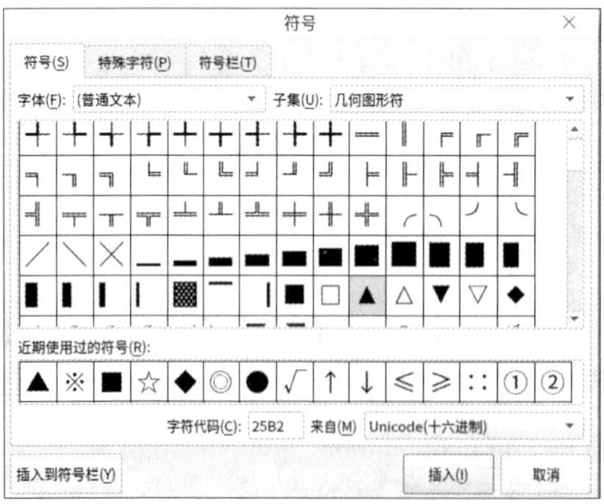

图 6-42　插入特殊符号

1. 插入符号

（1）双击要插入特殊符号的单元格。

（2）在“插入”功能区中单击“符号”下拉按钮，选择“其他符号”命令，在弹出的“符号”对话框中选择合适的符号，根据需要选择一个特殊符号类别，双击相应符号进行插入，如图 6-42 所示。

2. 插入图形

插入和编辑图形的方法同 WPS 文字相似，但图形只能浮动在表格的上方，不能嵌入单元格。

3. 插入批注

在 WPS 表格中可以为单元格添加一些注释和说明，即批注，但和 WPS 文字中的独立批注不同，在 WPS 表格单元格中添加的批注是单元格的一部分，在默认状态下批注的内容不显示，只有当鼠标指针停留在带批注的单元格上时，才显示批注的内容。当然，也可以在“审阅”功能区中单击“显示”下拉按钮，选择“显示所有批注”命令，同时查看所有批注。

（1）建立批注。先选中要添加批注的单元格，然后在“审阅”功能区中单击“新建批注”按钮，即可在弹出的批注框中输入内容。

（2）修改批注。先选中已添加批注的单元格，然后在“审阅”功能区中单击“编辑批注”按钮，即可在弹出的批注框中输入内容。

① 如果要修改批注外框的大小，可以拖动批注框边线或控制点。

② 如果要移动批注，只需拖动批注框的边框。

③ 如果要设置批注的更多属性，可在批注边框上右击，在弹出的快捷菜单中选择“设置批注格式”命令，在打开的“设置批注格式”对话框中进行设置。

（3）复制批注。先右击带有批注的单元格，在弹出的快捷菜单中选择“复制”命令，然后在要粘贴批注的单元格上右击，在弹出的快捷菜单中选择“选择性粘贴”命令，在打开的“选择性粘贴”对话框中选中“批注”单选按钮，单击“确定”按钮。

（4）删除批注。右击带有批注的单元格，在弹出的快捷菜单中选择“删除批注”命令。

（5）打印批注。要打印批注，就必须打印包含该批注的工作表。打印位置与原位置相同。先单击相应的工作表标签，再选择“文件”→“打印”→“打印预览”命令，在打开的“打印设置”对话框中单击“页面设置”按钮，在打开的“页面设置”对话框中选择“工作表”选项卡，如果要在工作表中出现批注的原位置打印批注，则应在“批注”下拉列表中选择“如同工作表中的显示”命令，单击“确定”按钮，如图 6-43 所示。

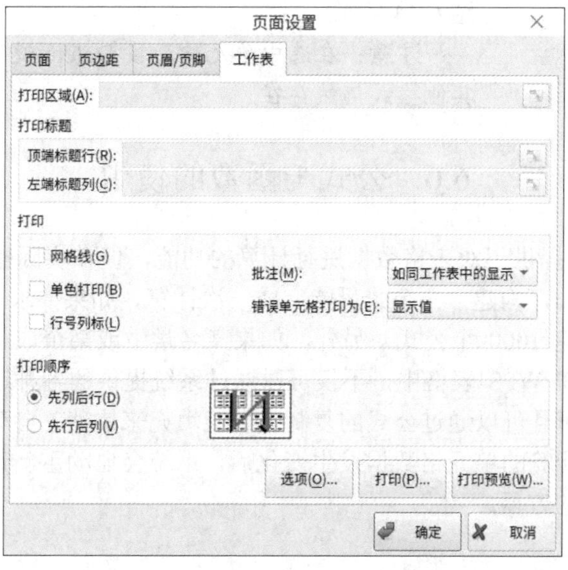

图 6-43 打印批注“页面设置”对话框

6.5.8 移动、复制数据

在 WPS 表格中移动、复制数据的操作方法与 WPS 文字中的移动、复制文本的方法基本相同，既可以使用快捷菜单，也可以直接拖动单元格的边框或通过先按 Ctrl 键再拖动单元格的边框来完成。但由于 WPS 表格的单元格中包含的信息较多，除了直接显示出来的信息以外，还包含单元格数据类型、单元格格式、条件格式、批注等。在默认情况下，对单元格进行移动或复制操作就是对单元格的全部信息进行移动或复制操作。有时用户只想复制其中的一部分信息，如要复制的单元格包含计算公式，尽管它显示出来的是一个数字，但复制后的结果可能会变成其他数字，甚至会出错。这时就不能直接使用“粘贴”命令，而应使用“选择性粘贴”命令。其具体操作如下。

（1）选中要复制的源单元格或区域。

（2）按 Ctrl+C 组合键将内容放入剪贴板。

（3）右击要粘贴数据的单元格或区域的开始单元格，在弹出的快捷菜单中选择“选择性粘贴”命令，打开“选择性粘贴”对话框，根据需要在“粘贴”选项组中选择一种粘贴方式。

6.5.9 清除单元格

通过前面的学习已经知道，WPS 表格的单元格可以包含多种类型的信息，有可见的，也有不可见的。因此，要清除单元格，不能像在 WPS 文字中按 Delete 键删除单元格数据一样，而应按下列步骤进行操作。

（1）选中要清除信息的单元格。

（2）单击“开始”功能区的“字体设置”选项组中的“清除”下拉按钮，在弹出的下拉列表中选择一种清除方式，如图 6-44 所示。

注意：在选中单元格后按 Delete 键，仅删除了其内容，其他格式仍然存在。

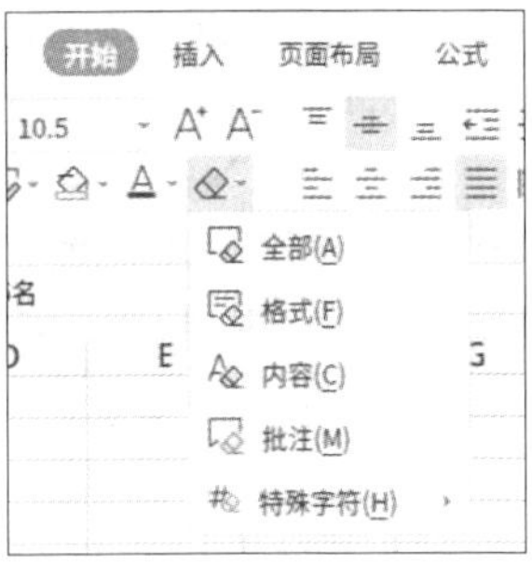

图 6-44　清除单元格

6.6 公式与函数的使用

WPS 文字尽管提供了对表格数据进行计算的功能，但在实际操作时非常麻烦，功能也非常有限。例如，构建一个公式只能完成一次计算，如果要求 1000 名学生的平均成绩就需要重复构建 1000 个公式，另外，如果某名学生或某个成绩发生了变化，还需要重新编辑公式。在 WPS 表格中，不仅可以通过系统提供的各种运算符和函数来完成各种复杂的计算，而且可以通过公式的复制及智能填充来快速、自动地完成规则相同的运算，并且在参与计算的单元格数据发生变化后，系统会自动重新计算并更新结果，给数据操作带来极大的方便。

6.6.1 构建公式

在 WPS 表格中，公式是指以等号“=”开头，并用各种运算符将常量、变量、函数连接起来，能完成特定计算功能的一个表达式。

1. 运算符

运算符是为了对公式中的元素进行某种运算而规定的符号，在 WPS 表格中常用的运算符有以下 4 类。

（1）算术运算符。算术运算符是指能完成基本数学运算的符号，包括加号（+）、减号（−）、乘号（*）、除号（/）、百分号（%）和乘方号（^）。

（2）比较运算符。比较运算符是指能完成比较两个数值并产生布尔型逻辑值 true 或 false 的符号，包括等于（=）、大于（>）、小于（<）、大于等于（>=）、小于等于（<=）、不等于（<>）等。

（3）文本运算符。文本运算符用“&”表示，它的功能是将多个文本连接成一个文本。

（4）引用运算符。引用运算符主要包括逗号运算符“,”和冒号运算符“:”，它可以产生一个包括多个区域的引用，可以将单元格区域合并计算。

在 WPS 表格中，各运算符都具有优先级，如表 6-1 所示。其规则与数学中的相关规定相同，并且可以用括号“( )”来改变优先级。

表 6-1 运算符的优先级

运算符	说明	优先级
()	括号	1
−	负号	2
%	百分号	3
^	乘方号	4
*和/	乘、除	5
+和−	加、减	6
&	文本连接	7
=、<、>、>=、<=、< >	比较运算	8

2. 常量

常量是指在计算过程中，值不会发生变化的量。在 WPS 表格中，常量主要有两种类型：一种是数值型常量，即某个具体的数值，如 56、78 等；另一种是字符型常量，即某个特定的字符或字符串，如“end”“大学”“56”等。在公式中，字符或字符串常量要用英文半角的引号（" "）括起。

3. 变量

变量是指在计算过程中，值会发生变化的量。在 WPS 表格中，变量主要是指单元格地址或地址区域，如 B5、A2:B5 等。在计算过程中，系统会自动将单元格地址转换成输入在单元格中的数据。

4. 函数

函数包括 SUM、MAX、AVERAGE 等，具体内容将在 6.6.2 节中介绍。

下面是几个典型的公式示例。

（1）“=36+B3/C3” 返回 B3 单元格中保存的数值除以 C3 单元格中的数值再加上 36 的值。

（2）“=A3&'的总分是:'” 返回 A3 单元格中保存的字符串与“的总分是：” 连接在一起的新字符串。

（3）“=SQRT(SUM(B2:G2))*10+5” 返回将 B2:G2 单元格区域保存的数值的和开平方根再乘以 10 再加 5 的值。

6.6.2 使用函数

1. 函数的定义

函数是系统中预先定义好的具有某种特定运算规则的式子。一般情况下，函数会对合法输入的参数按预先定义的法则进行运算，并返回一个或多个值。函数可以单独使用，如“=SUM(D1:D6)”，也可以出现在公式中，如“=A1*3+SUM(D1:D4)”。在数据的计算过程中合理地使用函数可以极大地简化公式的输入，提高计算的速度。例如，在成绩表中要计算学生的平均分可使用数值直接计算，“=(67+89+68+95+45+89+77+70+86+81)/10”，这种方法原理最简单，但不科学，因为其只适用于某个特定的学生，公式不具备通用性，并且当该学生的某门功课成绩发生变化后，运算结果也不会自动更新。像“=(C5+D5+E5+F5+G5+H5+I5+J5+K5+L5)/10”，这种方法用单元格地址代替了具体的数值，虽然增加了公式的灵活性，公式也可以在本列内复制，但仍然存在输入量大、容易出错的问题。“= AVERAGE (C5:L5)”，这种方法使用了求平均值函数，输入简单，使用灵活。

2. 函数的组成

WPS 表格中的函数通常由函数名（一个能反映函数功能的英文单词或单词缩写，如 SUM、MAX、AVERAGE）、括号“( )”（函数标识，用于包括函数参数）和参数（参与函数运算的常量、变量或表达式，如 100、B5、B2:F5、C6>=50。函数可以包含 0 个、1 个或多个参数，当函数包含多个参数时，各参数间用逗号分隔）三部分组成，其中函数名和括号是必需的，而参数有时是可选的。

3. 常用的函数

（1）常用的数学函数如表 6-2 所示。

表 6-2 常用的数学函数

函数	功能	应用举例	结果
INT(number)	返回参数向下取整到最接近的整数	=INT(5.7)	5
		=INT(−5.7)	−6

续表

函数	功能	应用举例	结果
MOD(number,divisor)	返回两数相除的余数	MOD(14,3)	2
PI()	返回 π 值的近似值	=PI()	3.141592654
ROUND(number,n)	按指定位数四舍五入	ROUND(76.32,1)	76.3
SQRT(number)	返回 number 的平方根值	SQRT(25)	5
SUM(number1,…,numbern)	返回若干个数的和	SUM(2,3,4)	9
SUMIF(range,criteria,sum_range)	按指定条件求若干个数的和	SUMIF(C1:C15,"<50",A1:A15)	将 C1:C15 中值<50 的 A1:A15 求和

（2）常用的统计函数如表 6-3 所示。

表 6-3 常用的统计函数

函数	功能	应用举例	结果
AVERAGE(number1,…,numbern)	返回参数中数值的平均值	=AVERAGE(79,84,90)	84.33333333
COUNT(number1,…,numbern)	求参数中数值数据的个数	=COUNT(79,84,90)	3
COUNTIF(range,criteria)	返回区域 range 中符合条件 criteria 的个数	=COUNTIF(A4:A19,"杨*")	在区域“A4:A19”中，统计姓“杨”的有几人
MAX(number1…,numbern)	返回参数中数值的最大值	=MAX(79,84,90)	90
MIN(number1,…,numbern)	返回参数中数值的最小值	= MIN(79,84,90)	79

（3）常用的文本函数如表 6-4 所示。

表 6-4 常用的文本函数

函数	功能	应用举例	结果
LEFT(text,n)	取 text 左边 n 个字符	=LEFT("ABCD",3)	ABC
LEN(text)	求 text 的字符个数	=LEN("ABCD")	4
MID(text,n,p)	从text中第n个字符开始连续取p个字符	=MID("ABCD",2,3)	BCD
RIGHT(text,n)	取 text 右边 n 个字符	=RIGHT("ABCD",3)	BCD

（4）常用的日期和时间函数如表 6-5 所示。

表 6-5 常用的日期和时间函数

函数	功能	应用举例	结果
DATE(year,month,day)	生成日期	=DATE(99,7,25)	1999-7-25
DAY(date)	取日期的天数	=DAY(DATE(99,7,25))	25
MONTH(date)	取日期的月份	=MONTH(DATE(99,7,25))	7
NOW()	取系统的日期和时间	=NOW()	2015/2/11 23:48
TIME(hour,minute,second)	返回指定时间的序列数	=TIME(16,48,10)	4:48 PM
TODAY()	取系统当前日期	=TODAY()	2015/2/11
YEAR(date)	取系统当前年份	=YEAR(TODAY())	2015
YEARFRAC(start_date,end_date,[basis])	返回一个年份 start_date,end_date 之间数	=YEARFRAC(2000/10/1,NOW())	119

4. 函数的用法

下面以WPS表格中一个非常重要且使用非常广泛的IF函数为例简单介绍函数的用法。

IF(logical_test,value_if_true,value_if_false)

其功能是根据一个逻辑表达式的值，从两个备用值中返回一个（二选一），以下给出三个参数的说明。

（1）logical_test为一个逻辑表达式（或判断式），其运算结果只能为真或假。

（2）value_if_true可以是一个常量、单元格地址或表达式，当logical_test的结果为真时，函数返回该值。

（3）value_if_false可以是一个常量、单元格地址或表达式，当logical_test的结果为假时，函数返回该值。

例如，在H2单元格中保存的是某学生的高考成绩，高考录取分数线是520分，如果需要在K2单元格中显示该学生是否被录取，则可在K2单元格中输入以下内容。

=IF(H2>520,"已录取","未录取")

即如果H2中的值大于520，则在K2单元格显示“已录取”，否则显示“未录取”。

例如，在A3单元格中保存的是公司员工的姓名，如果需要在E3单元格中计算员工工资，可在E3单元格中输入以下内容。

=5000+IF(LEFT(A3,1)="杨",2000,0)

即员工的基本工资为5000，但如果员工姓“杨”，则再加2000。

例如，H2单元格中保存的是学生考试的平均成绩，如果需要在K2单元格中显示该学生平均成绩的等级，则可在K2单元格中输入以下内容。

=IF(H2<60,"不及格",IF(H2<90,"中等","优秀"))

即如果平均成绩小于60，则显示“不及格”；否则再对平均成绩进行判断，如果分数小于90（60<平均成绩<90），则显示“中等”；否则显示“优秀”。在此例中，第二个（内层）IF函数作为第一个（外层）IF函数的一个参数出现，把这种情况称为函数的嵌套。在实际应用中，如果备选条件多于两个，则通常使用IF函数的嵌套功能实现，例如，要将成绩分成“优、良、中、差”四个等级（平均成绩<60为“差”，60=<平均成绩<80为“中”，80=<平均成绩<90为“良”，90<=平均成绩为“优”），则公式可改为以下格式之一。

=IF(H2<60,"差",IF(H2<80,"中",IF(H2<90,"良","优")))

或

=IF(H2>=90,"优",IF(H2>=80,"良",IF(H2>=60,"中","差")))

6.6.3 输入公式

在WPS表格中，公式也可像其他对象一样输入，但要注意以下几点。

（1）公式可直接在单元格中输入，也可在编辑栏中输入，但必须以“=”开头。

（2）公式的所有符号都应在英文半角状态下输入（字符型常量除外）。

（3）保存公式的单元格不能包含在计算的区域中，否则会出现循环逻辑错误。

（4）如果公式包含简单的、较短的函数，可以手动输入，而未知的、复杂的函数可以使用粘贴函数的方法，在向导的帮助和指导下输入，避免在输入过程中产生错误，具体步骤如下。

① 准备输入函数时，单击编辑栏左侧的“插入函数”按钮 fx。

② 打开“插入函数”对话框，如图 6-45 所示。

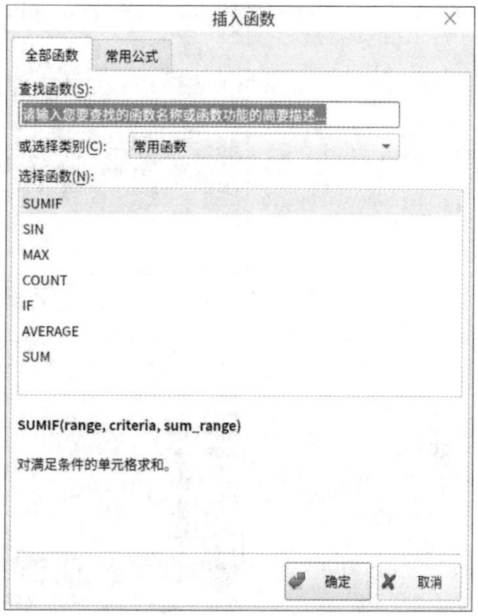

图 6-45　“插入函数”对话框

③ 如果能根据函数的用途判断出所属类别，可以在“或选择类别”下拉列表中选择一个类别，这样就可以在“选择函数”列表中显示该类别的所有函数，按向下键浏览列表中的函数，每选中一个，在列表的下方即有该函数的功能和用法说明，直到找到所需的函数为止。

④ 如果知道函数的关键字，也可直接在“查找函数”文本框中输入该关键字，在“选择函数”列表中会显示包含该关键字的所有函数。例如，要查找一个从文本字符串左边开始取指定个数字符的函数（如前面例子中判断员工是否姓“杨”），则可直接在文本框中输入“字符 左”（如果有多个关键字则用空格将其分开），系统就会根据输入的关键字在函数库中搜索，并将满足条件的函数在“选择函数”列表中显示出来，再用浏览的方法找到所需的函数。

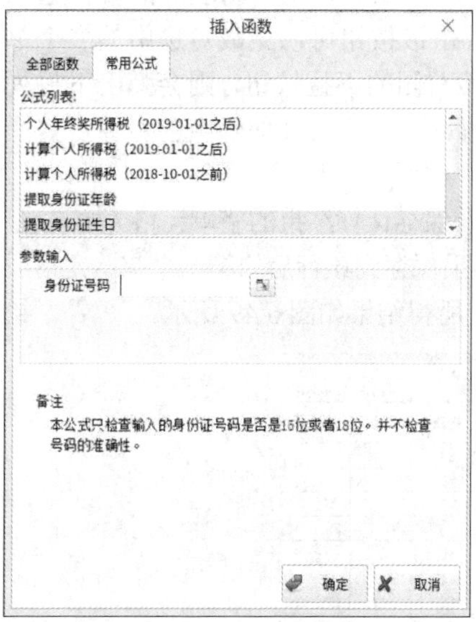

图 6-46　常用公式对话框

⑤ 如果已经知道要使用函数的第一个字母，例如，要找以字母 B 开头的函数，则可先在“或选择类别”下拉列表中选择“全部”选项，然后在“选择函数”列表中单击任意函数，用鼠标单击该列表任意位置，然后按 B 键，这时系统就会自动选中列表中以 B 开头的第一个函数。

⑥ 选择“常用公式”选项卡，在公式列表中单击任何一个函数，在下方“参数输入”选项组中输入参数计算，“备注”区给出对该函数的说明，如图 6-46 所示。

⑦ 确定函数名后，单击“确定”按钮，打开“函数参数”对话框，如图 6-47 所示。

⑧ 在“函数参数”对话框中，可直接在文本框中输入函数的参数，也可单击其右侧的选择区域按钮，在工作表中拖动选择单元格。单击该按钮后，“函数参数”对话框将自动隐藏，区域选择完成后，可再单击此按钮返回“函数参数”对话框，直到所有参数设置完成，如图 6-48 所示。

⑨ 设置完毕后，单击“确定”按钮，即可在公式中插入一个函数。

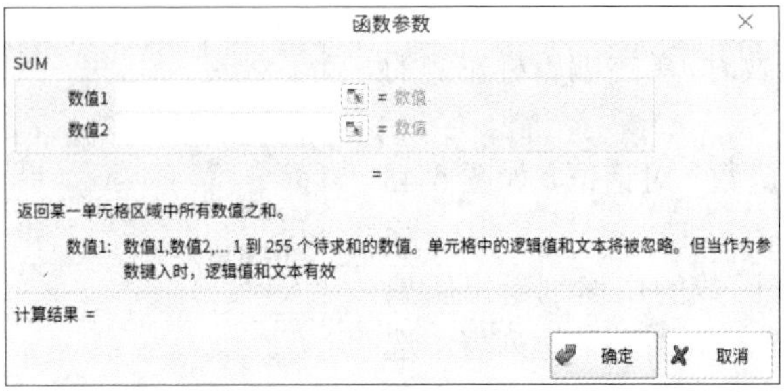

图 6-47 输入函数参数

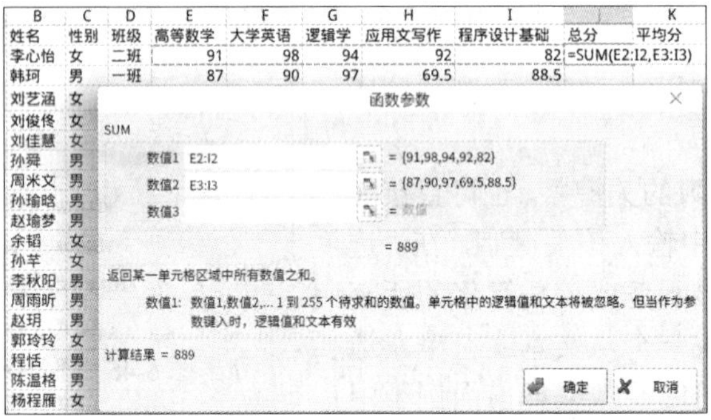

图 6-48 确定函数参数

6.6.4 使用自动求和按钮

为方便用户快速输入一些最常用的函数，WPS 表格在“开始”功能区的编辑选项组中提供了一个“求和”按钮 Σ 求和。在默认情况下，单击该按钮可以完成对选中的多个单元格的求和运算（相当于使用 SUM 函数），而单击其右侧的下拉按钮，则会弹出下拉列表，利用其中的命令可以完成平均值、计数、最大值、最小值及其他函数的运算，其操作方式有以下两种。

（1）先选中要执行运算的多个单元格，并多选一个保存计算结果的空单元格（如未选，WPS 表格会自动分析用户选取的是行还是列，并将结果保存到该行后的第一个空单元格或该列下的第一个空单元格），然后单击“求和”按钮，所得结果如图 6-49 所示。

一年级学生成绩								
学号	班别	姓名	性别	语文	数学	英语	总分	平均分
'0001	1	陈明发	男	85	82	83	250.00	
'0002	1	李玉婷	女	85	75	86		
'0003	1	肖友梅	女	94	98	90		
'0004	1	牛兆祥	男	87	80	95		
'0005	1	李小虎	男	45	74	30		
'0006	1	钟承绪	女	72	76	88		
'0007	2	林南生	男	66	76	92		
'0008	2	彭晓婷	女	76	73	69		
'0009	2	邓同波	男	90	86	86		
'0010	2	王璧芬	女	24	51	68		
'0011	2	俞芳芳	女	89	84	69		
'0012	2	邓世仁	男	70	80	91		

图 6-49 选中区域后单击“求和”按钮后的计算结果

（2）先单击要保存运算结果的单元格，然后单击“求和”按钮进行求和运算，或单击其右侧的下拉按钮选择相应命令完成其他运算，这里选择“平均值”命令，这时系统会根据该单元格的位置自动给出一个计算区域（图 6-50），如果该区域不符合计算要求，可拖动鼠标重新选择正确的计算区域，然后按 Enter 键即可，如图 6-51 所示。

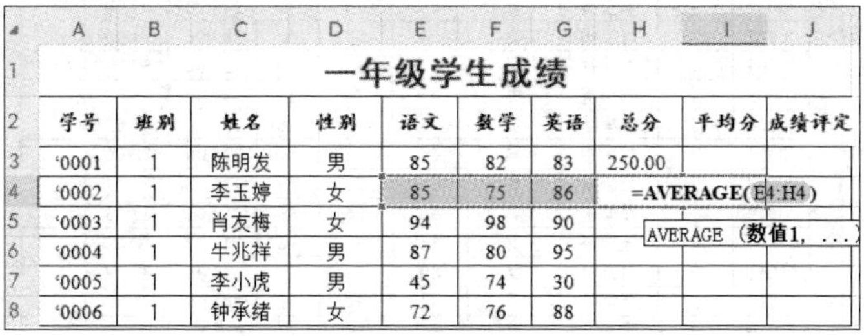

	A	B	C	D	E	F	G	H	I	J
1	一年级学生成绩									
2	学号	班别	姓名	性别	语文	数学	英语	总分	平均分	成绩评定
3	‘0001	1	陈明发	男	85	82	83	250.00		
4	‘0002	1	李玉婷	女	85	75	86	=AVERAGE(E4:H4)		
5	‘0003	1	肖友梅	女	94	98	90	AVERAGE（数值1, ...）		
6	‘0004	1	牛兆祥	男	87	80	95			
7	‘0005	1	李小虎	男	45	74	30			
8	‘0006	1	钟承绪	女	72	76	88			

图 6-50　系统自动给出一个计算区域

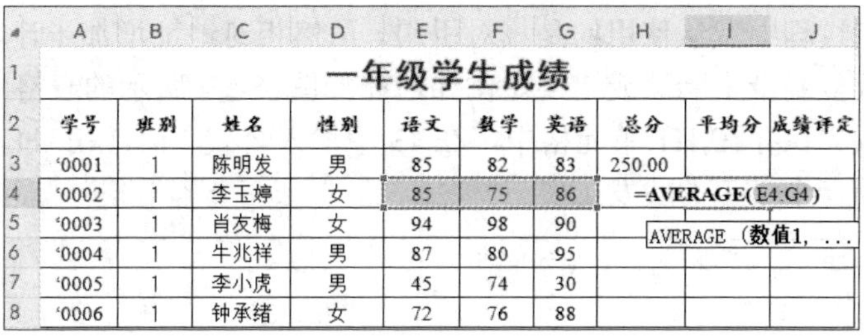

	A	B	C	D	E	F	G	H	I	J
1	一年级学生成绩									
2	学号	班别	姓名	性别	语文	数学	英语	总分	平均分	成绩评定
3	‘0001	1	陈明发	男	85	82	83	250.00		
4	‘0002	1	李玉婷	女	85	75	86	=AVERAGE(E4:G4)		
5	‘0003	1	肖友梅	女	94	98	90	AVERAGE（数值1, ...）		
6	‘0004	1	牛兆祥	男	87	80	95			
7	‘0005	1	李小虎	男	45	74	30			
8	‘0006	1	钟承绪	女	72	76	88			

图 6-51　重新选择的计算区域

6.6.5　复制公式

在计算过程中，为提高公式的输入效率，对于运算规律相同的公式应采用复制公式或智能填充的方法输入。例如，要在成绩表中计算每个学生的平均成绩，只需先在第 1 个学生的“平均分”栏中输入公式，对于其他学生，可以使用拖动填充柄的方法将已经输入的公式进行复制，而不必像在 WPS 文字的表格中那样对每个学生都输入公式。

在复制公式时，WPS 表格并不是简单地把单元格中的公式原样照搬（如果这样，那么成绩表中的每个学生的平均分就都一样了），而是根据公式原来所在的单元格位置及复制到的目标单元格位置的偏移量来自动推算出新公式中参与计算的单元格地址，如图 6-52 所示。因此，WPS 表格中公式的复制（填充）实际上就是“运算规则”的复制。

在图 6-52 中，当计算第 1 个学生的平均分是在 I3 单元格中输入公式“=AVERAGE (E3:G3)”，而当此公式复制 I13 时，即计算第 11 个学生的平均成绩时，相对于源单元格 I3 而言，目标地址 I13 的列号偏移了 I−I=0，行号偏移了 13−3=10，因此公式中参与计算的单元格地址列号不变，而行号增加 10，即由原来的 3 变成 13，这样 I13 中的公式会变成“=AVERAGE(E13:G13)”。同理，如果将 I3 中的公式复制到 K5，则 K5 中的公式会变成“=AVERAGE(E5:G5)”。WPS 表格把这种在公式复制过程中会自动发生变化的地址称为相对引用。

I3 =AVERAGE(E3:G3)

	A	B	C	D	E	F	G	H	I	J
1	一年级学生成绩									
2	学号	班别	姓名	性别	语文	数学	英语	总分	平均分	成绩评
3	'0001	1	陈明发	男	85	82	83	250.00	83.33	
4	'0002	1	李玉婷	女	85	75	86	246.00	82.00	
5	'0003	1	肖友梅	女	94	98	90	282.00	94.00	
6	'0004	1	牛兆祥	男	87	80	95	262.00	87.33	
7	'0005	1	李小虎	男	45	74	30	149.00	49.67	
8	'0006	1	钟承绪	女	72	76	88	236.00	78.67	
9	'0007	2	林南生	男	66	76	92	234.00	78.00	
10	'0008	2	彭晓婷	女	76	73	69	218.00	72.67	
11	'0009	2	邓同波	男	90	86	86	262.00	87.33	
12	'0010	2	王璧芬	女	24	51	68	143.00	47.67	
13	'0011	2	俞芳芳	女	89	84	69	242.00	80.67	
14	'0012	2	邓世仁	男	70	80	91	241.00		

图 6-52　自动推算参与计算的单元格地址

公式在复制过程中默认使用的是相对引用。虽然相对地址增加了计算的灵活性，但有时也会给公式复制带来麻烦或错误。例如，在如图 6-53 所示的表格中，第一个员工的绩效工资已预先保存在 H1 单元格中，在 I3 中输入公式“=H1+E3+F3+G3-H3”则可正确地计算出第一个员工的实发工资。

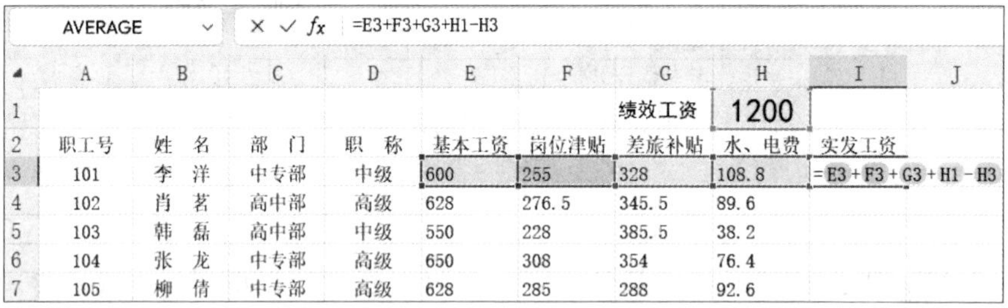

AVERAGE =E3+F3+G3+H1-H3

	A	B	C	D	E	F	G	H	I
1							绩效工资	1200	
2	职工号	姓　名	部　门	职　称	基本工资	岗位津贴	差旅补贴	水、电费	实发工资
3	101	李　洋	中专部	中级	600	255	328	108.8	=E3+F3+G3+H1-H3
4	102	肖　茗	高中部	高级	628	276.5	345.5	89.6	
5	103	韩　磊	高中部	中级	550	228	385.5	38.2	
6	104	张　龙	中专部	高级	650	308	354	76.4	
7	105	柳　倩	中专部	高级	628	285	288	92.6	

图 6-53　使用相对地址计算金额

计算其他员工的实发工资时，如果直接将公式复制下来，则会得到如图 6-54 所示的结果。

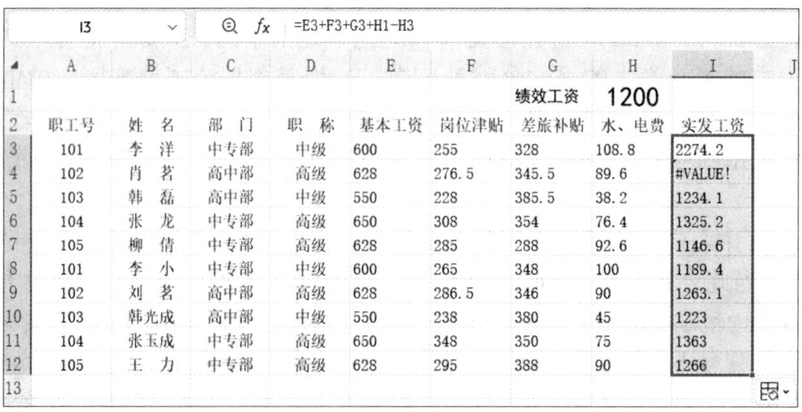

I3 =E3+F3+G3+H1-H3

	A	B	C	D	E	F	G	H	I
1							绩效工资	1200	
2	职工号	姓　名	部　门	职　称	基本工资	岗位津贴	差旅补贴	水、电费	实发工资
3	101	李　洋	中专部	中级	600	255	328	108.8	2274.2
4	102	肖　茗	高中部	高级	628	276.5	345.5	89.6	#VALUE!
5	103	韩　磊	高中部	中级	550	228	385.5	38.2	1234.1
6	104	张　龙	中专部	高级	650	308	354	76.4	1325.2
7	105	柳　倩	中专部	高级	628	285	288	92.6	1146.6
8	101	李　小	中专部	中级	600	265	348	100	1189.4
9	102	刘　茗	高中部	高级	628	286.5	346	90	1263.1
10	103	韩光成	高中部	中级	550	238	380	45	1223
11	104	张玉成	中专部	高级	650	348	350	75	1363
12	105	王　力	中专部	高级	628	295	388	90	1266
13									

图 6-54　使用相对地址计算金额发生错误

显然，除第一个员工外，其他员工的实发金额都是不正确的。原因在于计算第一个员工实发工资时，公式“=H1+E3+F3+G3-H3”中使用的全是会自动变化的相对引用，当其复制到下面的行后会自动变成“=H2+E4+F4+G4-H4”“=H8+E10+F10+G10-H10”等。由此可见，虽然员工的“基础工资”“补贴”“津贴”等项正确，但是保存每个员工绩效工资的单元格却由H1自动变成了H2（H2单元格内容为文本，因为文本不能参与算术运算，所以结果显示为#VALUE!）、H3、H4等，因此才会出现结果错误。

因此，为了保证计算正确，应在公式中固定引用H1这个单元格，这样无论公式复制到哪，该单元格地址都不会自动变化。WPS 表格将这种在公式复制过程中不会发生变化的地址形式称为绝对引用，其表示方法是在单元格地址的行号和列号前面加上$符号。如上例中为正确计算每个员工的工资，可将公式改为“=$H$1+E3+F3+G3-H3”，其中的$H$1就是一个绝对引用。在上例中，不论公式复制到哪个员工，H是不会变化的，因此，公式也可表示为“=H$1+E3+F3+G3-H3”，WPS表格将这种只需固定行H$1或只需固定列$H4的地址形式称为混合引用。

在WPS表格中，地址的引用除了上述三种形式外，还有跨工作表或工作簿的引用，即参与运算的单元格除了可以是本工作表中的以外，还可以是本工作簿其他工作表中的单元格，甚至是其他工作簿中工作表中的单元格，其使用格式为“[工作簿名]工作表名!单元格地址”，如图6-55所示，计算奖金的公式为“=IF(成绩表!K2>=60,1000,0)”，即奖金是根据另外一张“成绩表”中的K2单元格来判断的，表示如果该员工在“成绩表”中的平均成绩大于60，则奖金为1000，否则为0。这里的“成绩表!K2”就是一个跨工作表的引用。

F3 fx =IF(成绩表!K2>=60,1000,0)

	A	B	C	D	E	F	G
1							
2	姓名	基本工资	职务工资	高原补贴	交通费	奖金	应发金额
3	杨一	1500	115	90	62	1000	
4	王二	850	69	80	75		
5	张三	1000	85	70	65		
6	李四	1200	95	60	55		

图6-55 跨工作表的引用

6.6.6 相关错误提示信息

在单元格中输入数据或编辑公式后，有时会出现诸如#####!或#VALUE!等错误信息。

1. #####!

（1）单元格中公式所产生的结果太长，该单元格容纳不下。可以通过调整单元格的宽度来消除该错误。

（2）日期或时间格式的单元格中出现负值。如果准备对日期和时间格式的单元格进行计算，则要确认计算后的日期或时间结果为正值。

2. #DIV/0!

单元格的公式中出现除零问题，即输入的公式中包含除数0，或者在公式的除数中引用了零值单元格或空白单元格。解决办法是修改公式中的零除数、零值单元格或空白单元格引用，或者在用作除数的单元格中输入不为零的值。

当作除数的单元格为空或含有的值为零时，如果希望不显示错误，可以使用 IF 函数。例如，如果 B5 单元格包含除数而 A5 单元格包含被除数，可以用“=IF(B5=0,"",A5/B5)”（两个连续引号代表空字符串）来表示 B5 值为 0 时，这样得出的结果为单元格空白不显示，否则显示“A5/B5”的值。

3. #N/A

在函数或公式中没有可用数值时会产生#N/A 错误信息。

4. #NAME?

出现#NAME?错误信息的原因是公式中使用了 WPS 表格不能识别的文本，主要有以下几种情况。

（1）公式中的名称或函数名拼写错误。

（2）公式中区域引用不正确。例如，某单元格中有公式“=SUM(G2G3)”出现错误信息，显然是因为应使用冒号“:”表达区域“G2:G3”，系统无法识别 G2G3。

（3）在公式中输入文本时没有使用双引号（定界符）。例如，若将文本 The is 和单元格 G1 中的文本连接在一起，则应使用公式“="The is"&G1”，如果单元格中的公式错写为“=The is&Gl”，就会出现错误信息。

5. #NUM!

#NUM!错误信息表示在公式或函数中的某个数值越界，即公式产生的结果太大或太小，超出范围（-10^{307}～10^{307}）。例如，某单元格中的公式为“=1.2E+100*1.2E+290”，其结果大于 10^{307}，就会出现该错误信息。

6. #NULL!

#NULL!错误信息表示在单元格中试图为两个并不相交的区域指定交叉点。例如，使用了不正确的区域运算符或不正确的单元格引用等。

7. #REF!

#REF!错误信息表示该单元格引用了无效的结果。假设 A9 单元格中有数值 5，A10 单元格中有公式“=A9+l”，A10 单元格显示结果为 6。若删除 A9 单元格（注意，不是删除数值 5，而是删除 A9 单元格），则 A10 单元格中的公式“=A9+l”对 A9 单元格的引用无效，就会出现该错误信息。

8. #VALUE!

#VALUE!错误信息表示公式中使用了不正确的参数或运算符，这时应确认公式或函数所需的运算符或参数类型及数量是否正确，公式引用的单元格中是否包含有效的数值。在需要数值或逻辑值时却输入了文本，就会出现这样的错误信息。

6.7 数 据 管 理

WPS 表格不仅可以进行复杂的计算，还提供了强大的数据管理功能，可以实现数据的排序、检索、筛选、分类汇总等操作，帮助用户从大量的数据中获取所需信息。

在 WPS 表格中，数据表通常是由若干行和若干列组成的二维表格，表格中的第一行往往是各列的列标题，称为字段名，字段名以下该列的数据称为该字段的值，由各字段的值组成的每一行称为记录，如图 6-56 所示。

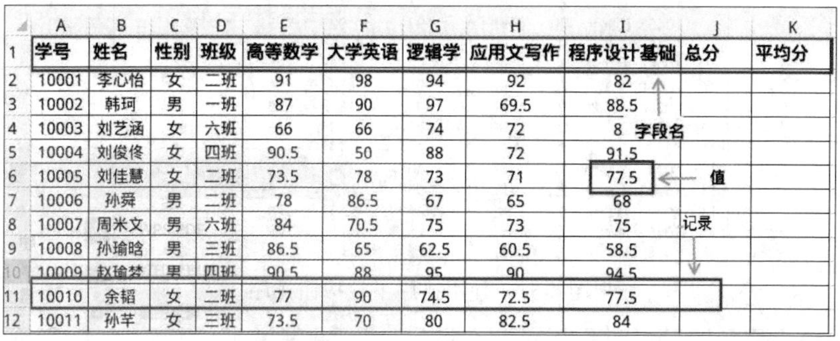

	A	B	C	D	E	F	G	H	I	J	K
1	学号	姓名	性别	班级	高等数学	大学英语	逻辑学	应用文写作	程序设计基础	总分	平均分
2	10001	李心怡	女	二班	91	98	94	92	82		
3	10002	韩珂	男	一班	87	90	97	69.5	88.5		
4	10003	刘艺涵	女	六班	66	66	74	72	8		
5	10004	刘俊佟	女	四班	90.5	50	88	72	91.5		
6	10005	刘佳慧	女	二班	73.5	78	73	71	77.5		
7	10006	孙舜	男	二班	78	86.5	67	65	68		
8	10007	周米文	男	六班	84	70.5	75	73	75		
9	10008	孙瑜晗	男	三班	86.5	65	62.5	60.5	58.5		
10	10009	赵瑜梦	男	四班	90.5	88	95	90	94.5		
11	10010	余韬	女	二班	77	90	74.5	72.5	77.5		
12	10011	孙芊	女	三班	73.5	70	80	82.5	84		

图 6-56 工作表中的字段与记录

6.7.1 数据排序

在工作表中，通常需要按某字段的值调整记录的显示顺序，以帮助观察数据。例如，在成绩表中可通过将总分从高到低进行排序，来观察哪些学生的成绩更为优秀。排序依据的字段称为关键字。有时关键字不止一个，例如，在成绩表中，可以先按“英语”（此时称其为“主关键字”）从高到低排序，若“英语”相同，则将“总分”（称为“次关键字”）高的记录排在前面。关键字的值可以是数字、字母、汉字，还可以是日期、时间甚至可以是某个序列，而对于汉字可以按声母排序，也可按笔画排序。

在 WPS 表格中，数据的排序可分为以下两种情况：一是对整个数据清单排序，二是对数据清单中的部分区域排序。两者的操作方法类似，若只对数据清单中的部分区域排序，则要先选中排序的区域，再进行排序，排序完成后选中的区域按指定顺序排列，其他区域的顺序不变。注意，这样会改变表格原本各记录的值，一般不提倡使用。

1. 简单排序（排序依据只有一个）

（1）在要作为排序依据的字段列内任意位置单击（不能双击，也不能在列号上单击）。

（2）在“数据”功能区中单击“排序”下拉按钮，在弹出的下拉列表中选择“升序”或“降序”命令对数据进行排序，如图 6-57 所示。

2. 复杂排序（多个字段排序）

（1）将光标定位到数据清单内任意单元格。

（2）在“数据”功能区中单击“排序”下拉按钮，在弹出的下拉列表中选择“自定义排序”命令，WPS 表格会自动选中当前表格的有效区域（如果自动选中的区域不符合要求，可手动选择）并打开“排序”对话框，如图 6-58 所示。

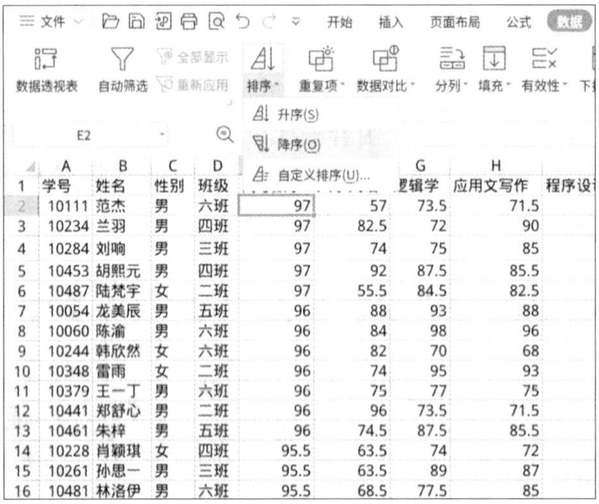

图 6-57　使用排序下拉按钮排序

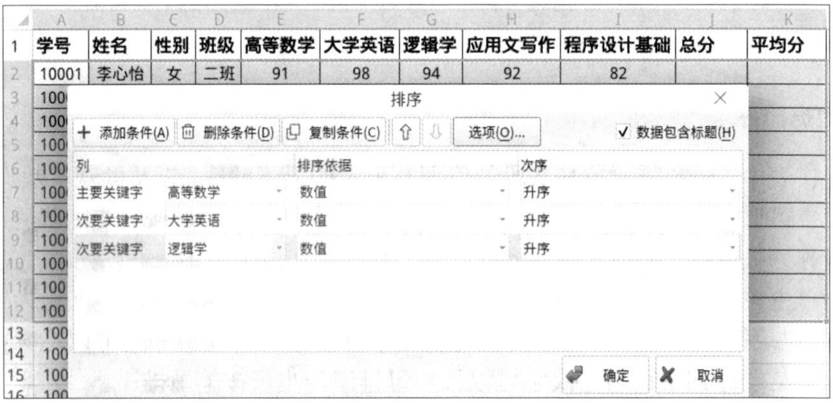

图 6-58　设置排序条件

（3）在对话框的“主要关键字”下拉列表中选择排序主关键字，在其后选择排序依据和次序。如果有需要，还可单击“添加条件”按钮，在新增的下拉列表中进行相关设置。

（4）根据实际情况选中或取消选中“数据包含标题”复选框，以决定标题行是否参与排序。

（5）单击“确定”按钮完成操作。

3. 恢复排序

若要将多次排序后的数据表恢复到未排序前的状态，应在表格中找到能标记原来顺序的字段，利用该字段进行简单排序即可。如果表格中没有这样的字段，则排序前应先在数据表中增加一个名为“记录号”的字段，并使用自动填充的方法产生记录号，在所有的排序完成后以“记录号”为关键字进行排序即可将数据表恢复到原来的顺序。

6.7.2　数据筛选

在一个大的数据清单中，有时参加操作的只是一部分记录，为了加快操作速度，往往可以把那些与操作无关的记录隐藏起来，使之不参加操作，而把要操作的数据记录筛选出来作为操作对象以减小查找范围，或者将数据清单中满足某种条件的记录筛选出来单独生成一个新数据表。WPS 表格提供了两种类型的数据筛选操作，可以快速实现上述功能。

1. 自动筛选

（1）在工作表中选中有效数据区域。

（2）在“数据”功能区中单击“筛选”按钮，这时在工作表的每个字段名右侧会出现一个下拉按钮。

（3）单击需要筛选的字段名右侧的下拉按钮，在弹出的下拉列表中选择“数字筛选”→“自定义筛选”命令，如图 6-59 所示，打开“自定义自动筛选方式”对话框，如图 6-60 所示。

图 6-59　选择“自定义筛选”命令

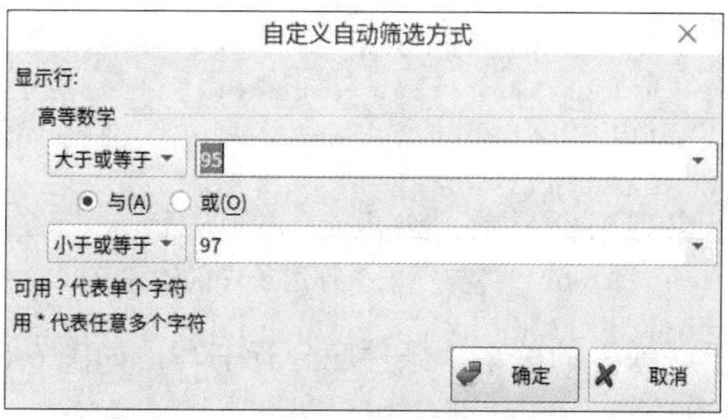

图 6-60　“自定义自动筛选方式”对话框

（4）在对话框中输入相应的筛选条件，如筛选所有“高等数学”成绩介于 95～97

的记录，完成后单击“确定”按钮，结果如图 6-61 所示。

1	学号	姓名	性	班	高等数学	大学英	逻辑	应用文写	程序设计基
469	10282	韩瑞轩	女	六班	95	87	90.5	88.5	92
470	10501	李博文	男	二班	95	87	85	92	93.5
471	10376	范文杰	男	四班	95	90.5	91	93	89
472	10228	肖颖琪	女	四班	95.5	63.5	74	72	66.5
473	10261	孙思一	男	三班	95.5	63.5	89	87	84.5
474	10481	林洛伊	男	六班	95.5	68.5	77.5	85	81.5
475	10348	雷雨	女	二班	96	74	95	93	65.5
476	10054	龙美辰	男	五班	96	88	93	88	92
477	10441	郑舒心	男	二班	96	96	73.5	71.5	79.5
478	10487	陆梵宇	女	二班	97	55.5	84.5	82.5	92
479	10111	范杰	男	六班	97	57	73.5	71.5	78.5
480	10284	刘响	男	三班	97	74	75	85	77
481	10234	兰羽	男	四班	97	82.5	72	90	76
482	10453	胡熙元	男	四班	97	92	87.5	85.5	88

图 6-61　筛选后的结果

（5）筛选完成后，若要重新进行其他筛选或结束自动筛选操作，可在“数据”功能区中再次单击“筛选”按钮。

2. 高级筛选

在自动筛选中，可以有一个筛选条件，也可以使用“自定义筛选”命令指定两个条件，但通常都只针对一个字段进行。如果筛选条件涉及多个字段，如筛选条件为“英语不及格并且语文不及格”的记录，自动筛选实现较麻烦（需要分两次实现）；而筛选条件为“英语不及格或者大学语文不及格”的记录，自动筛选就不能实现了。WPS 表格提供的高级筛选功能可以完成涉及多个字段的筛选。

1）构造筛选条件

在数据表的空白区域（一般在数据表的下方，且与数据区至少相隔一行）中先输入涉及筛选的多个字段名（字段名必须在同一行，为防止输入出错，一般采用复制粘贴完成），然后依次在每个字段名的下方输入筛选的条件。

如果多个条件属于“与”关系，条件必须出现在同一行，如图 6-62 所示。

初三（14）班第一学期期末成绩表								
学号	姓名	语文	数学	英语	物理	化学	品德	历史
C121401	宋子丹	98.7	87.9	84.5	93.8	76.2	90	76.9
C121402	郑菁华	98.3	112.2	88	96.6	78.6	90	93.2
C121403	张雄杰	90.4	103.6	95.3	93.8	72.3	94.6	74.2
C121404	江晓勇	86.4	94.8	94.7	93.5	84.5	93.6	86.6
C121405	齐小娟	98.7	108.8	87.9	96.7	75.8	78	88.3
C121406	孙如红	91	105	94	75.9	77.9	94.1	88.4
C121407	甄士隐	107.9	95.9	90.9	95.6	89.6	90.5	84.4
C121408	周梦飞	80.8	92	96.2	73.6	68.9	78.7	93
			语文	数学				
			>85	>90				

图 6-62　“与”关系筛选条件区的建立

如果多个条件属于“或”的关系，条件应分行书写，如图 6-63 所示。

2）执行高级筛选

（1）在“数据”功能区中单击“筛选”下拉按钮，选择“高级筛选”命令，打开“高级筛选”对话框，如图 6-64 所示。

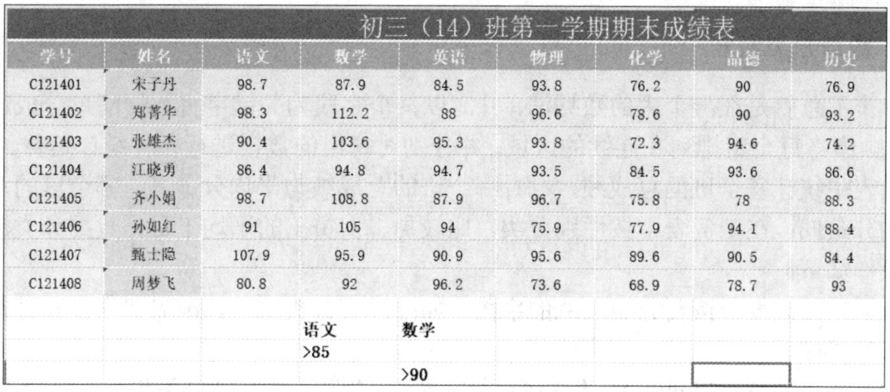

初三（14）班第一学期期末成绩表								
学号	姓名	语文	数学	英语	物理	化学	品德	历史
C121401	宋子丹	98.7	87.9	84.5	93.8	76.2	90	76.9
C121402	郑菁华	98.3	112.2	88	96.6	78.6	90	93.2
C121403	张雄杰	90.4	103.6	95.3	93.8	72.3	94.6	74.2
C121404	江晓勇	86.4	94.8	94.7	93.5	84.5	93.6	86.6
C121405	齐小娟	98.7	108.8	87.9	96.7	75.8	78	88.3
C121406	孙如红	91	105	94	75.9	77.9	94.1	88.4
C121407	甄士隐	107.9	95.9	90.9	95.6	89.6	90.5	84.4
C121408	周梦飞	80.8	92	96.2	73.6	68.9	78.7	93
			语文	数学				
			>85					
				>90				

图 6-63 “或”关系筛选条件区的建立

（2）在对话框的“方式”选项组中选择筛选结果的显示位置。若选中“在原有区域显示筛选结果”单选按钮，则将在原来的数据区域中显示满足条件的记录，而隐藏不满足条件的记录。若选中“将筛选结果复制到其它位置”单选按钮，则不改变原有的数据区域，而将满足条件的记录复制到工作表的其他区域中去。如果选中了该单选按钮，要在对话框的“复制到”文本框中输入或单击其右侧的按钮选择要保存筛选结果区域的开始单元格地址，例如，本例中选择 A14。

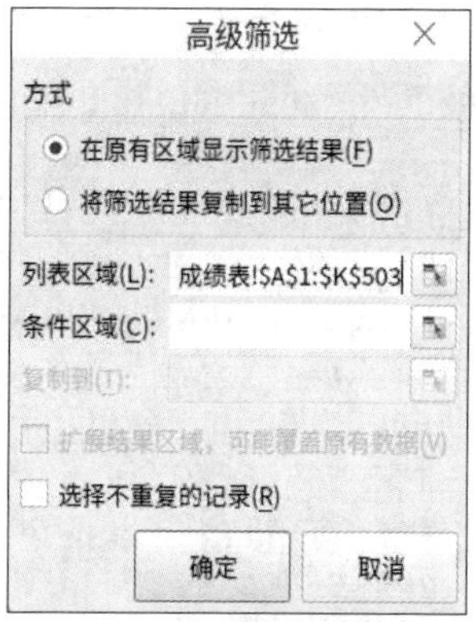

图 6-64 “高级筛选”对话框

（3）选择需要筛选的数据区域，可以在“列表区域”文本框中直接输入“$A$2:$I$10”，也可以单击其右侧的选择区域按钮，在工作表中从数据区的第一个单元格拖动到最后一个单元格，选中数据区域后再次单击选择区域按钮，返回“高级筛选”对话框。

（4）用同样的方法选中“条件区域”（$D$12:El2）并单击“确定”按钮，筛选结果如图 6-65 所示。

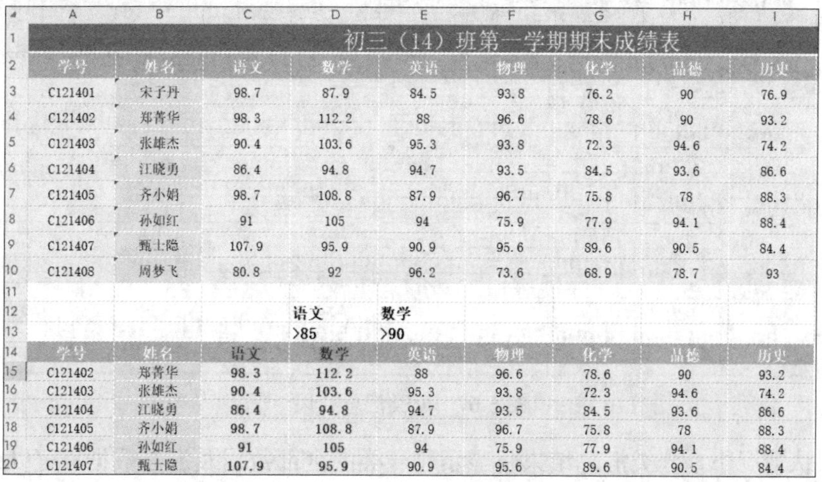

	A	B	C	D	E	F	G	H	I
1	初三（14）班第一学期期末成绩表								
2	学号	姓名	语文	数学	英语	物理	化学	品德	历史
3	C121401	宋子丹	98.7	87.9	84.5	93.8	76.2	90	76.9
4	C121402	郑菁华	98.3	112.2	88	96.6	78.6	90	93.2
5	C121403	张雄杰	90.4	103.6	95.3	93.8	72.3	94.6	74.2
6	C121404	江晓勇	86.4	94.8	94.7	93.5	84.5	93.6	86.6
7	C121405	齐小娟	98.7	108.8	87.9	96.7	75.8	78	88.3
8	C121406	孙如红	91	105	94	75.9	77.9	94.1	88.4
9	C121407	甄士隐	107.9	95.9	90.9	95.6	89.6	90.5	84.4
10	C121408	周梦飞	80.8	92	96.2	73.6	68.9	78.7	93
11									
12				语文	数学				
13				>85	>90				
14	学号	姓名	语文	数学	英语	物理	化学	品德	历史
15	C121402	郑菁华	98.3	112.2	88	96.6	78.6	90	93.2
16	C121403	张雄杰	90.4	103.6	95.3	93.8	72.3	94.6	74.2
17	C121404	江晓勇	86.4	94.8	94.7	93.5	84.5	93.6	86.6
18	C121405	齐小娟	98.7	108.8	87.9	96.7	75.8	78	88.3
19	C121406	孙如红	91	105	94	75.9	77.9	94.1	88.4
20	C121407	甄士隐	107.9	95.9	90.9	95.6	89.6	90.5	84.4

图 6-65 执行高级筛选后的结果

6.7.3 数据分类汇总

分类汇总就是在一个大的数据清单中，以某个字段为关键字将数据清单分成若干个组，按顺序将每个组排列在连续的区域，并分别对每组的数据进行各种统计运算。例如，在成绩表中统计每个班的总成绩，看看哪个班的总成绩与平均分最高，哪个班的总成绩与平均分最低；在工资表中按性别分类，比较男、女员工的平均工资。数据分类汇总的具体操作如下。

（1）在数据表中按要分类汇总的字段（如果没有分类字段，则需要先创建并输入数据）进行排序。

（2）在“数据”功能区中单击“分类汇总”按钮，弹出“分类汇总”对话框，如图 6-66 所示。

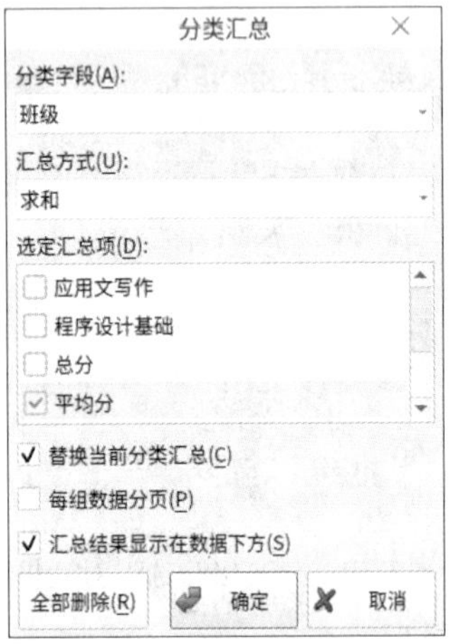

图 6-66　分类汇总设置

（3）在“分类字段”下拉列表中选择分类字段，如“班级”。

（4）在“汇总方式”下拉列表中选择汇总方式，如“平均值”。

（5）在“选定汇总项”列表中选中要汇总的一个或多个字段，如“语文”“英语”等。

（6）“替换当前分类汇总”复选框用来设置如果在本次汇总前已经进行过某种分类汇总，是否保留原来的汇总数据。

（7）“每组数据分页”复选框用来设置每类汇总数据是否单独占一页。

（8）“汇总结果显示在数据下方”复选框用来设置汇总结果的显示方式。

（9）单击“确定”按钮，完成分类汇总操作，结果如图 6-67 所示。

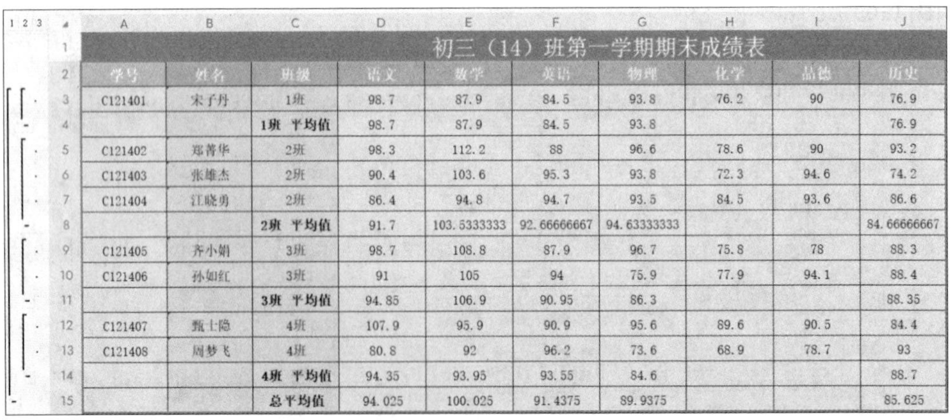

	A	B	C	D	E	F	G	H	I	J
1	初三（14）班第一学期期末成绩表									
2	学号	姓名	班级	语文	数学	英语	物理	化学	品德	历史
3	C121401	宋子丹	1班	98.7	87.9	84.5	93.8	76.2	90	76.9
4			1班 平均值	98.7	87.9	84.5	93.8			76.9
5	C121402	郑菁华	2班	98.3	112.2	88	96.6	78.6	90	93.2
6	C121403	张雄杰	2班	90.4	103.6	95.3	93.8	72.3	94.6	74.2
7	C121404	江晓勇	2班	86.4	94.8	94.7	93.5	84.5	93.6	86.6
8			2班 平均值	91.7	103.5333333	92.66666667	94.63333333			84.66666667
9	C121405	齐小娟	3班	98.7	108.8	87.9	96.7	75.8	78	88.3
10	C121406	孙如红	3班	91	105	94	75.9	77.9	94.1	88.4
11			3班 平均值	94.85	106.9	90.95	86.3			88.35
12	C121407	甄士隐	4班	107.9	95.9	90.9	95.6	89.6	90.5	84.4
13	C121408	周梦飞	4班	80.8	92	96.2	73.6	68.9	78.7	93
14			4班 平均值	94.35	93.95	93.55	84.6			88.7
15			总平均值	94.025	100.025	91.4375	89.9375			85.625

图 6-67　分类汇总结果

在默认情况下，分类汇总结果将显示每一类的全部数据及汇总数据，可以根据需要单击左侧的“减号”按钮 - 隐藏该类的详细数据而只显示汇总结果，也可以单击 3 按钮显示全部数据及汇总结果，单击 2 按钮隐藏全部原始数据而只显示每一类的汇总结果，单击 1 按钮隐藏全部原始数据及每一类的汇总结果而只显示总的汇总结果。

6.8 创建和编辑图表

在现实生活中，人们通常无法记住一长串的数字，但很容易记住一幅图形。WPS表格提供了非常丰富的图表功能，可以把工作表中的数据及数据变化的规律和趋势以图形的方式展示出来，使数据更容易被接受和理解。图表是以工作表的数据为依据的，数据的变化会立即反映到图表中。图表创建后，还可以对其进行修饰（如字体、颜色、图案等的编辑），使图表更美观。

6.8.1 创建和编辑迷你图

迷你图是以单元格为绘图区域创建的微型图表。相对于传统图表来说，迷你图占用空间小，它不仅可以作为单元格背景美化表格，而且可以帮助用户快速、直观地分析一系列复杂的数据，并且当数据被更改时，可以立即在迷你图中显示相应的变化。

在 WPS 表格中，除了可以为一行或一列数据创建一个迷你图之外，还可以通过选择与基本数据相对应的多个单元格来同时创建若干个迷你图，并通过拖动包含迷你图的单元格的填充柄，实现迷你图的智能填充和设置。

1. 创建迷你图

在 WPS 表格中创建迷你图的方法非常简单，现以“某考试各题目得分分析”为例，介绍创建迷你图的一般步骤。

（1）打开工作簿文件，并单击要插入迷你图的单元格。

（2）在“插入”功能区中，根据需要单击一种迷你图类型按钮（如折线图、柱形图、盈亏图），打开“创建迷你图”对话框，如图 6-68 所示。

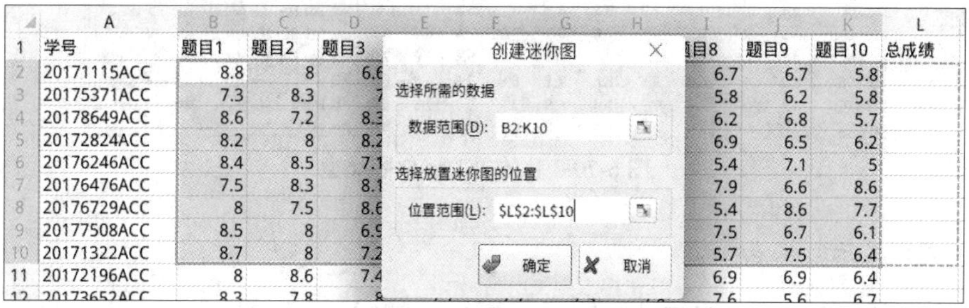

图 6-68 创建迷你图设置

（3）在“创建迷你图”对话框中，分别单击“数据范围”和“位置范围”框右侧的选择区域按钮，在数据表中选中迷你图的数据源和存放位置，单击“确定”按钮即可将迷你图插入指定单元格中，如图 6-69 所示。

（4）如果相邻区域也需要创建迷你图，可以像复制公式一样，通过拖动已创建迷你图单元格下的填充柄来快速创建。

（5）由于迷你图是以背景方式插入单元格的，因此可以在含有迷你图的单元格中直接输入文本，设置文本格式，为单元格填充背景颜色等。

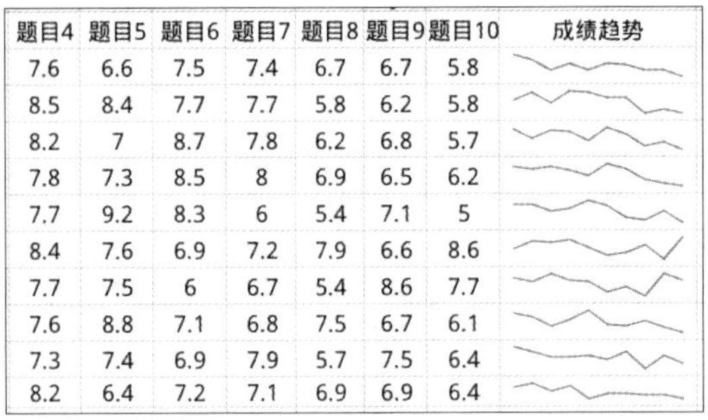

题目4	题目5	题目6	题目7	题目8	题目9	题目10	成绩趋势
7.6	6.6	7.5	7.4	6.7	6.7	5.8	
8.5	8.4	7.7	7.7	5.8	6.2	5.8	
8.2	7	8.7	7.8	6.2	6.8	5.7	
7.8	7.3	8.5	8	6.9	6.5	6.2	
7.7	9.2	8.3	6	5.4	7.1	5	
8.4	7.6	6.9	7.2	7.9	6.6	8.6	
7.7	7.5	6	6.7	5.4	8.6	7.7	
7.6	8.8	7.1	6.8	7.5	6.7	6.1	
7.3	7.4	6.9	7.9	5.7	7.5	6.4	
8.2	6.4	7.2	7.1	6.9	6.9	6.4	

图 6-69 迷你图的创建结果

2. 更改迷你图的类型

在 WPS 表格中，迷你图的类型既可以在创建时指定，也可以根据需要在后期更改。

（1）在工作表上单击某个需要更改类型的迷你图，WPS 表格中将自动显示“迷你图工具”功能区。

（2）在“迷你图工具”功能区中单击“柱形”按钮，更改为柱形图，结果如图 6-70 所示。

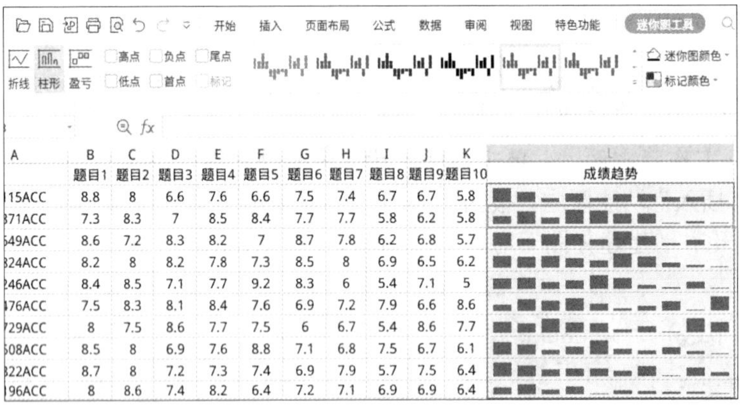

A	B	C	D	E	F	G	H	I	J	K	L
	题目1	题目2	题目3	题目4	题目5	题目6	题目7	题目8	题目9	题目10	成绩趋势
15ACC	8.8	8	6.6	7.6	6.6	7.5	7.4	6.7	6.7	5.8	
371ACC	7.3	8.3	7	8.5	8.4	7.7	7.7	5.8	6.2	5.8	
549ACC	8.6	7.2	8.3	8.2	7	8.7	7.8	6.2	6.8	5.7	
324ACC	8.2	8	8.2	7.8	7.3	8.5	8	6.9	6.5	6.2	
246ACC	8.4	8.5	7.1	7.7	9.2	8.3	6	5.4	7.1	5	
476ACC	7.5	8.3	8.1	8.4	7.6	6.9	7.2	7.9	6.6	8.6	
729ACC	8	7.5	8.6	7.7	7.5	6	6.7	5.4	8.6	7.7	
508ACC	8.5	8	6.9	7.6	8.8	7.1	6.8	7.5	6.7	6.1	
322ACC	8.7	8	7.2	7.3	7.4	6.9	7.9	5.7	7.5	6.4	
196ACC	8	8.6	7.4	8.2	6.4	7.2	7.1	6.9	6.9	6.4	

图 6-70 整体更改迷你图类型

3. 突出显示数据点

可以通过设置来突出显示迷你图中的各个数据标记。

（1）选中需要突出显示数据点的迷你图。

（2）在“迷你图工具”功能区中，根据需要选择是否选中“高点”（突出显示最大值）、“低点”（突出显示最小值）、“负点”（突出显示负值）、“首点”（突出显示开始值）、“尾点”（突出显示结束值）及“标记”（突出显示所有数据点）复选框，图 6-71 为突出显示最大值和最小值的迷你图。

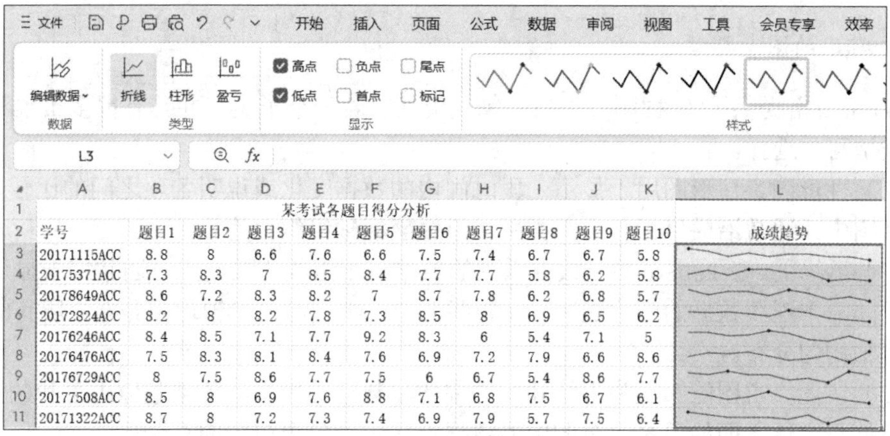

学号	题目1	题目2	题目3	题目4	题目5	题目6	题目7	题目8	题目9	题目10
20171115ACC	8.8	8	6.6	7.6	6.6	7.5	7.4	6.7	6.7	5.8
20175371ACC	7.3	8.3	7	8.5	8.4	7.7	7.7	5.8	6.2	5.8
20178649ACC	8.6	7.2	8.3	8.2	7	8.7	7.8	6.2	6.8	5.7
20172824ACC	8.2	8	8.2	7.8	7.3	8.5	8	6.9	6.5	6.2
20176246ACC	8.4	8.5	7.1	7.7	9.2	8.3	6	5.4	7.1	5
20176476ACC	7.5	8.3	8.1	8.4	7.6	6.9	7.2	7.9	6.6	8.6
20176729ACC	8	7.5	8.6	7.7	7.5	6	6.7	5.4	8.6	7.7
20177508ACC	8.5	8	6.9	7.6	8.8	7.1	6.8	7.5	6.7	6.1
20171322ACC	8.7	8	7.2	7.3	7.4	6.9	7.9	5.7	7.5	6.4

图 6-71 突出显示最大值和最小值的迷你图

4. 设置样式和颜色

（1）选中要设置样式和颜色的迷你图。

（2）在“迷你图工具”功能区中单击要应用的某个样式，也可单击该列表右侧的下拉按钮 查看更多样式。

（3）单击“迷你图工具”功能区中的“迷你图颜色”下拉按钮，在下拉列表中更改迷你图的颜色及线条粗细。

（4）单击“迷你图工具”功能区中的“标记颜色”下拉按钮，在下拉列表中为不同的标记值设置不同的颜色。

5. 处理隐藏和空单元格

当迷你图所引用的数据系列中含有空单元格或被隐藏的数据时，可通过制定处理该单元格的规则来控制如何显示迷你图。

选择要进行设置的迷你图，在“迷你图工具”功能区中单击“编辑数据”下拉按钮，在弹出的下拉列表中选择“隐藏和空单元格”命令，打开“隐藏和空单元格设置”对话框，如图 6-72 所示，在该对话框中按照需要进行相关设置即可。

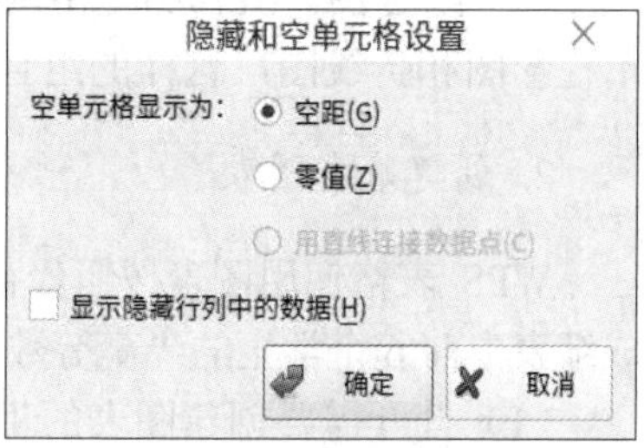

图 6-72 处理隐藏和空单元格

6. 清除迷你图

选择要进行清除的迷你图，在“迷你图工具”功能区中单击“清除”按钮。

6.8.2 创建和编辑图表

除提供简单、直观的迷你图外，WPS 表格还提供了类型更为丰富、功能更为强大的图表对象。图表既可作为元素嵌入表格，也可作为独立的对象放置到其他工作表中。

1. 常用的图表类型

WPS 表格提供了 9 种图表类型，每一类又有若干个子类，并且有很多二维和三维图表类型可供选择。

（1）柱形图。柱形图用于显示一段时间内的数据变化或说明各项之间的比较情况。在柱形图中，通常沿横坐标轴组织类别，沿纵坐标轴组织数值。

（2）折线图。折线图将同一数据系列的数据点用直线连接起来，通常用于显示在相等时间间隔下连续数据的变化趋势。在折线图中，类别沿水平轴均匀分布，所有的数值沿垂直轴均匀分布。

（3）饼图。饼图能够反映出统计数据中各项数值的大小、各项数值占总和的比例，以及整体与个体之间的关系。饼图中的数据点显示为整个饼图的百分比。

（4）条形图。条形图可以理解为横着的柱形图，可以用来描绘各个项目之间数据的差别情况，强调在特定时间点上进行分类和数值的比较。

（5）面积图。面积图用来显示数值随时间或其他类别数据变化的趋势。面积图强调数量随时间变化的程度，也可用于引起人们对总值趋势的注意。

（6）XY 散点图。XY 散点图用来显示若干数据系列中各数值之间的关系，或者将两组数字绘制为 xOy 坐标的一个系列。散点图有两个数值轴，沿横坐标轴（x 轴）方向显示一组数值数据，沿纵坐标轴（y 轴）方向显示另一组数值数据。XY 散点图通常用于显示和比较数据，如科学数据、统计数据和工程数据等。

（7）股价图。股价图用来显示股价的波动，也可用于其他科学数据。例如，可以用股价图来说明每天或每年温度的波动。

注意：必须按正确的顺序组织数据才能创建股价图。

（8）雷达图。雷达图用于比较几个数据系列的聚合值。

（9）组合图。组合图是由两种或两种以上类型的图表组合而成的分析图。它通常包括柱形图和折线图，这样的组合图可以更多样化地展示数据的变化趋势。

2. 创建基本图表

WPS 表格使用图表按钮代替图表向导，使图表的创建更为简单、快捷。下面以考试成绩表中前 6 个学生的“高等数学”和“平均分”为数据源来讲解图表的创建方法。

（1）打开需要创建图表的工作表并正确选择数据源，应注意以下几点。

① 用于创建图表的数据应按照行或列的形式组织，并在数据的左侧和上方分别设置文本格式的行号题和列号题，这样系统会自动根据所选数据区域确定在图表中绘制数据的最佳方式，某些图表类型（如饼图和气泡图）则需要特定的数据排列方式。

② 加入图表的数据不应太多，否则会使图表非常复杂，失去直观显示信息的意义。

③ 加入图表的数据类型应当一致，除第一列外一般都为数值型。

④ 不要将量级相差太大的数据同时加入图表。例如，不要将学生表中的各单科成绩和总成绩同时加入图表。

⑤ 加入图表的数据可以相邻，也可以不相邻，如果是不相邻的，可用 Ctrl 键配合选择。

（2）在“插入”功能区的图表选项组中，单击某一图表类型，然后在弹出的下拉列表中选择要使用的图表子类（将光标停留在任何图表类型或图表子类型上，屏幕上会显示该图表类型的名称及说明），如图 6-73 所示。

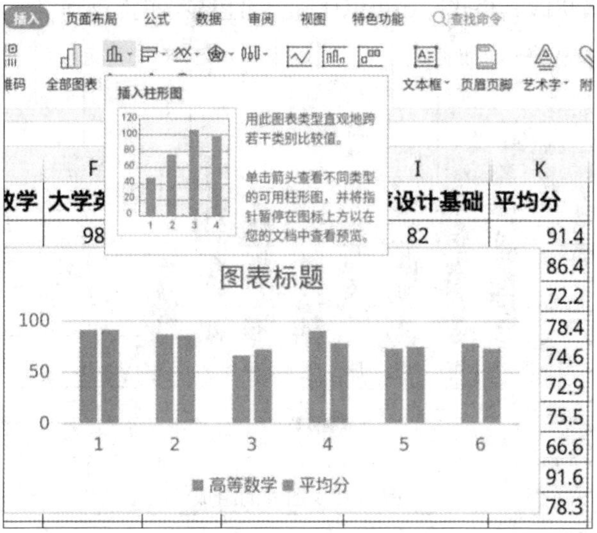

图 6-73　设置图表类型

单击“插入”功能区中的“全部图表”按钮，即可弹出“更改图表类型”对话框，从中选择合适的图表类型后单击“确定”按钮，则将相应图表插入当前工作表，如图 6-74 所示。

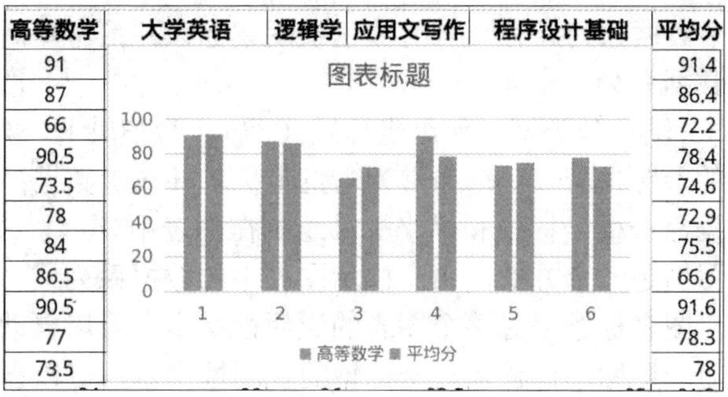

图 6-74　插入簇状柱形图

3. 编辑图表

对于插入工作表的图表，可以将其整体理解为插入 WPS 文字的图形对象，其选中、移动、复制、缩放及删除等简单操作均可使用前面学习过的方法完成，但图表又和 WPS 文字中的图形不完全相同，它是由若干个子对象组成的，并且与数据源相关联。因此，在创建基本图表后，可以根据需要进一步对图表进行修改，使其更加美观，显示信息更加丰富。

1）图表的组成

图表包含许多元素，如图 6-75 所示。在默认情况下，某类图表可能只显示其中的部分元素，而其他元素可以根据需要添加，也可以将图表元素移动到图表的其他位置，调整图表元素的大小或者更改其格式，还可以删除不希望显示的图表元素。

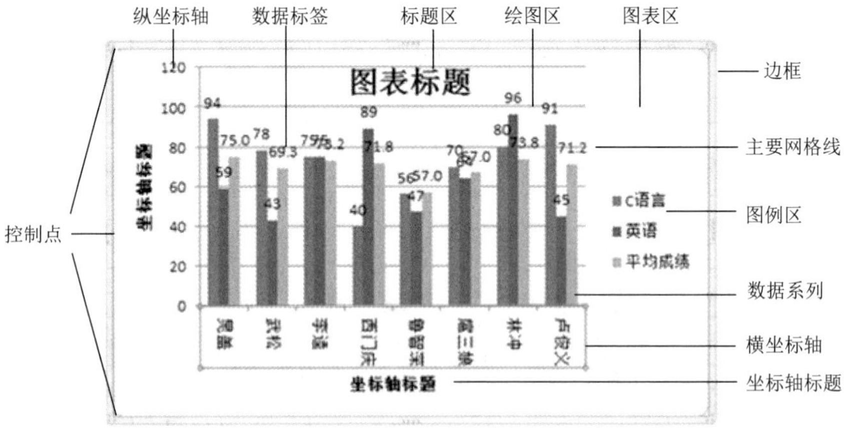

图 6-75　图表的组成

（1）图表区。包含整个图表及其全部元素。一般在图表中的空白位置单击即可选中整个图表区。

（2）绘图区。通过坐标轴界定的区域，包括所有数据系列、分类名、刻度线标识和坐标轴标题等。

（3）数据系列。数据系列是指在图表中绘制的相关数据，这些数据来自数据表的行或列。图表中的每个数据系列具有唯一的颜色或图案标识并且与图例对应。可以在图表中绘制一个或多个数据系列。

（4）横坐标轴（x 轴、分类轴）和纵坐标轴（y 轴、数值轴）。坐标轴是界定绘图区的线条，用作度量的参照框架。y 轴通常为垂直坐标轴并包含数据；x 轴通常为横坐标轴并包含分类。数据沿着横坐标轴和纵坐标轴绘制在图表中。

（5）图例区。图例是一个方框，用于标示图表中的数据系列或分类。

（6）图表标题。图表标题是对整个图表的说明性文本，可以自动在图表顶部居中。

（7）坐标轴标题。坐标轴标题是对坐标轴的说明性文本，可以自动与坐标轴对齐。

（8）数据标签。数据标签用来标识数据系列中数据点的详细数值。

2）更改图表位置

在默认情况下，图表作为嵌入对象放在工作表上。如果要将图表放在单独的工作表中，可执行以下操作。

（1）单击图表区中的任意位置以将其激活，此时 WPS 表格窗口将会显示“绘图工具”、“图表工具”、“文本工具”和“图表工具”功能区。

（2）在“图表工具”功能区中单击“移动图表”按钮，打开“移动图表”对话框，如图 6-76 所示。

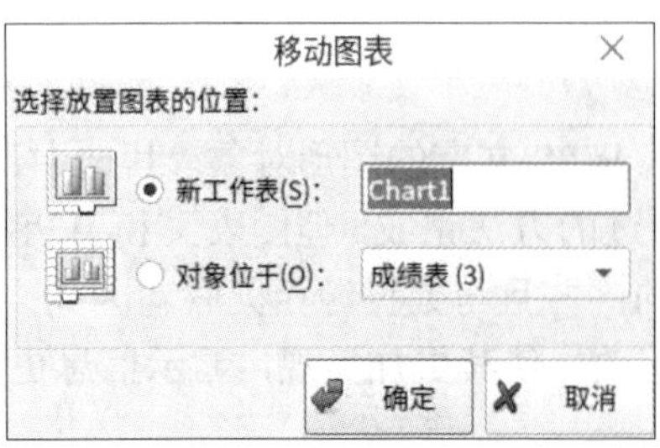

图 6-76　移动图表

（3）在“选择放置图表的位置”区域中选中“新工作表”单选按钮，然后在“新工作表”文本框中输入新工作表的名称。

（4）单击“确定”按钮，包含图表的新工作表将插入当前数据工作表之前。

3）更改图表的布局和样式

在创建图表后，可以为图表应用预定义布局和样式以快速更改它的外观。WPS 表格提供了多种预定义布局和样式，必要时还可以根据需要手动更改各个图表元素的布局和格式。

（1）应用预定义图表布局。

① 单击要使用预定义图表布局图表的任意位置。

② 在“图表工具”功能区中单击“快速布局”下拉按钮，在弹出的下拉列表中选择要使用的图表布局，如选择“布局 9”，如图 6-77 所示。

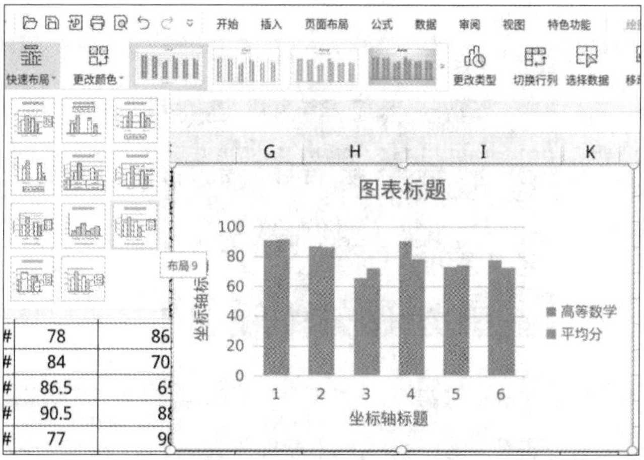

图 6-77　更改后的图表布局

（2）应用预定义图表样式。单击要使用预定义图表样式图表的任意位置。在“图表工具”功能区中单击样式框右侧的下拉按钮，可查看更多的预定义图表样式，根据需要选择要使用的图表样式。

（3）手动更改图表元素的布局。在图表中单击要更改布局的图表元素。在“图表工具”功能区中单击“添加元素”下拉按钮，分别在弹出的下拉列表中选择所需的布局命令。

（4）手动更改图表元素的格式。单击要更改样式的图表元素，在“绘图工具”“文本工具”功能区中根据需要进行下列设置。

① 设置形状样式。在“绘图工具”或“文本工具”功能区中单击需要的样式，或者单击“形状填充”、“形状轮廓”或“形状效果”按钮，根据需要设置相应的格式。

② 设置艺术字效果。如果选择的是文本或数值，可在“文本工具”功能区中选择相应艺术字样式，还可以单击“文本填充”、“文本轮廓”或“文本效果”，根据需要设置相应效果。

③ 设置元素全部格式。在“图表工具”功能区中单击“设置格式”按钮，将会弹出与当前所选元素相适应的设置格式任务窗格，从中设置相应的格式后，单击“关闭”按钮。

4）更改图表类型

对于已创建的图表可以根据需要改变类型，但要注意，改变后的图表类型要支持基于的数据列表，否则系统会给出错误提示。

（1）选中要更改类型的图表或者图表中的某一数据系列。

（2）在“图表工具”功能区中单击“更改类型”按钮，打开“更改图表类型”对话框，如图 6-78 所示。

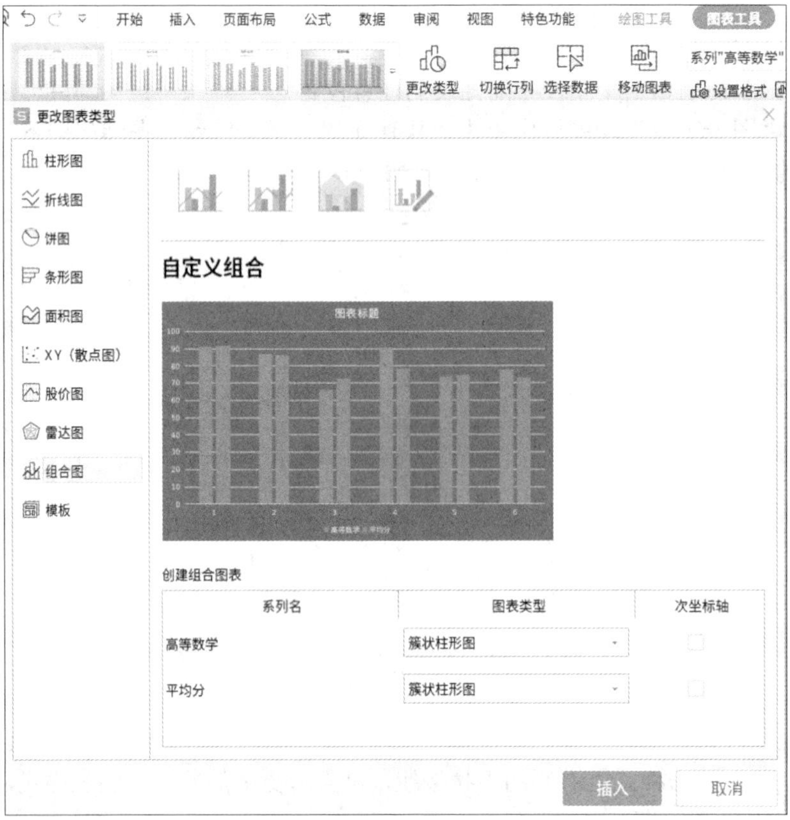

图 6-78 “更改图表类型”对话框

（3）选择新的图表类型后，单击“插入”按钮。

5）添加图表标题和坐标轴标题

为了使图表更易于理解，可以给图表分别添加图表标题和坐标轴标题（如果已选择了包含图表标题和坐标轴标题的预定义布局，那么标题文本框会自动显示在图表的相应位置，只需进行修改即可）。

（1）添加图表标题。

① 选中要添加标题的图表。

② 在“图表工具”功能区中单击“添加元素”下拉按钮，在弹出的下拉列表中选择“图表标题”下的“图表上方”或“居中覆盖”命令。

③ 在“图表标题”文本框中输入需要的标题文字。

④ 如果需要，可在图表标题上双击，在打开的“属性”任务窗格中按照需要设置

格式；也可在“开始”功能区中设置标题文本的字体、字号、颜色等。

（2）添加坐标轴标题。

① 单击要添加坐标轴标题的图表。

② 在“图表工具”功能区中单击“添加元素”下拉按钮，在弹出的下拉列表中选择“轴标题”→“主要横坐标轴”或“主要纵坐标轴”命令。

③ 在“坐标轴标题”文本框中输入相应的文本。

④ 根据需要设置标题文本的格式，方法与设置图表标题相同。

注意：如果图表类型不支持坐标轴标题的其他图表类型（如饼图），则不会显示坐标轴标题。

（3）将标题链接到工作表单元格。

① 单击图表中要链接到工作表单元格的图表标题或坐标轴标题。

② 在工作表上的编辑栏中输入一个等号“=”。

③ 单击工作表中包含链接文本的单元格。例如，工作表中 A1 单元格中已经输入“考试成绩表”，将图表标题设置为“=Al”，则标题中的文字将显示为“考试成绩表”。

④ 按 Enter 键确认。此时再更改数据表中的标题，图表中的标题会同步变化。

6）添加数据标签

为快速标示图表中的数据系列，可以给数据系列添加数据标签。在默认情况下，数据标签会链接到工作表中的数据值，当数据值发生变化时，图表中的数据标签也会自动更新。

（1）在图表中单击要添加数据标签的数据系列（如果选择某个系列，则只添加该系列的数据标签；如果单击图表区的空白位置，则可为所有数据系列添加数据标签）。

（2）在“图表工具”功能区单击“添加元素”下拉按钮，在弹出的下拉列表中选择“数据标签”下的相应命令（命令会随图表类型不同而变化），即可在相应系列的相应位置显示数据值，如选择“数据标签”→“数据标签外”和“数据标签内”命令，结果如图 6-79 所示。

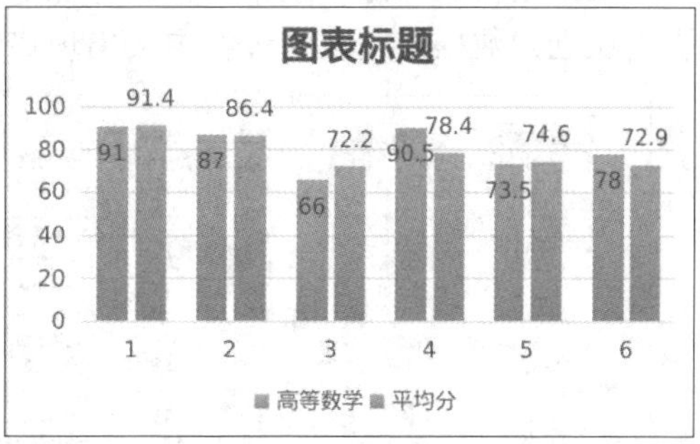

图 6-79 添加数据标签后的结果

7）设置图例

创建基本图表时会自动显示图例，用户可以根据需要隐藏图例或更改图例的属性。

（1）选中要设置图例的图表。

（2）在“图表工具”功能区中单击“添加元素”下拉按钮，在弹出的下拉列表选择“图例”下的相应命令，可以隐藏图例或改变图例的显示位置。选择“更多选项”命令可以在打开的“属性”任务窗格中对格式进行设置。

（3）也可单击图表中的图例，在“开始”功能区中设置图例字形。

（4）如需修改图例的文本内容，可返回数据表进行修改，图表中的图例会随之更新。

8）设置坐标轴

在创建基本图表时，一般会为大多数图表类型显示主要的横（纵）坐标轴。创建三维图表时则会显示竖坐标轴。用户可以根据需要对坐标轴的格式进行设置，调整坐标轴刻度间隔、更改坐标轴上的标签等。

（1）选中要设置坐标轴的图表。

（2）在“图表工具”功能区单击“添加元素”下拉按钮，在弹出的下拉列表中选择“坐标轴”下的相应命令，根据需要分别设置横、纵坐标轴的显示与否，以及坐标轴的显示方式。

（3）若要指定详细的坐标轴显示和刻度选项，可选择“更多选项”命令，在打开的“属性”任务窗格中对坐标轴上的刻度类型及间隔、标签位置及间隔、坐标轴的颜色及粗细等格式进行详细的设置。

9）显示或隐藏网格线

为了使图表更为清晰，可以给图表分类轴和数值轴添加水平的网格线、垂直的网格线。

（1）选中要添加网格线的图表。

（2）在“图表工具”功能区中单击“添加元素”下拉按钮，在弹出的下拉列表中选择“网格线”下的相应命令，设置是否显示主轴主要水平网格线、主轴主要垂直网格线、主轴次要水平网格线和主轴次要垂直网格线。

（3）在要设置格式的网格线上双击，可在打开的“主要网格线选项”任务窗格中对指定网格线的线条、效果等进行设置。

6.8.3 创建和编辑数据透视表

数据透视表是 WPS 表格提供的一种可以快速汇总、分析大量数据表格的交互工具。数据透视表可以按照数据表格的不同字段从多个角度进行透视，建立交叉表格并动态地改变其的版面布置，以便按照不同方式查看数据不同层面的汇总信息、分析结果及摘要。另外，如果原始数据发生更改，数据透视表也会随之自动更新。

数据透视表来源于数据表格，并且要求数据源必须是比较规则的数据（图 6-80），否则在创建数据透视表的过程中会出现错误。

	A	B	C	D	E	F	G	H	I	J	K
1	订单编号	订购日期	地区	城市	公司	类别	产品	经办人	数量	单价（元）	销售金额（元）
2	HD21010001	2021-01-01	华东	常州	迈策船舶	奶酪	黑奶酪	叶思思	170	28.8	4896
3	HB21010002	2021-03-10	华北	秦皇岛	利合材料	调味	沙茶	袁近尧	120	18.6	2232
4	HN21010003	2022-05-07	华南	深圳	大东补习班	海鲜	虾米	郑小琼	200	14.7	2940
5	HN21010004	2022-07-15	华南	深圳	国顶有限公司	饮料	蜜桃汁	郑小琼	140	18	2520
6	XN21010005	2020-08-23	西南	重庆	大钰贸易	零食	山渣片	方涛	300	49.3	14790
7	HD21010006	2021-01-06	华东	南京	永大企业	饮料	牛奶	卢晓慧	100	19	1900
8	HB21010007	2021-10-25	华北	天津	百达电子	奶酪	浪花奶酪	方涛	180	2	360
9	HD21010008	2020-11-21	华东	南京	通恒机械	饮料	蜜桃汁	袁近尧	180	14.4	2592
10	HD21010009	2019-09-09	华东	青岛	东帝望	饮料	汽水	罗丽	200	3.6	720
11	HD21010010	2023-12-12	华东	常州	椅天文化事业	调味	蚝油	叶思思	120	15.5	1860
12	XB21010011	2019-04-06	西北	西安	鑫增贸易	奶酪	酸奶酪	张鸣	250	34.8	8700
13	HB21010012	2019-06-01	华北	张家口	志远有限公司	零食	糖果	叶思思	120	9.2	1104
14	XN21010013	2020-02-27	西南	重庆	大钰贸易	奶酪	温馨奶酪	方涛	440	12.5	5500
15	HN21010014	2022-04-09	华南	厦门	赐芳股份	奶酪	大众奶酪	孙凌凌	100	21	2100
16	HB21010015	2021-08-08	华北	天津	浩天旅行社	饮料	汽水	孙凌凌	150	3.6	540
17	HB21010016	2023-08-15	华北	天津	福星制衣厂	零食	糖果	孙凌凌	210	7.3	1533

图 6-80 比较规则的数据

从图 6-80 中可以看出，源表格的第一行为字段名（文本类型），并且各字段名称不能为空。从源表格的第二行起为有效记录项。一个字段中值的数据类型应保持一致，“地区”字段的值可以为“华东”“华北”“西北”等文本，“单价（元）”字段的值可以为 28.8、18.6、34.8 等数值。源表格的数据应相对完整，表格中不应包含空行、空列和空单元格。源表格应包含大量的数据，否则不能体现数据透视表的优势。

1. 创建数据透视表

数据透视表的创建过程非常简单。

（1）在数据源的有效区域单击或选中整个有效区域。

（2）在“插入”功能区中单击“数据透视表”按钮，打开“创建数据透视表”对话框。根据需要在“请选择单元格区域”框中选择透视表的数据源，在“请选择放置数据透视表的位置”选项组中选中“新工作表”单选按钮（图 6-81），单击“确定”按钮，即可插入一个空的数据透视表（图 6-82），此时在 WPS 表格窗口显示“分析”“设计”功能区，可进行数据透视表的相关设置。

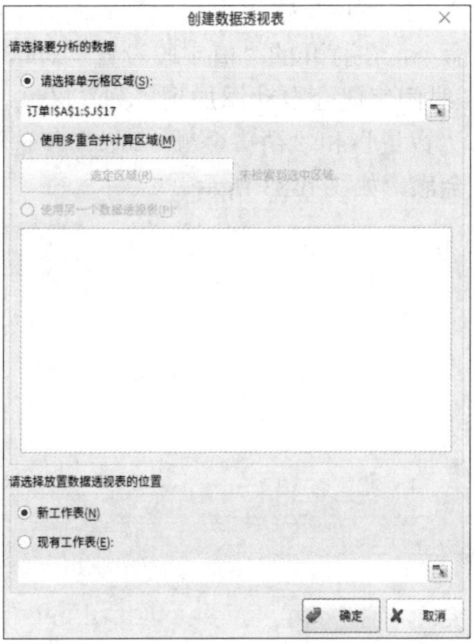

图 6-81　创建数据透视表设置

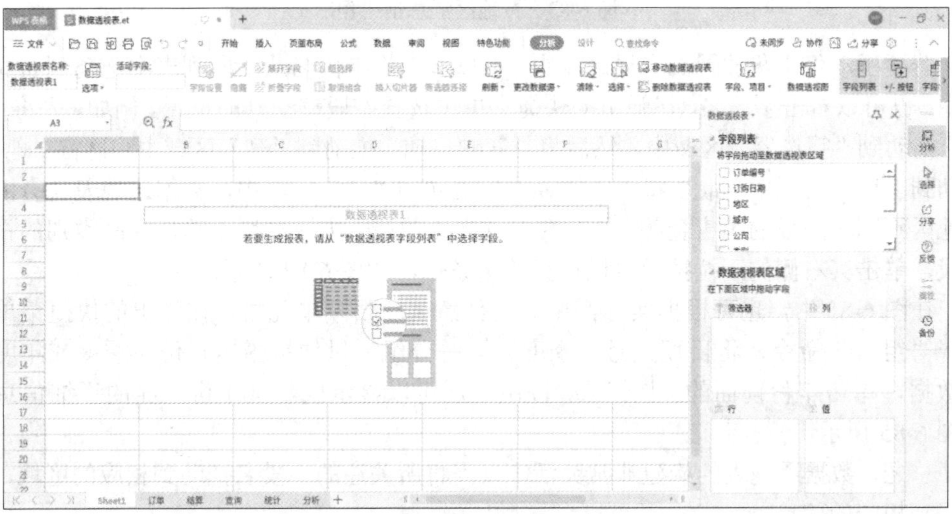

图 6-82　空数据透视表

其中，左侧为数据透视表的报表生成布局区域，该区域会随着所选择字段的不同而自动更新，右侧为“数据透视表”任务窗格，该任务窗格上半部分显示来自源数据的所有可用字段名，下半部分为布局区域，显示用于重新排列和重新定位的字段，其中“筛选器”“列”“行”区域用于放置筛选或分类字段，“值”区域用于放置数据汇总字段。将字段分别拖动到这4个区域中，左侧会自动生成相应报表。

（3）空数据透视表创建完成后，若要生成报表，可将“字段列表”任务窗格中显示的任何字段移动到布局区域中。

在默认情况下，如果直接选中字段名左侧的复选框，非数值字段将会自动添加到“行”区域中；数值字段会自动添加到“值”区域中，并对其进行求和运算（若需改变值的汇总方式，只需在“值”区域中单击“求和项”后面的下拉按钮，在弹出的下拉列表中选择“值字段设置”命令，在打开的“值字段设置”对话框中选择其他所需的值字段汇总方式即可）；日期和时间字段会自动添加到“列”区域。例如，在图6-82所示的字段列表中选中“地区”、“数量”和“销售金额（元）”复选框，数据透视表区域会自动按区域汇总数量和销售金额，如图6-83所示。

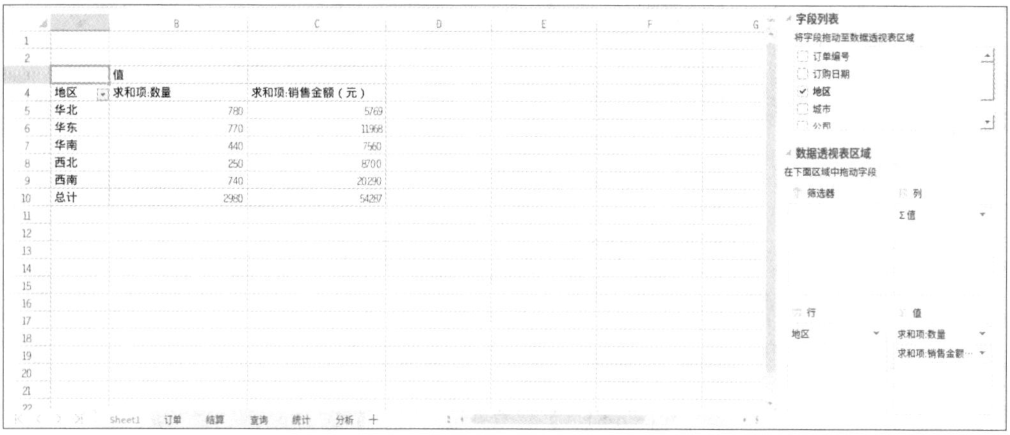

图6-83　按地区汇总销售额

若要手动将字段放置到布局区域中，可以直接将字段名从字段列表中拖动到布局区域中；也可以右击字段名，在弹出的快捷菜单中选择字段移动到的位置。例如，先将“类别”拖动到“筛选器”区域中，然后将“订购日期”拖动到“列”区域中，再将“地区”拖动到“行”区域中，最后将“销售金额”拖动到“值”区域中，数据透视表就会汇总各地区不同时间段的销售金额，并在数据透视表的最上方添加用于筛选商品类别的报表字段，单击其右侧的下拉按钮可以选择筛选条件，如图6-84所示。

在图6-85中，也可根据实际需要右击任意一个日期单元格，在弹出的快捷菜单中选择“组合”命令，将日期按月、季度、年等分组，以便按固定月份、季度或年度统计数据，单击年份前面的⊞按钮或⊟按钮，还可以显示或隐藏年份下面的详细信息，如图6-85所示。

总之，数据透视表的构建非常灵活，只需将所关注的字段名拖动到相应的区域，即可得到相应的信息。

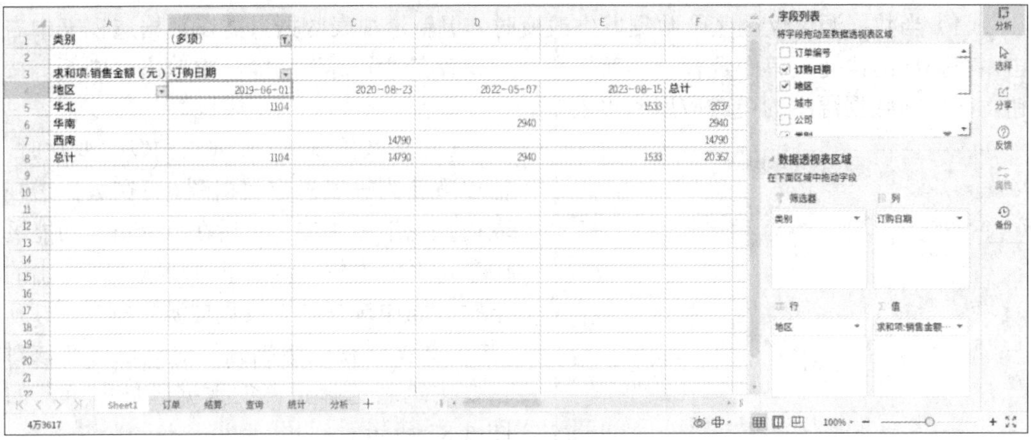

图 6-84　添加筛选字段

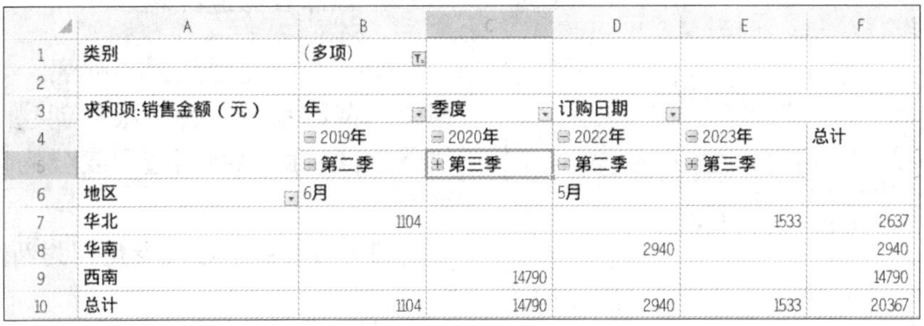

图 6-85　创建分组

2. 编辑数据透视表

和普通表格一样，在数据透视表创建完成后，也可以对其样式、格式等进行修改。

选中数据透视表中任意一个单元格，利用“分析”和“设计”功能区可对数据透视表进行进一步编辑，利用“设计”功能区（图 6-86）可以更改数据透视表的布局、标题、边线及样式等项目。

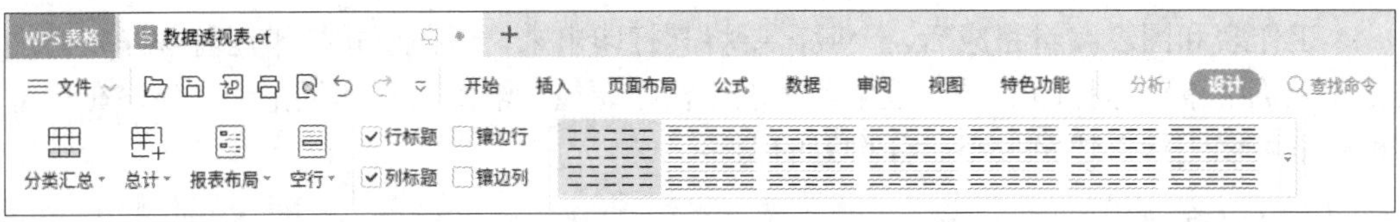

图 6-86　编辑数据透视表

3. 更新数据透视表

在数据透视表创建完成后，其依据的数据源可能会发生变化，如数值变化、行列结构变化等，但由于数据透视表报表所依赖的数据透视表缓存与数据源没有连接，因而不能反映对数据源所进行的修改。在这种情况下，必须更新数据透视表报表以体现对应数据源的变化。

（1）当数据源仅仅是某个数据发生改变时，更新透视表数据只需在数据透视表中右击，在弹出的快捷菜单中选择“刷新”命令；或者在“分析”功能区中单击“刷新”按钮，即可将数据源中的更改应用到报表中。

图 6-87　更新数据源

（2）当数据源的行、列结构发生变化时，需要重新为报表确定数据源。可在数据透视表内任意地方单击，然后在“分析”功能区中单击“更改数据源”下拉按钮，在弹出的下拉列表中选择“更改数据源”命令，打开“更改数据透视表数据源”对话框，在该对话框中重新选择正确的数据区域即可，如图 6-87 所示。

4. 删除数据透视表

如果不再使用数据透视表，可以将其删除以节约系统资源。根据创建时指定的位置不同，删除数据透视表分为以下两种情况。

（1）如果数据透视表是作为新的工作表插入的，那么只需在工作簿中删除该工作表即可。

（2）如果数据透视表是在现有工作表中插入的，可先在“分析”功能区单击“删除数据透视表”按钮，或者在“分析”功能区单击“选项”下拉按钮，然后在弹出的下拉列表中选择“整个数据透视表”命令，选中整个数据透视表，按 Delete 键删除。

注意： 删除数据透视表后，与之相关的数据透视图会变成一个无法再更改的静态图表。

6.9　预览和打印工作表

工作表和图表编辑完成后，一般需要将其打印出来，但在正式打印之前最好先通过打印预览观察实际打印效果，避免多次进行打印调整，浪费时间和纸张。另外，在预览模式下可以进行页边距大小、分页等的调整。

1. 打印预览

在 WPS 表格窗口中选择“文件”→“打印”→“打印预览”命令，进入“打印预览”窗口（图 6-88），其组成、操作与前面学习的 WPS 文字类似。

2. 页面设置

在“打印预览”窗口中单击“页面设置”按钮，打开“页面设置”对话框（图 6-89），在该对话框中可以对纸张大小、方向、边距、页眉页脚、打印内容及打印顺序等属性进行设置。

（1）“页面”选项卡。

① 方向。“方向”选项组用于设置纸张方向，默认为纵向，若表格较宽，可将其更改为横向。

② 缩放。一般采用 100%（1∶1）比例打印。有时，行尾数据未打印出来，可以适当缩小比例打印。或者工作表末页只有 1 行，则应将这行合并到上一页，为此，可以适当缩小比例打印，使末页一行能合并到上一页打印。当然有时也可能需要放大比例打印。

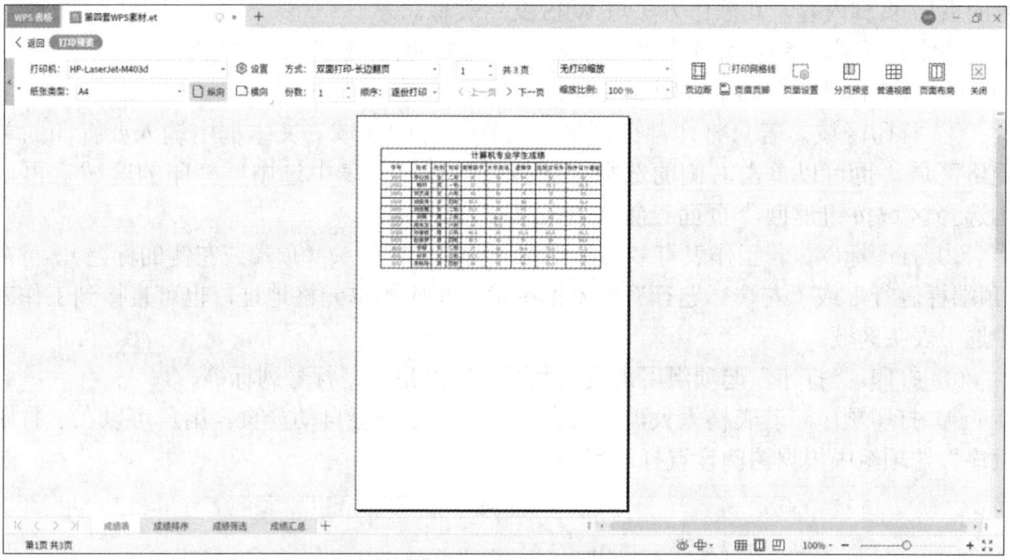

图 6-88　WPS 表格的打印预览窗口

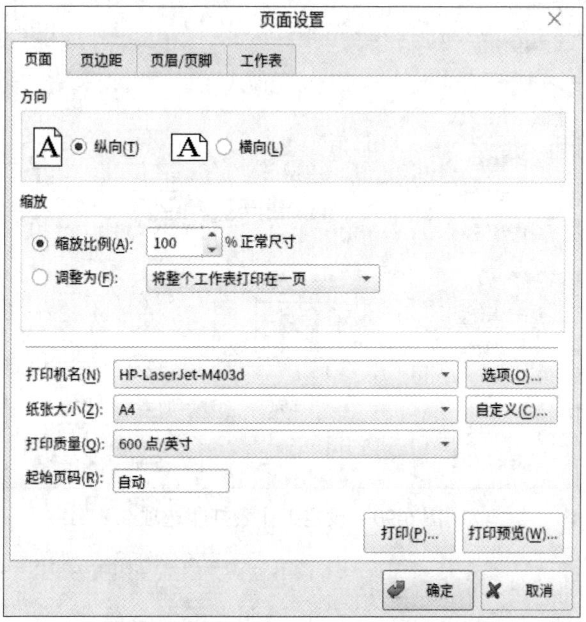

图 6-89　“页面设置”对话框

③ 打印质量。“打印质量”下拉列表用于设置打印机的打印点数，在打印机支持的

前提下，该值越大，精度越好。

④ 起始页码。“起始页码”文本框用于确定工作表的起始页码，当“起始页码”文本框为“自动”时，起始页码为1；如果在文本框中输入3，则工作表的起始页码为3。

（2）“页边距”选项卡。在“页边距”选项卡可以使用输入数值的方式精确地设置页边距、页眉/页脚与纸边的距离，还可以选择页面的居中方式。

（3）“页眉/页脚”选项卡。在“页眉/页脚”选项卡可以显示或自定义工作表打印时的页眉/页脚内容，其操作方法与WPS文字类似。

注意： 页眉/页脚在工作表中不可见，只有在打印或预览状态下可见。

（4）“工作表”选项卡（图6-90）。

① 打印区域。若只打印部分区域，可在“打印区域”文本框中输入要打印的单元格区域。也可以单击右侧的选择区域按钮，在工作表中选中要打印的区域，再单击选择区域按钮返回“页面设置”对话框。

② 打印标题。若工作表有多页，要求每页均打印表头（顶端或左侧的标题），可在“顶端标题行”或“左端标题行”文本框中输入相应的单元格地址，也可直接到工作表中选中表头区域。

③ 打印。“打印”选项组用来设置是否打印网格线、行号列标等。

④ 打印顺序。若表格太大，一页容纳不下，系统会自动分页。用户可以在“打印顺序”选项组中根据图例设置打印顺序。

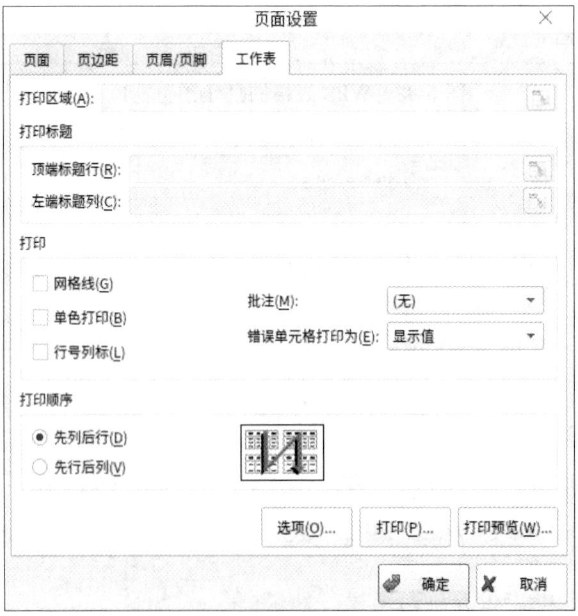

图6-90 设定工作表打印选项

第 7 章　WPS 演示

在社会生活中，人们经常要进行各种各样的信息交流，进行如产品介绍、学术讨论、项目论证、技术交流、论文答辩、个人或公司介绍等报告或演讲。一个优秀的报告或演讲，除了需要雄辩的口才，还需要配合一套图文并茂、层次分明、主题突出的幻灯片演示，如此才能更好地展现报告或演讲，从而提高演讲效果。在 WPS Office 软件系统中，WPS 演示组件可以高效地为用户实现这一功能。

7.1　WPS 演示的功能和特点

WPS 演示为制作演示文稿提供了一整套易学易用的工具，它除了能够完成一般的文本演示文稿制作外，还提供了丰富的图形图表制作功能，可以在幻灯片中创建各类图表和图片，使幻灯片图文并茂、生动活泼。WPS 演示不仅有静态的展示效果，还可增加丰富的动态呈现效果，如增加动画效果、多媒体功能等，可根据演示内容设置不同的动画效果、动作及超链接，使演示文稿能够动态有序地组织和显示文本、图形、图表、图片等。此外，WPS 演示还提供了丰富的放映方式的设置和演示文稿的“打包”功能。演讲者可便捷地制作出具有鲜明个性的幻灯片。

在掌握了 WPS 文字和 WPS 表格的基本概念与操作的前提下，学习和掌握 WPS 演示就很容易了。但创建演示文稿的目的是演示，能否突出重点，给观众留下深刻印象是衡量一个演示文稿设计成功的重要标准。为此，在设计演示文稿时应遵循“主题突出、层次分明，文字精练、简单明了、形象直观、生动活泼”等原则，在演示文稿中要尽量避免使用大量的文字叙述，而应尽量采用图形、图表说明问题，也可适当加入视频、声音，以增加演示效果。

7.2　WPS 演示的基本操作

7.2.1　启动 WPS 演示

在统信 UOS 中启动 WPS 演示，有如下操作方式。

（1）在启动器菜单中选择“WPS 演示”命令。

（2）在桌面上双击“WPS 演示”快捷图标。

（3）在文件管理器窗口中双击扩展名为 ppt 或 pptx 的文件图标。

7.2.2 WPS 演示窗口

WPS 演示成功启动后，即可在桌面上显示其工作窗口，如图 7-1 所示。WPS 演示的标题栏、快速访问工具栏、“文件”按钮、功能区、状态栏、边框等与 WPS 文字类似，这里不再重复介绍。

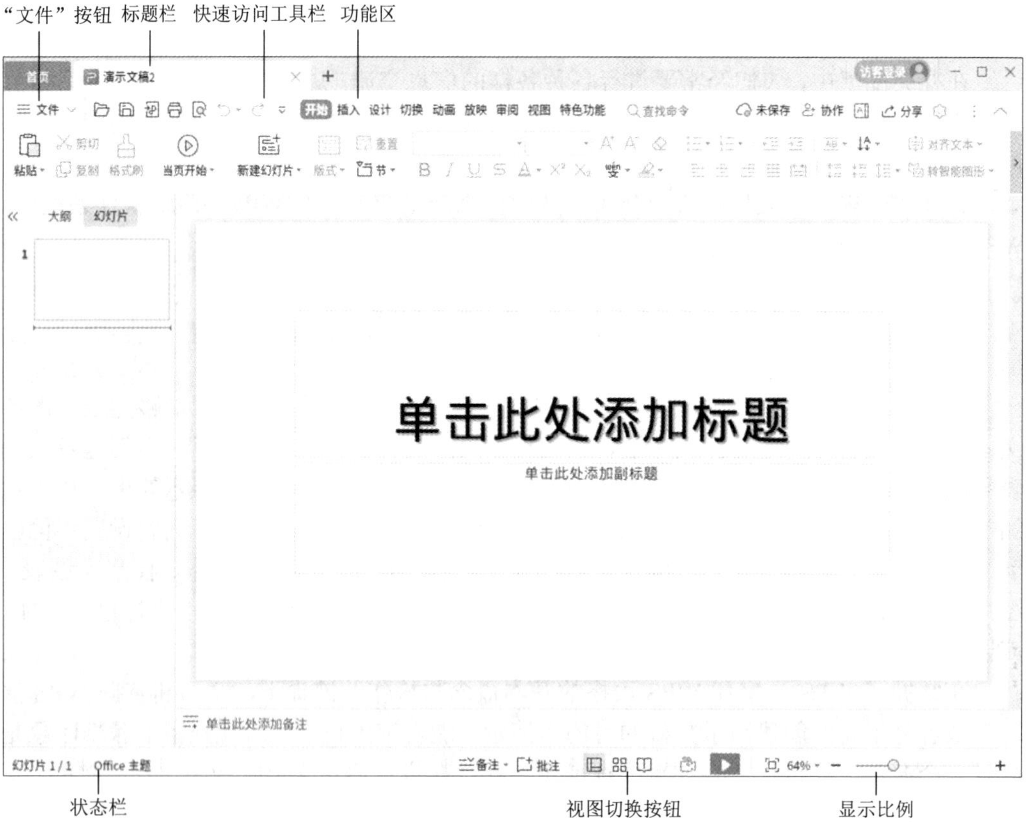

图 7-1 WPS 演示工作窗口组成

7.2.3 WPS 演示视图及切换

在 WPS 演示中，演示文稿的编辑是基于视图进行的，即在不同的视图模式下，演示文稿的显示方式、操作范围、编辑重点不同。因此，在编辑演示文稿前，先来了解 WPS 演示视图的切换、分类及特点，再学习每一种视图模式下的具体操作方法。

WPS 演示的视图主要包括普通、幻灯片浏览、备注页、阅读视图等。默认情况下显示普通视图，在实际工作中，还可根据编辑的侧重点不同，切换到相应的视图模式。

WPS 演示切换视图的方法主要有两种：一种是单击“视图”功能区中的相应按钮来完成，另一种是在普通视图下单击状态栏上视图切换按钮来完成，如图 7-2 所示。

（1）普通：是 WPS 演示的默认视图和主要编辑视图，演示文稿的绝大部分工作（如新建幻灯片、文字、图形、图表的插入及排版，母版设计，版式设计，背景设计，幻灯片切换及动画设计等）都在此视图下完成。在普通视图下，左侧为“幻灯片/大纲”窗格，中间为主编辑区，右侧为编辑窗格，底部为备注窗格。主编辑区只显示一张当前幻灯片，可直接看到幻灯片的静态设计效果。

图 7-2　演示文稿视图切换功能

（2）幻灯片浏览：在主编辑区按序号顺序显示演示文稿中全部幻灯片的缩略图，既可以看到整个演示文稿的全貌，又可以方便地组织幻灯片的顺序。例如，可以轻松地移动、复制和删除幻灯片，设置幻灯片的放映方式、动画特效和排练计时，如图 7-3 所示。

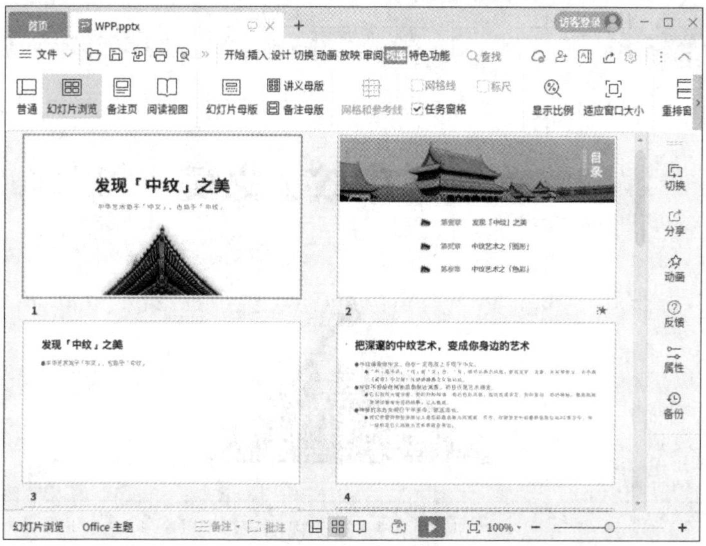

图 7-3　幻灯片浏览视图功能

提示：在编辑演示文稿的过程中，如果对视图中窗格大小或视图本身进行了更改，则这些更改将与当前演示文稿一起保存，并在下次打开演示文稿时按当前设置的格式重新显示。

（3）备注页：备注的文本内容虽然可通过普通视图的备注窗格输入，但在备注页视图中编辑备注文字更方便一些。在备注页视图中，幻灯片和该幻灯片的备注页同时出现，备注页在下方的尺寸也比较大，用户可拖动滚动条显示不同的幻灯片，以编辑不同幻灯片的备注页，如图 7-4 所示。

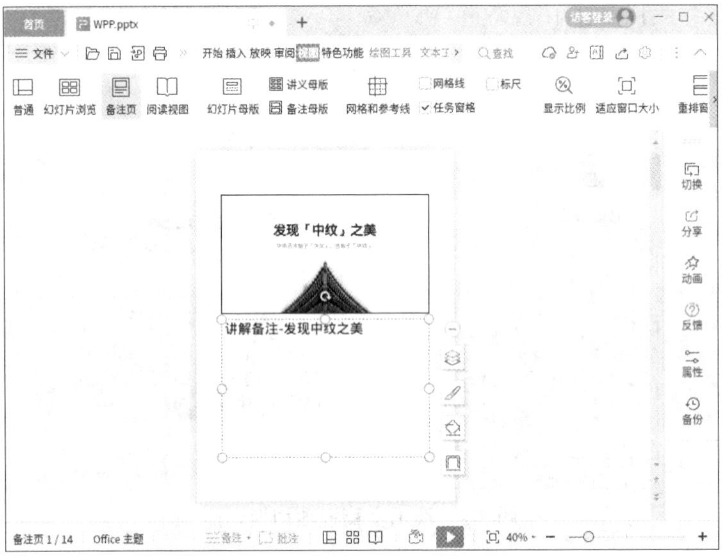

图 7-4 备注页视图

（4）阅读视图：在阅读视图中，幻灯片在计算机屏幕上呈现全屏外观，用户可在全屏状态下审阅所有幻灯片，如图 7-5 所示。

图 7-5 阅读视图

7.2.4 退出 WPS 演示

WPS 演示的退出也和 WPS 文字一样，主要有以下几种常用的方法。

（1）单击 WPS 演示窗口右上角的“关闭”按钮。

（2）选择“文件”→“退出”命令。
（3）按 Alt+F4 组合键。

7.3　WPS 演示的文件操作

演示文稿是一个用WPS演示程序编辑产生的计算机文件，默认扩展名为ppt或pptx。演示文稿通常由若干页幻灯片组成，每一页幻灯片又可包含若干个具体的元素（如文本、图形、图片、图表、表格、艺术字、音频及动画等），它们之间的关系就和 WPS 表格中工作簿、工作表及单元格的关系类似。

7.3.1　新建演示文稿

在默认情况下，每次启动 WPS 演示后，系统会自动以默认格式创建一个名为“演示文稿 1”并只包含一页标题幻灯片的空演示文稿。如果用户不满意系统新建的演示文稿格式，还可使用以下方法重新创建演示文稿。

1. 新建空白演示文稿

空白演示文稿由不带任何模板设计但带有文字版式和内容版式的白底幻灯片组成，这种方法给制作者提供了极大的创作自由度。制作者可运用自己的艺术修养、审美观点和创造性，在白底的演示文稿上设计出具有鲜明个性的背景色彩、配色方案和文本格式，创建出具有自己特色和风格的演示文稿。

（1）在 WPS 演示窗口中选择“文件”→“新建”→“新建”命令，单击“空白演示文稿”按钮。

（2）在功能区中单击“开始”→“新建幻灯片”按钮，新建幻灯片的默认版式是“标题内容版式”，如图 7-6 所示。若要新建空白页幻灯片，则单击“版式”下拉按钮，在下拉列表中选择“空白”版式，可新建一个不包含任何信息的空幻灯片。

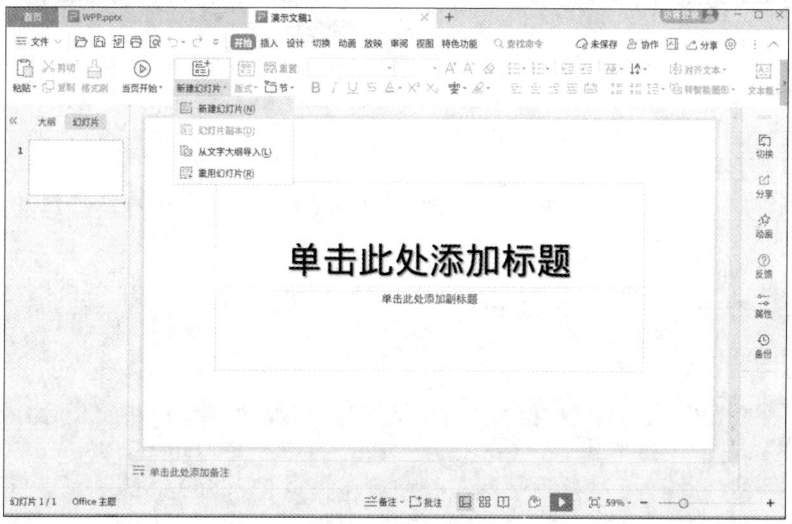

图 7-6　新建幻灯片

2. 用模板新建演示文稿

模板是一个由系统预先精心设计好的，包括幻灯片的背景图案、色彩搭配、文本格式、标题层次、演播动画及大纲结构等，但没有具体内容的待用格式文档。WPS 演示提供大量的、适合各种场景的模板供用户选择使用。

在 WPS 演示窗口中选择“文件”→“新建”命令；或在 WPS 打开的情况下，单击“+”按钮，在弹出的对话框中单击“演示”按钮，打开“新建”窗口，如图 7-7 所示。

图 7-7 新建 WPS 演示

在“本地模板”中可选择下方不同主题的模板，或单击“本地模板”右下角的“更多”按钮搜索其他主题的模板，如图 7-8 所示。

图 7-8 搜索更多主题的模板

7.3.2　保存及保护演示文稿

在演示文稿创建或编辑修改的过程中，为避免信息意外丢失，应及时保存，必要时还可以对演示文稿进行加密保护。其操作步骤如下。

（1）在 WPS 演示窗口中选择“文件”→“保存”（也可单击快速访问工具栏中的“保存”按钮或按 Ctrl+S 组合键）或“另存为”命令，打开“另存文件”对话框，如图 7-9 所示。

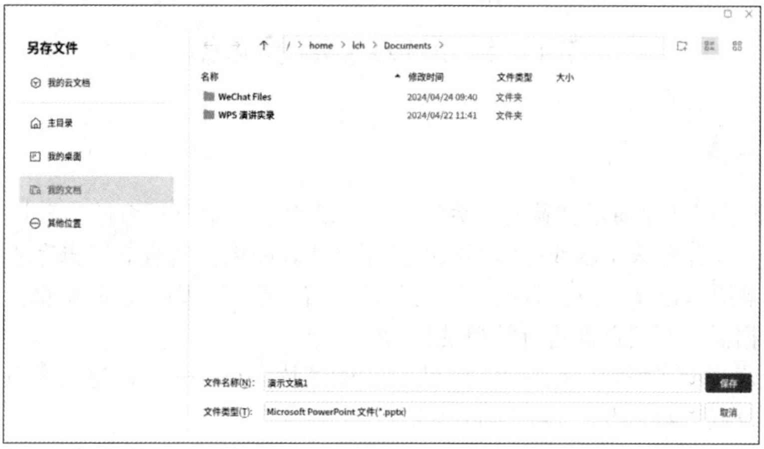

图 7-9　“另存文件”对话框

（2）在“另存文件”对话框中选择一个保存文件的位置。

（3）在“文件名称”文本框中输入演示文稿的文件名称。

（4）在“文件类型”下拉列表中选择一种文件类型，默认为 pptx，也可以根据需要选择其他类型。

（5）若需要对演示文档进行加密，则可选择“文件”→“文档加密”命令，即可打开“文档加密”对话框，在“密码加密”选项卡下对演示文档进行“打开权限”和“编辑权限”的相关密码设置，具体如图 7-10 所示。

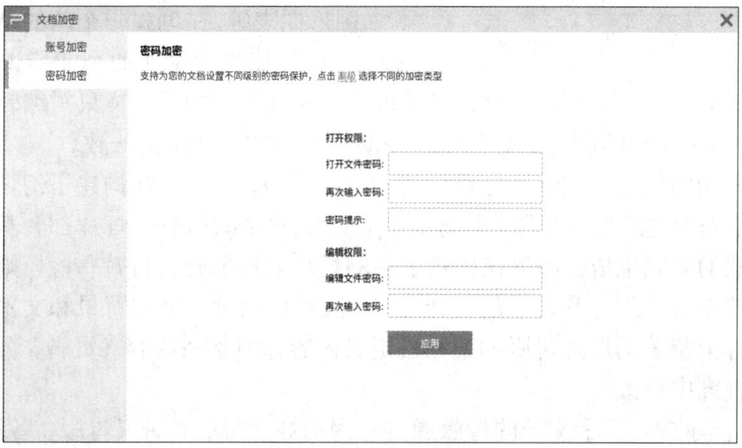

图 7-10　加密演示文稿

7.3.3 打开及关闭演示文稿

打开 WPS 演示和打开 WPS 文字、WPS 表格的方法一样，可在文件管理器窗口中双击扩展名为 ppt 或 pptx 的文件，或在启动 WPS 演示后选择“文件”→“打开”命令。

演示文稿编辑完成后应及时关闭，以节约系统资源和防止意外修改。单击窗口右上方的关闭按钮，或者按 Alt+F4 组合键均可关闭文档，如果被关闭的文档尚未保存，WPS 演示将弹出对话框提示用户保存。

7.4 编辑 WPS 演示文稿

7.4.1 页面设置

WPS 演示在新建演示文稿时，会给出一个适合绝大部分场合的、默认大小的幻灯片，但对于一些有特殊显示或打印要求的演示文稿，如果在所有的编辑完成后再更改页面，将会影响原本已精心设置好的各种对象的位置及格式。因此，在新建一个演示文稿后，应先根据需要对其页面进行简单的设置。

（1）新建演示文稿后，选择“设计”→“幻灯片大小”→“自定义大小”命令即可打开“页面设置”对话框，如图 7-11 所示。

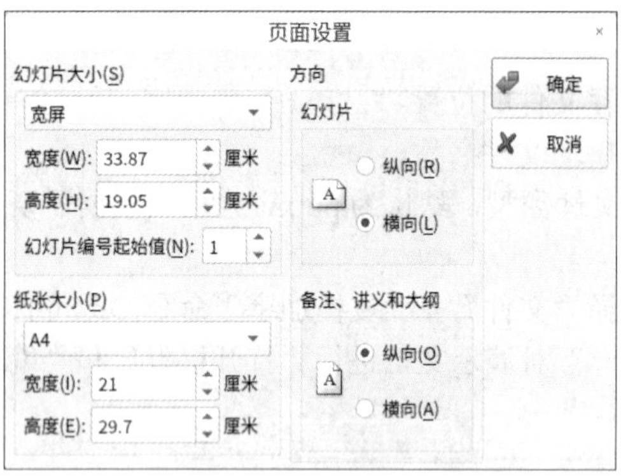

图 7-11 演示文稿的页面设置

（2）在“页面设置”对话框中，可分别对幻灯片的大小、宽度、高度，幻灯片编号起始值，纸张大小、方向等进行设置，单击“确定”按钮完成设置。

7.4.2 编辑幻灯片母版

母版用于定义演示文稿的格式，可以使一个 WPS 演示中的每张幻灯片都包含某些相同的文本特征、背景颜色、项目符号、图形图表等。在创建一个新的 WPS 演示后，当希望某些对象（如企业标识、产品商标等）能在每一页幻灯片中都出现时，就可将其设置到母版中，这样只需编辑一次即可将其应用于该 WPS 演示的所有幻灯片中，使演示文稿的风格保持一致。

最好在开始构建每张幻灯片之前创建幻灯片母版，而不要在构建了幻灯片之后再创建母版。如果先创建幻灯片母版，则添加到演示文稿中的所有幻灯片都会基于该幻灯片母版和相关联的版式生成。如果在构建了各幻灯片后再创建幻灯片母版，则幻灯片上的某些项目可能不符合幻灯片母版的设计风格，虽然后期可以使用背景和文本格式设置功能在各幻灯片上覆盖幻灯片母版的某些自定义内容，但某些内容（页脚、徽标）只能在幻灯片母版视图中修改。

在 WPS 演示中，演示文稿的母版通常分为幻灯片母版、讲义母版、备注母版三种，其分别用于设计幻灯片、讲义和备注内容的格式。讲义母版与备注母版使用较少，且较为简单，只要掌握了设计幻灯片母版的方法，就可以完成讲义母版和备注母版的制作，因此这里只以幻灯片母版为例来讲解母版的编辑方法。

（1）在“视图”功能区中单击“幻灯片母版”按钮，可切换到“幻灯片母版”视图编辑状态，并在WPS演示窗口中显示“幻灯片母版”功能区，如图7-12所示。

图7-12 切换到“幻灯片母版”视图

在窗口的左侧，显示了多张不同版式的母版缩略图，其中最大的一张为“Office主题”的母版，而母版下面的幻灯片则是与母版相关联的幻灯片版式，用户可根据需要选择添加或删除。

（2）选择第一张幻灯片母版后，可在“幻灯片母版”功能区中单击“插入母版”“插入版式”“主题”“字体”“颜色”“效果”按钮进行设置。

（3）根据需要更改各对象的字体或项目符号，也可将其从母版中删除。

（4）根据需要插入并设置要显示在每张幻灯片上的文字（如姓名、公司地址、联系电话等）、艺术图片（如公司徽标等）、动作按钮（如第一页、前一页、后一页、最后一页等）。

（5）根据需要更改各对象占位符的位置、大小和格式。

占位符是一种带有虚线或阴影线边缘的框，在框内可放置标题及正文，或者图表、表格和图片等对象，双击其边框可切换到对应的“文本工具”或“绘图工具”功能区进行相关设置，如图7-13所示。

（6）母版编辑完成后，可单击“幻灯片母版”功能区上的“关闭”按钮，返回普通视图。

注意：可以像更改任何幻灯片一样更改幻灯片母版，但母版上的文本只用于样式，实际的文本（如标题和列表）应在普通视图的幻灯片上输入，而页眉、页脚应在“页眉和页脚”对话框中设置。

图 7-13　编辑演示文稿母版

7.4.3　选中幻灯片

在对幻灯片进行各种操作前，应先选中幻灯片。在演示文稿中选中幻灯片有以下几种方法。

（1）普通视图下，在主编辑区左侧的幻灯片缩略图列表中单击可选中一张幻灯片，单击的同时按 Shift 键可选中多张连续的幻灯片，若按 Ctrl 键则可选中多张不连续的幻灯片，如图 7-14 所示，若按 Ctrl+A 组合键则可选中所有的幻灯片。

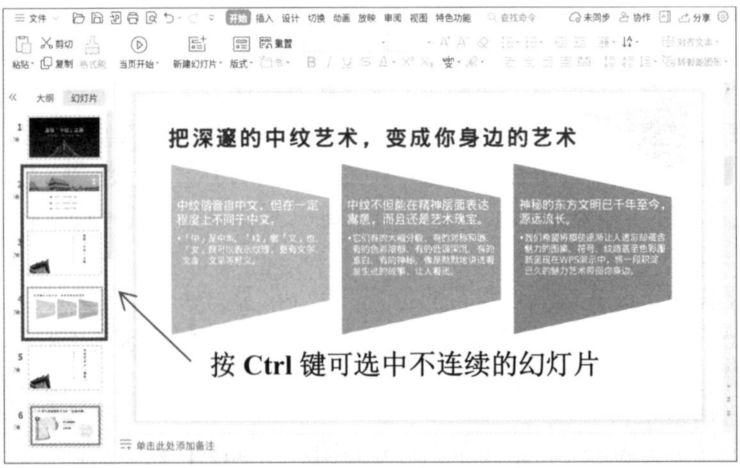

图 7-14　在演示文稿中选中幻灯片

（2）幻灯片浏览视图下，同样可以通过上面三种方式单击窗口中的幻灯片缩略图选中相应的幻灯片。

（3）备注页视图下，若当前活动窗格为“幻灯片”窗格，可按 PageUp 键转到上一张幻灯片，按 PageDown 键转到下一张幻灯片，按 Home 键转到第一张幻灯片，按 End

键转到最后一张幻灯片。

7.4.4 插入或删除幻灯片

在默认情况下，新建的空演示文稿只包含一张幻灯片，用户可根据实际需要在演示文稿中增加若干张新幻灯片或删除不用的幻灯片。

（1）定位到某张幻灯片，在“开始”功能区的幻灯片选项组中单击“新建幻灯片”按钮，或按 Ctrl+M 组合键都可在该幻灯片后面插入一张幻灯片。若单击幻灯片缩略图下方的“+”按钮，则弹出不同模板的展示页，可以选择所需的模板插入幻灯片。

（2）定位到某张幻灯片，在编辑区左侧的“幻灯片”缩略图中右击，在弹出的快捷菜单中选择“删除幻灯片”命令即可删除当前幻灯片，或选中幻灯片的缩略图后，按 Delete 键即可删除当前幻灯片。

7.4.5 移动或复制幻灯片

在编辑演示文稿的过程中，经常要根据实际情况移动幻灯片（如更改播放顺序）、或复制幻灯片（如依据已经编辑好的幻灯片来快速创建新的、仅有细微区别的幻灯片），操作步骤如下。

（1）利用菜单命令或工具按钮移动。选中要移动的幻灯片，在“开始”功能区中，单击“剪切”按钮，或者选中幻灯片缩略图后右击，在弹出的快捷菜单选择“剪切”命令，然后再选择目标位置，单击“剪贴板”选项组中的“粘贴”按钮，或者右击，在弹出的快捷菜单中选择“粘贴”命令。

（2）利用鼠标拖动。选中要移动的一张或多张幻灯片，拖动鼠标，这时窗口中会出现一条插入线，当插入线出现在目标位置时，松开鼠标完成移动。如果按 Ctrl 键进行操作可完成幻灯片的复制。

7.4.6 设置幻灯片版式

版式是指幻灯片中由系统预先定义好的各种对象（如文本、表格、图表、智能图形、影片、音频、图片及剪贴画等）的大小、位置及层次关系，同时也包含了幻灯片的主题（如字体、效果和背景）等内容。

WPS 演示为用户提供了 8 种不同形式的版式，包括“标题幻灯片”“节标题”“空白”“仅标题”“标题和内容”“两栏内容”“竖排标题与文本”“末尾幻灯片”（若登录账号，则会增加“比较”和“图片与标题”）。新建演示文稿将第一张幻灯片自动设置为“标题幻灯片”，此后插入的新幻灯片默认版式为“标题和内容”，用户可在创建幻灯片后更换版式，具体如图 7-15 所示。

（1）更换版式：若插入的原始版式不适应新项目的需要，可在幻灯片缩略图上或空白区域及边框上右击，在弹出的快捷菜单的“版式”级联菜单中选择另一种版式即可，如图 7-16 所示。

注意：如果要同时更换多张幻灯片版式，则可先在左侧的幻灯片缩略图列表中选中多张幻灯片，再执行更换版式的操作。

图 7-15　幻灯片的版式列表

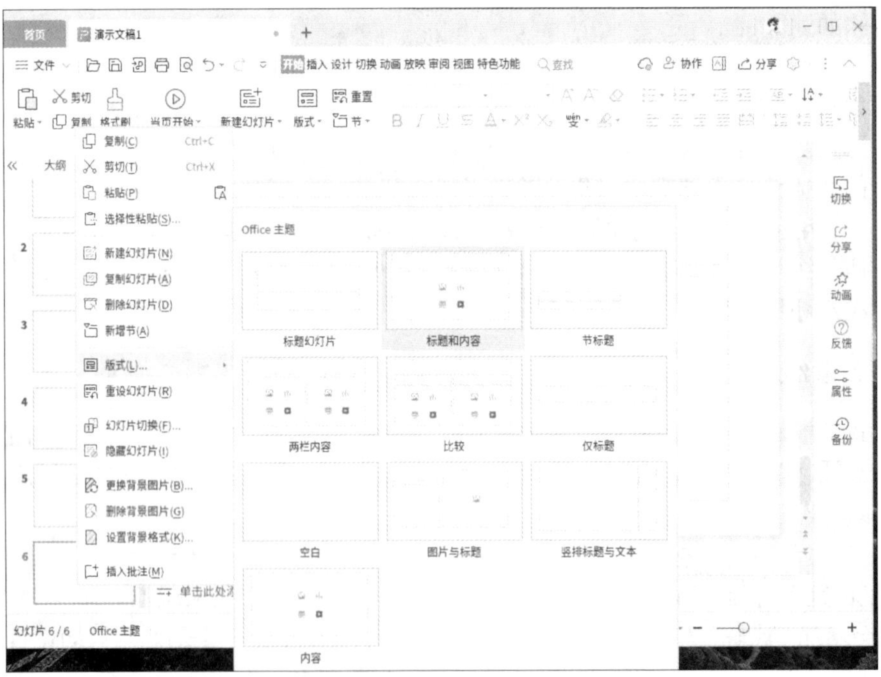

图 7-16　更换幻灯片的版式

（2）重排版式：对于已应用到幻灯片中的版式，用户也可以根据需要进行修改，如调整位置、大小、填充颜色和边框等。

7.4.7　幻灯片的分节操作

为使演示文稿内容逻辑清晰、结构分明、方便组织，WPS 演示提供了幻灯片分节功能，如图 7-17 所示。

（1）新增节：在普通视图或幻灯片浏览视图中，移动插入点到需要分节的幻灯片缩略图间并右击，在弹出的快捷菜单中选择“新增节”命令，即可插入一个名为“无标题节”的幻灯片节。

（2）重命名节：右击要重命名的节名称，在弹出的快捷菜单中选择“重命名节”命令，在弹出的“重命名”对话框中输入新名称并单击“重命名”按钮即可。

（3）分节后的常用操作。

① 选择节：单击节名称。

② 展开/折叠节：单击节名称左侧的三角形图标。

③ 展开/折叠所有节：右击节名称，在弹出的快捷菜单中选择“全部折叠”或“全部展开”命令。

④ 移动节：单击节名称，直接拖动到指定位置。或者右击节名称，在弹出的快捷菜单中选择相应命令。

⑤ 删除节：右击要删除的节名称，在弹出的快捷菜单中选择“删除节”命令。

⑥ 删除节中的幻灯片：单击节名称，按 Delete 键即可删除当前节及节中的幻灯片。

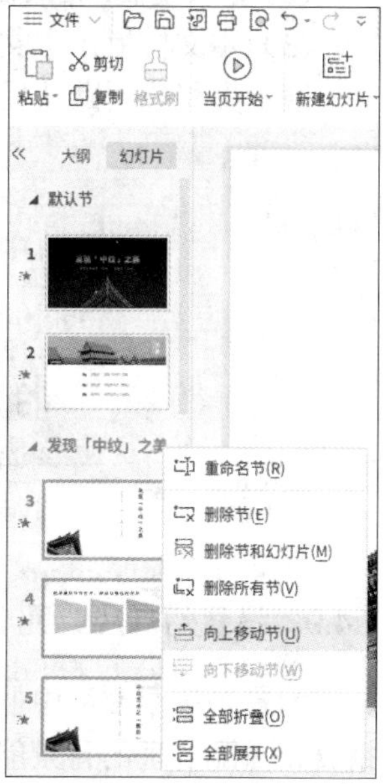

图 7-17　幻灯片的分节操作

7.4.8　引用幻灯片的模板

在 WPS 演示中，既可以在创建演示文稿时使用模板，也可以在创建完成后引用或更换模板，WPS 演示包含默认模板、导入模板、本文模板或在线搜索相关模板等功能。

（1）WPS 演示提供的默认模板如图 7-18 所示，移动光标到模板区时会显示模板名称，单击某一模板即可将其运用到当前演示文稿中。

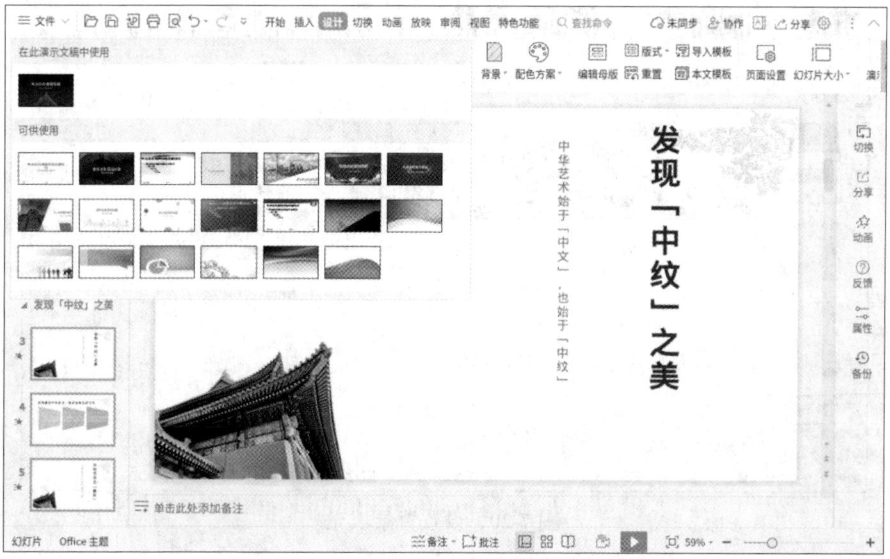

图 7-18　默认模板

（2）导入模板：导入模板功能允许用户将预先设计好的演示文稿模板导入当前文档。

（3）本文模板：本文模板功能允许用户将当前演示文稿的模板导入此幻灯片页。

演示文稿应用默认模板的前、后效果如图 7-19 所示。

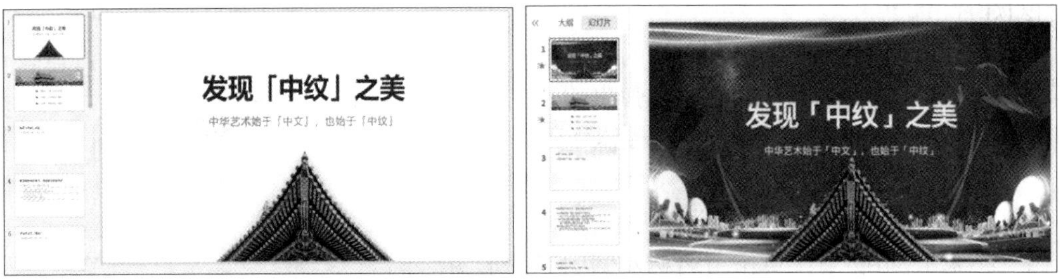

图 7-19　演示文稿应用默认模板的前、后效果

7.4.9　设置幻灯片背景

背景是演示文稿中非常重要的对象，它直接影响演示文稿的艺术性、观赏性，制作精美、搭配合理的背景能给观众留下深刻的印象。

虽然 WPS 演示在模板中为用户提供了背景功能，但在特殊情况下，用户希望设置更有鲜明个性的背景，则可以利用“背景”中的颜色、渐变、图片、纹理、图案等功能设置幻灯片的背景。

在演示文稿中，选中要设置背景的幻灯片，单击“设计”功能区的“背景”下拉按钮，可以选择“渐变填充”“背景”“背景另存为图片”命令。选择“背景”命令后将在主编辑区中显示“对象属性”任务窗格，可选中“纯色填充”“渐变填充”“图片或纹理填充”“图案填充”等单选按钮来设置背景，如图 7-20 所示。

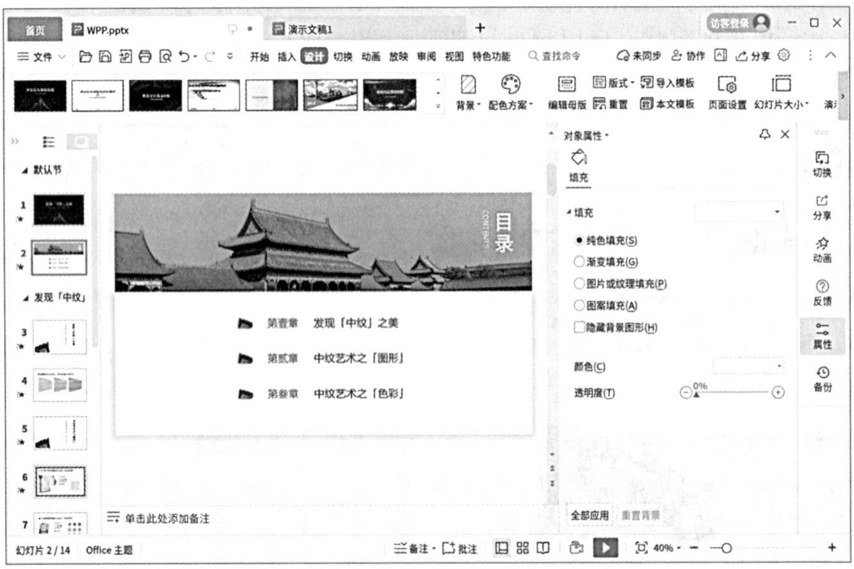

图 7-20　设置背景填充

（1）纯色填充：将系统预定义颜色或用户自定义颜色设置为幻灯片背景。

① 在任务窗格的“填充”选项组选中“纯色填充”单选按钮。

② 在任务窗格下方单击“颜色”下拉按钮，可选择“最近使用颜色”“主题颜色”“标准颜色”“自动”“更多颜色”“取色器”6 种方式设置背景颜色。如果选择“更多颜色”命令还可以在打开的“颜色”对话框中设置标准颜色、自定义颜色和其他颜色，如图 7-21 所示。

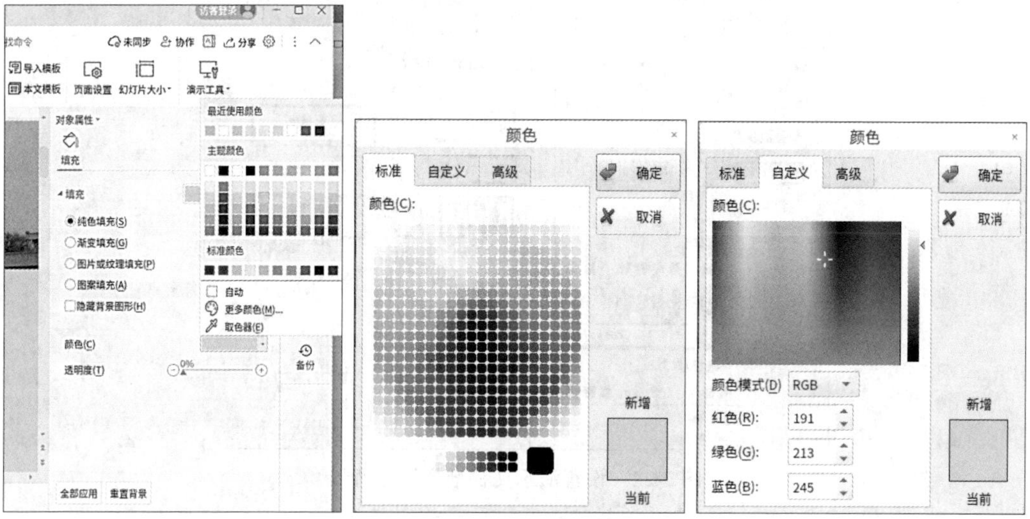

图 7-21 设置演示文稿的纯色填充颜色

③ 还可以在“透明度”栏中通过拖动滑块或单击两边的⊖按钮和⊕按钮控制数据来改变颜色的透明度。

④ 设置完成后，即可将背景颜色应用到当前幻灯片，单击“对象属性”窗格右侧的“关闭”按钮关闭背景的格式设置，单击“全部应用”按钮可将颜色应用到所有幻灯片。

提示：若在幻灯片母版中已设置了幻灯片背景，要更换成当前设置，需要在“填充”选项组下方选中“隐藏背景图形”复选框。

（2）渐变填充：此功能可将某种系统预定义渐变效果（即将两种或两种以上的颜色混合在一起，并以某种特定的渐变样式完成过渡）或用户自定义渐变效果设置为幻灯片背景。

① 在“填充”选项组中选中“渐变填充”单选按钮，在下方显示渐变工具组。

② 单击“色标颜色”下拉按钮，在下拉列表中选择一种颜色设置为幻灯片背景，如图 7-22 所示。

提示：将光标停放在颜色上，可以显示预定义颜色的名称，如“黑色，文本 1，浅色 35%”等。

③ 选择合适的“渐变样式”，可在“角度”文本框中输入具体的数字改变样式的角度，在“色标颜色”栏中可单击添加或删除色标按钮，如图 7-22 所示，现有 4 个色标，可单击相应色标，调整其色标颜色、位置、透明度、亮度，直至符合要求。

（3）图片或纹理填充：此功能可将保存在计算机上的图片文件或系统预定义纹理设置为幻灯片背景，这是幻灯片背景设置中最常用的一种方式。

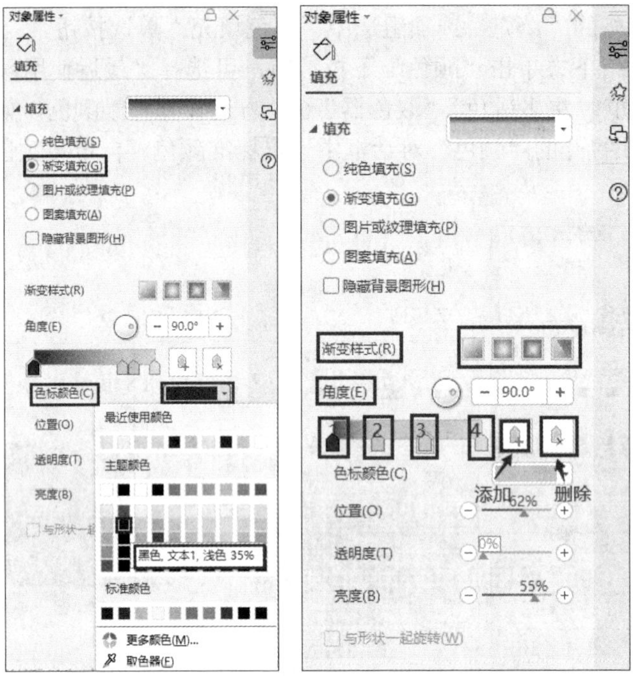

图 7-22 设置演示文稿渐变填充背景

① 在“填充”选项组选中“图片或纹理填充”单选按钮，下方会显示可设置的工具组。

② 单击“图片填充”下拉按钮，从“本地文件”或“剪贴板”中选择计算机中的图片填充背景。将图片设置为背景后，可适当调整背景图片的“透明度”“放置方式”“偏移量”“缩放比例”“对齐方式”“镜像类型”等功能以符合需求，如图 7-23 所示。

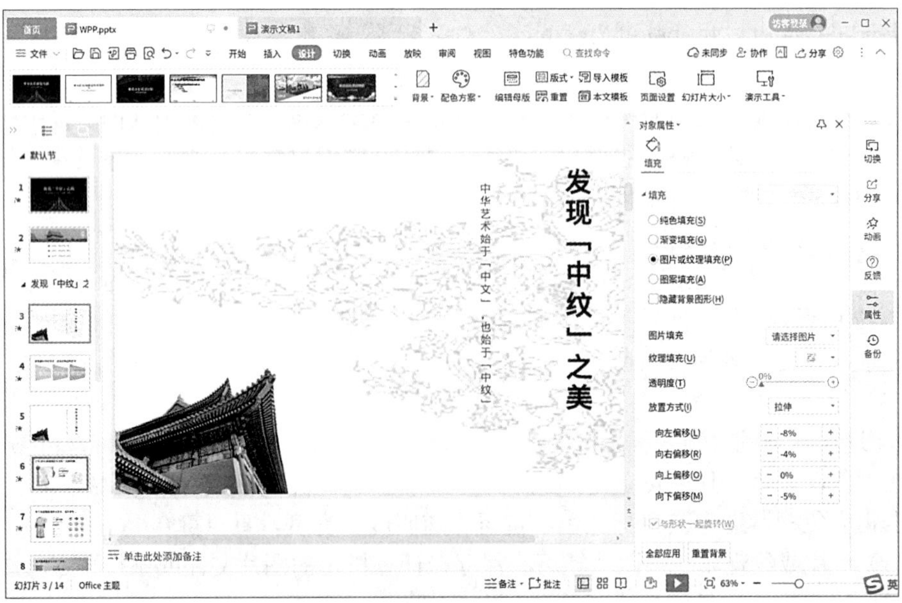

图 7-23 设置图片填充背景

③ 单击“纹理填充”下拉按钮，在下拉列表中选择一种系统预定义纹理设置为背景。在将纹理设置为背景后，可调整其“透明度”“放置方式”“偏移量”“缩放比例”“对齐方式”“镜像类型”等功能，可根据需求适当调整。

提示：在“纹理填充”中，将光标停放在图标上，可显示预定义纹理的名称，如“泥土2”等。

④ 设置好一张幻灯片背景后，可单击底部的“全部应用”按钮，即可将此幻灯片的背景应用于当前文档的全部幻灯片中；若该背景不符合需求，则单击底部的“重置背景”按钮即可恢复到无背景的状态。

（4）图案填充：此功能可将系统预定义图案设置为幻灯片背景。

① 在“填充”选项组中选中“图案填充”单选按钮。

② 在下方的功能中，可单击左侧图案进入查看系统预定义图案，将光标放在任一图案上会出现其名称，可根据需求选择一种图案设置为背景。同时也可通过右侧的“前景”“背景”下拉按钮设置图案的颜色，如图7-24所示。

图7-24　设置图案填充背景

7.4.10　输入和编排文字

在WPS演示中，文字对象是不能直接插入幻灯片的，要在幻灯片中插入文字，可按以下方法操作。

（1）在创建幻灯片时如果使用了某种包含文本占位符的版式，可直接在占位符中输入文字，如图7-25所示。

（2）若没有文字占位符或要在占位符外输入文字，则应先创建一个文本框再输入文字。

在“插入”功能区中单击“文本框”下拉按钮，根据需要在下拉列表中选择“横向文本框”或“竖向文本框”命令即可在幻灯片中插入文本框，然后输入内容和设置文本框相关属性即可。

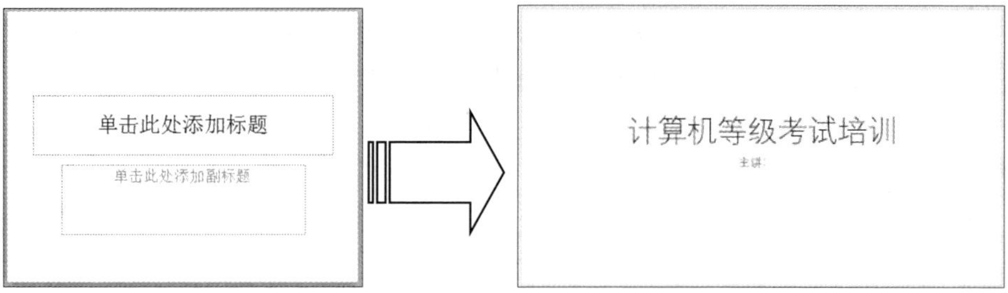

图 7-25　利用占位符输入文字

7.4.11　插入和编辑图形、表格和图表

在演示文稿中灵活地使用图形、表格和图表，不仅可以准确、快速地传达信息，而且可以美化文档。

1. 插入和编辑图形

和 WPS 文字一样，在演示文稿中可使用的图形包括图片文件、剪贴画、形状、智能图形、文本框、艺术字、图表及屏幕截图等，其插入和编辑方法也与 WPS 文字相同，具休可参考第 5 章中关于图形处理的相关内容，这里仅以插入智能图形为例进行简单讲解。

（1）定位到需要插入图形的幻灯片。

（2）在“插入”功能区中单击“智能图形”按钮。

（3）在打开的“选择智能图形”对话框中根据需要选择一种适合幻灯片主题的智能图形，即可将其插入当前幻灯片，如图 7-26、图 7-27 所示。

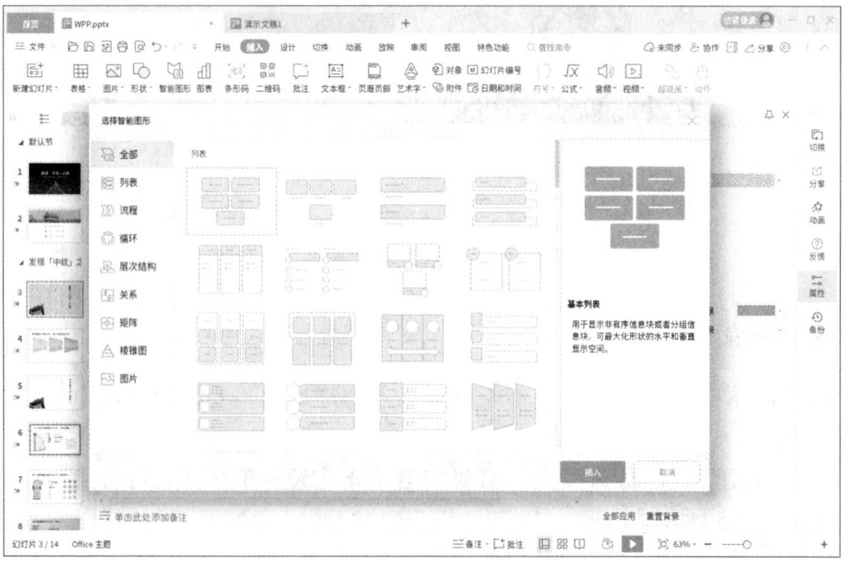

图 7-26　选择智能图形

（4）在智能图形中输入相应内容。

（5）单击智能图形可激活“设计”功能区，根据需要利用相关按钮可对智能图形进一步编辑和美化。

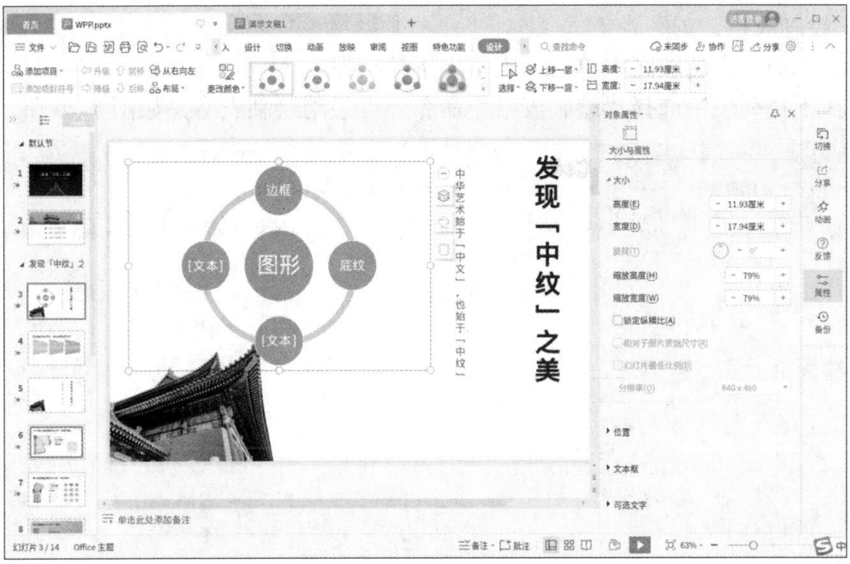

图 7-27 插入智能图形到幻灯片

注意：WPS 演示除了可以新建智能图形外，还可以快速将文字转换成智能图形。

2. 插入和编辑表格

WPS 演示可以使用多种方法创建表格，操作步骤如下。

（1）快速插入表格。

① 定位到需要插入表格的幻灯片。

② 在“插入”功能区中单击“表格”下拉按钮。

③ 在表格模型中移动鼠标确定表格行数和列数并单击，如图 7-28 所示，即可在幻灯片中插入一个默认样式的表格。

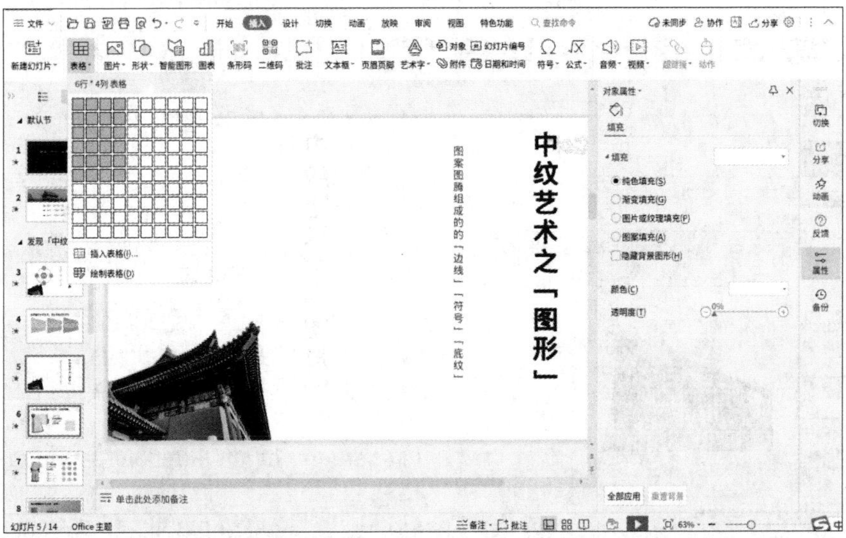

图 7-28 在幻灯片中插入表格

（2）绘制表格。

① 在“插入”功能区中单击“表格”下拉按钮。

② 在下拉列表中选择“绘制表格”命令，可手动绘制表格，如图 7-29 所示。

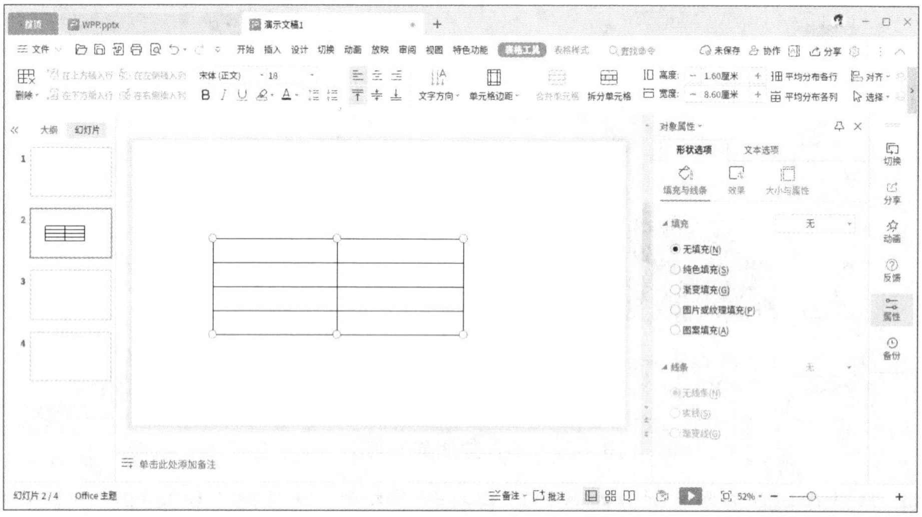

图 7-29　在幻灯片中绘制表格

（3）复制 WPS 文字或 WPS 表格。

在 WPS 文字或 WPS 表格中选中已编辑好的表格，右击，在弹出的快捷菜单中选择“复制”命令，再在 WPS 演示的幻灯片编辑区中，右击，在弹出的快捷菜单中选择“粘贴”命令，即可将表格复制到幻灯片中。

（4）编辑表格：在幻灯片中单击表格可激活“表格工具”和“表格样式”功能区，可利用相关按钮设置表格的布局、对齐方式和样式等，如图 7-30 所示。

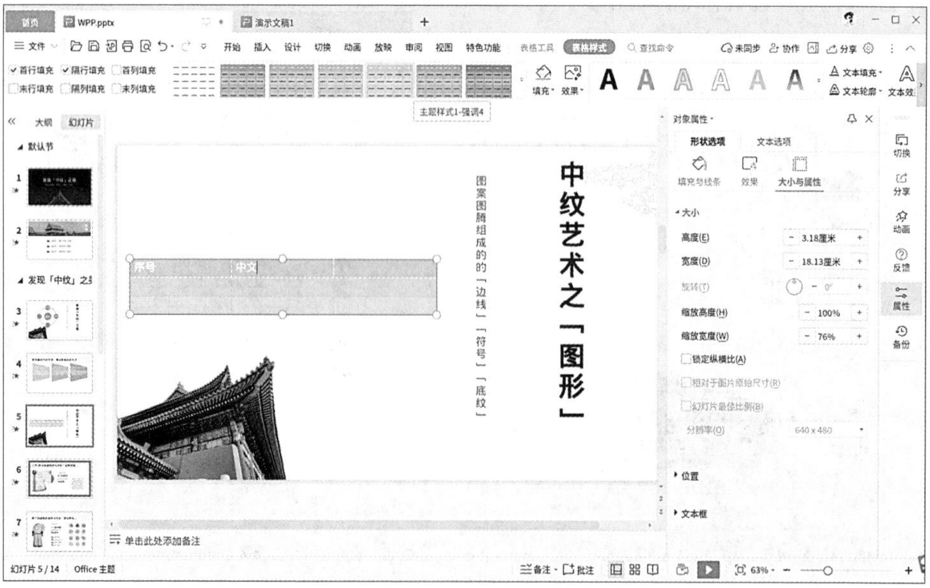

图 7-30　表格工具与表格样式设置

3. 插入和编辑图表

演示文稿除了可以直接将 WPS 文字和 WPS 表格中已编辑好的图表复制到幻灯片中外，还可在“插入”功能区中单击“图表”按钮创建图表。

创建图表后，可在“图表工具”“绘图工具”“文本工具”等功能区中对图表进行相关编辑，也可双击图表，打开“对象属性”任务窗格对图表进行修改，如图 7-31 所示。

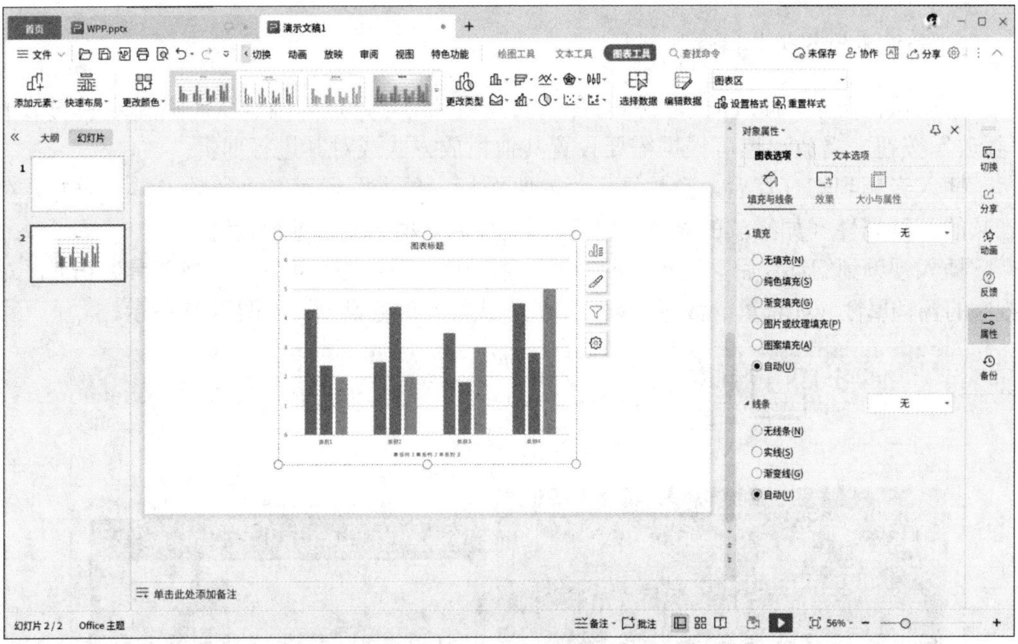

图 7-31　图表设置“对象属性”任务窗格

7.4.12　添加音频和视频

为增加幻灯片的播放效果、烘托幻灯片的场景，可把音频或视频添加到幻灯片中。在放映幻灯片时，可将这些音频和视频设置为自动开始播放、单击时播放或循环播放直至退出放映。

WPS 演示为用户提供了多种可插入幻灯片的音频和视频文件类型，如剪辑管理器中的音频、文件中的音频（支持扩展名为 wav、wma、mp3 和 mid 的文件）、录制的音频文件、剪辑管理器中的影片、文件中的影片（支持扩展名为 avi、mov、qt、mpg、mpeg 和 gif 的文件）及来自网站上的视频。

1. 插入音频或视频

（1）定位到需要插入音频或视频的幻灯片。

（2）在“插入”功能区中单击“音频”或“视频”下拉按钮，在弹出的下拉列表中选择所需选项即可将音频或视频插入当前幻灯片中，如图 7-32 所示。

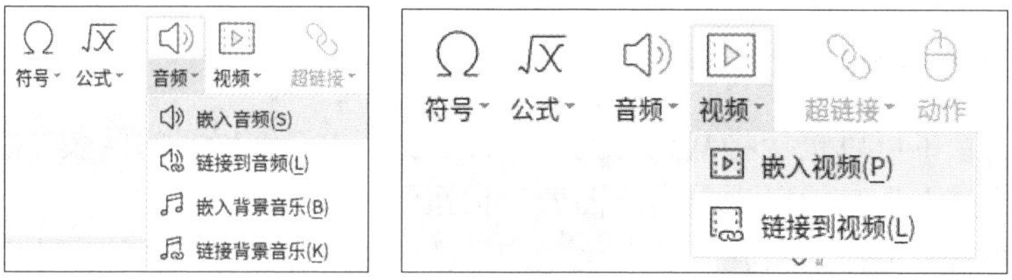

图 7-32　插入音频或视频

2. 音视频的剪辑与播放控制

在默认情况下，插入演示文稿的音频或视频在幻灯片进入播放状态后需要手动单击“播放”按钮来播放，也可根据需要设置其他播放方式或对其进行剪辑。

插入音频到幻灯片后，音频显示为喇叭图标，单击图标可在“音频工具”功能区对音频的各种属性（如播放的时间、循环、淡入淡出效果等）进行设置。

插入视频到幻灯片后，视频显示为第 1 帧图形，单击图形可在“视频工具”功能区对视频的各种属性（如音量、裁剪视频、播放方式等）进行设置，如图 7-33 所示。

图 7-33　裁剪视频

7.4.13　插入动作按钮

在默认情况下，WPS 演示文稿的放映总是按幻灯片先后顺序播放，当需要改变这个播放顺序时，可以用动作按钮和超链接来完成。用户可以在幻灯片中插入动作按钮，或将幻灯片中的某些对象（如文字、图形等）设置成按钮，这些按钮使演示文稿在放映时既可以跳转到指定的幻灯片，也可以跳转到演示文稿之外的音频、视频、文档或 Internet 网址，还可以启动其他应用程序。

1. 插入动作按钮

（1）定位到要插入动作按钮的某张幻灯片。

（2）在“插入”功能区中单击“形状”下拉按钮，在弹出的下拉列表底部的“动作按钮”组中根据需要单击相应图标（如“第一张”“后退或前一项”“前进或下一项”“开始”“结束”等），如图 7-34 所示。

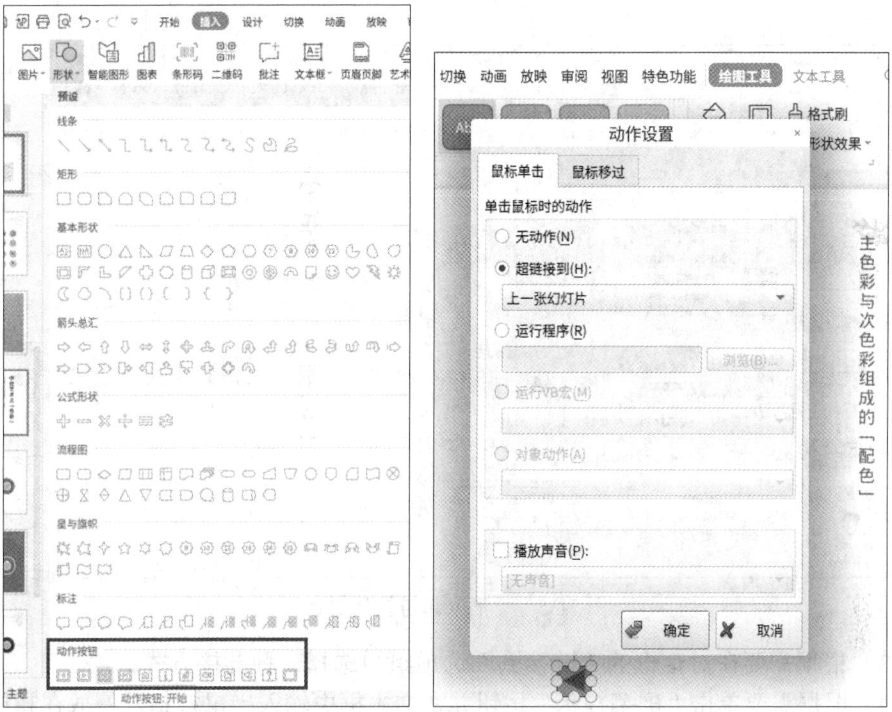

图 7-34 “动作设置”对话框

（3）在幻灯片上单击或拖动，松开鼠标后将自动打开“动作设置”对话框，如图 7-34 所示。设置相应项目后单击“确定”按钮，即可插入一个动作按钮。

2. 将对象设置成动作按钮

在幻灯片中除了可以插入系统预定义的动作按钮外，还可将文字、图形等对象转换成动作按钮。先选中要设置为动作按钮的对象，在“插入”功能区中单击“动作”按钮，在打开的“动作设置”对话框中进行相应设置，单击“确定”按钮即可将该对象设置成动作按钮。

注意：

（1）可在母版中插入动作按钮，该按钮在整个演示文稿中可用。

（2）动作按钮只能在幻灯片放映时查看使用效果。

（3）如果将文字设置为动作按钮，则系统会自动根据配色方案更改其颜色，并显示下画线。

7.4.14 插入超链接

WPS 演示可以将文本或其他对象（如图片、图形、形状或艺术字等）设置为超链接，控制演示文稿在放映时从一张幻灯片跳转到另一张幻灯片、打开网页或文件。

（1）在幻灯片中选中要设置为超链接的对象。

（2）在“插入”功能区单击“超链接”按钮，打开“插入超链接”对话框，如图 7-35 所示。

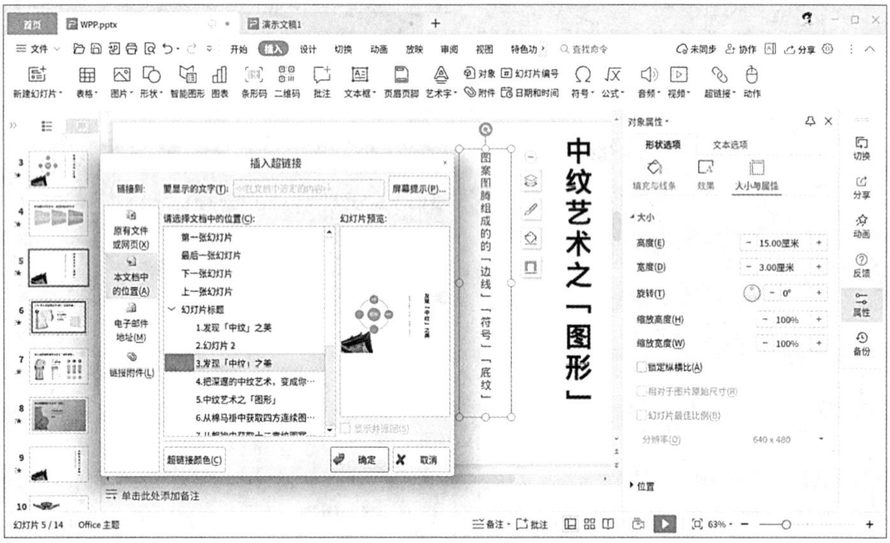

图 7-35 “插入超链接”对话框

（3）根据需要在对话框的“链接到”选项组中选择一种链接方式。

（4）根据需要单击“屏幕提示”按钮并在文本框中输入当鼠标指针停放在超链接上时显示的提示信息。

7.4.15 设置幻灯片切换

幻灯片切换是指演示文稿在播放过程中从前一张幻灯片更换到后一张幻灯片的方式和效果。在 WPS 演示中，幻灯片切换默认是静态的（即前一张直接消失，后一张直接出现）手动切换（即在演示文稿放映的过程中，通过单击或按空格键、Enter 键切换），用户可根据需要设置动态切换、自动切换和排练计时等功能。

1. 设置动态切换效果

（1）定位到要设置切换效果的幻灯片，在“切换”功能区中选择切换效果，如图 7-36 所示。

（2）单击效果列表右侧的“效果选项”下拉按钮，可对选中的效果进行其他设置。

（3）根据需要对切换“速度”、换片“声音”、换片方式及“自动换片”时间等选项进行设置。

（4）单击“切换”功能区左侧的“预览效果”按钮即可观察设置的效果。

（5）若要将此切换效果应用于全部幻灯片，则应单击“全部应用”按钮。

图 7-36 设置幻灯片切换效果

2. 定时切换幻灯片

在设置“自动换片”时间栏中输入或设置一个数据，演示文稿在放映时就会按设置的时间间隔自动切换到下一张幻灯片。

3. 排练计时切换幻灯片

虽然 WPS 演示“切换”功能区中提供了定时换片功能，但如果要对所有的幻灯片都设置定时切换，则显得烦琐、不严谨。因此，WPS 演示还提供了另一种更为科学的“排练计时”换片方式。在幻灯片正式放映前，先由演讲者用试讲的方式来设置每张幻灯片的播放时间，系统会自动将每张幻灯片所需的时间记录在演示文稿中。当下一次播放时，系统会按预先设置的时间间隔自动切换幻灯片。

（1）切换到演示文稿的第一张幻灯片，在“放映”功能区中单击“排练计时”下拉按钮，可选择“排练全部”或“排练当前页”命令，选择“排练全部”命令会打开“预演”对话框，如图 7-37 所示。

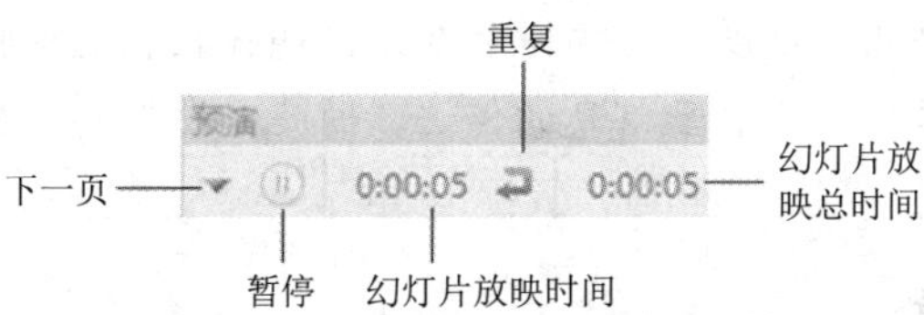

图 7-37 “预演”对话框

（2）从第一张幻灯片放映开始，试讲人就可以根据内容进行试讲。随着试讲的进行，对话框左侧的计时框中显示本张幻灯片所用的时间，右侧计时框显示排练总计时。当讲完一张后，可单击“下一步”按钮，对下一张幻灯片进行试讲、计时。单击“重复”按钮可以重新计时。如此反复，就可以对所有幻灯片设定时间。

（3）当最后一张幻灯片播放完成后，退出排练计时，并切换到幻灯片浏览视图，显示每张幻灯片切换的时间间隔，如图 7-38 所示。

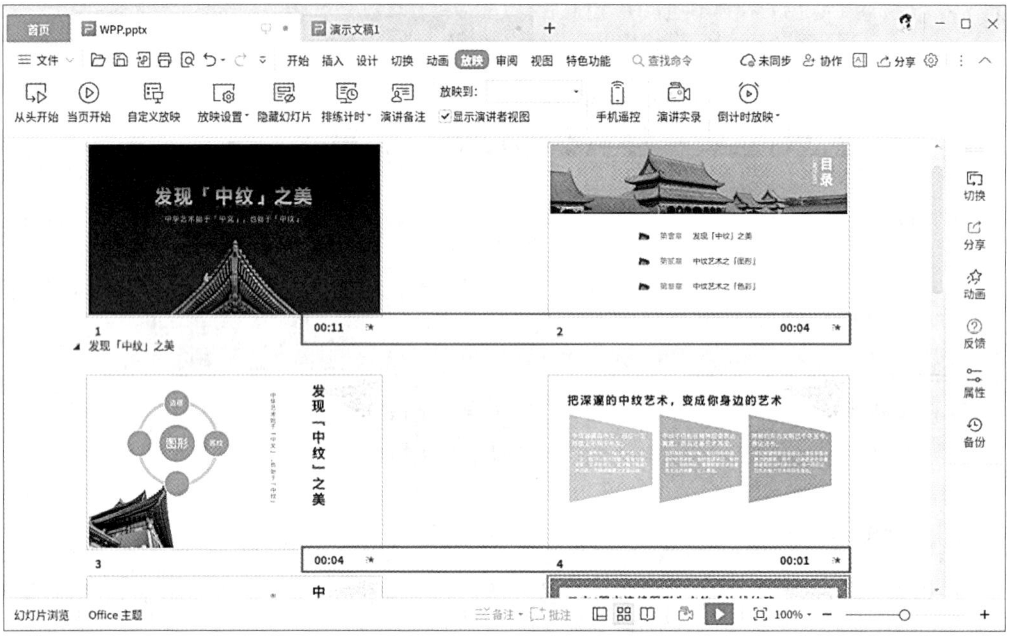

图 7-38　设置排练计时后的演示文稿

7.4.16　设置动画

幻灯片切换虽然可以为演示文稿设置一定的动态效果，但这种效果是对整张幻灯片有效的，如果要单独为幻灯片内部的各种对象分别设置动画效果和播放顺序，则需要用到 WPS 演示的动画功能。

WPS 演示可以设置幻灯片中文本、图片、形状、表格、智能图形和其他对象的出现、变化方式、动作路径及消失的顺序，并添加特殊的视觉或音频效果。例如，可以使文本项目符号逐字从左侧飞入，或在显示图片时播放掌声，并赋予它们进入、退出、大小或颜色变化等视觉效果。

提示：演示文稿中可通过设置动画增加演示的趣味性、生动性和感染力，但过多的动画会分散观众的注意力，不利于信息的传达，因此，设置动画应遵从适当、简化和创新的原则。

1. 为对象添加动画

在没有设置动画前，幻灯片中的所有对象是随着幻灯片切换而整体出现和整体消失的。但用户可以给对象设置动画，使这些对象在幻灯片切换后，按指定的顺序和方式出现、变化和消失。

（1）选中要设置动画的对象。

（2）单击“动画”功能区中动画列表右侧的下拉按钮，在弹出的下拉列表（图 7-39）中选择一种预设动画方案（如进入、强调、退出、动作路径及绘制自定义路径等），单击下拉列表右侧的 ⌄ 按钮查看更多的动画效果，如图 7-40 所示。

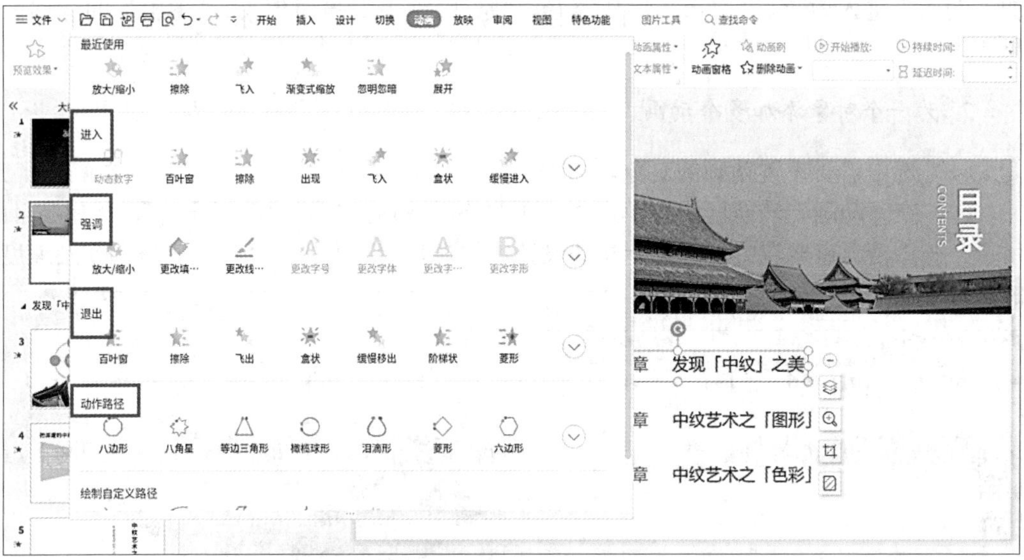

图 7-39 WPS 演示的动画列表

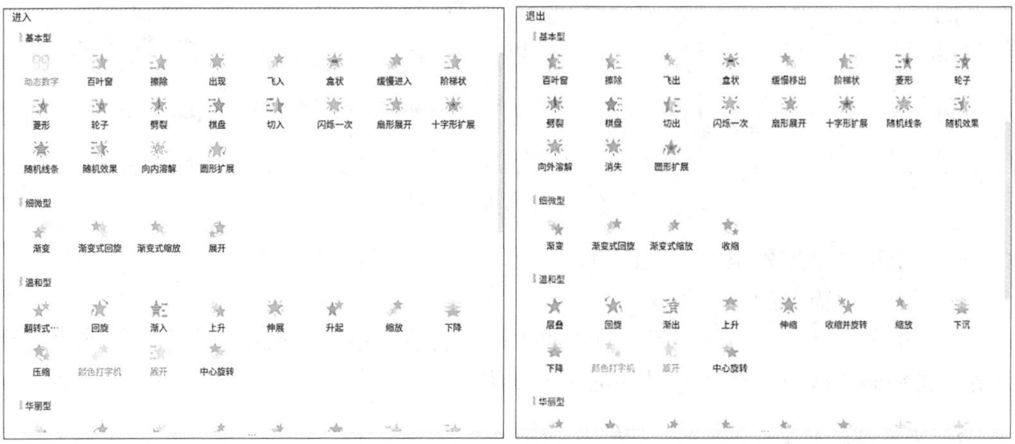

图 7-40 更多动画效果

（3）设置好动画后，单击“动画”功能区左侧的“预览效果”按钮，可预览动画效果。

WPS 演示提供了 5 种预设的动画类型。

① 进入：设置对象在播放时从外部进入或出现的方式，如飞入、切入、出现及轮子等。

② 强调：设置在播放过程中需要突出显示的对象，如放大/缩小、变淡、加粗闪烁等。

③ 退出：设置对象离开时的方式，如飞出、消失、缓慢移出等。

④ 动作路径：设置播放时对象的基本、直线和曲线及特殊移动路径，如心形、正方形、五角星、新月形等。

⑤ 绘制自定义路径：设置播放时对象的移动路径，如任意多边形、自定义路径等。

可为某个对象单独添加一种动画，也可将多种效果组合使用。例如，可对文本添加“飞入”进入效果、“心形”动作路径、“放大/缩小”强调效果、“飞出”的退出效果等。

2. 为一个对象添加多个动画

（1）选中需要设置动画的对象。

（2）在“动画”功能区中，单击“动画窗格”按钮，打开“动画窗格”，如图 7-41 所示。在“动画窗格”中可以进行相关设置，如“开始”方式、动画的“方向”及速度的“快慢”。

图 7-41 添加多个动画

（3）单击“添加效果”下拉按钮。

（4）选择所需要的动画效果。

（5）重复第（1）～（4）步，单击“动画”功能区中的“预览效果”按钮或“动画窗格”底部的“播放”按钮，可预览动画效果。

3. 设置动画效果

为对象添加动画后，还可以进一步为动画设置更多的效果，如设置动画开始播放的方式、播放速度、添加动画配音等。

（1）在打开的“动画窗格”中，单击“添加效果”下拉按钮，可继续添加多种动画效果，如图 7-42 所示。

（2）单击动画窗格中“添加效果”下拉按钮，在打开的下拉列表中选择“计时”命令，在打开的“飞入”对话框的“计时”选项卡中设置对象动画出现的方式，默认为当用户单击或按 Enter 键时开始此动画，如图 7-43 所示。

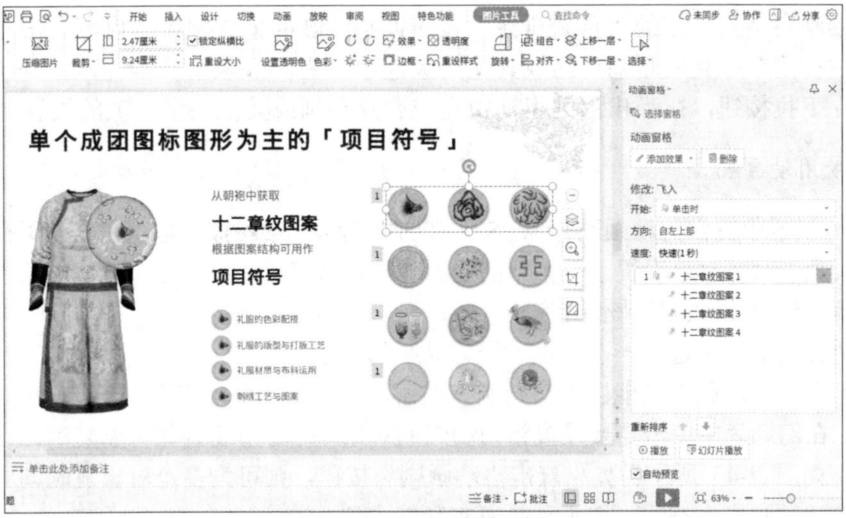

图 7-42 添加多种动画效果

4. 动画窗格

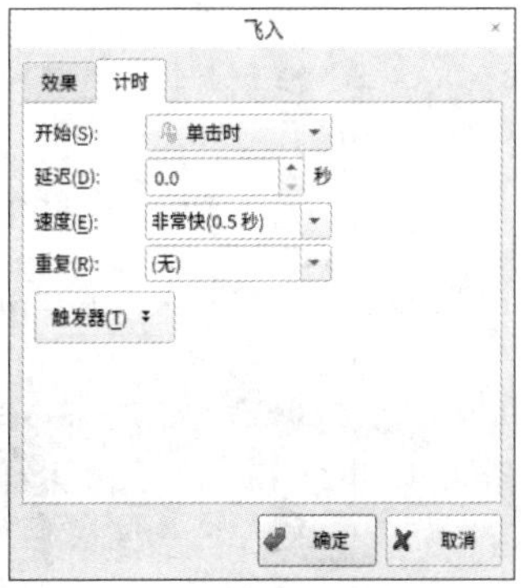

图 7-43 设置计时动画效果

当在幻灯片中给多个对象设置动画后，在播放时默认是按照对象设置动画效果的先、后顺序播放的，用户也可根据需要在“动画窗格”中调整此顺序，还可设置对象的增强动画效果。

（1）选中已添加动画效果的对象，在“动画”功能区中单击“动画窗格”按钮打开“动画窗格”，如图 7-44 所示。

（2）在“动画窗格”中，按先后顺序显示当前幻灯片中已设置的动画效果的全部对象的名称及动画类型简图（单击或指向简图可显示详细信息），可在对象名称上单击，然后

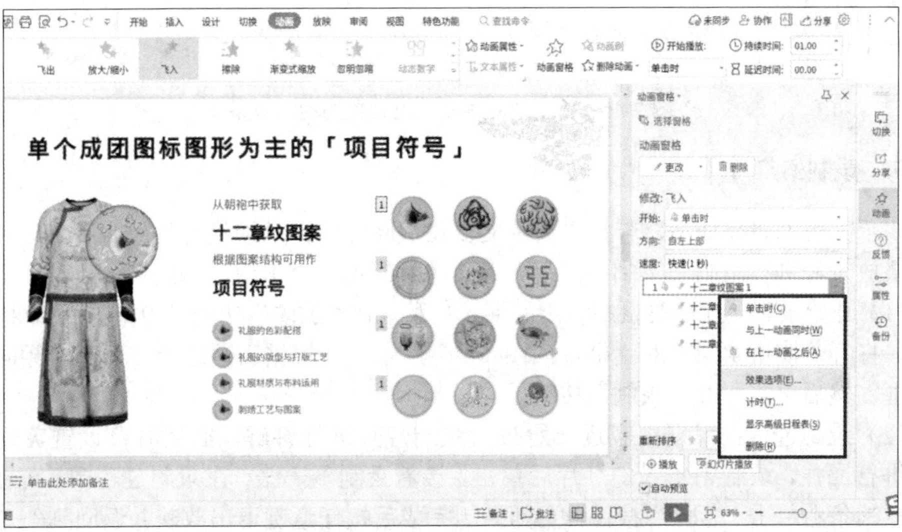

图 7-44 利用动画窗格设置对象动画属性

通过“动画窗格”下方的“重新排序”按钮调整动画的播放顺序，也可右击对象，在弹出的快捷菜单中完成删除动画或其他高级选项设置，或单击“动画窗格”下方的“重新排序”下拉按钮，在弹出的列表框中完成删除动画或其他高级选项的设置。

5. 使用动画刷

WPS 演示中提供的动画刷和 WPS 文字的格式刷非常相似，可以完成动画格式的复制。如果预先对某对象设置了一系列的动画效果，而演示文稿中还有其他对象也需要相同的设置，则可用动画刷来快速完成。

（1）在幻灯片中选中一个已经设置好动画的对象。

（2）单击“动画”功能区“动画刷”按钮，此时光标变成带有刷子的形状。

（3）在幻灯片中单击需要设置相同动画的对象，即可快速为此对象复制已设置的动画效果，如图 7-45 所示。如果双击“动画刷”按钮，则可为多个对象复制动画效果，再次单击“动画刷”按钮可取消动画复制功能。

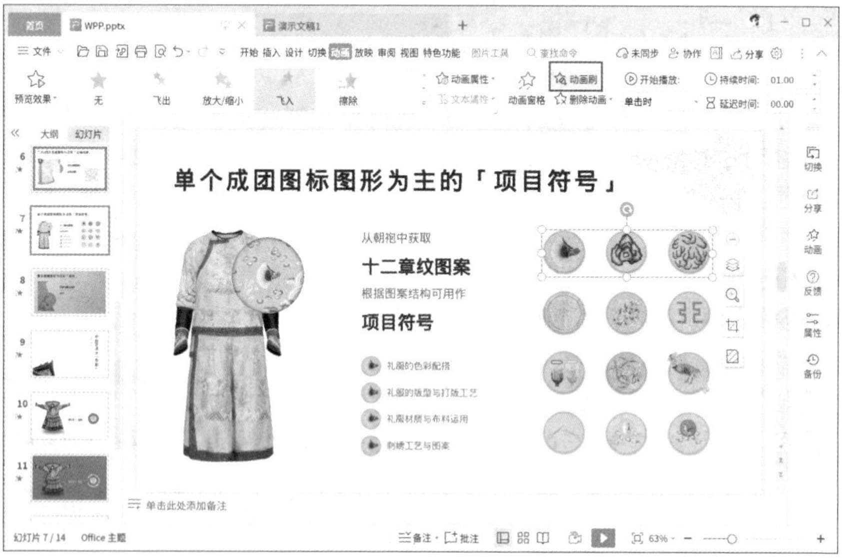

图 7-45 使用动画刷复制已设置的动画效果

7.4.17 录制幻灯片

演示文稿编辑完成后，若希望演示文稿在放映时可自动切换并播放讲解，可对幻灯片的播放过程进行录制（录制幻灯片兼备排练计时的功能），操作步骤如下。

（1）开始录制：打开要录制演示的演示文稿，在“放映”功能区中单击“演讲实录”按钮，打开“演讲实录”对话框，如图 7-46 所示。可根据需要选中“开启音频同步”复选框，然后单击“开始录制”按钮。

（2）录制过程：根据内容逐一对每一张幻灯片进行讲解，必要时可设置荧光笔对屏幕进行圈注，录制完一张幻灯片后单击，接着录制下一张，在录制过程中，可在“录制”控制条上单击“暂停”按钮。全部录制完成后按任意键退出放映并返回到幻灯片浏览视图。

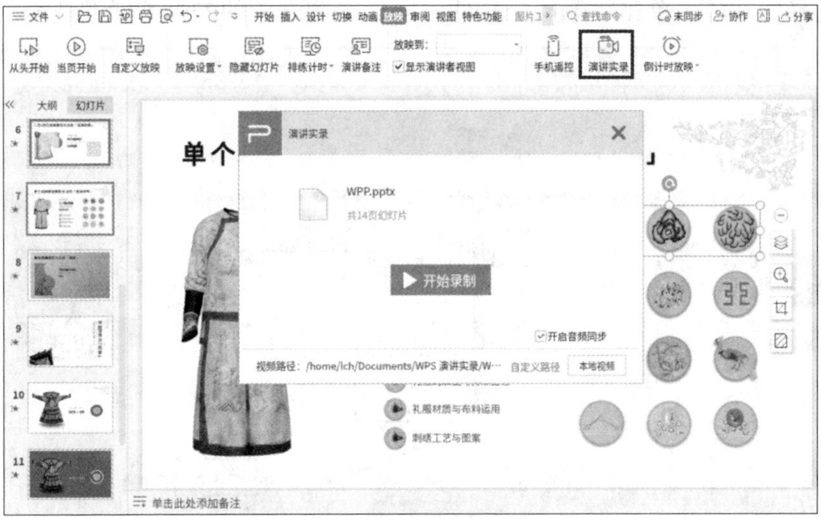

图 7-46 开始录制幻灯片演示

（3）结束录制：在录制过程中，可随时右击幻灯片，在弹出的快捷菜单中选择“结束放映”命令，弹出如图 7-47 所示的提示对话框，单击“结束录制”按钮可结束录制。

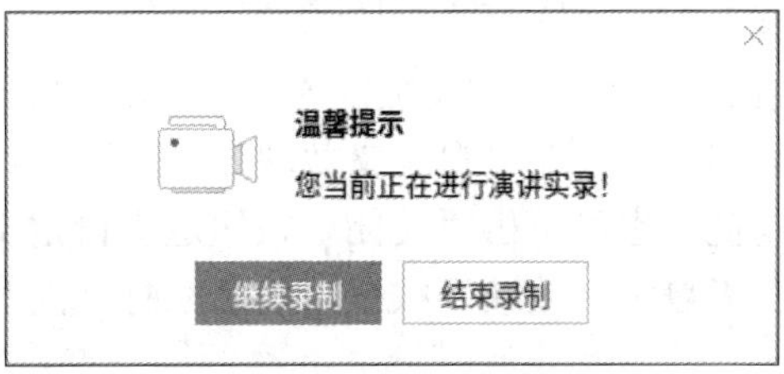

图 7-47 结束录制

7.4.18 自定义放映

在默认情况下，演示文稿会播放所有幻灯片，若希望同一演示文稿在不同的场合播放不同的内容，则可使用自定义放映功能，该功能将一个演示文稿中的幻灯片分成若干个组，放映时针对的不同观众放映演示文稿中的特定部分。例如，某演示文稿包含幻灯片 1～5。可以为第一组创建一个名为“普通员工”的自定义放映，该组只包含幻灯片 1、3、5，为第二组创建一个名为“经理”的自定义放映，该组包含幻灯片 1、2、4、5。

（1）打开需要设置自定义幻灯片放映的演示文稿。

（2）在“幻灯片放映”功能区单击“自定义放映”按钮，打开“自定义放映”对话框，如图 7-48 所示。

（3）在对话框中单击“新建”按钮，弹出“定义自定义放映”对话框。

（4）在“定义自定义放映”对话框中的“幻灯片放映名称”文本框中输入名称，在“在演示文稿中的幻灯片”列表中选择幻灯片，单击“添加”按钮，被选中的幻灯片自动添加到“在自定义放映中的幻灯片”列表中。在“自定义放映中的幻灯片”

列表中选择幻灯片，单击“删除”按钮，可以对列表中的幻灯片撤销选择。

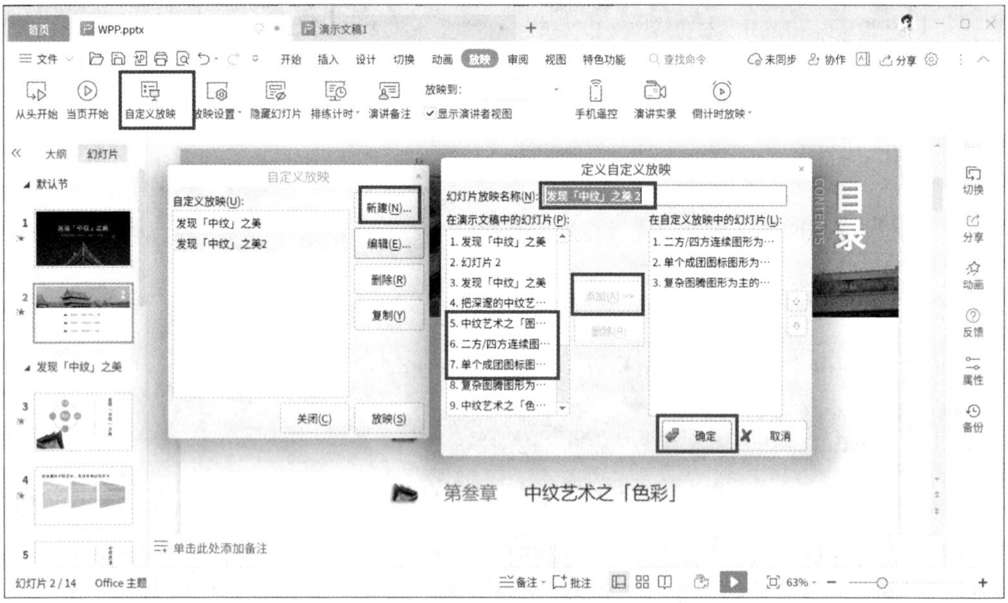

图 7-48　自定义放映

（5）单击“确定”按钮，返回“自定义放映”对话框，如果需要，还可再次单击“新建”按钮，建立其他分组和内容。在“自定义放映”列表中，可以选中某个分组名称，单击“放映”按钮查看设置，也可单击“关闭”按钮退出自定义放映设置。

（6）放映时，先单击“自定义放映”按钮，然后在打开的对话框中选择一个分组。

7.5　播放 WPS 演示文稿

在演示文稿的编辑中，为即时观看某张幻灯片的动态实际效果，可单击窗口右下角视图切换按钮组中的“从当前幻灯片开始播放”按钮▶或按 Shift+F5 组合键，即可从当前幻灯片开始播放。当全部幻灯片创建完成后，可在“放映”功能区中单击“从头开始”按钮，或者按 F5 键，从第一张幻灯片开始放映（如果在演示文稿中设置了“排练计时”或“录制幻灯片演示”，则按相应规则自动放映）。如果设置的是手动切换，则每单击一次或按 Enter 键就更换到下一张幻灯片，直到结束；如果中途要退出放映，则可右击幻灯片，在弹出的快捷菜单中选择“结束放映”命令，或按 Esc 键。

另外，在幻灯片放映过程中，右击幻灯片，在弹出的快捷菜单中选择“上一页”、“下一页”或“定位”命令可以跳转到演示文稿内的上一张幻灯片、下一张幻灯片或任意一张幻灯片；选择“屏幕”命令可以切换到黑屏或白屏模式；选择“墨迹画笔”命令可以将鼠标指针变成各种颜色的“绘图笔”，在所放映的幻灯片上即时书写，书写完成后，可以选择“墨迹画笔”→“橡皮擦”命令擦除所写内容等，如图 7-49 所示。

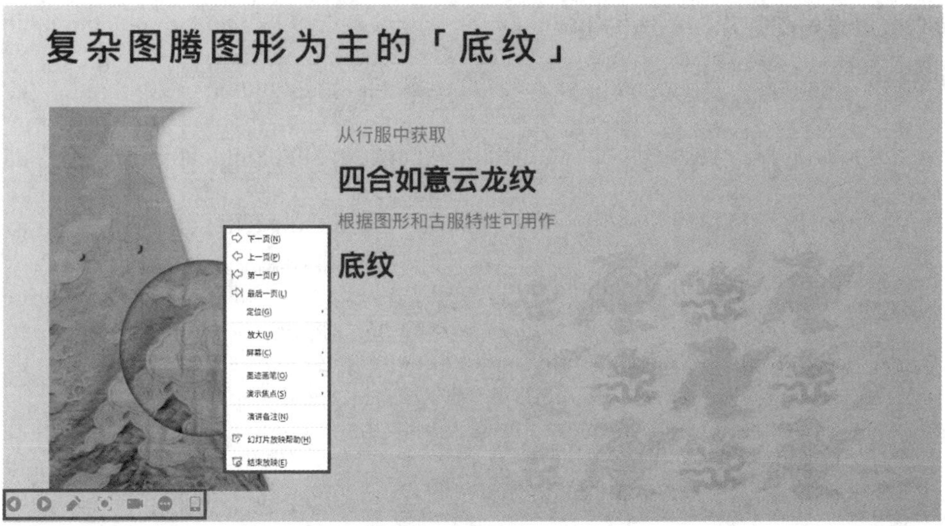

图 7-49 播放演示文稿的相关设置

7.6 打印 WPS 演示文稿

虽然演示文稿主要用于屏幕展示，但 WPS 演示也提供了打印功能及相关设置，帮助观众在观看演示文稿时参考相应内容，或者留作以后参考。

1. 设置幻灯片大小、页面方向和起始幻灯片编号

（1）在“设计”功能区中单击“页面设置”按钮，打开“页面设置”对话框，如图 7-50 所示。

（2）在“纸张大小”下拉列表中，选择要打印的纸张大小。

（3）要为幻灯片设置页面方向，请在“方向”选项组的“幻灯片”中，选中“横向”或“纵向”单选按钮。

（4）在“幻灯片编号起始值”文本框中，输入要在第一张幻灯片或讲义上打印的编号，之后的幻灯片编号会在此编号基础上递增。

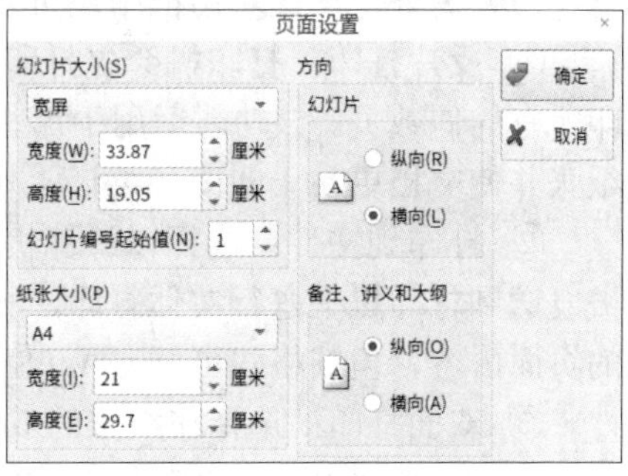

图 7-50 幻灯片的页面设置

2. 设置打印选项

在将演示文稿打印出来之前，需要先根据以下步骤设置好各打印选项（包括选择打印机、打印范围、打印内容、颜色等）。

（1）选择“文件”→“打印”→“打印”命令，打开“打印”对话框，如图 7-51 所示。

（2）在“打印机”选项组的“名称”下拉列表中选择一台已连接的打印机。

（3）在“打印范围”选项组中设置要打印的页码范围（可以选中“全部”、“当前幻

灯片”或“选定幻灯片”单选按钮)。

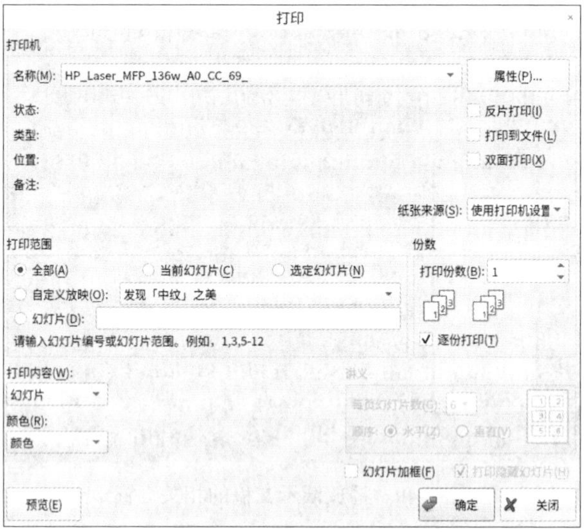

图 7-51 幻灯片的打印设置

(4)在“份数”选项组中设置要打印的份数及打印方式(是否“逐份打印”)。

(5)在“打印内容”下拉列表中，根据需要可选择打印“幻灯片”“讲义”“备注页”“大纲视图”命令。若以讲义格式在一页上打印一张或多张幻灯片，请在“讲义”选项组中的“每页幻灯片数”下拉列表中选择每页所需的幻灯片数，并选择按垂直还是水平顺序显示这些幻灯片。

(6)在“颜色”下拉列表中设置颜色，如颜色、纯黑白等。

(7)另外，在该对话框中还可以进行以下设置。

① 反片打印：打印机会先打印文档的所有奇数页，然后让用户将纸张翻面，再打印所有的偶数页。该功能适用于那些想要通过手动翻页来打印双面文档的用户，以节省纸张并使文档更易于阅读和装订。

② 打印到文件：选择以计算机文件形式保存文档。选中此复选框后，文档并不会被发送到打印机上进行实体打印，而是会被保存为一个文件，通常这个文件会包含打印的页面内容，但其格式可能是 WPS 或其他可打印的格式。

③ 双面打印：选择在纸张的双面都打印内容。

④ 幻灯片加框：打印时在幻灯片周围添加细边框。

⑤ 打印隐藏幻灯片：可以打印文档中隐藏的幻灯片。

(8)打印预览。

若要查看演示文稿打印出来的效果或对打印属性进行简单设置，可选择“文件”→“打印”→“打印预览”命令，打开“打印预览”对话框，如图 7-52 所示。

3. 保存打印设置

如果要保存此文档的默认打印设置，可选择“文件”→“选项”命令，在打开的“选项”对话框中选择“打印”选项卡，在“此文档的默认打印设置”选项组中选中“使用最近用过的打印设置”单选按钮并单击“确定”按钮，如图 7-53 所示。

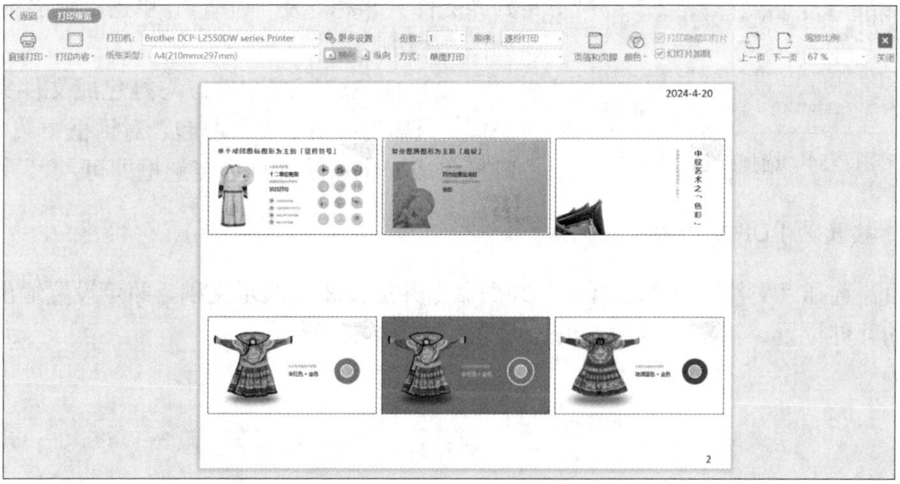

图 7-52　打印预览设置

图 7-53　此文档的默认打印设置

7.7　打包与输出 WPS 演示文稿

WPS 演示提供了演示文稿打包的功能，可以将演示文稿和插入的外部文件（如链接的音频、视频及文稿中使用的特殊字体等）集成在一起，以避免演示文稿的某些功能在其他计算机上不能正常显示和播放。

1. 打包演示文稿

（1）打包成文件夹。选择“文件”→“文件打包”→“将演示文档打包成文件夹”

图 7-54 选择打包文档

命令，打开“演示文件打包”对话框，分别设置好“文件夹名称”及“位置”，单击“确定”按钮，如图 7-54 所示。

（2）打包成压缩文件。与打包成文件夹操作类似，只需在“演示文件打包”对话框中选中“同时打包成一个压缩文件”复选框即可。

2. 输出为 PDF 或图片

（1）选择“文件”→“输出为 PDF”命令并选择相应演示文稿，即可设置输出 PDF 文件的存储位置、输出范围和输出选项等，如图 7-55 所示。

图 7-55 设置输出为 PDF

（2）选择“文件”→“输出为图片”命令并选择相应演示文稿，即可对图片的输出方式、品质、格式等进行设置，如图 7-56 所示。

图 7-56 设置输出为图片

参 考 文 献

白中英，戴志涛，2019．计算机组成原理：立体化教材[M]．6 版．北京：科学出版社．

冯博琴，陈妍，2023．计算机网络[M]．4 版．北京：高等教育出版社．

何静媛，2020．操作系统原理[M]．西安：西安电子科技大学出版社．

纪禄平，罗克露，刘辉，等，2020．计算机组成原理[M]．5 版．北京：电子工业出版社．

教育部考试中心，2022．全国计算机等级考试二级教程：WPS Office 高级应用与设计[M]．北京：高等教育出版社．

牛莉，刘卫国，2022．WPS Office 高级应用教程[M]．北京：中国水利水电出版社．

史苇杭，卫琳，2022．操作系统原理与实践教程[M]．4 版．北京：清华大学出版社．

统信软件技术有限公司，2022．统信 UOS 操作系统使用教程[M]．2 版．北京：人民邮电出版社．

统信软件技术有限公司，2022．统信 UOS 系统管理教程[M]．北京：人民邮电出版社．

王新良，2020．计算机网络[M]．2 版．北京：机械工业出版社．

谢钧，谢希仁，2021．计算机网络教程：微课版[M]．6 版．北京：人民邮电出版社．

于世东，张丽娜，董丽薇，等，2017．操作系统原理[M]．北京：清华大学出版社．

张尧学，任炬，卢军，2023．计算机操作系统教程[M]．5 版．北京：清华大学出版社．

朱立才，陈林，2020．计算机网络实验教程[M]．南京：南京大学出版社．